水库运行期设计洪水及汛期水位动态控制理论方法与应用

郭生练　熊丰　谢雨祚　著

·北京·

内 容 提 要

本书在综述大量的文献资料和长江上游水库群应用示范的基础上，首次提出了水库运行期设计洪水的概念、理论和计算方法。主要内容包括：设计洪水研究进展与热点问题，梯级水库运行期设计洪水理论和方法，金沙江下游梯级和三峡水库设计洪水复核计算，长江上游干支流梯级水库群运行期设计洪水，三峡水库洪水地区组成与运行期设计洪水及汛控水位，梯级水库防洪库容优化分配和互补等效关系，金沙江下游梯级水库防洪库容聚合分解与配置，金沙江下游梯级和三峡水库汛期运行水位动态控制，水库提前蓄水时机和多目标联合优化调度等。书中介绍的方法客观全面，既有新理论新方法介绍，又有实际应用计算分析，在确保防洪安全或防洪风险可控的前提下，可显著提高水库群的综合利用效益。

本书既可供水利、电力、交通、地理、气象、环保、国土资源等领域内的广大科技工作者、工程技术人员参考使用，也可作为高等院校相关专业高年级本科生和研究生的教学参考书。

图书在版编目（CIP）数据

水库运行期设计洪水及汛期水位动态控制理论方法与应用 / 郭生练，熊丰，谢雨祚著. -- 北京 : 中国水利水电出版社，2023.7
ISBN 978-7-5226-1562-2

Ⅰ. ①水… Ⅱ. ①郭… ②熊… ③谢… Ⅲ. ①长江－水库－设计洪水－研究②长江－水库－汛期－水位－动态控制－研究 Ⅳ. ①TV697.1

中国国家版本馆CIP数据核字(2023)第112622号

书　　名	水库运行期设计洪水及汛期水位动态控制理论方法与应用 SHUIKU YUNXINGQI SHEJI HONGSHUI JI XUNQI SHUIWEI DONGTAI KONGZHI LILUN FANGFA YU YINGYONG
作　　者	郭生练　熊　丰　谢雨祚　著
出版发行	中国水利水电出版社 （北京市海淀区玉渊潭南路1号D座　100038） 网址：www.waterpub.com.cn E-mail：sales@mwr.gov.cn 电话：（010）68545888（营销中心）
经　　售	北京科水图书销售有限公司 电话：（010）68545874、63202643 全国各地新华书店和相关出版物销售网点
排　　版	中国水利水电出版社微机排版中心
印　　刷	北京印匠彩色印刷有限公司
规　　格	184mm×260mm　16开本　16.25印张　395千字
版　　次	2023年7月第1版　2023年7月第1次印刷
印　　数	0001—1000册
定　　价	**128.00元**

前 言

随着长江上游大型梯级水库群的开发与建成，以三峡工程为核心的干支流控制性水库群已形成规模，并在我国水资源、水电清洁能源、水生态环境安全格局中发挥着关键作用。水库群通过联合调度改变洪水资源时空分布格局，高效利用雨洪资源，充分发挥水库群防洪、发电、供水、生态和航运等综合效益。水库群洪水资源化通过优化水库防洪参数和调度方案实现，是一种最直接和经济的非工程措施。水库群洪水资源化的主要技术途径包括水库运行期（分期）设计洪水、水文气象短中长期预测预报、汛期运行水位动态控制和提前蓄水等。

我国大部分河流已经形成梯级水库群格局，明显改变了河川径流及洪水的时程分配过程。水库运行管理的主要目的是在保证防洪安全前提下充分发挥水库的综合利用效益。设计洪水计算如何充分考虑上游水库的调蓄影响及水库群防洪库容之间的相互补偿作用，以适应流域下垫面及河道汇流条件的改变，是当前梯级水库联合调度运行管理中亟待解决的科学问题和工程技术难题，也是水文科学应用基础理论研究的重点方向之一。研究探讨水库“运行期设计洪水”计算理论和方法，定量估算上游水库调蓄对下游断面设计洪水和防洪安全标准的影响，并推求水库运行期的汛期防洪控制水位（简称汛控水位），不仅有利于协调防洪与兴利之间的矛盾，实现洪水资源高效利用，还能为进一步补充修订相关规范提供理论基础和科学依据。作者及其课题组积极参与该领域的多项课题研究与应用实践，与同事和研究生们一起，发表了 200 多篇学术论文，积累了丰富的经验和知识。

本书共分 10 章：第 1 章绪言，介绍国内外有关设计洪水及汛期运行水位动态控制现状；第 2 章综述设计洪水研究进展与热点问题；第 3 章提出梯级水库运行期设计洪水理论和方法；第 4 章开展金沙江下游梯级和三峡水库设计洪水复核计算；第 5 章计算长江上游干支流梯级水库群运行期设计洪水；第 6 章推求三峡水库洪水地区组成与运行期设计洪水及汛控水位；第 7 章探讨梯级水库防洪库容优化分配和互补等效关系；第 8 章研究金沙江下游梯级水库防洪库容聚合分解与配置；第 9 章介绍金沙江下游梯级和三峡水库汛期运行水位动态控制；第10章提出水库提前蓄水时机和多目标联合优化调度。希望本书的出版，能推动我国水库运行期设计洪水及汛期水位动态控制研究和应用，并起到一个抛砖引玉的作用。

全书由郭生练负责撰写和统稿，熊丰、谢雨祚两位博士参与了部分章节的编写。武汉大学水资源与水电工程科学国家重点实验室的李娜、何志鹏、崔震、钟斯睿等参与了部分研究工作。本书是在综合国内外研究文献资料的基础上，经过反复酝酿而写成的，其中一些章节融入了作者20年来的主要研究成果。同时，本书的研究得到了国家自然科学基金项目“水库运行期设计洪水计算理论和方法”（51879192）、国家“十四五”重点研发计划课题“大型水库群运行期设计洪水与特征水位理论方法”（2022YFC3202801）和中国长江三峡集团项目“乌东德—白鹤滩—溪洛渡—向家坝—三峡五座水库运行期设计洪水及汛期运行水位动态控制研究”（0799254）的资助。水利部长江水利委员会水文局原局长王俊教授级高级工程师、武汉大学刘攀教授等专家学者对本书进行了评审，提出了许多宝贵的意见和建议。另外，中国水利水电出版社王晓惠编辑为本书的出版付出了大量的心血。在此一并感谢！

由于作者水平有限，编写时间仓促，书中必然有许多缺陷和不妥之处，有些问题有待进一步深入探讨和研究；在引用文献时，也可能存在挂一漏万的问题，希望读者和有关专家批评指出，并将意见反馈给我们，以便今后改正。

作者

2023年1月于武汉珞珈山

目　录

绪　言

设计洪水是水利水电工程防洪安全设计所依据的各种标准洪水的总称。它既包括以频率表示的洪水，也包括可能最大洪水；既包括设计永久性水工建筑物正常运用情况的洪水（设计洪水）和非常运用情况的洪水（校核洪水），也包括施工期间设计临时建筑物所采用的洪水。合理确定设计洪水是江河流域规划和水利水电工程规划设计中的首要任务，它直接关系到江河开发治理的战略布局，关系到工程的自身安全与经济运行，关系到人民生命财产安全和社会安定[1]。

1.1　水利水电工程设计洪水计算规范

国外设计洪水研究较早，富勒（W. E. Fuller）于1914年首次在频率格纸上点绘洪水经验频率曲线，推求设计洪水。世界各国普遍采用统计途径（频率分析）估计设计洪水，经过20世纪30年代特大洪水考验，发现了统计频率计算的局限性以及使用中存在的一些问题，因而促进了对水文气象成因途径，即可能最大暴雨（probable maximum precipitation，PMP）与可能最大洪水（probable maximum flood，PMF）的研究。世界气象组织（World Meteorological Organisation，WMO）1986年和2011年主编出版了《可能最大降水估算手册》[2-3]，并推荐采用PMP/PMF方法估计设计洪水。

新中国成立后，我国开始大规模水利水电工程建设，学习沿用苏联的设计洪水估算方法，大中型水库的防洪安全设计以设计洪水过程线为依据[4]，开展了水利水电工程设计洪水计算方法及应用研究。设计洪水的标准和计算方法经历了从历史洪水资料加成法逐步过渡到频率分析计算方法，并在20世纪70年代引入PMP/PMF的发展过程。1979年水利部和电力工业部颁布的《水利水电工程设计洪水计算规范（试行）》（SDJ 22—79），使我国设计洪水有了统一的标准，对指导设计洪水计算、保证设计成果质量起了重要作用。20世纪90年代初修订颁布的《水利水电工程设计洪水计算规范》（SL 44—93），增加了有关设计洪水地区组成和干旱、岩溶和冰川地区设计洪水计算方面的内容，同时相应地出版了

《水利水电工程设计洪水计算手册》[5]。2006年修订颁布的《水利水电工程设计洪水计算规范》（SL 44—2006）（以下简称《规范》）[1]，增加了分期设计洪水、平原河网区设计洪水、滨海及河口地区设计潮位计算等内容。至此我国设计洪水计算在内容和方法上，已经形成了一套比较完整的体系。目前，水利水电规划总院正在修编《规范》，一方面保留了符合我国情况、切实可行的条文，另一方面以多年来我国行之有效的实用方法和科技成果为背景进行补充和发展，体现了科学性、先进性和实用性。

但《规范》主要是针对天然流域和单一水库的设计洪水进行计算，是确定溢洪道尺度和保大坝防洪安全的设计值（可称为“水库建设期设计洪水”），依据设计洪水过程线和下游防洪标准经调洪演算得到的汛期限制水位（简称汛限水位），用于指导水库日常调度运行，既不科学又不合理，无法实现水资源高效利用。

1.2 汛期分期和动态设计洪水

1.2.1 汛期分期设计洪水

分期设计洪水的核心内容包括汛期分期与分期设计洪水计算两个方面。我国地处亚洲季风区气候，河流年内汛期变化具有确定性、随机性、过渡性等特性。现有的汛期分期方法很多，可以概括分为数理统计法和成因分析法两种，分别属于定量和定性分析方法。数理统计法包括模糊分析法、分形分析法、变点分析法、系统聚类法、矢量统计法、相对频率法和圆形分布法等。成因分析法属于定性分析方法，早期应用较为广泛，但由于缺乏科学的数学计算依据，分期带有一定的不确定性，数理统计定量分析方法弥补了这方面的不足。汛期分期的方法很多，各种方法都有各自的优缺点，得到的分期结论会有所差异，至今尚未形成公认的标准方法[6]。

我国现行的分期设计洪水计算方法基于分期最大值系列，采用单变量的皮尔逊Ⅲ型分布进行描述，假定分期设计洪水的频率等于设计标准对应的重现期的倒数，求得各设计频率的分期设计洪水。大量研究表明：现行方法计算的汛期分期设计洪水系统偏小，通过应用它来提高水库兴利效益，是在冒降低水库防洪标准的风险。分期设计洪水既要符合防洪标准，又要能反映洪水的季节性规律。国内外学者在探索同时满足这两个条件的分期设计洪水计算技术方面做了一些尝试，其计算方法主要包括全概率公式法和联合分布法两类。宋松柏等[7] 根据重现期的定义，运用数理统计法推导了独立同分布单变量和多变量水文事件重现期的计算公式。在此基础上，结合现有的三种分期洪水概率模型，推导了年最大洪水重现期与分期最大洪水有关重现期的计算模型和关系式。

1.2.2 汛期动态设计洪水

2010年，王善序[8] 首次提出了水库运用期动态设计洪水的理论和方法。他采用随机过程理论描述径流年内不平稳随机过程，构建相应的水库运用动态设计洪水预报概率模型。他认为：传统的一个防洪标准对应一个设计洪水，这只有当设计涉及的是多年径流过程时才正确。在水库运用面临的不平稳过程，洪灾风险率、动态设计洪水都是时变的，并与入库水情有关。这时，设计洪水也一定是时变的，并与入库水情有关。水库在汛期只有按动态设计洪水预留防洪库容（设置汛期运行水位），才能使水库顺应自然径流演变规律，合理处理防洪与兴利矛盾，既能保证防洪安全又能提高兴利效益。

针对动态设计洪水的估算，王善序[9] 研究了在汛期任一决策时刻估计未来时段设计（洪）水量，如三峡水库可取7～15d的“时段水量”，根据历史观测资料推求时段设计水量，指导水库调度运行。虽然该方法具有一定的理论基础，但其实质是把整个汛期分成更多的未来时段（即更多的分期），这样推求出来的动态设计洪水，无法满足现有防洪标准的要求，其风险要远大于分期设计洪水。

1.3 汛期运行水位动态控制

《中华人民共和国防洪法》第四十四条规定“水库在汛期不得擅自在汛期限制水位以上蓄水”。目前水库调度运行管理沿用建设期的年最大设计洪水及特征值，要求水库每年整个汛期按年最大设计洪水设防，常造成汛期一出现洪水就被迫弃水，而到汛末又往往蓄不满。汛限水位是水库在汛期允许兴利蓄水的上限水位，也称防洪限制水位。在多年的研究和实践中，汛期运行水位控制理论有了很大的发展[10]，按水位的控制方法分，主要经历了单一固定水位控制、分期固定水位控制及分期动态水位控制（汛期运行水位动态控制）三个阶段。单一的水库汛限水位的控制，只利用了洪水的统计信息；分期概念的产生利用了暴雨、洪水季节性变化规律特性分析的结果，改变了整个汛期汛限水位固定不变的调度方式。这两种控制方式都必须要求水库在汛期时刻预防设计与校核洪水事件的发生，使得一些水库在汛期受水位限制不能蓄水，倘若遇到汛后流域降水较少，则又无法蓄满水库，造成汛期雨洪资源的浪费。动态控制理念则在此基础上更进一步利用气象及水文预报的信息，在有效、可靠的预见期内可临时抬高水库水位运行，而确保在大洪水来临之前可回落至汛限水位，达到了在不降低防洪标准的前提下，增加水库效益的目的。水库汛期运行水位动态控制理念的提出，适应当前预报技术的发展水平，能够对即将发生的事件预先进行准确的判断，及时采取合理措施调整水库状态。该方法在一定程度上解决了汛期防洪与兴利的矛盾，具有广阔的应用前景。这里的“动态”是指水库可以利用预报信息在汛期运行水位控制域范围内对其进行实时调整，根据具体情况对汛期水库的水位进行实时动态的管理。相对于以往设定一个汛限水位线（一维）而言，“控制域”（二维）的提出则显得更为科学合理。随着预报技术水平的不断提高，很多水库已经具备了利用先进技术手段指导水库调度的条件，因此继续沿用水库汛限水位进行防洪调度，就不符合事物发展的要求[11]。

邱瑞田等[12] 指出“传统的水库汛限水位的控制，只利用了洪水的统计信息，使水库在汛期要时刻预防设计与校核洪水事件的发生，致使一些水库在汛期不敢蓄水而汛后又无水可蓄，造成洪水资源的浪费。水库汛限水位动态控制的新理念及其综合推理模式指明：需适应当前预报技术的发展水平，通过考虑降雨径流洪水预报与一定时间内的短期降雨预报，排除不可能发生的洪水事件，预报可能发生的洪水，实施水库汛限水位的动态控制。但预报不可避免地存在误差，当小概率预报误差事件发生时，仍可采取弥补措施以确保大坝的防洪安全”。高波等[13] 指出“提高水库洪水预报精度和延长有效预见期是实现水库汛限水位动态控制的关键所在”，提出了综合应用新技术改进水库洪水预报、洪水量级判断和蓄水时机选择的技术途径。在国家自然科学基金、国家重点研发计划等项目的持续支持下，2006 年，王本德和周惠成[14] 撰写出版了《水库汛限水位动态控制理论与方法及其应用》；2011 年，郭生练等[10] 撰写出版了《三峡水库汛限水位动态控制关键技术研究》；2021 年，刘攀等[15] 撰写出版了《水库群汛期运行水位动态控制技术》；这 3 本专著详细总结介绍了水库汛期水位动态控制理论和方法的研究发展，并给出了应用实例。2023 年，郭生练等[16] 通过汛限水位动态控制试点工作的回顾，论述汛限水位设置依据和实际监管中存在的问题，阐述开展汛期水位动态控制的必要性和可行性；归纳总结梯级水库运行期设计洪水、分期汛限水位和汛期水位动态控制的理论及方法；提出需要继续深入研究的科学问题和关键技术；建议加强水利工程基础设施建设，修改完善现有的法律法规和设计洪水计算规范，建立符合新阶段水利高质量发展要求的运行机制，统筹协调防汛抗旱和洪水资源高效利用，实现水库汛期水位动态控制。

1.4 多变量水文分析计算方法

相关性普遍存在于水文事件内部属性之间，例如暴雨的历时和强度、洪水的洪峰和洪量、干旱的历时和烈度等。此外，还存在由于外部原因（如空间联系、因果关系等）引起的相关性，如洪水的遭遇和地区组成、降雨和径流的关系等[17]。深入了解和研究水文现象中的这些相关性规律，对于提高水文分析计算成果的精度和可靠性大有裨益。

早期的多变量水文分析计算研究主要采用边缘分布相同的多变量分布（如多变量正态分布、多变量对数正态分布和多变量 Gumbel 分布等）模型和 Meta - Gaussian 分布模型[18]。这些传统模型通常基于变量之间的线性相关关系而建立，对于非线性、非对称的随机变量难以很好地描述；另外部分模型假定变量服从相同边缘分布，同时对相关性大小也存在一定的限制，影响了其适用性和成果准确性。实际上，水文变量的相关性非常复杂，包括线性相关和非线性相关；水文变量边缘分布既可能服从正态分布，也可能服从偏态分布。因此，如何构建非线性、非正态条件下的多变量联合概率分布模型无疑具有很大的挑战性。Copula 函数是多变量联合分布构建理论与方法的重大突破，它可以将边缘分布和相关性结构分开来研究，且对边缘分布类型没有任何限制，形式灵活多样，可以描述变量间非线性、非对称的相关关系[19]。自 1959 年美国统计学家亚伯拉罕·斯克拉（Abraham Sklar）在统计学中提出 Sklar 定理后，直到 20 世纪 90 年代末才开始广泛应用于金融、财经、保险、精算和风险分析等领域。2003 年，De Michele et al.[20] 将 Copula 函数引入水文水资源领域，首次建立了边缘分布为广义帕累托（Pareto）分布的降雨强度和降雨历时的联合概率分布模型。2004 年，熊立华和郭生练[21] 在国内首次采用 Gumbel-Hougaard Copula 函数构建了长江流域某站点洪峰和洪量的联合分布模型。

近十几年来，Copula 函数引起了国内外水文水资源界的高度关注和兴趣，研究的广度和深度不断推进。大量的研究和应用实践表明，Copula 函数作为构造多变量联合分布模型的一种有效工具，完整地保留了变量间相关性信息，具有很强的灵活性和良好的适用性[22]。刘章君等[23] 根据 Copula 函数在实际问题中的应用背景和水文现象属性类别不同，重点综述近十年来 Copula 函数在水文事件多变量频率分析、水文事件遭遇组合分析、水文随机模拟、水文模型与预报以及其他问题中的最新研究进展，对未来发展方向进行展望。基于 Copula 函数理论的多变量分析方法，为深入开展洪水地区组成和水库运行期设计洪水提供了理论基础和依据。

1.5 考虑上游水库调蓄影响的设计洪水

截至 2019 年年底，全国已建成各类水库 98112 座，水库总库容 8983 亿 m^3，其中大型水库 744 座，总库容 7150 亿 m^3，占全部总库容的 79.59%；中型水库 3978 座，总库容 1127 亿 m^3，占全部总库容的 12.55%；小型水库 93390 座，总库容 706 亿 m^3，占全部总库容的 7.86%[24]。这些水库的调蓄作用显著地改变了河川径流及洪水的时空分配过程。张建云等[25] 分析了 1956—2018 年中国主要江河实测径流量和中国十大水资源区地表水资源的变化和演变特征，发现：①除长江大通站外，中国主要江河代表性水文站实测年径流量均呈现下降趋势；②黄河 2001—2018 年唐乃亥站实测径流量较基准期 1956—1979 年减少 5.9%，花园口站减少 41%；③21 世纪以来，海河、黄河、辽河等流域地表水资源明显减少，进一步加重了区域水资源供需矛盾。段唯鑫等[26] 根据长江上游大型水库群建设运行实际情况，利用 Mann-Kendall 检验法划分了宜昌站建库前后的流量序列，用来评估长江上游大型水库群对宜昌站水文情势的改变情况，发现宜昌站的水文情势已经发生了中等程度的改变，随着长江上游更多的水库建成运行，长江中下游河道径流还将发生进一步的改变。张康等[27] 采用通过层间相关性确定标准重要性（criteria importance through intercricteria correlation，CRITIC）法改进变异范围法研究了水库群串联、并联、混联运行下对下游控制断面水文情势的影响。研究结果表明：随着水库群联合调度数量的增加，长江干支流河道水文情势改变幅度增大，水库串联运行方式使下游断面洪峰滞后，并联运行方式使汛期流量坦化现象更加显著，混联运行方式对水文情势的改变程度主要受调度方式和气候变化的影响。

梯级水库设计洪水，从暴雨上说，是要解决暴雨的地区分布即空间组合问题，并提出用同频率概念控制法和典型年法推求梯级水库的 PMP；从洪水来说，是要解决洪水地区组成问题[28]。《水利水电工程设计洪水计算规范》（SL 44—2006）推荐，洪水地区组成一般采用典型年和同频率组成两种方法。对于单库，一般多考虑同频率组成法及典型年组成法；梯级水库则大多采用典型年组成法或通过自下而上逐级分析的方法拟定，即各级设计洪量可以采用不同的典型洪水进行分配，也可混合采用典型年法及同频率组成法分配洪量。

国外相关的研究很少，主要原因是西方发达国家的水利水电工程到 20 世纪 70 年代已基本建成并投入运行。从查到的文献来看，采用的方法比国内现行方法简单。例如，美国陆军工程兵团分析了不同的防洪规划方案和防洪措施对下游防洪区最大流量的影响，进而确定最优防洪控制策略时，通常采用下述两种方法推求受防洪工程影响后下游断面的设计洪水[29]。

方法一：当有流量资料时，先计算出防洪断面天然情况的设计洪水，根据防洪断面的防洪标准，选择一个大洪水典型，以防洪标准相应的洪峰流量之比为放大系数，线性放大各控制断面的洪水过程线。对防洪工程所在断面的洪水过程线，考虑其调洪效应后得到出流过程线，再与区间的洪水过程线组合（通过流量演算），求得防洪断面调洪后的洪水过程线和最大流量，并假定天然情况最大流量与相应的调洪后的最大流量是同频率的，由此就可以求得调洪后不同频率的最大流量。

方法二：由暴雨资料推求防洪断面以上流域内各控制点的设计点暴雨，在暴雨与洪水同频的假定下，通过暴雨时面深关系和流域模型，将各种频率的暴雨转化成同频率的洪水过程线，然后采用与方法一相同的方法推求出防洪断面受调洪影响后不同频率的最大流量。

不难看出，方法一只相当于国内现行方法中考虑典型年洪水地区组成一种形式。而方法二不仅假定暴雨与洪水同频，而且假定流域内各控制点的暴雨都同频，显然是不合理的。

李天元等[30] 全面综合分析了近十几年来洪水地区组成方法，包括地区组成法、频率组合法、随机模拟法、工程可靠度（JC）法、Copula 函数法等，发现要科学地描述洪水地区组成规律，需要给出各地区洪水的联合概率分布函数。过去由于受到多维联合分布方法的限制，实际应用中只能寻求特定条件下的近似计算，如以上提到的同频率法和典型年法等。近年来 Copula 函数在水文领域的成功应用，使得其推求设计洪水的地区组成成为可能。闫宝伟等[31] 应用 Copula 函数构造了上游断面与区间洪水的联合分布模型，提出和推导了两种有代表性的设计洪水地区组成，即条件期望组成和最可能组成。推求的最可能组成考虑了地区间洪水的空间相关性，更加符合客观实际，为设计洪水地区组成分析计算提供了一条新的途径。李天元等[32] 以 Copula 函数理论为基础，构造了水库断面洪量与区间洪量的联合分布模型，推求了条件概率函数的显式表达式，提出了基于 Copula 函数的改进离散求和法，通过直接对条件概率曲线进行离散，克服了《规范》中离散求和法需要进行变量独立性转换的问题。刘章君等[33] 利用 Copula 函数建立了各分区洪水的联合分布模型，基于联合概率密度最大原则，推导得到最可能地区组成法的计算通式，并用来推求梯级水库下游断面的设计洪水。

上述方法在工程实践中都有应用，但都存在较明显的缺陷。《规范》中的地区组成法虽然简便易行，但人为不确定性较大；频率组合法需要对分区的频率曲线进行离散求和，在独立性转换中难免出现数据失真；对于复杂的梯级水库群，随机模拟法难以保持各分区的洪水涨落特性；JC 法在计算分配洪量的同时，所得的风险或概率值可作为决策者判定其成果可靠性的依据，但是目前国内外在可接受风险方面并无相关参考，这将给决策带来困难。基于 Copula 函数的梯级水库设计洪水方法具有较强的统计基础，且所得设计结果客观合理，但其应用也存在一些问题，如：当上下游水库距离较远时，现有的马斯京根洪水演进方法的精度难以满足要求；当水库数目较多时（$n \geqslant 4$），非对称 Archimedean Copula 嵌套方式的不确定性和误差随水库数量的增加而显著增大，会对分析结果产生较大影响；求解高维非线性方程组的解不稳健。熊丰等[34] 推荐采用 t - Copula 函数建立各分区的联合分布模型，采用蒙特卡洛法和遗传算法（genetic algorithm，GA）求解。

1.6 水库运行期设计洪水的科学技术问题

金兴平[35] 认为水库群的调度可以分为三个层面：一是规划设计层面。在进行水库规划设计时，根据工程的防洪标准、开发任务和规模等，拟定防洪库容、调节库容及其水库的调度运用方案。这时的入库或坝址设计洪水往往选取最恶劣的组合，从偏安全考虑一般都取外包值，调度运用方案也多只考虑单库。二是联合运用层面。随着水库群的不断投运，不论是发挥作用产生效益方面还是对下游水文过程的影响方面，必然造成连锁反应、叠加效应。因此水库群联合运用时，既要从流域的整体调度任务需要出发将水库群的防洪库容或调节库容集中安排使用，又要根据流域与区域、上游与下游、干流与支流调度任务的需求，将流域任务与区域任务解耦到每一座水库。三是实时调度层面，也可以称作预报调度层面。这时面对的是场次洪水，通过分析研判洪水的来源和组成及其未来一段时间的变化趋势等，进一步实时优化调度方案，动态分配各水库调蓄任务，在保证防洪安全的前提下，实现水库群库容和运行水位的动态管理，科学合理利用洪水资源，进一步释放水库群更大的综合效益。

随着一大批大型水电站的开工建设和建成投运，以三峡工程为骨干的长江上游干支流梯级水库群已形成规模，已建或在建总调节库容在 1000 亿 m^3 以上，总防洪库容超过 500 亿 m^3[36]。长江上游水库群的防洪与兴利矛盾表现十分突出，尤其是在汛期和汛末蓄水期，水库之间以及上游同中下游地区之间的水资源利用矛盾更加凸显，常常出现汛期有水不能蓄、不敢蓄，汛后蓄不满的被动局面。水库汛期运行水位动态控制和提前蓄水，虽然可以增加发电量，提高水库蓄满率和汛后水资源供给量，但是汛期运行水位太高会占用一部分的防洪库容，需要定量估算可能增加的防洪风险。

水库群建成投入运行后，洪峰经过水库调蓄后会变小变缓，不同时段（如 1d、3d、7d、15d 洪量）的设计值也会变小。由于下游水库设计洪水变小，在确保防洪安全（包括水库大坝和防洪保护对象）的基础上，水库运行期的水位可以适当上浮。主要的科学技术问题是如何分析计算上游水库调蓄影响下的水库设计洪水过程线，推求科学合理的设计洪水成果，分析确定水库汛期运行水位（因为设计洪水减小）的浮动上限值。因此，如何推求水库运行期的设计洪水过程线及水库特征水位［如汛期防洪控制水位（简称汛控水位，区别于“汛限水位”）］，如何协调各个水库的防洪、发电、航运、供水等调度目标以及水库之间的蓄泄关系，是水库防洪调度和洪水资源化所面临的重大科学技术问题。

水利水电工程兴建和气候环境变化，使流域下垫面和天然河流均发生了巨大的变化，导致水文过程的非一致性。现有规范以天然流量系列推求的水库设计洪水及特征值，主要是用于保证水库长期运用大坝及防洪安全，需要确定水库防洪能力，但无法满足已建水库运行期水资源高效利用的需求。因此，考虑人类活动影响和适应变化环境的水文分析计算，需要研究探讨梯级水库运行期设计洪水理论方法，定量估算上游水库群调蓄对下游断面设计洪水和防洪安全标准的影响，并推求水库运行汛控水位等特征水位，为水库科学调度方案提供理论依据与技术支撑，进一步补充修订我国水利水电工程设计洪水计算规范提供理论基础和科学依据；开展汛期运行水位动态控制和提前蓄水优化调度，不仅有利于协调防洪与兴利的矛盾，而且对于实现洪水资源高效利用，也具有重大的理论价值和现实意义。

现有规范的设计洪水，即“建设期设计洪水”，是为水库防洪能力和大坝安全设计服务的，而“运行期设计洪水”是为水库科学调度决策服务的。作为水库设计洪水的组成部分，两者皆不可或缺、不可替代。当预测水库流域可能发生稀遇大洪水或存在其他重大安全隐患时，按水库建设期年最大设计洪水及其汛限水位调度，可确保大坝和防洪安全；其他时间可按水库运行期设计洪水及汛控水位指导水库调度运行。

1.7 长江上游流域和梯级水库简介

长江是亚洲和中国第一大河，世界第三大河，起源于我国西部青藏高原唐古拉山脉各拉丹冬峰西南侧，正源沱沱河，过通天河段，直达四川宜宾，又称金沙江，在宜宾接纳岷江入流，始名长江，直至湖北宜昌江段，称作长江上游，如图 1.1 所示。长江上游流域位于东经 90°23′～112°04′、北纬 24°28′～35°46′之间，干流穿行于青海、西藏、四川、云南、贵州和湖北等省（自治区），其间左岸有雅砻江、岷江、沱江、嘉陵江等支流汇入，右岸有乌江等支流汇入。上游主河道长度约 4504km，占总河长的 71%；集水总面积约 100 万 km^2，占总流域面积的 56%。由于我国西高东低的地势，上游流域海拔高程差超 6000m，河流走向大多为从西到东，水流湍急，金沙江最为典型，它也是长江上游出口宜昌站泥沙的主要来源。

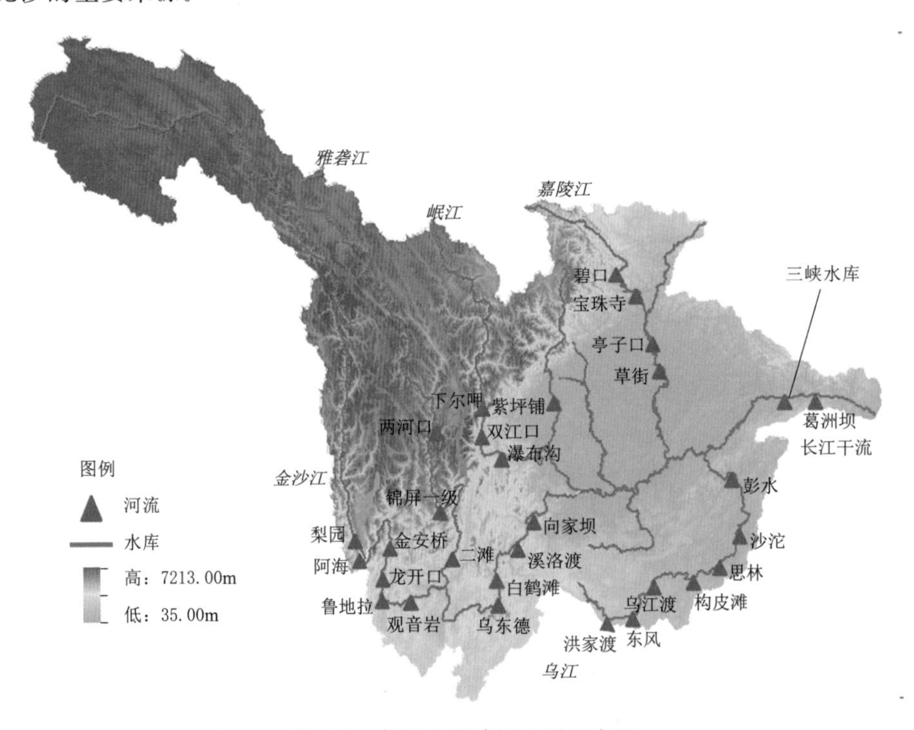

图 1.1 长江上游流域水系示意图

除源头外，长江上游流域大部分地区具有亚热带季风气候特点，雨量充沛，气候湿润。由于幅员辽阔，地形变化大，区域内也经常发生洪涝、干旱、冰雹等自然灾害。突然多年平均年降水量近 1000mm，年内降水却存在时空分布不均匀的特点：空间主要特征为南多北少，除金沙江白玉以上、支流雅砻江炉霍以上，其余广袤地区时有暴雨出现；时间尺度上，冬季（12 月至次年 1 月）降水量分布全年最少，春季逐月增加，多集中在雨季（4—10 月），其降水量可占年降水量的 85%。气候温和，北部多山区域平均气温为 16℃，南边丘陵地区达到 18℃。受降水影响，加之少部分融雪（冰）补给，长江上游出口断面宜昌水文站多年平均年径流量约 4321 亿 m^3。径流年内演变规律与降水相似，分布不均匀，主要集中在夏季 6—10 月，尤以 7—9 月最为集中，有明显的汛期、非汛期之分，汛期的河川径流量一般占全年径流量的 70%～75%；此外，流域径流年际变化则呈现支流大、干流小的物理规律，支流丰、枯迹象明显，随着支流的不断汇入，干流年径流变化趋于稳定，年径流变差系数沿程逐级递减，如河源附近的年径流变差系数为 0.38，攀枝花水文站为 0.17，至宜昌站减小至 0.11。

长江上游径流充沛且较为稳定，天然河道落差或流量大，水利开发条件突出，使其高居我国“水电能源战略基地”之首。经粗略勘测评定，其水能资源蕴藏量超 2 亿 kW，占长江水力资源的 80%左右，技术可开发水电总装机容量达 1.7 亿 kW，富集程度也可称世界之最。干、支流拟规划开发多级水电站，其中，大型水库 111 座，总调节库容 800 余亿 m^3、预留防洪库容 397 亿 m^3，纳入 2022 年度长江流域水工程联合调度范围的水库共计 30 座，见表 1.1[37]。

表 1.1　长江上游流域干支流 30 座梯级水库

河流	主要水文控制站	级数	总装机容量/GW	水　库
金沙江中游	攀枝花	6	13.76	梨园、阿海、金安桥、龙开口、鲁地拉、观音岩
雅砻江	小得石	3	9.90	两河口、锦屏一级、二滩
金沙江下游	华弹、屏山	4	47.81	乌东德、白鹤滩、溪洛渡、向家坝
岷江	高场	4	6.90	紫坪铺、下尔呷、双江口、瀑布沟
嘉陵江	北碚	4	2.60	碧口、宝珠寺、亭子口、草街
乌江	武隆	7	9.34	洪家渡、东风、乌江渡、构皮滩、思林、沙沱、彭水
长江干流	宜昌	2	25.22	三峡、葛洲坝

长江上游典型水库及防洪控制节点拓扑关系如图 1.2 所示。利用水工程联合调度等非工程措施削减洪峰、调蓄洪水、提高流域水旱灾害防御能力是流域防洪减灾和抗旱补水的有效措施。针对长江上游水利水电工程近些年出现的新情况、新变化以及经济社会发展现状和趋势，统筹防洪、发电、航运、供水、生态等流域综合调度目标，本书将选择金沙江中游、雅砻江、金沙江下游、岷江、嘉陵江、乌江梯级水库群为研究对象，以乌东德—白鹤滩—溪洛渡—向家坝—三峡梯级水库作为重点，系统开展长江上游水库群运行期设计洪水及汛期水位动态控制研究。

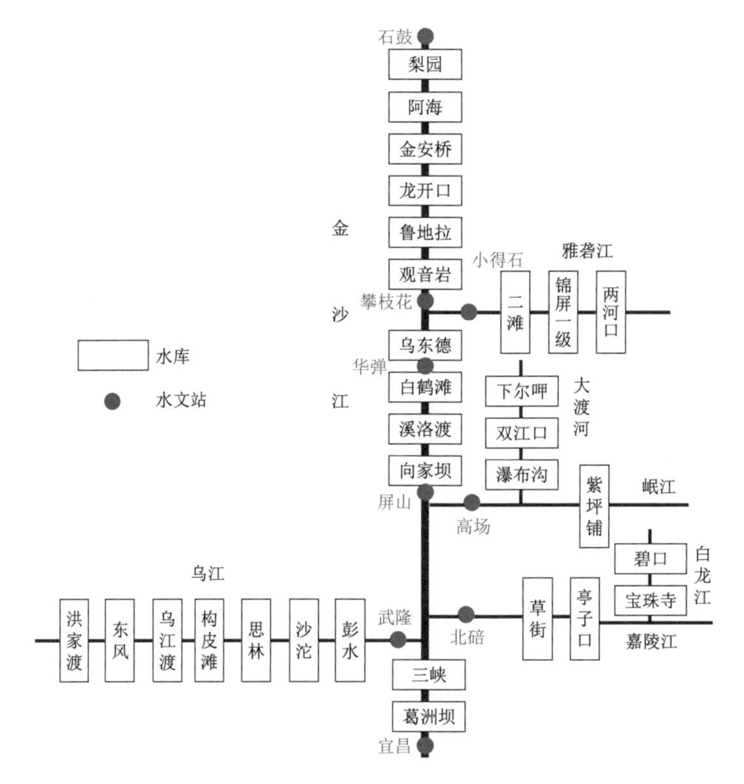

图 1.2 长江上游典型水库及防洪控制节点拓扑关系图

参 考 文 献

[1] 中华人民共和国水利部．水利水电工程设计洪水计算规范：SL 44—2006 [S]．北京：中国水利水电出版社，2006.

[2] WMO. Manual for estimation of probable maximum precipitation [M]. Geneva：WMO，1986.

[3] 世界气象组织．可能最大降水估算手册 [M]．王国安，等，译．郑州：黄河水利出版社，2011.

[4] 郭生练，刘章君，熊立华．设计洪水计算方法研究与展望 [J]．水利学报，2016，47 (3)：302-314.

[5] 长江水利委员会水文局，南京水文水资源研究所．水利水电工程设计洪水计算手册 [M]．北京：中国水利水电出版社，1995.

[6] 方彬，郭生练，刘攀，等．分期设计洪水研究进展和评价 [J]．水力发电，2007，33 (7)：70-75.

[7] 宋松柏，程亮，王宗志．分期设计洪水重现期计算模型研究 [J]．水利学报，2018，49 (5)：523-534.

[8] 王善序．长江三峡水库运用期动态设计洪水 [J]．人民长江，2010，41 (9)：1-4.

[9] 王善序．论水库运用设计洪水 [J]．水资源研究，2015，4 (1)：9-22.

[10] 郭生练，李响，刘心愿，等．三峡水库汛限水位动态控制关键技术研究 [M]．北京：中国水利水电出版社，2011.

[11] 郭生练，刘攀．建立水库汛限水位动态控制推进机制的建议 [J]．中国水利，2008 (9)：1-3.

[12] 邱瑞田，王本德，周惠成．水库汛期限制水位控制理论与观念的更新探讨 [J]．水科学进展，2004，15 (1)：68-72.

[13] 高波，吴永祥，沈福新，等．水库汛限水位动态控制的实现途径 [J]．水科学进展，2005，16 (3)：406-411.

[14] 王本德，周惠成．水库汛限水位动态控制理论与方法及其应用［M］．北京：中国水利水电出版社，2006.

[15] 刘攀，郭生练，等．水库群汛期运行水位动态控制技术［M］．北京：科学出版社，2021.

[16] 郭生练，刘攀，王俊，等．再论水库汛期水位动态控制的必要性和可行性［J］．水利学报，2023，56（1）：1-10.

[17] 闫宝伟，潘增，薛野，等．论水文计算中的相关性分析方法［J］．水利学报，2017，48（9）：1039-1046.

[18] 郭生练，闫宝伟，肖义，等．Copula 函数在多变量水文分析计算中的应用及研究进展［J］．水文，2008，28（3）：1-7.

[19] NELSEN R B. An introduction to copulas［M］. 2nd ed. Berlin：Springer，2006.

[20] DE MICHELE C，SALVADORI G. A Generalized Pareto intensity-duration model of storm rainfall exploiting 2-Copulas［J］. Journal of Geophysical Research Atmospheres，2003，108（D2）.

[21] 熊立华，郭生练．两变量极值分布在洪水频率分析中的应用研究［J］．长江科学院院报，2004，21（2）：35-37.

[22] SCHWEIZER B. Introduction to copulas［J］. Journal of Hydrologic Engineering，2007，12（4）：346-346.

[23] 刘章君，郭生练，许新发，等．Copula 函数在水文水资源中的研究进展与述评［J］．水科学进展，2021，32（1）：148-159.

[24] 中华人民共和国水利部．2020 中国水利统计年鉴［M］．北京：中国水利水电出版社，2020.

[25] 张建云，王国庆，金君良，等．1956—2018 年中国江河径流演变及其变化特征［J］．水科学进展，2020，31（2）：153-161.

[26] 段唯鑫，郭生练，王俊．长江上游大型水库群对宜昌站水文情势影响分析［J］．长江流域资源与环境，2016，25（1）：120-130.

[27] 张康，杨明祥，梁藉，等．长江上游水库群联合调度下的河流水文情势研究［J］．人民长江，2019，50（2）：107-114.

[28] 王国安，李文家．水文设计成果合理性评价［M］．郑州：黄河水利出版社，2002.

[29] FELDMAN A D. HEC models for water resources system simulation on theory and experience［J］. Advances in Hydro-science，1981，（12）：338-344.

[30] 李天元，郭生练，李妍清，等．梯级水库设计洪水方法及研究进展［J］．水资源研究，2012，1（2）：14-20.

[31] 闫宝伟，郭生练，郭靖，等．基于 Copula 函数的设计洪水地区组成研究［J］．水力发电学报，2010，29（6）：60-65.

[32] 李天元，郭生练，刘章君，等．梯级水库下游设计洪水计算方法研究［J］．水利学报，2014，45（6）：641-648.

[33] 刘章君，郭生练，李天元，等．梯级水库设计洪水最可能地区组成计算通式［J］．水科学进展，2014，25（4）：575-584.

[34] 熊丰，郭生练，陈柯兵，等．金沙江下游梯级水库运行期设计洪水及汛控水位［J］．水科学进展，2019，30（3）：401-410.

[35] 金兴平．对长江流域水工程联合调度与信息化实现的思考［J］．中国防汛抗旱，2019，29（5）：12-17.

[36] 魏山忠，郭生练，王俊，等．长江巨型水库群防洪兴利综合调度研究［M］．武汉：长江出版社，2016.

[37] 胡向阳，等．面向多区域防洪的长江上游水库群协同调度策略［M］．北京：中国水利水电出版社，2022.

设计洪水研究进展与热点问题

设计洪水研究已有 100 多年的历史，从初期的简单分析计算发展到目前含有丰富内容的研究与实践，走过了一条不平凡的道路。尽管已经取得了很多研究成果，并积累了较丰富的工程实践，但是仍存在不少需要继续深入探讨的问题[1]。本章在综述比较国内外设计洪水计算方法的基础上，重点回顾我国近年来的主要研究进展，结合丹江口水库设计洪水复核分析偏大的原因，归纳梳理设计洪水研究的几个前沿与热点问题，并展望我国设计洪水未来的研究重点和方向。

2.1　国内外设计洪水研究进展

2016 年，郭生练等[2] 综述了设计洪水计算的研究进展，主要包括洪水抽样方法、分布线型、经验频率公式、参数估计方法、设计洪水过程线、历史洪水和古洪水、区域洪水频率分析、PMP/PMF 等方面的最新研究成果。

2.1.1　洪水抽样方法

洪水样本系列抽样方法主要有两种：年最大法（annual maximum，AM）和超定量法（peak over threshold，POT）。AM 抽样法被我国设计洪水计算规范采用，广泛应用于工程设计与实践[3]。采用 AM 抽样的系列较短，参数估计的样本误差较大，POT 抽样则可以扩大洪水信息使用量[4]。随着国外有关 POT 抽样的研究成果大量面世，我国水文工作者也加大了研究力度，相关成果不断涌现[5]。POT 法的研究核心和难点是如何合理地选择门限值，当前 POT 研究限于对超定量的洪峰流量的频率分析，而对超定量洪量分析的研究甚少，但对大中型工程而言，时段洪量设计值是必不可少的，甚至更重要[6]。因此，POT 抽样尚未纳入各国的计算规范[7]。

2.1.2　分布线型

水文频率分析，不仅要对设计值在已有的资料系列范围内进行内插，更主要的是作外延估计。水文频率曲线实际上是一种资料分布统计规律表达形式的模型，是一种外延或内插的频率分析工具[8]。水文变量的总体分布频率线型是未知的，通常选用能较好拟合多数水文样本资料系列的线型。频率曲线线型，从正态分布、对数正态分布和皮尔逊曲线族开始，将近一个世纪以来，细分之已有几十种[9]。各类频率曲线一般在资料系列范围内的适线结果相近，但外延部分常有较大差别，慎选频率曲线线型非常必要[10]。

目前常用的频率分布线型多为上端无限型。按照水文物理概念，曲线应有上限，但在现有的技术水平下，确定上限有难度，故上端有限型曲线尚未得到采用。频率曲线的参数取 2 个，计算容易但适线弹性差；取 4 个或更多，在资料系列较短的条件下，估计高阶矩则有较大的抽样误差。因此，世界大多数国家选择三参数分布线型，并颁布了设计洪水计算规范或导则，统一采用一种标准分布[11]。我国经过多年分析比较，发现皮尔逊Ⅲ型分布（Pearson type Ⅲ distribution，简称 P3 型分布）对于我国大部分河流的水文资料拟合较好。因此，我国的《水利水电工程设计洪水计算规范》（SL 44—2006）（以下简称《规范》）推荐一般选择 P3 型分布，对特殊情况，经专门分析论证后，也可采用其他线型[12]。

为避开频率计算中困惑多年的线型问题，有学者提出了非参数密度估计方法，如直方图法、Rosenblatt 法、最近邻估计法、核估计法等。但非参数理论和方法还很不成熟，例如存在核函数和窗宽的选择没有统一的标准、无法考虑地区洪水信息、洪水频率曲线的外延有限等不足[13]。

2.1.3 经验频率公式

我国采用适线法推求频率曲线的参数和设计值，因而需要确定绘点位置的经验频率公式[14]。我国从 20 世纪 50 年代开始使用数学期望公式计算经验频率，一直沿用至今。我国许多学者研究发现，该公式的偏差较大[15]。对于含有历史洪水的非连序样本的经验频率公式，一般有分别处理和统一处理两种方法。统一处理法可以避免使用分别处理法时可能会出现历史洪水与实测洪水“重叠”的不合理现象，加之该法的理论基础较强，所以在工程实践中使用更加广泛。钱铁[16] 通过严格的数学推导，提出了一种含有一组历史洪水情况的不连序样本的经验频率公式。Guo[17] 采用历史权矩法，推导出了一组无偏的不连序样本经验频率公式。

我国长期沿用数学期望公式，主要原因是该公式有一定理论基础，而且与其他公式相比，上端偏大下端偏小，对工程设计偏于安全[18]。数学期望公式尽管在连序系列中是无偏的，但扩展到不连序系列后，其频率估计却是有偏的。在 P3 型分布的前提下，建议连序系列采用 Cunnane 公式[19]，不连序系列采用修正公式[17]。

2.1.4 参数估计方法

当频率分布线型选定后，接下来需要估计频率分布的参数。参数估计最简单的方法是矩法，其中三阶矩的估计有较大抽样误差，影响 C_s（偏态系数）的精度；极大似然法与分布形式有关，求解较繁，亦未普遍应用。目前常用的方法有适线法、概率权重矩法、权函数法和线性矩法等[12]。适线法包括经验（目估）适线法和优化适线法两类。经验适线法虽然能灵活地综合各类信息，但拟合优度缺乏客观标准，具有较大的任意性；优化适线法在给定经验频率公式和适线准则的条件下，则可客观地给出 C_v(变差系数) 和 C_s 的估计值。

Greenwood et al.[20] 于 1979 年提出的概率权重矩法 (probability weighted moment, PWM)，适用于分布函数的反函数为显式的参数估计。宋德敦等[21] 将该法推广应用于 P3 型分布，并进一步扩展到不连序样本系列的情形[22]，从而大大拓宽了 PWM 的应用范围。马秀峰[23] 1984 年提出的权函数法，实质是通过引进权函数，增加靠近均值部分的权重，削减两端部分的权重，从而减少了矩差，提高了 C_s 的计算精度。刘光文[24] 1990 年提出了双权函数法，通过引入第二权函数，并用数值积分方法计算权函数矩，达到同时估计 C_s 和 C_v 的目的。陈元芳[25] 将权函数法用于有历史洪水的不连序水文系列 P3 型分布参数估计。Liang et al.[26] 提出了一种改进的双权函数法，将原方法的二阶加权中心矩降低为一阶加权中心矩来进行参数估计。Hosking[27] 于 1990 年定义了线性矩 (L-矩法)，它是概率权重矩的线性组合。该法最大的特点是参数估计值对洪水样本系列中的极大值和极小值远没有在常规矩法中那么敏感，因而参数估计偏差小且更稳健。L-矩法在数学上与 PWM 法等价[28]，但更容易解释，使用更方便，是目前国内外公认的有效参数估计方法。

这些具有较好统计特性的参数估计法的提出，提高了 P3 型分布参数估计的精度，对我国洪水频率计算的研究和应用具有重要意义。丛树铮等[29] 于 1980 年采用统计试验方法，对 P3 型分布曲线分析比较了矩法、极大似然法和适线法。在适线法中分析比较了 7 种不同的适线准则，并建议采用绝对值准则的适线法来估算 P3 型分布参数。周芬和郭生练等[30] 采用理想样本还原准则，对矩法、概率权重矩法、数值积分单（双）权函数法、混合权函数法和线性矩法等 6 种参数估计方法进行比较研究，结果表明：就无偏性而言，对于连序系列，数值积分单（双）权函数法较好，对于不连序系列，线性矩法较好；在稳健性方面，对于连序和不连序系列，线性矩法都是最好的。

2.1.5 设计洪水过程线

《规范》推荐采用同倍比或同频率方法放大典型洪水过程线。同倍比法的优点是计算简单且保持典型洪水过程线形状，缺点是峰、量不能同时满足设计频率。其中，按峰放大适用于洪峰流量起决定影响的工程，如桥梁、涵洞、堤防及调节性能低的水库等；按量放大适用于洪量起决定影响的工程，如分蓄洪区、排涝工程、调节性能很好的大型水库工程等。同频率法的优点是峰、量同时满足设计频率，缺点是计算工作量大，修匀带有主观任意性，不保持典型洪水过程线的形状，适用于峰、量均起重要作用的水利工程[31]。针对同倍比和同频率方法的不足，许多学者进行了研究与改进，以期达到既能同时控制洪峰流量与时段洪量达到设计频率，又不必徒手修匀的目的[32]。

洪水过程实际上是由多个特征量组成的一个有机整体，而传统的设计洪水过程线推求方法都是基于单变量洪水频率分析，没有充分考虑各特征量之间的相关关系[33]。近年来，基于洪峰和洪量联合分析的方法为推求设计洪水过程线提供了新思路。Xiao et al.[34] 从洪水对水库工程的防洪安全不利影响程度的角度，将描述洪水过程的多维变量转化为一维变量，探讨了基于综合多特征量的设计洪水过程线方法。肖义等[35] 和李天元等[36] 分别构造了洪峰与时段洪量之间的两变量和三变量联合分布，结合联合重现期和同频率假定，提出了基于联合分布的设计洪水过程线推求方法。然而，给定一个联合重现期水平，洪水峰量组合结果有无数种，如何在等值线（或等值面）上选择科学合理的设计值非常关键。上述文献通常采用的同频率假定是否合理需要进一步研究。

2.1.6 历史洪水和古洪水

设计洪水的计算成果的可信度与所用资料的代表性密切相关，而资料的代表性又主要受到资料系列长短的制约。叶永毅等[37] 认为处理历史洪水的关键，在于正确审定其流量数值及重现期。调查历史洪水或古洪水并加入实测系列中进行频率计算，是提高设计洪水估计精度的重要途径[38]。我国自 20 世纪 50 年代开始重视在洪水的频率分析中应用历史洪水，迄今已出版有全国调查洪水资料汇编[39]。考虑历史洪水的信息量仍然有限，20 世纪 80 年代中期我国的水文工作者开始探究一种比历史洪水考证期年代更远的古洪水，以增加洪水系列的信息量[40]。

国内外学者都对历史（古）洪水进行过广泛而深入的研究，主要集中在历史（古）洪水重现期及其误差[41]、历史洪水量级误差[42]、历史洪水个数[43] 和不同的取样方式[44] 等因素对设计洪水结果的影响。另外，也有学者对不定量历史洪水进行了研究[45]。

2.1.7 区域洪水频率分析

区域洪水频率分析是提高设计洪水估计精度的另一条有效途径。英国水文研究所 1999 年重新编写的 *Flood Estimation Handbook*[46]，推荐采用区域分析方法估计设计洪水。区域洪水频率分析方法的最大优点是有效利用相邻站的信息，克服单站样本系列资料短缺的不足，并能解决无资料地区设计洪水的估算问题[47]。国外区域洪水频率分析理论与方法已经比较成熟，并得到了广泛应用[48]。

陈元芳等[49] 采用 L-矩法对长江中下游地区 5 个水文站的年最大洪量序列进行区域频率计算，结果表明区域统一的分布线型是 Wakeby 分布。周芬等[50] 以流域特征值和相似流域移置相结合的方法估算指标洪水，采用 P3 型分布作为区域增长曲线，应用 L-矩法估计参数，并进行区域洪水频率分析。熊立华等[51] 综述了国内外区域洪水频率分析方法的研究进展，阐述了进行区域洪水频率分析时应该遵守的几个原则，总结了关于数据检查、水文分区识别及水文分区均匀性检验等几个关键问题的研究结果。杨涛等[52] 采用 L-矩法对珠江三角洲 19 个水位站的最高实测洪水位进行了区域洪水频率计算及空间特征分析。《规范》仍采用单站洪水频率分析，区域频率分析研究不多，尚未进入实用阶段。

2.1.8 PMP/PMF

PMP/PMF 首先由美国于 20 世纪 30 年代提出，虽然目前世界上对 PMP/PMF 没有统一的定义，但普遍认为 PMP 是流域暴雨的近似物理上限，采用一定的方法将其转化为对应的洪水就称为 PMF[53]。包括美国、英国、澳大利亚、印度在内的大多数国家都采用 PMP/PMF 作为重要水库大坝和溢洪道的普遍设计标准[54]。在我国，PMP/PMF 是失事后对下游将造成较大灾害的土石坝工程的最高校核标准[55]。20 世纪 90 年代，我国学者针对 PMF 与万年一遇洪水的关系做了大量的研究和探索工作[56]，对 1994 年颁布的《防洪标准》(GB 50201—94)[57] 取消 PMF 必须大于万年一遇洪水的不当规定起到了积极的促进作用[58]。1999 年，王国安[59] 编写出版了专著《可能最大暴雨和洪水计算原理与方法》，书中详细介绍了水文气象法的原理方法，以及研究进展和存在的问题。王国安等[60]介绍了世界范围内大量实测与调查的点雨量极值，据此求得了世界最大点雨量外包线的新公式，有助于人们分析和认识世界洪水极值的地区分布规律。

PMP/PMF 方法一定程度上避免了频率分析法的某些不足。但由 PMP 推求 PMF 的方法，与用一般暴雨资料推求设计洪水基本相同，基本假定是 PMP 经产汇流计算后得到的洪水就是 PMF[61]。另外，还必须考虑 PMP 条件下的某些产汇流特点。诸如，PMP 一般要比典型暴雨提前产流，净雨历时一般较长，净雨总量显著增大，而降雨损失量则相对较小，即径流系数大；PMF 的汇流计算，应考虑非线性改正等[61]。

频率分析法和 PMP/PMF 方法是计算设计洪水的两种不同途径，前者得出的设计洪水具有明确的频率概念，后者则在一些主要环节上能从物理成因上得到一定的解释[62]。频率分析法强调水文事件偶然性的一面，PMP/PMF 方法则强调必然性的一面，这两种方法都有一定的科学根据和优缺点，应把两者结合起来，使之互相补充，共同推动设计洪水计算理论和方法的发展[63]。目前，世界上大坝防洪标准研究的新趋势是：高风险工程 PMP/PMF 方法和频率分析法并用；低风险工程只用频率分析法；中等风险工程可使用经济风险分析法、PMP/PMF 方法和频率分析法三种方法之一[64]。

2.2 丹江口水库设计洪水偏大原因分析

丹江口水库以防洪、供水为主，兼顾发电和航运任务，作为南水北调中线工程的水源地，直接关系到我国水资源优化配置战略目标的实现。水库设计洪水特征值不仅是影响可调水量的关键因素，还直接关系到水库综合利用效益。

1963 年，丹江口水库的设计洪水经过初期工程论证。1990 年，水利部长江水利委员会（简称长江委）水文局编制的《丹江口设计洪水复核报告》将丹江口水库资料延长至 1989 年，但未对历史洪水的量级及重现期重新考证，复核洪水比初期设计稍微偏小，最终仍采用初期设计成果。丹江口水库控制流域面积 9.52 万 km^2，目前所采用的设计洪水为 $79000m^3/s$，校核洪水为 $118000m^3/s$。长江三峡水库设计和校核洪水分别为 $98800m^3/s$ 和 $124300m^3/s$；三峡水库控制的流域面积（100 万 km^2）是丹江口水库的 10 倍多，但两库的校核洪水差别不大，国内时有专家提出疑问。

丹江口水库从初期工程建成至今已逾 50 年，经历了 1983 年、2005 年、2007 年、2010 年等数次洪水检验，为设计洪水的复核提供了更为翔实的数据支撑。同时，随着科学技术水平的提高，人们对区域性洪水特征有了更深的认识，为丹江口水库设计洪水复核计算提供了技术支撑。2014 年 12 月，南水北调中线一期工程正式通水，丹江口水库的防洪、供水和兴利综合利用的矛盾日益突出，准确合理地复核其设计洪水，对缓解汉江流域水资源供需矛盾、指导水库运行管理和优化调度至关重要。

因此，有必要开展丹江口水库设计洪水复核研究，论证汉江流域历史调查洪水及特大洪水的重现期，研究汉江上游流域可能最大降水和可能最大洪水，分析丹江口水库现有设计洪水偏大的原因及量级，通过比较研究和成因分析，推动相关部门对丹江口水库设计洪水和特征运行水位进行重新复核确定。对于在确保防洪安全的前提下提高水库的综合利用效益，具有重大的理论价值和现实意义[65]。

2.2.1 丹江口水库设计洪水复核

丹江口水库历史调查洪水的结果包含1583年、1867年、1852年、1832年、1693年、1921年和1935年的洪峰和7d洪量，其中1583年（明万历十一年）洪水最大，1935年洪水次之。洪峰流量分别为61000m^3/s和50000m^3/s。本次复核[65]重新查阅了汉江流域史书记录，根据《郧台志》中张国彦的三篇奏疏对1583年大水的描述以及《襄阳府志》和《郧阳志》的重新考证，认定该场洪水至少是1390年（明洪武二十三年）以来最大的洪水，也就是说，该场洪水的重现期不小于625年（1390—2015年）。

现将1583年大洪水的最大历史考证期延长至625年，采用历史调查洪水资料和1929—2014年间共86年的实测系列资料，分别采用我国规范推荐的P3型分布函数、适线法和线性矩法估计参数，构建P3/CF和P3/LM洪水频率模型，计算丹江口坝址考虑历史洪水资料的洪峰和7d洪量设计洪水；采用1929—2014年实测资料系列计算15d洪量的设计洪水，结果列于表2.1。

表2.1　丹江口水库坝址设计洪水成果

阶段	模型	项　目	E_x	C_v	C_s/C_v	设计频率 P				
						0.01%	0.1%	1%	2%	20%
原设计值	P3/CF	洪峰	15700	0.6	2.5	82300	64900	47000	41500	22200
		W_{7d}	50	0.58	2.0	234	188	141	126	71
		W_{15d}	75	0.54	2.0	324	263	200	179	105
此次复核	P3/CF	洪峰	15531	0.56	2.5	75252	59844	43983	39062	21664
		偏差/%	—			−8.56	−7.79	−6.42	−5.87	−2.41
		W_{7d}	45.0	0.59	2.0	212	171	128	114	64
		偏差/%	—			−9.40	−9.04	−9.22	−9.52	−9.86
		W_{15d}	70.5	0.53	2.0	298	243	185	166	99
		偏差/%	—			−8.02	−7.60	−7.50	−7.26	−5.71
	P3/LM	项目	E_x	$L-C_v$	$L-C_s$	0.01%	0.1%	1%	2%	20%
		洪峰	15531	0.55	1.19	70034	56491	42359	37916	21705
		偏差/%	—			−14.90	−12.96	−9.87	−8.64	−2.23
		W_{7d}	45.0	0.54	1.00	190	155	118	107	63
		偏差/%	—			−18.80	−17.55	−16.31	−15.08	−11.27
		W_{15d}	70.5	0.53	0.93	287	236	182	164	99
		偏差/%	—			−11.42	−10.27	−9.00	−8.38	−5.71

注　1. 表格中偏差为复核后设计值与初期设计成果的相对偏差。

2. 洪峰单位为m^3/s；洪量单位为亿m^3。

从表2.1中可以看出，P3/CF模型复核推求的洪水设计值与原成果相比显著偏小，其中千年一遇和万年一遇洪峰设计值分别偏小了7.79%和8.56%，7d洪量设计值分别偏小了9.04%和9.40%；15d洪量设计值分别偏小了7.60%和8.02%。从表2.1中还可以看出，P3/LM模型复核的设计成果进一步偏小，万年一遇洪峰、7d和15d洪量设计值较初期设计值，分别偏小14.90%、18.80%和11.42%。

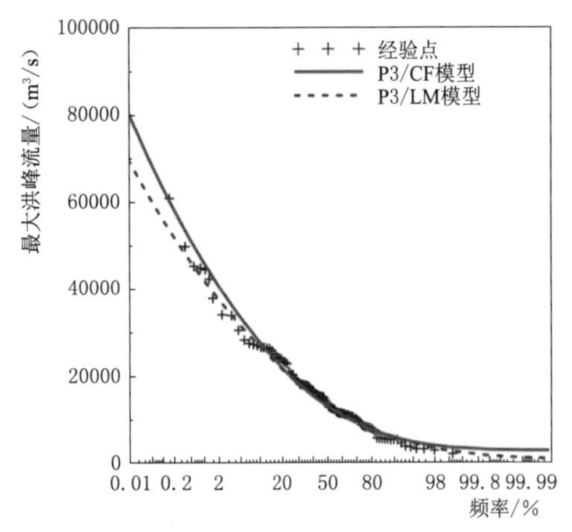

图2.1　丹江口水库年最大洪峰流量-频率曲线

图2.1～图2.3分别绘出了两种洪水频率分析模型下丹江口水库复核年最大洪峰流量、7d和15d洪量的适线结果，可以看出P3/CF模型得到的频率曲线基本上位于P3/LM模型上方；P3/CF模型的理论曲线较多地考虑了特大历史洪水的经验点据，而P3/LM模型的频率曲线则照顾了大部分经验点据，整体的适线效果较好，具有较强的稳健性和无偏性。这说明，经验适线法与线性矩法相比，其设计洪水估计结果偏为保守。

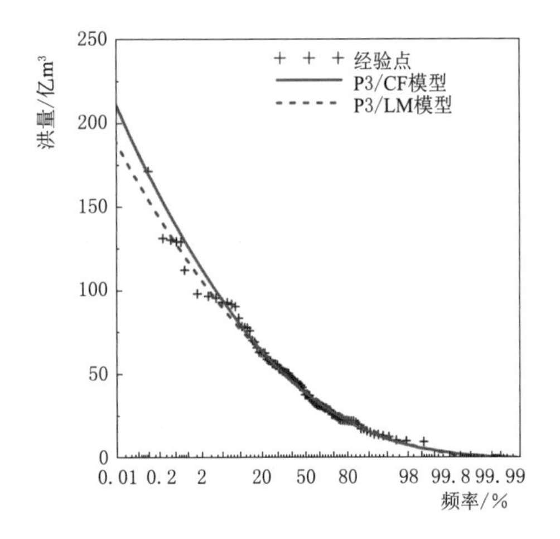

图2.2　丹江口水库年最大7d洪量-频率曲线

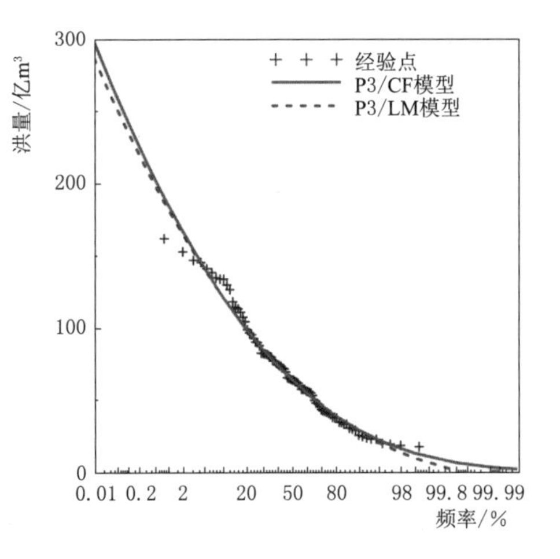

图2.3　丹江口水库年最大15d洪量-频率曲线

基于初期设计洪水成果和P3/CF模型复核后的设计洪水成果，选用1935年7月和1975年8月洪水为典型洪水过程，按照《规范》推荐的同频率放大方法推求设计洪水过程线，以不同水位作为起调水位，根据丹江口水库汛期运行水位补偿调度方案，推求水库特征运行水位。采用复核后P3/CF模型的设计洪水成果时，汛限水位可由原设计的160.0m抬高到162.0m。

2.2.2　丹江口水库古洪水

古洪水（paleoflood）指洪水发生的时间早于现代水文测验和历史（调查）洪水的古代洪水，古洪水水文学（paleoflood hydrology）是第四纪地质学、年代学应用于水文学的一个新发展，它可以提供全新世（距今 11000 年至现代）的洪水资料[66]。近年来汉江上游流域的古洪水研究取得了重大进展[67]，为丹江口水库复核设计洪水提供了宝贵的古洪水资料。郑树伟等[68] 对汉江上游湖北省十堰市郧阳区黄坪村剖面（郧县断面）的沉积学特征及所在河段地貌进行了研究，发现剖面中夹有典型古洪水沉积物，其记录了发生于距今 1700～1900 年的古洪水事件。根据水文学和沉积学原理，利用尖灭点法和平流沉积物（slackwater deposit，SWD）厚度与含沙量关系法恢复的古洪水行洪水位高程分别为 154.95m 和 156.85m，用比降法恢复的古洪水洪峰流量为 65320m³/s 和 74442m³/s。根据 2011 年汉江洪水洪峰痕迹高程用相同方法反推洪峰流量，用 Baker 提出的河流流域面积与洪水洪峰流量关系进行了验证，证实所恢复的古洪水洪峰流量是合理的。

选取两种古洪水结果的均值 69881m³/s 作为汉江郧县断面的古洪水洪峰，采用水文比拟法，按照面积比的 n 次方将郧阳区古洪水推求至丹江口坝址，计算公式如下：

$$Q_{坝}=\left(\frac{F_{坝}}{F_{设}}\right)^{n}Q_{设} \tag{2.1}$$

式中：$Q_{坝}$ 为丹江口坝址古洪水洪峰；$Q_{设}$ 为郧阳区的古洪水洪峰；$F_{设}$ 为郧县断面以上流域面积，取 74863km²；$F_{坝}$ 为丹江口坝址以上流域面积，取 95217km²；n 为面积比指数，洪峰的 n 值一般在 0.5～0.9 之间，结合工程经验，本次分析计算采用 0.52。

根据式（2.1）计算得到丹江口坝址处古洪水洪峰流量为 79000m³/s。

2.2.3 世界各国最大洪水记录和外包线

王国安[59] 收集了中国、美国、墨西哥、苏联、法国、印度、巴基斯坦、孟加拉国、日本、朝鲜、巴西、澳大利亚等多国的大洪水记录，并点汇洪峰流量 Q_m 与流域集水面积 F 的关系图［图 2.4（a)］，对于面积 1000 万～300 万 km² 的外包线，可用如下的经验公式计算：

$$Q_m=1830F^{0.316} \tag{2.2}$$

式中：Q_m 为最大洪峰流量，m³/s；F 为流域集水面积，km²。

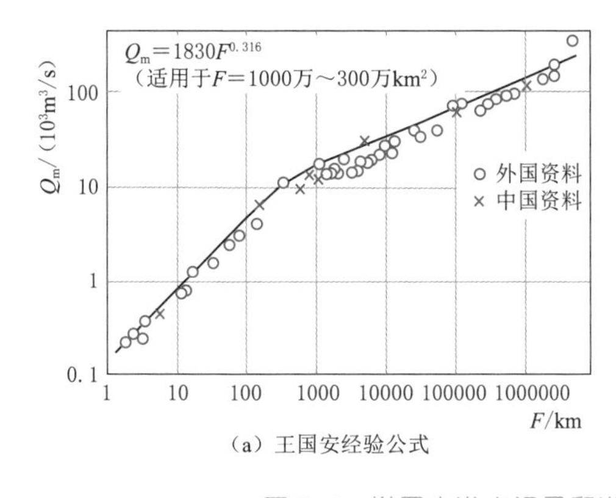

(a) 王国安经验公式

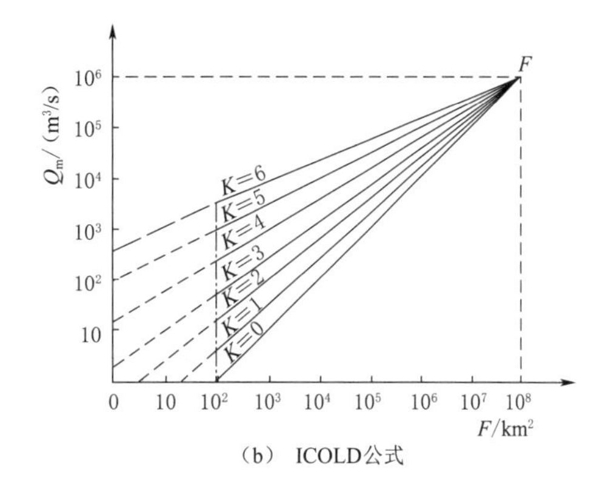

(b) ICOLD公式

图 2.4 世界大洪水记录和洪峰 Q_m 与集水面积 F 的关系

国际大坝委员会（International Commission on Large Dams，ICOLD）在 Bulletin 82 中也给出了最大洪峰流量外包线与流域集水面积 F 的关系图，如图 2.4（b）所示[69]。对

于面积10^2～10^8km^{2}的外包线可用如下的经验公式计算：

$$Q_m = 10^6\left(\frac{F}{10^8}\right)^{1-K/10} \tag{2.3}$$

式中：K为流域系数，一般取值范围为0～6；其他符号意义同前。

丹江口水库流域面积约为95200km^2，代入式（2.3）计算得到外包线最大洪峰流量为68502m^3/s。若采用ICOLD推荐的公式，对于湿润地区，流域系数K一般大于4.5。汉江流域属于湿润或半湿润地区，本书遵循最大洪峰设计偏于安全的原则，将汉江流域系数K取最大值6，得到丹江口水库的外包线最大洪峰流量为61866m^3/s，该值与王国安推荐的经验公式计算结果接近，说明采用两种经验公式计算丹江口水库坝址的最大洪峰比较合理。偏安全考虑，采用68502m^3/s作为丹江口水库洪水外包线的最大洪峰值。

2.2.4 我国PMP/PMF成果偏大的原因分析

我国采用的PMP/PMF成果，绝大部分都是在20世纪70年代后期全国性水库防洪安全复核工作中完成的。对于这些成果，尤其是PMF，普遍存在估计值偏大的现象。这可能是受以下几方面的因素影响导致的：

（1）1975年8月淮河发生的特大洪水使板桥、石漫滩等水库垮坝造成毁灭性的灾害。此后全国开展水库防洪安全复核，由于时间短（仅3～5年）、任务重（几万座水库），对推求PMP的水文气象法不太熟悉，边学边干。

（2）我国的PMP/PMF研究一般是针对某一具体工程，使得具体操作过程中存在较大的经验性和不确定性[69]。尽管估算PMP/PMF所采用的水文气象法有一定物理基础，但事实上，诸如暴雨代表性露点测站的选择、暴雨效率的确定、极大化参数的选取以及暴雨中心的选定、面雨型的设计等均与很多影响因素有关，而且水文气象资料较为缺乏，设计人员的个人经验也存在一定差异，这导致PMP/PMF估计成果的误差很大[70]。

（3）特大暴雨的形成与天气形势（包括暴雨天气系统和大气环流形势）有很大关系[71]。若对暴雨的天气系统推断不够准确，不合理地移置1935年7月、1963年8月和1975年8月等特大暴雨，则可能导致PMP估计成果偏大。

（4）从推求PMP/PMF的具体方法来看，它们都是从物理成因出发，且方法的一些主要环节基本上是建立在物理成因分析的基础上的，但是有一些环节如暴雨移置、组合以及极大化因子的选取仍带有一定的经验性和任意性，同时在极大化原理上还存在一些问题，这就给成果带来一定的误差和变幅。

（5）由PMP转化为PMF的方法存在一定任意性。确定PMP的时空分布特征，需要估算暴雨的中心位置、雨轴走向、暴雨面积和雨量的时程分配，这四个变量一般需要通过试算来确定，在将PMP转化为PMF时人为因素导致了PMF偏大。

（6）我国1979年颁布的《设计洪水规范》（SDJ 22—79）规定PMF不得小于万年一遇洪水，而万年一遇洪水是通过频率曲线的过分外延得到的，本身也存在不确定性的问题，受这一规定影响，设计人员必定会在估算PMP/PMF过程的部分环节偏于保守、层层加码，导致最终估算结果偏大。

2.2.5 我国设计洪水计算方法偏大的原因分析

我国设计洪水计算规范偏于安全、保守。分析设计洪水成果偏大的原因，主要是在于以下几个方面：

（1）采用数学期望公式在推求设计洪水时具有较大的偏差和均方差。尽管在连序系列中，数学期望公式频率估计是无偏的，但扩展到不连序系列后，其频率估计是有偏的。与其他公式相比，数学期望公式 $m/(n+1)$ 上端偏大下端偏小，对工程设计偏安全[72]。

（2）采用矩法估计参数的初值，并假定 C_s、C_v 成倍比，将各项洪水的数值和相应的经验频率点绘在频率格纸上，以统计参数的初估值绘制洪水频率曲线，如果理论曲线与经验频率点据拟合不够好，可调整统计参数，直至曲线与点据拟合较满意为止。经验适线法的人为任意性较大，一般总是要尽可能照顾历史洪水（或大洪水）点据，哪怕是高悬的“天灯”，也要尽量靠近它[73]。例如，矩法估计得到丹江口水库的洪峰系列（含历史洪水）的 C_v 值为 0.55，C_s 值为 0.98。为了靠近历史洪水点据，把 C_s/C_v 的倍比值增大到 2.5。在样本均值和 C_v 不变时，增大 C_s 将使频率曲线上段变陡，下段变平，中段变低，适线的结果必然偏大[74]。

（3）《规范》推荐采用 P3 型分布曲线。当 C_s 值小于 2 时，其下限小于 0，这显然不符合江河洪水现象特征，江河洪水不应为负值。又当 C_s 值大于 2 时，P3 型频率曲线中下段变得很平坦，以至难以与实际经验点据拟合好[75]。

（4）《规范》推荐采用历史洪水调查资料。在 20 世纪 50—60 年代，当时的实测资料系列很短，开展历史洪水资料调查是有必要的，只要调查估算的重现期和历史洪水的洪峰、洪量比较接近实际，则可大幅度提高设计洪水的计算精度；否则很容易造成历史洪水年限失真和估算的洪峰洪量严重偏大。

2.2.6 复核结果

将丹江口洪水资料延长至 2014 年，考证了 1583 年历史调查洪水的重现期，将其延长至 625 年，增加了丹江口水库流域古洪水的研究成果，利用世界各国大洪水记录外包线计算丹江口水库坝址的最大洪水，采用 P3/CF 和 P3/LM 模型复核了丹江口水库设计洪水，推求了设计洪水过程线和水库汛限水位，分析讨论了 PMP/PMF 和设计洪水估算方法造成结果偏大的原因[65]。主要研究结论如下：

（1）丹江口水库采用万年一遇加大 20%作为校核洪水，洪峰流量高达 $118000m^3/s$，比世界纪录大洪水外包线估计值 $68500m^3/s$ 偏大 72.26%；比推算的丹江口水库坝址古洪水 $79000m^3/s$ 偏大 49.37%。

（2）丹江口水库在初期设计时调查了 6 场历史洪水，其中 1583 年洪水是历史调查的最大洪水，经过重新考证其最大历史调查期至少不低于 625 年。P3/CF 模型的复核成果与初期设计值相比，千年一遇和万年一遇洪峰设计值分别偏小了 7.79%和 8.56%，7d 洪量设计值分别偏小了 9.04%和 9.40%；P3/LM 模型复核的设计成果进一步偏小，万年一遇洪峰、7d 和 15d 洪量设计值较初期设计值分别偏小了 14.90%、18.80%和 11.42%。

（3）建议丹江口水库坝址设计洪水（千年一遇）取 P3/CF 和 P3/LM 模型计算结果的

均值，取整为58000m³/s，原设计值为79000m³/s，偏大了21000m³/s（或36.21%）；坝址校核洪水（万年一遇）取两个模型复核结果、古洪水和外包线四种方法估计值的均值，再加大10%安全系数，取整为80500m³/s，换言之，原校核洪水118000m³/s，偏大37500m³/s（或46.58%）。

（4）采用复核后的P3/CF模型设计洪水成果，通过调洪演算得到的汛限水位可抬高2.0m。丹江口水库设计的夏秋汛期的汛限水位分别为160.0m和163.5m。在确保防洪安全的前提下，可以把夏秋汛限水位分别提高到162.0m和165.0m，供水和发电效益显著。

我国在20世纪兴建了几千座大中型水利水电工程，随着资料年限的延长、水库功能调整以及上下游边界条件的变化，有必要开展水库设计洪水的复核研究，依据水库的功能重新确定特征运行水位，充分挖掘和发挥水库的综合利用效益，具有重大的现实意义。

2.3 设计洪水研究前沿与热点问题

近些年来，国内外水文学者对设计洪水计算进行了广泛和深入的研究，在总结国内外最新研究成果的基础上，可将该研究方向的前沿与热点问题归纳为如下四个方面：①多变量设计洪水计算；②非一致性洪水频率分析；③基于水文物理机制的洪水频率分析；④设计洪水不确定性研究。

2.3.1 多变量设计洪水计算

洪水事件作为一种多变量随机水文事件，需要多个特征量（如洪峰、时段洪量等）才能完整描述，且各个特征变量之间存在一定的相关关系。现行频率分析往往只挑选某一特征量来进行单变量分析，无法全面反映洪水事件的真实特征，难以达到设计的要求[76]。近年来，多变量联合分析成为设计洪水计算领域的一个研究热点，并被证实比单变量分析更能全面地描述水文事件的内在规律[77]。多变量设计洪水研究的关键技术包括多变量洪水联合分布构建方法、多变量洪水重现期的定义方式和多变量洪水设计值的选择准则等三个方面[78]。

国内外学者应用Copula函数构建多变量联合分布，它可采用任意形式的边缘分布函数来推求联合分布函数，具有很强的灵活性和适应性[79]。多变量重现期的定义由于涉及多个洪水变量的组合，因而比单变量情形更加复杂，最常用的主要有AND、OR以及Kendall重现期等[80]。对于给定的洪水多变量重现期水平，存在满足防洪标准的无穷多种洪峰、洪量组合，它们构成了一条等值线（或一个等值面），存在较大的不确定性，如何根据一定的准则科学合理地选择设计值已成为另一个关键问题[81]。尽管目前关于多变量洪水频率分析的研究已经比较多，但大多仅限于构建多变量洪水联合分布，在此基础上进行联合重现期和条件概率的分析[82]。如何在多变量框架下进行洪水联合设计值估算及风险评估仍然是一个有争议的问题，应加强这方面的研究[83]。

2.3.2 非一致性洪水频率分析

洪水频率分析计算需满足独立随机同分布假设，其中“同分布”是指洪水样本在过去、现在和未来均服从同一总体分布，即样本应具有一致性[84]。然而，由于气候变化及人类活动的影响，一致性的假设受到挑战，传统频率计算方法获得的设计结果的可靠性受到质疑。近些年来非一致性洪水频率分析已成为设计洪水研究的一个前沿问题，核心内容包括水文序列非一致性诊断技术与非一致性洪水频率分析方法两个方面[85]。国内外水文学者提出了许多非一致性检验方法，其中应用最广泛的是非参数方法，包括 Mann-Kendall、Spearman、贝叶斯等方法[86]。由于各种检验方法的结果可能存在差异，谢平等[87]提出了水文变异诊断系统，对各种方法的结果进行综合，以期使变异检验结果更加可靠。

国内外学者在非一致性洪水频率分析方法方面做了很多有益的探索。基于还原/还现途径是目前国内较为常用的方法，认为非一致性水文序列由确定性成分和随机性成分构成，确定性成分通常被定义为非一致性成分，而随机性成分为一致性成分[88]。事实上，还原/还现涉及的因素很多，是一个非常复杂的问题，其一致性修正成果的可靠性一直存在争议[89]。国内外发展的趋势是基于非一致性极值系列直接进行水文频率分析的方法，代表性的成果主要有时变矩法[90]、混合分布法[91] 和条件概率分布法[92]，尤以时变矩法研究最多。

目前，国内外非一致性水文频率分析研究重点主要集中于单变量情形，对多变量的研究还处于起步阶段。多变量水文序列的非一致性包括两方面的内容，即边缘分布的非一致性和相关结构的非一致性[93]。边缘分布的非一致性问题本质上就是单变量非一致性问题，因此多变量非一致性的核心是相关结构的非一致性[94]。冯平等[95] 在对单变量洪水进行变点分析的基础上用混合分布分别拟合了洪峰、洪量的边缘分布，并用 Copula 函数构建了峰量的联合分布，推求了两变量设计洪水。Bender et al.[96] 通过 50 年滑动窗描述莱茵河 1820—2011 年间的洪峰、洪量序列边缘分布参数和 Copula 函数参数的时变性，发现两者均存在非一致性。针对多变量水文序列非一致性的诊断、非一致性条件下的频率分析方法、多变量洪水重现期和联合设计值的推求等问题仍需要更为广泛和深入的研究。

2.3.3 基于水文物理机制的洪水频率分析

变化环境将导致过去的实测洪水资料无法反映未来洪水的变化规律，传统的水文频率计算方法暴露出其内在缺陷，有学者提出了基于水文物理机制的洪水频率分析方法，通常称之为洪水频率分布推导（derived food frequency distribution，DFFD）法[97]。这种方法最大的优点在于推求洪水频率曲线的过程中直接包含了降雨径流模型，同时使用了气候因子和流域特征值，因此可用于研究气候和土地利用变化对洪水频率曲线的影响，也是解决无径流资料地区设计洪水计算问题的一种有效途径[98]。按照处理方式的不同，又可分为解析解推导和蒙特卡洛模拟两种方法。其中，解析解推导法[99] 先建立洪峰或者洪量与气候因子和流域特征值之间的关系式，然后构建各解析变量的联合分布，最后通过推求相关随机变量函数的概率分布方法得到洪水频率曲线。蒙特卡洛模拟法的实质是耦合随机降水模型和流域水文模型，得到长系列的流量过程，从中统计得到洪水频率曲线[100]。在建立反映暴雨特性的随机降水模型时，通常要考虑降雨强度、历时和总量的内在相关性，构建其联合概率分布。随着联合分布构建技术和计算能力的提高，这种方法已被越来越多的水文学者采用[101]。

解析解推导法和蒙特卡洛模拟法各有优点，相互补充。解析解推导法能得到洪水频率分布的显式表达式，但由于要对暴雨洪水模型进行简化，一定程度上会影响成果的精度[102]。相比之下，蒙特卡洛模拟法的精度虽然往往更高，但是不能清晰明了地给出洪水频率分布与气候、流域特征的关系，且计算量较大[103]。解析解推导法的难点在于如何科学合理地简化暴雨洪水模型以得到解析表达式，蒙特卡洛模拟法的关键则在于如何建立能考虑暴雨特征量之间内在相关性的随机降水模型。

2.3.4 设计洪水不确定性研究

通常采用单变量洪水频率分析法推求设计洪水。在此框架下一般包括样本抽样、线型选取和参数估计等三个方面的内容[104]。由于采用的水文极值样本系列通常长度较短，样本对总体的代表性不高，存在着抽样的不确定性，同时，不论采用哪一种线型，都还缺乏物理依据，只是一种经验拟合，因此线型选择具有不确定性。此外，由于资料的短缺以及估计方法的不足，参数估计也存在着不确定性。如何定量评价这些不确定性，并在工程设计中加以合理考虑，具有重要意义[105]。

从已有的研究来看，线型选择和参数估计的不确定性研究主要是基于贝叶斯理论[106]。目前大多数研究是分别针对线型选择或参数估计不确定性进行的。为了对不确定性做出更完整的描述，梁忠民等[107] 提出了同时考虑这两种不确定性的 P3 型分布设计值估计及其不确定性评价方法。相较于线型选择和参数估计的不确定性，关于样本抽样不确定性的研究相对较少。工程实践中通常采用经验安全系数法近似考虑设计值的抽样误差。熊立华等[108] 定量描述了给定样本长度和设计频率下采用 P3 型分布计算设计洪水的可靠性。刘攀等[109] 给出了不同偏态系数和设计频率情形下，采用线性矩法估计参数时的抽样误差。胡义明等[110] 利用 Bootstrap 方法研究了样本抽样不确定性，表明所提方法比经验安全系数法更加科学合理。现有不确定性分析研究主要针对一个或两个方面，亟待建立一套同时考虑三类不确定性的不确定性综合评价方法。

国内外设计洪水不确定性研究的重点主要集中于单变量情形，对多变量的研究甚少。多变量情形下除了涉及边缘分布的不确定性外，还要考虑相关性结构（Copula 函数）类型及其参数估计的不确定性[111]。边缘分布的不确定性分析本质上就是单变量不确定性问题，因此多变量设计洪水不确定性研究的核心是 Copula 函数的不确定性及其边缘分布不确定性的耦合技术。Tong et al.[112] 的研究结果表明最佳 Copula 函数严重依赖于样本长度。Serinaldi[113] 引入多元分位数联合置信区间的概念，提出了一种可以考虑抽样不确定性的多变量洪水设计值选择方法。Dung et al.[114] 提出了量化二元洪水频率分析综合不确定性分析方法，发现估算的两变量洪水设计值的抽样不确定性远大于模型和拟合的不确定性。虽然国外已经开始多变量设计洪水不确定性的研究，但仍处于起步阶段，而相关研究在国内则尚未发现。如何对边缘分布和 Copula 函数的不确定性进行耦合是研究的难点。此外，目前研究都是针对两变量而言的，为了更全面地描述洪水事件有时需要 3 个甚至 3 个以上的随机变量，因此三变量乃至更高维数的设计洪水不确定性分析方法需要进一步研究[115]。

2.4 关于我国设计洪水研究方向的建议

综合上述国内外设计洪水研究进展和评价，建议进一步深入开展以下几个方向的研究工作，为再次修编我国设计洪水计算规范提供技术支撑。

(1) 洪水线型问题。我国的洪水线型一直采用 P3 型分布曲线，但当 $C_s/C_v<2$ 时，其下限小于 0，这显然不符合江河洪水现象特征；当 $C_s \geqslant 2$ 时，P3 型分布频率曲线中下段变得很平坦，以至于难以与实际经验点据拟合好。数学期望公式上端偏大下端偏小，对工程设计偏安全；当扩展到不连序系列后，其频率估计是有偏的。经验适线法假定 C_s 值为 C_v 的倍比关系，人为任意性较大，一般总是要尽可能照顾历史洪水（或大洪水）点据，导致推求得的稀遇设计洪水偏大。在调查历史洪水资料时，也总是倾向于把洪峰、洪量数值定得偏大或者是重现期偏小。总之，我国设计洪水计算的各个环节都偏于安全保守，这种“层层加码”的做法，必然导致我国设计洪水值普遍偏大，造成一些不必要的投资浪费。

(2) 设计洪水过程线问题。我国常采用放大典型洪水过程得到的设计洪水过程线作为水库防洪安全设计的依据，适用性一直存在争议。争论的焦点是这种方法能否达到指定的防洪标准，当前做法假定防洪安全标准等同于洪水特征量的频率，就水库防洪安全而言，最重要的因素是坝前最高水位。因此，以超过坝前最高水位的频率来度量防洪安全标准更加合理。实际工程中具体如何应用有待进一步研究。

(3) 区域洪水频率分析问题。英国、美国等的设计洪水规范都推荐采用区域洪水频率分析方法。我国的设计洪水规范则仍然采用单站洪水频率分析，区域洪水频率分析的研究深度和广度远远不够，建议加强这方面的研究与应用工作。

(4) PMP/PMF 估计问题。我国的 PMP/PMF 计算成果，绝大部分都是在 20 世纪 70 年代后期所进行的全国性水库防洪安全复核工作中所完成的，一般是针对某一具体工程开展工作，在计算过程中存在较大的不确定性和经验性，基本上存在估值偏大的现象。因此，应借鉴国外先进的做法，开展全国流域（区域）性的 PMP/PMF 估计，并编制全国 PMP/PMF 估算结果分布图。

(5) 分期设计洪水问题。各种汛期分期方法得到的分期结论可能会存在较大差异，至今尚未形成公认的方法。因此，如何得到符合流域暴雨洪水特性的分期方案是有待进一步研究的问题。此外，联合分布法假定各分期洪水同频率的合理性也需要深入探讨。

(6) 梯级水库设计洪水问题。地区组成随着水库数量的增加变得越来越复杂，最可能组成法和多站洪水模拟是两种具有良好前景的方法。另外，无资料地区的梯级水库设计洪水、梯级水库分期设计洪水以及梯级水库溃坝设计洪水等都是有待进一步深入研究的问题。

(7) 多变量设计洪水计算问题。目前对多变量洪水重现期的定义有很多种，如何选择具有物理机制的重现期极为重要。另外，对于给定的重现期水平，存在无穷多种满足防洪标准的洪峰、洪量组合，如何合理地选择设计值是关键，亟待加强这方面的研究工作。

（8）非一致性洪水频率分析问题。水文序列的非一致性不能简单地根据统计检验的结果得出，还需要从机理方面支撑检验结果。时变矩法是描述水文序列非一致性的有力数学工具，研究以物理因子作为解释变量是该方法进一步的研究方向。目前国内外对多变量非一致性水文频率分析的研究还处于起步阶段，有必要加强这方面的研究[116]。

（9）基于水文物理机制的洪水频率分析问题。解析解推导法的难点在于如何科学合理地简化暴雨洪水模型以得到解析表达式，蒙特卡洛模拟法的关键则在于如何建立能考虑暴雨特征量之间内在相关性的随机降水模型。国外对这一问题的研究较多，已经取得了一些成果，而我国目前相关的研究鲜有报道，建议开展这方面的研究。

（10）设计洪水不确定性研究问题。当前的单变量洪水频率分析主要针对样本抽样、线型选择和参数估计三个方面中的一个或两个，亟待建立一套同时考虑三类不确定性的综合评价方法。多变量设计洪水不确定性的研究仍处于起步阶段，相关研究在国内则尚未发现。因此，应该加强这些研究以补充完善设计洪水不确定性分析理论体系。

参考文献

[1] 郭生练．设计洪水研究进展与评价［M］．北京：中国水利水电出版社，2005.

[2] 郭生练，刘章君，熊立华．设计洪水计算方法研究进展与评价［J］．水利学报，2016，47（3）：51－64.

[3] 王善序．洪水超定量系列频率分析［J］．人民长江，1999，30（8）：23－25.

[4] 张丽娟，陈晓宏，叶长青，等．考虑历史洪水的武江超定量洪水频率分析［J］．水利学报，2013，44（3）：268－275.

[5] 陈子燊，刘曾美，路剑飞．基于广义 Pareto 分布的洪水频率分析［J］．水力发电学报，2013，32（2）：68－73.

[6] 叶长青，陈晓宏，张丽娟，等．变化环境下武江超定量洪水门限值响应规律及影响［J］．水科学进展，2013，24（3）：392－401.

[7] 戴昌军，梁忠民，栾承梅，等．洪水频率分析中 PDS 模型研究进展［J］．水科学进展，2006，17（1）：136－140.

[8] 金光炎．水文频率分析述评［J］．水科学进展，1999，10（3）：319－327.

[9] 李松仕．几种频率分布线型对我国洪水资料适应性的研究［J］．水文，1984，（1）：1－7.

[10] 叶长青，陈晓宏，邵全喜，等．考虑高水影响的洪水频率分布线型对比研究［J］．水利学报，2013，44（6）：694－702.

[11] CUNNANE C. Statistical distributions for flood frequency analysis［R］. Geneva：WMO Operational Hydrology Report，1989.

[12] 中华人民共和国水利部．水利水电工程设计洪水计算规范：SL 44—2006［S］．北京：中国水利水电出版社，2006.

[13] 王文圣，丁晶．非参数统计方法在水文水资源中的应用与展望［J］．水科学进展，1999，10（4）：458－463.

[14] 华家鹏．关于不偏的洪水经验频率公式的研究［J］．水文，1984（4）：5－11.

[15] JI X，DING J，SHEN H，et al. Plotting positions for Pearson type 3 distribution［J］. Journal of Hydrology，1984，74：1－29.

[16] 钱铁．在有历史洪水情况下洪水流量经验频率的确定［J］．水利学报，1964，2：50－54.

[17] GUO S L. Unbiased plotting position formulae for historical floods［J］. Journal of Hydrology，1990，121：45－61.

[18] 朱元甡，梁家志．$m/(n+1)$ 公式可以休矣！[J]. 水文，1991 (5)：1-7.

[19] CUNNANE C. Unbiased plotting positions-a review [J]. Journal of Hydrology，1978，37：205-222.

[20] GREENWOOD J A，LANDWEHR J M，MATALAS C N，et al. Probability weighted moments：definition and relation to parameters of several distributions expressible in inverse form [J]. Water Resources Research，1979，15 (5)：1049-1054.

[21] 宋德敦，丁晶．概率权重矩法及其在P-Ⅲ型分布中的应用 [J]. 水利学报，1988 (3)：1-11.

[22] 宋德敦．不连序系列统计参数计算的新方法：概率权重矩法 [J]. 水利学报，1989 (9)：25-32.

[23] 马秀峰．计算水文频率参数的权函数法 [J]. 水文，1984 (2)：1-8.

[24] 刘光文．皮尔逊Ⅲ型分布参数估计 [J]. 水文，1990 (4)：1-15；(5)：1-14.

[25] 陈元芳．一种可考虑历史洪水的马氏权函数法研究 [J]. 水科学进展，1994，5 (3)：174-178.

[26] LIANG Z M，HU Y，LI B，et al. A modified weighted function method for parameter estimation of Pearson type three distribution [J]. Water Resources Research，2014，50 (4)：3216-3228.

[27] HOSKING J R M. L-moments：Analysis and estimation of distribution using linear combinations of order statistics [J]. Journal of Royal Statistical Society，1990，52 (1)：105-124.

[28] 李松仕．关于线性矩法与概率权重矩法同解关系的分析研究 [J]. 水文，2004，24 (3)：30-32.

[29] 丛树铮，谭维炎，黄守信，等．水文频率计算中参数估计方法的统计试验研究 [J]. 水利学报，1980 (3)：1-14.

[30] 周芬，郭生练，肖义，等．P-Ⅲ型分布参数估计方法的比较研究 [J]. 水电能源科学，2003，21 (3)：10-13.

[31] 丁晶，邓育仁，侯玉，等．水库防洪安全设计时设计洪水过程线法适用性的探讨 [J]. 水科学进展，1992，3 (1)：45-52.

[32] 鲍尔明．一种设计洪水过程线放大方法的探讨 [J]. 水文，1984，3：24-28.

[33] 孙保沭，许拯民．计算修匀设计洪水过程线方法探讨 [J]. 水文，2007，26 (6)：63-64.

[34] XIAO Y，GUO S L，LIU P，et al. Design flood hydrograph based on multi-characteristic synthesis index method [J]. Journal of Hydrologic Engineering，2009，14 (12)：1359-1364.

[35] 肖义，郭生练，刘攀，等．基于Copula函数的设计洪水过程线方法 [J]. 武汉大学学报（工学版），2007，40 (4)：13-17.

[36] 李天元，郭生练，闫宝伟，等．基于多变量联合分布推求设计洪水过程线的新方法 [J]. 水力发电学报，2013，32 (3)：10-14.

[37] 叶永毅，陈志恺．洪水频率分析中历史洪水资料的处理 [J]. 水利学报，1962 (1)：1-7.

[38] STEDINGER J R，COHN T A. Flood frequency analysis with historical and paleoflood information [J]. Water Resources Research，1986，22 (5)：273-286.

[39] 骆承政．中国历史大洪水调查资料汇编 [M]. 北京：中国书店出版社，2006.

[40] 詹道江．洪水计算的新途径：古洪水研究 [J]. 河海大学学报（自然科学版），1988，16 (3)：11-20.

[41] 费永法．历史特大洪水对设计洪水频率曲线参数及设计值的影响 [J]. 水力发电学报，1999 (4)：45-50.

[42] 黄振平，王春霞，马军建．历史洪水重现期的误差对设计洪水的影响 [J]. 河海大学学报，2002，30 (1)：79-82.

[43] GUO S L，CUNNANE C. Evaluation of the usefulness of historical and palaeological floods in the quantile estimation [J]. Journal of Hydrology，1991，129：245-262.

[44] 谢悦波，李致家．频率计算加入古洪水资料后对设计洪水的作用 [J]. 河海大学学报，1995，23 (6)：99-103.

[45] 谢悦波，刘晓风，王平，等．加入古洪水资料后设计洪水成果合理性分析 [J]. 河海大学学报，2000，28 (4)：8-12.

[46] Institute of Hydrology. Flood estimation handbook [M]. Vol. 1-5，Institute of Hydrology，Wallingford，UK，1999.

[47] CUNNANE C. Methods and merits of regional flood frequency analysis [J]. Journal of Hydrology，1988，100 (1)：269-290.

[48] HOSKING J R M，WALLIS J R. Regional frequency analysis：an approach based on L-moments [M]. Combridge：Cambridge University Press，2005.

[49] 陈元芳，沙志贵．线性矩法在长江中下游区域水文频率计算中的应用 [J]. 河海大学学报（自然科学版），2003，31 (2)：207-211.

[50] 周芬，郭生练，肖义．无资料地区设计洪水的区域频率分析 [J]. 人民长江，2004，35 (5)：29-31.

[51] 熊立华，郭生练，王才君．国外区域洪水频率分析方法研究进展 [J]. 水科学进展，2004，15 (2)：261-267.

[52] 杨涛，陈喜，杨红卫，等．基于线性矩法的珠江三角洲区域洪水频率分析 [J]. 河海大学学报（自然科学版），2009，37 (6)：615-619.

[53] 詹道江，邹进上．可能最大暴雨与洪水 [M]. 北京：水利电力出版社，1983.

[54] 王国安．国内外 PMP/PMF 的发展和实践 [J]. 水文，2004，24 (5)：5-9.

[55] 王国安．关于我国水库的防洪标准问题 [J]. 水利学报，2002 (12)：22-25.

[56] 詹道江．可能最大降水与古洪水研究 [J]. 水科学进展，1991，2 (2)：106-112.

[57] 国家技术监督局，建设部．防洪标准：GB 50201—94 [S]. 北京：中国计划出版社，1994.

[58] 王国安，丁晶．可能最大洪水不一定必须大于万年一遇洪水 [J]. 成都科技大学学报，1994 (1)：14-18.

[59] 王国安．可能最大暴雨和洪水计算原理与方法 [M]. 郑州：黄河水利出版社，1999.

[60] 王国安，李保国，王军良．世界实测与调查最大点雨量及其外包线公式 [J]. 水科学进展，2006，17 (6)：824-829.

[61] 王家祁．中国设计暴雨和暴雨特性的研究 [J]. 水科学进展，1999，10 (3)：328-336.

[62] 王国安．中美 PMP/PMF 估算方法基本框架比较 [J]. 水文，2006，25 (5)：32-34.

[63] 华家鹏，黄勇，杨惠，等．利用统计估算放大法推求可能最大暴雨 [J]. 河海大学学报（自然科学版），2007，35 (3)：255-257.

[64] 李宗坤，葛巍，王娟，等．中国水库大坝风险标准与应用研究 [J]. 水利学报，2015，46 (5)：567-573.

[65] 郭生练，尹家波，李丹，等．丹江口水库设计洪水复核及偏大原因分析 [J]. 水力发电学报，2017，36 (2)：1-8.

[66] 詹道江，谢悦波．古洪水研究 [M]. 北京：中国水利水电出版社，2001.

[67] LIU Tao，HUANG Chunchang，PANG Jiangli，et al. Late Pleistocene and Holocene paleoflood events recorded by slackwater deposits in the upper Hanjiang River valley，China [J]. Journal of Hydrology，2014，4 (6)：987-996.

[68] 郑树伟，庞奖励，黄春长，等．汉江上游黄坪村段东汉时期古洪水水文学研究 [J]. 长江流域资源与环境，2015，24 (2)：327-332.

[69] International Commission on Large Dams. Selection of design flood [M]. Paris：Bulletin 82，1993.

[70] WMO. Manual for estimation of probable maximum precipitation [M]. 2nd ed. Geneva：WMO，1986.

[71] HANSEN E M. Probable maximum precipitation for design flood in the United States [J]. Journal of Hydrology，1987，96：267－278.

[72] GUO S L. Unbiased plotting position formulae for historical floods [J]. Journal of Hydrology，1990，121：45－61.

[73] 王善序，陈剑池，荣风聪．论适线法在洪水频率分析中的应用 [J]. 水文，1992 (6)：3－10.

[74] 费永法．历史特大洪水对设计洪水频率曲线参数及设计值的影响 [J]. 水力发电学报，1994 (4)：45－50.

[75] 金光炎．频率分析中特大洪水处理的新思考 [J]. 水文，2006 (3)：27－32.

[76] 郭生练，闫宝伟，肖义，等．Copula 函数在多变量水文分析计算中的应用及研究进展 [J]. 水文，2008，28 (3)：1－7.

[77] 冯平，毛慧慧，王勇．多变量情况下的水文频率分析方法及其应用 [J]. 水利学报，2009，40 (1)：33－37.

[78] SALVADORI G，MICHELE C D，DURANTE F. On the return period and design in a multivariate framework [J]. Hydrology and Earth System Sciences，2011，15 (11)：3293－3305.

[79] NELSEN R B. An introduction to copulas [M]. 2nd ed. New York：Springer，2006.

[80] GRÄLER B，VANDENBERG M J，VANDENBERGHE S，et al. Multivariate return periods in hydrology：a critical and practical review focusing on synthetic design hydrograph estimation [J]. Hydrology and Earth System Sciences，2013，17 (4)：1281－1296.

[81] VOLPI E，FIORI A. Design event selection in bivariate hydrological frequency analysis [J]. Hydrological Sciences Journal，2012，57 (8)：1506－1515.

[82] 李天元，郭生练，刘章君，等．基于峰量联合分布推求设计洪水 [J]. 水利学报，2014，45 (3)：269－276.

[83] VOLPI E，FIORI A. Hydraulic structures subject to bivariate hydrological loads：Return period，design，and risk assessment [J]. Water Resources Research，2014，50 (2)：885－897.

[84] MILLY P C D，BETANCOURT J，FALKENMARK M，et al. Stationarity is dead：whither water management [J]. Science，2008，319：573－574.

[85] 梁忠民，胡义明，王军．非一致性水文频率分析的研究进展 [J]. 水科学进展，2011，22 (6)：864－871.

[86] ZHANG Q，GU X，SINGH V P，et al. Flood frequency analysis with consideration of hydrological alterations：Changing properties，causes and implications [J]. Journal of Hydrology，2014，519：803－813.

[87] 谢平，张波，陈海健，等．基于极值同频率法的非一致性年径流过程设计方法——以跳跃变异为例 [J]. 水利学报，2015，46 (7)：828－835.

[88] XIONG L H，GUO S L. Trend test and change-point detection for the annual discharge series of the Yangtze River at the Yichang hydrological station [J]．Hydrological Sciences Journal，2004，49 (1)：99－112.

[89] 谢平，陈广才，雷红富，等．水文变异诊断系统 [J]. 水力发电学报，2010，29 (1)：85－91.

[90] STRUPCZEWSKI W G，SINGH V P，FELUCH W. Non-stationary approach to at-site flood frequency modeling I. Maximum likelihood estimation [J]. Journal of Hydrology，2001，248：123－142.

[91] VILLARINI G，SERINALDI F，SMITH J A，et al. On the stationarity of annual flood peaks in the Continental United States during the 20th Century [J]. Water Resources Research，2009，45 (8)：W08417.

[92] 宋松柏，李扬，蔡明科．具有跳跃变异的非一致分布水文序列频率计算方法 [J]. 水利学报，

2012，43（6）：734－739.
[93] JIANG C，XIONG L H，Xu C Y，et al. Bivariate frequency analysis of nonstationary low-flow series based on the time-varying copula [J]. Hydrological Processes，2015，29（6）：1521－1534.
[94] 熊立华，江聪，杜涛，等．变化环境下非一致性水文频率分析研究综述 [J]. 水资源研究，2015，4（4）：310－319.
[95] 冯平，李新．基于Copula函数的非一致性洪水峰量联合分析 [J]. 水利学报，2013，44（10）：1137－1147.
[96] BENDER J，WAHL T，JENSEN J. Multivariate design in the presence of non-stationary [J]. Journal of Hydrology，2014，514：123－130.
[97] EAGLESON P S. Dynamics of flood frequency [J]. Water Resources Research，1972，8（4）：878－898.
[98] XIONG L H，YU K，GOTTSCHALK L. Estimation of the distribution of annual runoff from climatic variables using copulas [J]. Water Resources Research，2014，50（9）：7134－7152.
[99] RAHMAN A，WEINMANN P E，HOANG T M T，et al. Monte Carlo simulation of flood frequency curves from rainfall [J]. Journal of Hydrology，2002，256（3）：196－210.
[100] CHARALAMBOUS J，RAHMAN A，CARROLL D. Application of Monte Carlo simulation technique to design flood estimation：a case study for North Johnstone River in Queensland，Australia [J]. Water resources management，2013，27（11）：4099－4111.
[101] VANDENBERGHE S，VERHOEST N E C，BUYSE E，et al. A stochastic design rainfall generator based on copulas and mass curves [J]. Hydrology and Earth System Sciences，2010，14（12）：2429－2442.
[102] LI J，THYER M，LAMBERT M，et al. An efficient causative event-based approach for deriving the annual flood frequency distribution [J]. Journal of Hydrology，2014，510：412－423.
[103] HABERLANDT U，RADTKE I. Hydrological model calibration for derived flood frequency analysis using stochastic rainfall and probability distributions of peak flows [J]. Hydrology and Earth System Sciences，2014，18（1）：353－365.
[104] XU Y，BOOIJ M J，TONG Y. Uncertainty analysis in statistical modeling of extreme hydrological events [J]. Stochastic Environmental Research and Risk Assessment，2010，24（5）：567－578.
[105] 刘攀，郭生练，田向荣，等．基于贝叶斯理论的水文频率线型选择与综合 [J]. 武汉大学学报（工学版），2006，38（5）：36－40.
[106] 鲁帆，严登华．基于广义极值分布和Metropolis－Hastings抽样算法的贝叶斯MCMC洪水频率分析方法 [J]. 水利学报，2013，44（8）：942－949.
[107] 梁忠民，戴荣，李彬权．基于贝叶斯理论的水文不确定性分析研究进展 [J]. 水科学进展，2010，21（2）：274－281.
[108] 熊立华，郭生练．皮尔逊Ⅲ型设计洪水的可靠性研究 [J]. 水电能源科学，2002，20（4）：48－50.
[109] 刘攀，郭生练，胡安焱．线性矩法估计参数的保证修正值系数 B 的推求 [J]. 水文，2007，26（6）：27－29.
[110] 胡义明，梁忠民，王军，等．考虑抽样不确定性的水文设计值估计 [J]. 水科学进展，2013，24（5）：667－674.
[111] ZHANG Q，XIAO M，SINGH V P. Uncertainty evaluation of copula analysis of hydrological droughts in the East River basin，China [J]. Global and Planetary Change，2015，129：1－9.
[112] TONG X，WANG D，SINGH V P，et al. Impact of data length on the uncertainty of hydrological copula modeling [J]. Journal of Hydrologic Engineering，2015，20（4）：05014019.

[113] SERINALDI F. An uncertain journey around the tails of multivariate hydrological distributions [J]. Water Resources Research，2013，49 (10)：6527-6547.

[114] DUNG N V，MERZ B，BÁRDOSSY A，et al. Handling uncertainty in bivariate quantile estimation-an application to flood hazard analysis in the Mekong Delta [J]. Journal of Hydrology，2015，527：704-717.

[115] CHEN L，GUO S L. Copulas and its application in hydrology and water resources [M]. Singapore：Springer，2019.

[116] 熊立华，郭生练，江聪. 非一致性水文概率分布估计理论和方法 [M]. 北京：科学出版社，2018.

梯级水库运行期设计洪水理论和方法

我国《水利水电工程设计洪水计算规范》(SL 44—2006)(以下简称《规范》)[1] 定义的设计洪水，是指水利水电工程规划、设计、建设施工中所指定的各种设计标准的洪水，是确保水库防洪能力和大坝安全的设计值。《规范》针对单一水电工程，采用年最大洪水取样并假定水文资料系列满足可靠性、代表性和一致性要求，推荐采用P3型分布和经验适线法估计洪水设计值，选择偏不利典型年洪水按同频率放大法推求设计洪水过程线[2]，确定水库大坝坝高和溢洪道大小以及汛期防洪限制水位(即汛限水位)指导水库调度运行。为便于区分比较，把现有的水利水电工程设计洪水称为“建设期设计洪水”[3]。

水库运行管理的主要目的任务是在保证防洪安全的前提下充分发挥水库群的综合利用效益。设计洪水计算如何充分考虑上游水库的调蓄影响及各水库防洪库容之间的相互补偿作用，以适应流域下垫面及河道汇流条件的改变，是当前梯级水库联合调度运行管理中亟待解决的工程技术难题，也是水文科学基础理论研究的重点方向之一。研究探讨水库“运行期设计洪水”计算理论方法，定量估算上游水库调蓄对下游断面设计洪水和防洪安全标准的影响，并推求水库运行期的汛期防洪控制水位(即汛控水位)，不仅有利于协调防洪与兴利之间的矛盾，实现洪水资源高效利用，还能为进一步修订《规范》提供理论基础和科学依据[4]。

3.1 梯级水库运行期设计洪水研究内容和方法

3.1.1 梯级水库组成及防洪任务

最常见的梯级水库是由上、下游两个水库组成的，具有一定的代表性，因为多级水库可以看成是两级水库的各种组合。当干支流串联水库并联到一起时，即形成了混联梯级水库群，通常可归纳为以下四种类型[3]：

(1) 两串联水库均不承担下游防护对象的防洪任务。如图3.1(a)所示，B水库的洪水是经A水库调洪后的下泄洪水与区间的洪水Y组合而形成的，所以在进行B水库的防洪设计时，就需要推求B水库受A水库调洪影响后的设计洪水。

（2）两串联水库下游有防护对象。如图3.1（b）所示，如果所要设计的工程是A水库工程，为研究A、B两个梯级水库对防护对象C的防洪效果，就需要推求C断面受上游A、B两水库调洪综合影响后的设计洪水；如果所要设计的工程是B水库工程，就需要推求B水库受A水库调洪影响的设计洪水，同时还要推求C断面受A、B两水库调洪共同影响的设计洪水。

（3）两串联水库之间有防护对象。如图3.1（c）所示，在设计A水库时，为研究A水库对防护对象C的防护作用，需要推求C断面受A水库调洪影响后的设计洪水；在设计B水库时，就需要推求B水库受A水库调洪影响后的设计洪水。

（4）梯级水库群下游有防护对象。如图3.1（d）所示，当两条河流上的梯级水库共同承担C断面的防护任务时，需要推求C断面受上游干流A—B梯级水库和支流A—B梯级水库组成的混联水库群联合调蓄影响后的设计洪水。

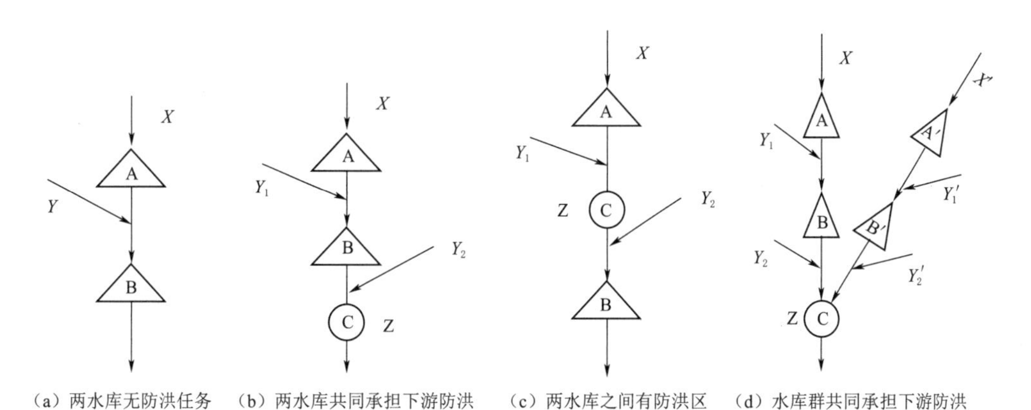

（a）两水库无防洪任务　（b）两水库共同承担下游防洪　（c）两水库之间有防洪区　（d）水库群共同承担下游防洪

图3.1　梯级水库及承担防洪任务组成结构示意图

3.1.2　梯级水库运行期设计洪水主要研究内容

梯级水库运行期设计洪水计算理论和方法，需要考虑全球变化及人类活动（水电工程、土地利用和植被变化等）对水文情势的影响，推求受上游水库调蓄影响后下游控制断面的设计洪水。目前主要有两种研究途径，即非一致性洪水频率分析和洪水地区组成法。主要研究内容如下[4]：

（1）流域洪水遭遇特性与地区组成规律。从气候成因角度，结合统计学的方法，分析流域暴雨洪水特性以及上下游范围内暴雨洪水的各种成因、地域分布、强度、时间的分布；分析上下游洪水遭遇特性以及遭遇时洪峰、洪量组成规律，全面揭示流域洪水的地区组成规律。

（2）非一致性洪水频率分析。主要工作包括：水文资料还原或还现处理，洪水样本系列可靠性审查和一致性检验；非一致性条件下洪水频率分布函数和时变参数估计方法、重现期定义、设计洪水估计、多变量分析计算。

（3）洪水地区组成法。要分析梯级水库调蓄作用对下游断面洪水的影响效果，首先要拟定上游水库控制流域及区间流域的洪水地区组成方案。采用《规范》推荐的同频率地区组成方法确定梯级水库各分区的洪量分配方案，重点研究探讨具有统计基础、切实可行的地区组成新方法，分析比较各种方法的优缺点和适用条件。

（4）梯级水库运行期设计洪水计算方法。结合拟定的设计洪水地区组成新方案，根据梯级水库的防洪调度规则，分析推求下游断面受梯级水库联合调度影响后的设计洪水，分析梯级水库对洪水的削峰调蓄作用，以及对下游断面防洪标准和防洪风险的影响。

（5）梯级水库运行期汛控水位。根据水库运行期设计洪水过程线，通过调洪演算推求水库运行期的汛控水位，进一步分析梯级水库对河川径流及洪水时空分配过程的影响，分析评估防洪风险和综合利用效益，编制方案指导梯级水库联合调度运行。

3.1.3 洪水地区组成法

《规范》明确指出：当设计断面上游有调蓄作用较大的水库或设计水库对下游有防洪任务时，应对大洪水的地区组成进行分析，并拟定设计断面以上或防洪控制断面以上设计洪水的地区组成。设计洪水的地区组成可采用典型洪水地区组成法或同频率洪水地区组成法拟定：

（1）典型洪水地区组成法（以下简称典型年法）。从实测资料中选择有代表性的大洪水作为典型，按设计断面洪峰或洪量的倍比，放大各区典型洪水过程线。

（2）同频率洪水地区组成法（以下简称同频率法）。指定某一分区发生与设计断面同频率的洪水，其余分区发生相应洪水。

两种洪水组成法的各分区设计洪水过程均应采用同一次洪水过程线为典型[1]。对于单库，一般多考虑同频率组成及典型年组成；梯级水库则大多采用典型年组成，或通过自下而上逐级分析的方法拟定，即各级设计洪量既可以采用不同的典型洪水进行分配，也可以混合采用典型年法及同频率法分配。

同频率法假定水库或区间发生的洪量与设计断面同频率，并通过水量平衡原理计算各个区间的洪量大小。以两座梯级水库系统为例，同频率Ⅰ组成法假定上游水库发生的洪水与设计断面同频率，通过水量平衡原理，可得区间发生的洪量为

$$y=z_p-x_p \tag{3.1}$$

同频率Ⅱ组成法假定区间洪水与设计断面同频。通过水量平衡原理，可得上游水库发生的洪量为

$$x=z_p-y_p \tag{3.2}$$

对于梯级水库，一般采用自下而上逐级分析的方法。以同频率Ⅰ组成法为例，其假定各个水库发生的洪量与设计断面同频率，据此可以确定各个水库发生设计频率的洪量大小，再由水量平衡原理自下而上分别计算得到各个区间的洪量，由此得到同频率地区组成。

地区组成法概念清晰、计算简便，是计算梯级水库设计洪水最常采用的方法，包括典型年法和同频率法两种。其中，典型年法的设计成果不确定性大，选择恰当的洪水典型是其关键问题；同频率法假设某一分区与设计断面洪水同频率，是否符合洪水地区组成规

律，要视该分区与设计断面洪水的相关性密切程度而定。同频率法研究各分区洪水的所有可能情况，能够较好地反映上游水库对不同概率洪水的调洪效应，但该方法对洪水频率曲线的精度要求较高，实际应用中只能进行特定条件下的近似计算，且计算工作量随着水库数量的增加呈幂指数增加。

3.1.4 非一致性洪水频率分析方法

传统的洪水频率分析计算基于独立随机同分布假设，其中同分布是指洪水样本在过去、现在和未来均服从同一总体分布，即样本应具有一致性[5]。由于全球气候变化及人类活动的影响，无法保证水文资料系列的一致性，传统方法推求的设计洪水成果的可靠性受到质疑。非一致性洪水频率分析已成为前沿水文科学问题，包括非一致性洪水频率分布参数估计以及非一致性条件下设计洪水推求[6]。

3.1.4.1 非一致性洪水频率分布参数估计

《规范》推荐使用还原法将非一致性洪水序列修正为满足一致性的序列，然后在此基础上采用传统的方法估计序列的频率分布。类似于还原法，还可以将水文序列修正为现状条件下满足一致性的序列，即还现法[6]。然而，无论是还原还是还现，仅能实现非一致性水文序列向现状或历史上某一时期的一致性修正，却无法反映不同时期环境的变化，特别是未来某个水平年的洪水序列频率分布。宋松柏等[7] 在变点诊断的基础上应用全概率公式与混合分布推求了非一致性水文序列的频率分布，该方法可直接估计具有跳跃变异的序列的分布，无须对原序列进行修正。

相对于还原/还现方法，时变矩法是近些年来国内外研究最为广泛的非一致性洪水频率分布估计方法，其主要思路是构建洪水序列频率分布统计参数与时间或其他物理协变量的函数关系，进而描述洪水序列统计特征随时间的变化[8]。比如对于年最大洪水随机变量 X，其非一致性分布的概率密度函数表示为

$$X_t \sim f(x_t | \mu_t, \sigma_t, \nu_t) \tag{3.3}$$

式中：X_t 为第九年的最大洪水随机变量；$f(\cdot)$ 为分布的概率密度函数；μ_t、σ_t 和 ν_t 分别为第 t 年分布的位置、尺度和形状参数。

根据时变矩法，洪水频率分布的时变参数可以表达为

$$\mu_t = g_1(\boldsymbol{\chi}_{1,t}); \sigma_t = g_2(\boldsymbol{\chi}_{2,t}); \nu_t = g_3(\boldsymbol{\chi}_{3,t}) \tag{3.4}$$

式中：$g_1(\cdot)$、$g_2(\cdot)$ 和 $g_3(\cdot)$ 分别为各个时变分布参数 μ_t、σ_t 和 ν_t 与相应解释变量向量 $\boldsymbol{\chi}_{1,t}$、$\boldsymbol{\chi}_{2,t}$ 和 $\boldsymbol{\chi}_{3,t}$ 之间的函数关系。

Rigby et al.[9] 提出了适用于位置、尺度和形状参数的广义可加模型（generalized additive models for location，scale and shape，GAMLSS），作为（半）参数回归模型，GAMLSS 模型可以灵活地描述随机变量分布的任何统计参数与解释变量之间的线性或非线性关系，为时变矩法的研究应用提供了强大和便捷的工具，已经被广泛应用于非一致性洪水频率分析[6]。

由于时变矩法可以灵活地选取与洪水序列相关的解释变量来描述分布的变化，因而可以

比较明确地描述洪水序列的非一致性，并且能够对非一致性进行归因分析。López et al.[10] 在考虑水库集水面积以及调蓄库容的基础上定义了水库系数（reservoir index，I_R）的概念，以此来量化水库调蓄作用对下游洪水过程的影响。在时变矩法的框架下，通过构建水库系数与分布参数的函数关系，即可估计受水库调蓄影响的洪水序列的频率分布。

Jiang et al.[11] 研究了西江干流大湟江口水文站的洪水过程受水库调蓄与城市化（主要是修建城市堤防引起的洪水归槽）的双重影响，选择水库系数（I_R）和城市人口数量（P_C）作为年最大日流量序列分布参数的解释变量。经过模型优选，发现广义极值（generalized extreme value，GEV）分布对年最大日流量序列的拟合效果最好，洪水频率分布的位置参数与解释变量存在如下关系：

$$\mu_t=\exp(10.050-0.392I_R+0.0212P_C) \tag{3.5}$$

式中：μ_t 为位置参数；I_R 为水库系数；P_C 为城市人口数量。

图 3.2 绘出大湟江口水文站年最大日流量非一致性频率分布，结合式（3.5）可知：洪水分布的位置参数与水库系数存在负相关关系，表明水库调蓄可以显著削减下游的洪水，并引起了序列均值向下的跳跃；洪水分布的位置参数与城市人口数量存在正相关的关系，说明城市化水平的提高会导致洪水序列出现上升的趋势。

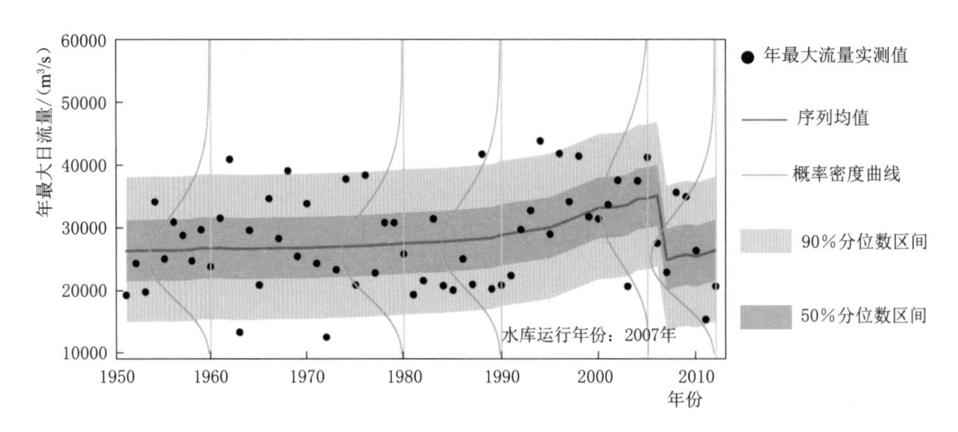

图 3.2 西江大湟江口水文站年最大日流量非一致性频率分布

时变矩法虽然可以建立洪水频率分布非一致性与驱动因子的相关关系，但这种相关关系并不一定正确描述了非一致性的水文机理。为从水文机理的角度揭示洪水非一致性，基于水文模型的方法开始用于估计非一致性洪水频率分布。根据对径流过程描述的不同，基于水文模型的方法又可以分为以下两种：

（1）连续模拟方法。把观测的或者由模拟生成的降水时间序列驱动输入到一个水文模型，模拟得到一个长系列并且连续的径流资料，然后从中提取洪水序列，并在此基础上估计洪水频率分布。该方法主要考虑了水文输入变化对洪水序列的影响，并且可以预测未来情境下非一致性洪水频率分布。

（2）理论推导法。该方法建立一个简单的降水-径流模型来描述洪水变量与降水（暴雨）变量的关系，通过降水（暴雨）变量的频率分布推导洪水变量的频率分布。该方法可以同时考虑降水变量的非一致性以及水文模型参数的非一致性对洪水频率分布的影响[6]。

与连续模拟方法相比，理论推导法忽略了径流形成过程的一些细节，只考虑了控制性因素和主要过程。

3.1.4.2 非一致性条件下设计洪水推求

传统的设计洪水推求方法一般基于重现期的概念，假定在一致性条件下某一事件的重现期等于其超过概率的倒数。然而在非一致性条件下，洪水序列的频率分布会随时间发生变化，导致一个给定重现期对应的设计洪水值也会相应发生变化，因而传统的方法很难应用于具体工程实际当中。针对传统的方法在非一致性条件下无法适用的问题，一些水文学者开始引入新的重现期的定义与计算方法推求设计洪水。Wigley[12] 采用期望等待时间来定义重现期，即从初始年起直到下一次出现超过某一洪水事件设计值的平均时间间隔。Parey et al.[13] 提出用期望超过次数来定义重现期，即在重现期内超过事件发生次数的期望值为 1。以上两种定义中，重现期在数值上不再简单地等于某一年洪水事件超过设计值概率的倒数，而是在计算时需要考虑未来一个时期每一年洪水事件超过设计值的概率。

由于传统的重现期概念无法考虑工程的设计运行年限，一些学者开始摒弃重现期并引入一些新的概念来进行设计洪水的推求。Rootzén et al.[14] 提出了设计年限水平的概念，用来估计工程设计年限内给定可靠度的设计值。Read et al.[15] 总结了当前存在的一致性和非一致性水文设计理论和方法，并提出了一种基于年平均可靠度的设计洪水推求方法，其中年平均可靠度在数学上等于一致性条件下给定事件的重现期对应的超过频率。梁忠民等[16] 提出了等可靠度的概念，认为非一致性条件下水利工程设计年限内的可靠度应该和一致性条件下的可靠度相同。Yan et al.[17] 系统地对比了期望超过次数、设计年限水平、年平均可靠度以及等可靠度四种非一致性设计洪水推求方法的结果及其不确定性，在实际应用中推荐采用年平均可靠度和等可靠度的这两种方法。

以基于年平均可靠度的设计洪水推求方法为例，假设某水利工程的设计运行年限从第 T_1 年到第 T_2 年，那么在此运行期间，某一量级的设计洪水值 x_q 对应的年平均可靠度（average annual reliability，$\mathrm{AAR}_{T_1-T_2}$）可以表达为

$$\mathrm{AAR}_{T_1-T_2}(x_q)=\frac{1}{T_2-T_1+1}\sum_{t=T_1}^{T_2}F_t(x_q) \tag{3.6}$$

式中：$\mathrm{AAR}_{T_1-T_2}(x_q)$ 为设计运行年限（$T_2—T_1$）中 x_q 对应的年平均可靠度；x_q 为某量级的设计洪水值；T_1、T_2 为工程运行的起始和结束年份；$F_t(\cdot)$ 为运行期内每年的洪水累积概率分布函数。

在非一致性条件下，水利工程运行期内的洪水发生规律不再服从基于历史资料的频率分布，可以在预测未来洪水频率分布参数和解释变量的基础上，通过时变矩等方法进行估计[18]。因此，能否对未来水利工程运行期内的解释变量作出准确预测，是决定设计洪水成果可靠性的关键。

3.1.4.3 多变量非一致性洪水频率分析

目前针对非一致性洪水频率的研究主要集中于单变量洪水序列。然而，一个完整的洪水事件一般具有多方面的特征属性，需要同时知道若干个变量（例如洪峰、洪量和洪水历时）的信息才能准确描述。由于 Copula 函数可以描述多个水文变量间的相关性结构，能

够构建任意边缘分布之间的联合分布函数，已经开始被用于多变量非一致性洪水频率分析的研究。冯平等[19] 在对单变量洪水进行变点分析的基础上用混合分布分别拟合了洪峰、洪量的边缘分布函数，并用Copula函数构建了峰、量的联合分布模型，推求了两变量设计洪水。Xiong et al.[20] 提出了一个基于Copula函数的多变量水文序列非一致性的诊断方法框架：首先通过对单个水文变量进行非一致性诊断，然后采用合适的Copula函数构建相关性结构，在此基础上基于似然比检验对相关性结构的非一致性进行诊断。Jiang et al.[11] 应用时变Copula函数构建非一致性多变量洪水频率分布模型，然后基于AAR的方法推求了非一致性条件下的多变量设计洪水。

3.2 Copula函数理论和方法

3.2.1 Copula函数的定义和基本性质

2003年，De Michele et al.[21] 将Copula函数引入水文多变量分析领域。Copula函数可独立考虑边缘、联合分布，并因其灵活性应用广泛。郭生练等[22] 和刘章君等[23] 先后详细综述了Copula在水文水资源领域的应用及研究进展。

水文事件通常包含多个特征变量，且变量之间常具有一定的相关性。变量之间的相关性一般需要用多维联合分布来描述。早期研究采用多元概率分布函数构建多变量联合分布，该方法一般要求特征变量均服从同一种特定的边缘分布，且对于偏态数据较难扩展到高维联合分布。Copula函数的优势在于其分开考虑边缘分布和联合分布，因而能灵活地构造边缘分布为任意分布的联合分布函数，且可以描述正相关或负相关的水文变量[24]。

若N个随机变量X_1，X_2，…，X_N的边缘分布函数分别为$F_{X_i}(x)=P_{X_i}(X_i\leqslant x_i)$，其中$x_i$为随机变量$X_i(i=1,\cdots,N)$的取值，则随机变量$X_1$，$X_2$，…，$X_N$的联合分布函数可表达为$H_{X_1,\cdots,X_N}(x_1,x_2,\cdots,x_N)=P[X_1\leqslant x_1,X_2\leqslant x_2,\cdots,X_N\leqslant x_N]$，简记为$\boldsymbol{H}$。多变量联合分布函数$\boldsymbol{H}$可以写成$C[F_{X_1}(x_1),F_{X_2}(x_2),\cdots,F_{X_N}(x_N)]=H_{X_1,X_2,\cdots,X_N}(x_1,x_2,\cdots,x_N)$，其中函数$C(\cdot)$称为Copula函数；Copula函数可以描述变量间的相关性特征，其为求取联合分布函数提供了一种便捷的方法。

Nelsen[25] 定义二维Copula函数C为$[0,1]\times[0,1]\rightarrow[0,1]$上的一个映射，该映射满足以下性质：

（1）对于$\forall u,v\in I$，有

$$C(u,0)=0;\quad C(0,v)=0 \tag{3.7}$$

$$C(u,1)=u;\quad C(1,v)=v \tag{3.8}$$

（2）对于$\forall u_1,u_2,v_1,v_2\in I$，且$u_1\leqslant u_2$，$v_1\leqslant v_2$，有

$$C(u_2,v_2)-C(u_2,v_1)-C(u_1,v_2)+C(u_1,v_1)\geqslant 0 \tag{3.9}$$

式（3.7）表明当任意一个边缘分布为0时，联合分布取值为0；式（3.8）表明当任意一个边缘分布为1时，联合分布即等同于另一个边缘分布。

令$M(u,v)=\min(u,v)$，$W(u,v)=\max(u+v-1,0)$，则对于$\forall u,v\in I^2$，Copula

分布函数 $\boldsymbol{C}$ 满足以下不等式：

$$W(u,v)\leqslant C(u,v)\leqslant M(u,v) \tag{3.10}$$

上述不等式为 Copula 函数 C 的 Fréchet - Hoeffding 边界不等式；$\boldsymbol{M}$ 和 $\boldsymbol{W}$ 分别表示 Fréchet - Hoeffding 的上界和下界。

定理 1（Sklar 定理）：令 $\boldsymbol{H}$ 为联合分布函数，$\boldsymbol{F}$ 和 $\boldsymbol{G}$ 为其边缘分布函数，则存在唯一的 Copula 函数 $\boldsymbol{C}$，使得对 $\forall x$，$y\in\overline{R}$，有

$$H(x,y)=C(F,G) \tag{3.11}$$

若 $\boldsymbol{F}$ 和 $\boldsymbol{G}$ 为连续函数，则 $C(\cdot)$ 唯一；否则 $C(\cdot)$ 在 $\mathbf{Ran}\boldsymbol{F}\times\mathbf{Ran}\boldsymbol{G}$ 上（**Ran** 表示值域）唯一确定。反之，若 $C(\cdot)$ 为 Copula 函数，则上式定义的 $\boldsymbol{H}$ 是边缘分布为 $\boldsymbol{F}$ 和 $\boldsymbol{G}$ 的一个联合分布函数。

定理 2：令 $\boldsymbol{H}$、$\boldsymbol{F}$ 和 $\boldsymbol{G}$ 如定理 1 中所定义，F^{-1} 和 G^{-1} 分别为 $\boldsymbol{F}$ 和 $\boldsymbol{G}$ 的逆反函数，则对 $\forall u$，$v\in \mathrm{Dom}\ C'$，使得

$$C(u,v)=H[F^{-1}(u),G^{-1}(v)] \tag{3.12}$$

若 $\boldsymbol{F}$ 和 $\boldsymbol{G}$ 为严格增函数，则其逆反函数唯一，用 F^{-1} 和 G^{-1} 表示。此时有

$$C(u,v)=H[F^{-1}(u),G^{-1}(v)] \tag{3.13}$$

定理 3：设随机变量 $\boldsymbol{X}$ 和 $\boldsymbol{Y}$ 的边缘分布函数分别为 $\boldsymbol{F}$ 和 $\boldsymbol{G}$，联合分布函数为 $\boldsymbol{H}$，则存在一个 Copula 函数 $\boldsymbol{C}$ 使得式（3.11）成立。若 $\boldsymbol{F}$ 和 $\boldsymbol{G}$ 连续，则 $\boldsymbol{C}$ 唯一；否则 $\boldsymbol{C}$ 在 $\mathbf{Ran}\boldsymbol{F}\times\mathbf{Ran}\boldsymbol{G}$ 上唯一确定。定理 1，对 $\forall x$，$y\in\overline{R}$，有

$$\max[F(x)+G(y)-1,0]\leqslant H(x,y)\leqslant\min[F(x),G(y)] \tag{3.14}$$

上述边界称为联合分布函数 $\boldsymbol{H}$ 的 Fréchet-Hoeffding 边界。

3.2.2 水文分析计算中常用的 Copula 函数

1. Archimedean Copula 函数

令函数 ϕ：$I\rightarrow[0,\infty)$ 为连续且严格递减函数，$\phi(1)=0$，$\phi^{[-1]}$ 为 ϕ 的伪逆函数。若对于函数 C：$I^2\rightarrow I$ 成立如下关系：

$$C(u,v)=\phi^{[-1]}[\phi(u)+\phi(v)] \tag{3.15}$$

则 $\boldsymbol{C}$ 满足 Copula 函数定义中的边界条件。当且仅当 ϕ 是凸函数时，定义的函数 $\boldsymbol{C}$：$I^2\rightarrow I$ 为 Copula 函数。形式如式（3.11）中的 Copula 称为 Archimedean Copula，函数 ϕ 称为 Copula 的生成元。若 $\phi(0)=\infty$，则称 ϕ 为严格生成元，此时 $\phi^{[-1]}=\phi^{-1}$，其中 ϕ^{-1} 为 ϕ 的反函数 $C(u,v)=\phi^{-1}[\phi(u)+\phi(v)]$ 称为 Archimedean Copula。

若 $\boldsymbol{C}$ 是一个具有生成元 ϕ 的 Archimedean Copula 函数，则其具有如下性质：

(1) $\boldsymbol{C}$ 具有对称性：$C(u_1,u_2)=C(u_2,u_1)$，$\forall u_1, u_2\in[0,1]$。

(2) $\boldsymbol{C}$ 满足结合律：$C[C(u_1,u_2),u_3]=C[u_1,C(u_2,u_3)]$，$\forall u_1,u_2,u_3\in[0,1]$。

(3) $C(u_1,1)=u_1$，$\forall u_1\in[0,1]$，$C(1,u_2)=u_2$，$\forall u_2\in[0,1]$，此外，$C(u_1,u_1)\leqslant u_1$。

Archimedean Copula 函数结构简单，能构造形式多样、适应性强的多变量联合分布函数，在水文分析计算领域应用广泛。常用的 Archimedean Copula 见表 3.1。

表 3.1　Archimedean Copula 函数参数 θ 与 Kendall 秩相关系数 τ 的关系

Copula 类型	Copula 函数表达式	$\theta\in$	τ
Gumbel-Hougaard	$\exp\{-[(-\ln u)^{\theta}+(-\ln v)^{\theta}]^{1/\theta}\}$	$[1,\ \infty)$	$1-\theta^{-1}$
Clayton Copula	$(u^{-\theta}+v^{-\theta}-1)^{-1/\theta}$	$(0,\ \infty)$	$\theta/(\theta+2)$
Ali - Mikhail - Haq	$uv/[1-\theta(1-u)(1-v)]$	$[-1,\ 1)$	$\left(1-\frac{2}{3\theta}\right)-\frac{2}{3}\left(1-\frac{1}{\theta}\right)^{2}\ln(1-\theta)$
Frank Copula	$-\frac{1}{\theta}\ln\left[1+\frac{(e^{-\theta u}-1)\ (e^{-\theta v}-1)}{e^{-\theta}-1}\right]$	$R\setminus\{0\}$	$1+\frac{4}{\theta}\ \left[\frac{1}{\theta}\int_{0}^{\theta}\frac{t}{\exp(t)-1}dt-1\right]$

Archimedean Copula 函数的上尾和下尾相关系数一般不相等。例如 Gumbel - Hougaard Copula 的上尾相关系数为 $2-2^{1/\theta}$，下尾相关系数是 0，这使得它在描述具有上尾相关性的两个随机变量的变化规律时具有较强的刻画能力；Frank Copula 为具有对称性的相关函数，其上、下尾相关系数相等且都为 0；Clayton Copula 的下尾相关系数是 $2^{-1/\theta}$，上尾相关系数是 0。

2. 椭圆 Copula 函数

椭圆 Copula 函数来源于椭圆分布，实质是多维正态分布的一种扩展。常用的椭圆 Copula 函数包括正态 Copula 函数和 t - Copula 函数。

随机向量为正态 Copula 函数，当且仅当：①边缘分布 F_1，F_2，…，F_n 服从标准正态分布，记为 ϕ；②边缘分布的相关性结构式为

$$C(u_1,\cdots,u_n)=\Phi[\phi^{-1}(u_1),\cdots,\phi^{-1}(u_n)] \tag{3.16}$$

式中：$\Phi(\cdot)$ 为多维正态分布函数；$\phi^{-1}(\cdot)$ 为标准正态分布函数的反函数。

二元正态 Copula 的分布函数和密度函数分别为

$$C(u,v;\rho)=\int_{-\infty}^{\Phi^{-1}(u)}\int_{-\infty}^{\Phi^{-1}(v)}\frac{1}{2\pi\sqrt{1-\rho^2}}\exp\left[-\frac{r^2+s^2-2\rho rs}{2(1-\rho^2)}\right]\mathrm{d}r\,\mathrm{d}s \tag{3.17}$$

$$c(u,v;\rho)=\frac{1}{\sqrt{1-\rho^2}}\exp\left[-\frac{\Phi^{-1}(u)^2+\Phi^{-1}(v)^2-2\rho\Phi^{-1}(u)\Phi^{-1}(v)}{2(1-\rho^2)}\right]\exp\left[-\frac{\Phi^{-1}(u)^2\Phi^{-1}(v)^2}{2}\right] \tag{3.18}$$

式中：$\Phi^{-1}(\cdot)$ 为标准正态分布函数 $\Phi(\cdot)$ 的反函数；ρ 为线性相关系数，$\rho\in(-1,\ 1)$；其他符号意义同前。

二元 t - Copula 的分布函数和密度函数分别为

$$C(u,v;\rho,v)=\int_{-\infty}^{T_v^{-1}(u)}\int_{-\infty}^{T_v^{-1}(v)}\frac{1}{2\pi\sqrt{1-\rho^2}}\left[1+\frac{s^2+t^2-2\rho st}{v(1-\rho^2)}\right]\mathrm{d}s\,\mathrm{d}t \tag{3.19}$$

$$c(u,v;\rho,v)=\rho^{-\frac{1}{2}}\frac{\Gamma\left(\frac{v+2}{2}\right)\Gamma\left(\frac{v}{2}\right)}{\left[\Gamma\left(\frac{v+1}{2}\right)\right]^2}\frac{\left[1+\frac{T_v^{-1}(u)^2+T_v^{-1}(v)^2-2\rho T_v^{-1}(u)T_v^{-1}(v)}{v(1-\rho^2)}\right]^{\frac{v+2}{2}}}{\left[\left(1+\frac{T_v^{-1}(u)^2}{v}\right)\left(1+\frac{T_v^{-1}(v)^2}{v}\right)\right]^{\frac{v+2}{2}}} \tag{3.20}$$

式中：$T_v^{-1}(\cdot)$ 为自由度为 ν 的一元 t 分布函数 $T_v(\cdot)$ 的反函数；其他符号意义同前。

由于椭圆 Copula 函数的对称性，其上尾与下尾相关系数相等，这使得椭圆 Copula 函

数在描述具有不同的上、下尾相关系数的随机变量时，受到了一定的限制。另外，正态 Copula 函数在线性相关系数小于 1 时尾部相关系数为 0，因此在分析水文极值事件时存在低估风险的可能。t - Copula 函数能够描述变量间的尾部相关性，因此应用较为广泛。

3.2.3 Copula 函数的参数估计和拟合优度评价

3.2.3.1 直接估计方法

对于二维 Archimedean Copula 函数，可以基于 Kendall 秩相关系数和 Copula 函数参数的关系直接进行参数估计。Kendall 秩相关系数的定义如下：

$$\tau=\left[\frac{n(n+1)}{2}\right]^{-1}\sum\mathrm{sign}[(x_i-x_j)(y_i-y_j)]\quad i,j=1,2,\cdots,n \tag{3.21}$$

式中：$(x_i,\ y_i)$ 为实测点据。sign(・) 为示性函数，当 $(x_i-x_j)(y_i-y_j)>0$ 时，sign=1；$(x_i-x_j)(y_i-y_j)<0$ 时，sign=−1；$(x_i-x_j)(y_i-y_j)=0$ 时，sign=0。

对于椭圆 Copula 函数，其参数可由线性相关系数唯一确定。由于线性相关矩阵是对称的，因此只需评估 $d(d-1)/2$ 个参数即可得到线性相关矩阵 Σ。可直接计算变量的线性相关系数，也可以采用 Kendall 相关系数法进行计算。Kendall 相关系数 τ 与线性相关系数 ρ 的关系如下：

$$\tau_{kj}=\tau(X_k^*,X_l^*)=\frac{2}{\pi}\arcsin(\rho_k)=\frac{2}{\pi}\arcsin\left(\frac{\sigma_{kl}}{\sqrt{\sigma_{kk}\sigma_{ll}}}\right) \tag{3.22}$$

式中：X_k^*、X_l^* 分别为样本 k、l 的点据变量；σ_{kl} 为样本 k、l 的协方差；σ_{kk}、σ_{ll} 为样本的方差。

3.2.3.2 极大似然法

除上述两种方法外，还可以采用极大似然法估计 Copula 函数的参数。依据边缘分布的参数估计方法的不同。目前主要有三种极大似然方法，即全参数的极大似然法、两阶段的极大似然法和半参数的极大似然法，可用来估计 Copula 函数的参数。

1. 全参数的极大似然法

全参数的极大似然法是通过建立一个似然函数同时估计边缘分布和 Copula 函数的参数，似然函数表达式如下：

$$l(\boldsymbol{\theta})=\sum_{i=1}^{N}\ln c[F_1(x_1;\theta_1),F_2(x_2;\theta_2),\cdots,F_2(x_2;\theta_d);\theta_0]+\sum_{j=1}^{N}\sum_{i=1}^{d}\ln[f_i(x_i;\theta_i)] \tag{3.23}$$

式中：N 为样本容量；d 为 Copula 函数的维数；F_i、f_i 分别为第 i 个边缘分布的分布函数和密度函数；θ_1，…，θ_d 为边缘分布的参数；θ_0 为联合分布的参数；c 为 Copula 函数的密度函数，其表达式为

$$c(u_1,\cdots,u_d)=\frac{\partial C(u_1,\cdots,u_d)}{\partial u_1\cdots\partial u_d} \tag{3.24}$$

式中：u_1，…，u_d 为 d 维变量的经验频率。

将似然函数关于参数 θ 最大化即可得到参数向量 θ 的估计值：

$$\hat{\theta}=\mathrm{argmax}\,l(\theta) \tag{3.25}$$

2. 两阶段的极大似然法

两阶段的极大似然法通过建立两个似然函数，分别估计边缘分布和 Copula 函数的参数。边缘分布和联合分布参数的估计分别如下：

$$l_i(\theta_i)=\sum_{j=1}^{N}\ln[f_i(x_i;\theta_i)]\quad i=1,\cdots,d \tag{3.26}$$

$$l_0(\theta_0)=\sum_{i=1}^{N}\ln c[F_1(x_1;\hat{\theta}_1),F_2(x_2;\hat{\theta}_2),\cdots,F_2(x_2;\hat{\theta}_d);\theta_0] \tag{3.27}$$

式中：$\hat{\theta}_1$，$\hat{\theta}_2$，…，$\hat{\theta}_d$ 为式（3.26）估计得到的边缘分布参数。

3. 半参数的极大似然法

半参数的极大似然法采用边缘分布的经验频率代替理论频率，代入似然函数参与计算，其似然函数表达式为

$$l(\theta)=\sum_{i=1}^{N}\ln c(\hat{u}_1,\hat{u}_2,\cdots,\hat{u}_d;\theta) \tag{3.28}$$

式中：c 为 Copula 函数的概率密度函数；$\hat{u}_1$，$\hat{u}_2$，…，$\hat{u}_d$ 为边缘分布的经验频率。

将似然函数关于参数 θ 最大化即可得到参数向量 θ 的估计值如下：

$$\hat{\theta}=\mathrm{argmax}\,l(\theta) \tag{3.29}$$

3.2.3.3 假设检验法

1. 单变量分布假设检验法

通常需要假设检验来判断所选择的 Copula 函数是否适合作为变量的联合分布。理论上，传统用于单变量分布假设检验的方法均可用于 Copula 函数的假设检验，例如常用的 Kolmogorov-Smirnov（K－S）检验方法。以二维为例，K－S 检验统计量 D 计算如下：

$$D=\max_{1\leqslant i\leqslant n}\left\{\left|F(x_i,y_i)-\frac{m(i)-1}{n}\right|,\left|F(x_i,y_i)-\frac{m(i)}{n}\right|\right\} \tag{3.30}$$

式中：$F(x_i,y_i)$ 为 (x,y) 的联合分布；$m(i)$ 为实测系列中满足 $x\leqslant x_i$ 且 $y\leqslant y_i$ 的联合观测值个数。

2. Cramer-von Mises 检验法

Cramer-von Mises 检验法也常用于 Copula 函数的假设检验。对于假设 H_0：$C\in C_\theta$；H_1：$C\notin C_\theta$；C_θ 为待检验的参数化 Copula 函数。使用 Cramer-von Mises 检验法的步骤如下：

（1）由实测资料系列计算经验 Copula 函数 C_n：

$$C_n(u,v)=\frac{1}{n}\sum_{i=1}^{n}I(U_i\leqslant u,V_i\leqslant v)\quad (u,v)\in[0,1] \tag{3.31}$$

其中

$$U_i=\frac{1}{n+1}\sum_{j=1}^{n}I(X_j\leqslant X_i),\quad V_i=\frac{1}{n+1}\sum_{j=1}^{n}I(Y_j\leqslant Y_i)\quad i\in\{1,\cdots,n\} \tag{3.32}$$

式中：I 为示性函数；U_i、V_i 为边缘分布的经验频率。

(2) 计算 Cramer-von Mises 统计量：

$$S_n = \int_{[0,1]^2} n\{C_n(u,v) - C_\theta(u,v)\}^2 dC_n(u,v) = \sum_{i=1}^{n}\{C_n(U_i,V_i) - C_\theta(U_i,V_i)\}^2 \tag{3.33}$$

(3) 选择一个大数 N，对于每一个 $k\in\{1, \cdots, N\}$，进行如下计算：

1) 由参数化 Copula 函数 C_θ 随机生成与实测系列长度相同的样本概率组合 (u_1^k, v_1^k)，…，(u_n^k, v_n^k)，并计算其边缘分布的经验频率 (U_1^k, V_1^k)，…，(U_n^k, V_n^k)。

2) 由边缘分布的经验频率 (U_1^k, V_1^k)，…，(U_n^k, V_n^k) 计算经验 Copula 函数 $C_n^{(k)}$，并估计相关性参数 $\theta_n^{(k)}$。

3) 由随机生成的系列，计算 Cramer-von Mises 统计量的模拟值：

$$S_n^{(k)} = \sum_{i=1}^{n}\{C_n^{(k)}(U_i^k,V_i^k) - C_{\theta_n^{(k)}}(U_i^k,V_i^k)\}^2 \tag{3.34}$$

(4) 重复以上步骤 N 次，即可求得渐近 p 值：

$$p = \frac{1}{N}\sum_{k=1}^{N} I \quad (S_n^{(k)} \geqslant S_n) \tag{3.35}$$

若 p 值大于选择的置信水平 α，则接受原假设 H_0；反之则拒绝 H_0，接受 H_1。p 值越大，表明所选 Copula 的代表性越好。

3.2.3.4 拟合优度评价

进一步选择通过假设检验后的多种 Copula 函数需要进行拟合优度评价。赤池信息准则（Akaike information criterion，AIC）是目前最常用的指标之一，其计算基础是均方误差（mean squared error，MSE）。该准则能体现模型参数个数所导致的不稳定性，适用于参数个数不同的 Copula 函数之间的相互比选。AIC 信息准则的计算式如下：

$$\text{MSE} = \frac{1}{N}\sum_{i=1}^{N}(P_{e_i} - P_i)^2 \tag{3.36}$$

$$\text{AIC} = N\ln\text{MSE} + 2m \tag{3.37}$$

式中：m 为 Copula 函数参数的个数。

AIC 值越小，表明 Copula 函数拟合效果越好。

3.3 基于 Copula 函数的洪水地区组成法

王锐琛等[26] 假定水库调蓄后的出库洪峰流量与相应入库洪峰流量的概率相等，首次提出概率组合离散求和法。该法能够考虑各分区的所有可能组合，计算结果比较合理，并于 1993 年纳入修订的《水利水电工程设计洪水计算规范》（SL 44—93）中。离散求和法受到联合概率分布函数求解的限制，通常需进行独立性处理，这无疑会影响计算结果的精度。第一，独立性处理过程中通常只考虑线性变换，忽略了变量间的非线性关系，数据转化过程中难免出现相关性信息失真；第二，代换变量 E 的物理概念不明确，其拟合频率曲线下端可能出现负值，对于分区较多的梯级水库群，多次独立性变换容易造成误差累积。

近年来 Copula 函数广泛应用在多变量水文分析计算中[22]，用来推求梯级水库下游设计洪水地区组成。闫宝伟等[27] 应用 Copula 函数构造了上游断面与区间洪水的联合分布，提出和推导了最可能洪水地区组成法和条件期望地区组成法，考虑了地区间洪水的空间相关性，更加符合客观实际，为设计洪水地区组成分析计算提供了新的途径。李天元等[28] 以 Copula 函数理论为基础，构造了水库断面洪量与区间洪量的联合分布，推求了条件概率函数的显式表达式，提出了基于 Copula 函数的改进离散求和法，通过直接对条件概率曲线进行离散，克服了《规范》中离散求和法需要进行变量独立性转换的问题。刘章君等[29] 利用 Copula 函数建立了各分区洪水的联合分布，基于联合概率密度最大原则，推导得到最可能地区组成法的计算通式，并用来推求梯级水库下游断面的设计洪水。

如图 3.3 所示，C 为研究断面。A_1，A_2，…，A_{n-1}，A_n 表示上游 n 座梯级水库；B_1，B_2，…，B_{n-1}，B_n 为其区间流域。随机变量 X_i、Y_i 和 Z（取值分别为 x_i、y_i 和 z）分别代表 A_i、B_i 和 C 的天然洪水（$i=1, 2, \cdots, n$）。

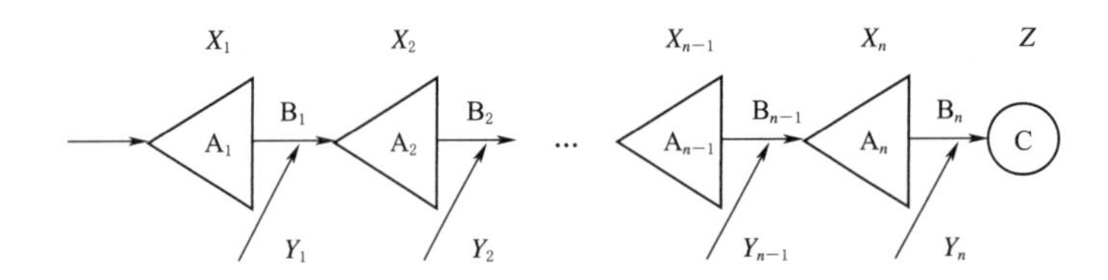

图 3.3 n 个梯级水库与设计断面的洪水地区组成示意图

受上游 A_1，A_2，…，A_{n-1}，A_n 梯级水库的影响，分析断面 C 设计洪水的地区组成需要研究天然情况下水库 A_1 断面和 n 个区间 B_1，B_2，…，B_{n-1}，B_n 共 $n+1$ 个部分洪水的组合。由于河网调节等因素的影响，往往难以推求设计洪峰流量的地区组成，且对调洪能力较大的水库，洪量起主要作用。因此，通常将断面 C 某一设计频率 P 的时段洪量 z_p 分配给上游 $n+1$ 个组成部分，以研究梯级水库的调洪作用。由水量平衡原理得

$$x_1 + \sum_{i=1}^{n} y_i = z_p \tag{3.38}$$

设计洪水的地区组成本质上是给定断面 C 的设计洪量 z_p，在满足式（3.38）约束条件下分配 z_p，得到组合 $[x_1, y_1, y_2, \cdots, y_{n-1}, y_n]$。得到洪量分配结果后，可以从实际系列中选择有代表性的典型年，放大该典型年各分区的洪水过程线可得各分区相应的设计洪水过程线，然后输入到 A_1，A_2，…，A_{n-1}，A_n 梯级水库系统进行调洪演算，就可以推求出同一频率 p 下断面 C 受上游梯级水库调蓄影响的设计洪水值。

3.3.1 离散求和法

洪水地区组成具有较高的随机性，较理论的分析方法是依据上游水库和区间洪水的概率组合，推求下游设计断面受调蓄影响的频率曲线。对具有复杂调洪规则的梯级水库，《规范》采用离散求和法推求下游防洪断面最大流量的概率分布，该方法可以在分布函数

取值区间内考虑各分区的所有可能组合。

以二维情况为例，设 P_X 为 X 系列的概率分布函数，$P_{Y|X}=F_{Y|X}(y \mid x)$ 为在条件 $X=x$ 下 Y 的条件概率分布函数，则

$$\begin{cases} P_X = F_X(x) = \int_{-\infty}^{x} f_X(x)\mathrm{d}x \\ P_{Y|X} = F_{Y|X}(y \mid x) = \int_{-\infty}^{z-x} f_{Y|X}(y \mid x)\mathrm{d}y \end{cases} \tag{3.39}$$

由水量平衡 $X+Y=Z$ 和二元分布知，Z 的分布函数为

$$\begin{aligned} F_Z(z) &= P(X+Y \leqslant z) = \int_{-\infty}^{\infty}\int_{-\infty}^{z-x} f(x,y)\mathrm{d}y\mathrm{d}x \\ &= \int_{-\infty}^{\infty} f_X(x)\int_{-\infty}^{z-x} f_{Y|X}(y \mid x)\mathrm{d}y\mathrm{d}x = \int_{-\infty}^{\infty} f_X(x)P_{Y|X}\mathrm{d}x = \int_{0}^{1} P_{Y|X}\mathrm{d}P_X \end{aligned} \tag{3.40}$$

基于离散微积分，式（3.40）可写为

$$F_Z(z) = \sum P_{Y|X}\Delta P_X = \sum\sum \Delta P_{Y|X}\Delta P_X \tag{3.41}$$

因此，求解下游断面天然来水量 Z 的概率问题，即转化为求解 Y 与 X 的条件概率函数 $P_{Y|X}$ 的问题。受联合分布及条件概率求解方法的限制，在推求组合变量 Z 的概率分布 $F_Z(z)$ 时，只能采取概化处理方法，如离散求和法。

离散求和法的理论基础是随机变量 X、Y 相互独立，故首先要判断两者的独立性。常用相关系数法来检验两者是否独立，构造统计量 t：

$$t = \sqrt{a-2}\frac{\rho}{\sqrt{1-\rho^2}} \tag{3.42}$$

式中：a 为样本容量；ρ 为 X 与 Y 的相关系数。

当指定某一置信度 α 后，从 t 分布表中查得临界值 t_α，若计算得 $|t|<t_\alpha$，则认为 X 与 Y 是独立的。

3.3.1.1 单库防洪系统

以水库个数 $n=1$ 为例，根据入库流量和区间流量统计特征，分两种情况讨论。

1. X 与 Y 相互独立

若 X 与 Y 相互独立，式（3.41）即可表示为

$$F_Z(z) = \sum P_{Y|X}\Delta P_X = \sum\sum \Delta P_Y \Delta P_X \tag{3.43}$$

X、Y 的每一状态都对应一概率区间，设 X 取状态 x_i 的概率区间为 ΔP_{Xi}，Y 取状态 y_j 的概率区间为 ΔP_{Yj}($i=1$，2，…，m_X；$j=1$，2，…，m_Y)，则 Z 相应状态对应的概率区间为 ΔP_{Zij}。

将连续型随机变量 X 与 Y 的频率曲线离散化，即概化成阶梯状。离散后 X 与 Y 都只能取有限个状态值。设 X 取 m_X 个状态，Y 取 m_Y 个状态，则 Z 的取值状态数为 $m_Z=m_Xm_Y$。离散后 X 取状态 x_i 的概率区间为 $P(X=x_i)$，Y 取状态 y_j 的概率区间为 $P(Y=y_j)$（$i=1$，2，…，m_X；$j=1$，2，…，m_Y)，则有

$$\Delta P_{Z,ij} = \Delta P_{X,i}\Delta P_{Y,j} \tag{3.44}$$

其中

$$\sum_{i=1}^{m_X}\Delta P_{X,i}=\sum_{j=1}^{m_Y}\Delta P_{Y,j}=\sum_{i=1}^{m_X}\sum_{j=1}^{m_Y}\Delta P_{Z,ij}=1 \tag{3.45}$$

计算时，对 Z 的每一个取值状态，都按照 x_i 及 y_j 控制缩放 A 水库及区间的典型洪水过程线，将 A 水库洪水过程线调洪后得到下泄流量过程线，再与区间过程线组合后得到 C 断面受 A 水库调洪后最大流量 Q_C 的一个数值 q_{Cij}。显然 q_{Cij} 的出现概率等于 ΔP_{Zij}，即

$$P(Q_C=q_{C,ij})=\Delta P_{Z,ij}=\Delta P_{X,i}\Delta P_{Y,j} \tag{3.46}$$

经 A 水库调洪后 C 断面最大流量等于或大于某一指定流量 q_S 的概率可推求如下：

$$\begin{aligned}P(Q_C\geqslant q_S)&=P(q_{C,ij}\geqslant q_S)=1-P(q_{C,ij}\leqslant q_S)\\&=1-\sum\sum_{q_{C,ij}\leqslant q_S}\Delta P_{X,i}\Delta P_{Y,j}\end{aligned} \tag{3.47}$$

2. X 与 Y 不相互独立

若经独立性检验表明 $|t|>t_\alpha$，则 X 与 Y 不能视作相互独立的随机变量，就需要推求条件概率函数。而仅利用实测资料推求分区洪水的条件概率曲线，对资料的要求很高，一般不易满足。因此，受联合概率分布函数求解技术的限制，在实际应用中，需要在计算前对组合变量进行独立性检验和处理，转换成独立随机变量，再进行频率组合计算。如当 X 与 Y 存在线性相关时，可采用如下公式进行代换：

$$E_X=Y-k_1X \tag{3.48}$$

或

$$E_Y=X-k_2Y \tag{3.49}$$

式中：E_X、E_Y 为新构建的随机变量；k_1、k_2 为转换系数。

以新变量 E_X 或 E_Y 代替 Y 或 X，系数 k_1、k_2 可由最小二乘法确定。变换中一般对均值较小的变量做代换。假设采用 E_X 代换变量 Y，则式（3.40）可表示为

$$\begin{aligned}F_Z(z)&=\iint\limits_{X+Y\leqslant Z}f_{XY}(x,y)\mathrm{d}y\mathrm{d}x=\iint\limits_{X+k_1X+E_X\leqslant Z}f_{X,E}(x,e_x)\mathrm{d}(kx+e_x)\mathrm{d}x\\&=\iint\limits_{(k_1+1)X+E_X\leqslant Z}f_{X,E}(x,e_x)\mathrm{d}e_x\mathrm{d}x=\sum P_{Y|E_X}\Delta P_X=\sum\sum\Delta P_{E_X}\Delta P_X\end{aligned} \tag{3.50}$$

若 X 概化成 m_X 种状态，E_X 概化成 m_E 种状态，则 Z 有 $m_Z=m_Xm_E$ 种状态。当 $X=x_i$，E_X 取值 e_{xj} 时，Y 的取值 y_j 为

$$y_j=k_1x_i+e_{x,j} \tag{3.51}$$

其出现的概率区间为

$$\Delta P_{Z,ij}=\Delta P_{X,i}\Delta P_{E_X,j} \tag{3.52}$$

经独立性处理后，可以类似独立随机变量进行状态组合求和计算，见式（3.47）。

3.3.1.2 梯级水库防洪系统

从单库开始，每增加一个水库，离散求和法的全部组合状态将呈指数级增长。例如有 n 个水库，每一组合变量离散后的状态均取 m 个，则全部组合状态有 m^n 个。对于两个或者两个以上的梯级水库（图 3.3），以 A_1—A_2—A_3 梯级水库系统为例，推求当 $X_1=x_1$ 时 Y_1 的条件概率函数 $P_{Y_1|X_1}$ 以及当 $X_1=x_1$ 且 $Y_1=y_1$ 时 Y_2 的条件概率函数 $P_{Y_2|X_1,Y_1}$，则式（3.41）可以表示为

$$F_Z(z)=\sum\sum P_{Y_2|Y_1,X_1}\Delta P_{Y_1|X_1}\Delta P_{X_1}$$
$$=\sum\sum\sum\Delta P_{Y_2|Y_1,X_1}\cdot\Delta P_{Y_1|X_1}\Delta P_{X_1}\tag{3.53}$$

以随机变量 X_1 和 Y_1 不相互独立为例，采用式（3.42）检验、式（3.48）或式（3.49）独立化之后，用随机变量 E_1 代换 Y_1，则 X_1 与 E_1 相互独立。同理，用随机变量 E_2 代换 Y_2，使 X_1 与 E_2 相互独立。则式（3.53）可以表示为

$$F_Z(z)=\sum\sum\sum\Delta P_{E_2|E_1,X_1}\Delta P_{E_1}\Delta P_{X_1}\tag{3.54}$$

若随机变量 E_1 与 E_2 在给定 $X_1=x_1$ 时条件独立，式（3.54）可以写为

$$F_Z(z)=\sum\sum\sum\Delta P_{E_2|X_1}\Delta P_{E_1}\Delta P_{X_1}=\sum\sum\sum\Delta P_{E_2}\Delta P_{E_1}\Delta P_{X_1}\tag{3.55}$$

将 X_1、E_1 及 E_2 的频率曲线离散化。设 X_1 取 m_{X_1} 个状态，E_1 取 m_{E_1} 个状态，E_2 取 m_{E_2} 个状态，则组合变量 Z 的状态 $m_Z=m_{X_1}m_{E_1}m_{E_2}$。按照离散后各概率区间对应的洪量放大各分区典型洪水过程，即可得到经 A_1、A_2 两库调洪后 C 断面最大流量频率曲线，其操作步骤与单库情形下类似，只是每增加一个水库，其全部组合状态将呈指数级增加。例如有 n 个水库，每一组合变量离散后的状态均取 m 个，则全部组合状态有 m^n 个。

3.3.2 基于 Copula 函数改进的离散求和法

然而，受联合概率分布函数求解技术的限制，《规范》中的离散求和法需要在计算前将组合变量转换成独立随机变量，再进行频率组合计算，对于分区较多的梯级水库群，多次独立性变换容易造成误差累积，显然影响了该方法的适用性和成果的精度[28]。因此，采用 Copula 函数构造上游水库断面来水和区间洪量的联合分布函数，避免对变量做独立性处理的问题。

3.3.2.1 基于 Copula 函数的联合分布

Copula 函数是构建联合分布的一种有效方法，能够灵活地构造边缘分布为任意分布的水文变量联合分布，且边缘分布和相关性结果可以分开考虑。以二维情况为例，当随机变量 X、Y 的联合分布 $F(X,Y)$ 确定后，给定 $X=x$ 时，$Y\leqslant y$ 的条件分布函数为

$$F_{Y|X}(y|x)=P(Y\leqslant y|X=x)=\frac{\partial F(x,y)}{\partial x}$$
$$=P(V\leqslant v|U=u)=\frac{\partial C(u,v)}{\partial u}\tag{3.56}$$

式中：u、v 分别为边缘分布函数，即 X 和 Z 的概率分布函数。

而 Z 的分布函数式（3.40）可以表示为

$$F_Z(z)=P(X+Y\leqslant z)=\int_{-\infty}^{\infty}\int_{-\infty}^{z-x}f(x,y)\mathrm{d}y\mathrm{d}x$$
$$=\int_{-\infty}^{\infty}f_X(x)\int_{-\infty}^{z-x}c(u,v)f_Y(y)\mathrm{d}y\mathrm{d}x$$
$$=\int_0^1\int_0^{F_Y(z-x)}c(u,v)\mathrm{d}v\mathrm{d}u\tag{3.57}$$

式中：$c(u,v)=\partial C(u,v)/\partial u\partial v$。

基于 Copula 函数建立的多维联合分布，能够包含变量间的相关性信息，不用进行独立性检验和独立化，利于离散积分的求解。

3.3.2.2 单库防洪系统

以水库个数 $n=1$ 为例，对式（3.57）进行离散化处理，将 X 和 Y 的分布函数 u、v 分别离散为 m_X、m_Y 个状态，则 Z 的状态组合情况为 $m_Z=m_Xm_Y$。设 $X=x_i$ 时分布函数 u 的概率区间为（u_i,u_{i+1}），Y 取状态 y_j 时 v 的概率区间为（v_j,v_{j+1}），Z 相应状态对应的概率区间为 $\Delta P_{Z,ij}$，则

$$\Delta P_{z,ij}=\int_{u_i}^{u_{i+1}}\int_{v_j}^{v_{j+1}}c(u,v)\mathrm{d}v\mathrm{d}u \tag{3.58}$$

计算时，选择一个典型洪水过程线，对 Z 的每一个取值状态，都按照 x_i 及 y_j 控制缩放 A 水库及区间的洪水过程线，将 A 水库洪水过程线经调洪后得到下泄流量过程线，再与区间过程线组合后得到 C 断面受 A 水库调洪后最大流量 Q_C 的一个数值 $q_{C,ij}$，显然 $q_{C,ij}$ 的出现概率等于 $\Delta P_{z,ij}$，见式（3.46）。经 A 水库调洪后 C 断面最大流量等于或大于某一指定流量 q_S 的概率可推求如下：

$$\begin{aligned}P(Q_C\geqslant q_S)&=P(q_{C,ij}\geqslant q_S)=1-P(q_{Cij}\leqslant q_S)\\&=1-\sum\sum_{q_{C,ij}\leqslant q_S}c(u,v)\Delta u\Delta v\end{aligned} \tag{3.59}$$

对 X、Y 的全部取值状态做组合计算，并统计出最大洪峰流量及对应的发生概率，即可得 C 断面受 A 水库调洪后洪峰的频率曲线。

3.3.2.3 梯级水库防洪系统

从单库开始，每增加一个水库，离散求和法的全部组合状态将呈指数增长。例如有 n 个水库，每一组合变量离散后的状态均取 m 个，则全部组合状态有 m^n 个。当上游有两个或两个以上的梯级水库时（图 3.3），以 A_1—A_2—A_3 梯级水库系统为例，采用 Copula 函数构造三维联合分布 $C(u_1,v_1,v_2)$，则式（3.57）可表示为

$$\begin{aligned}F_Z(z)&=P(X_1+Y_1+Y_2\leqslant z)\\&=\int_{-\infty}^{\infty}\int_{-\infty}^{z-x_1}\int_{-\infty}^{z-x_1-y_1}f(x_1,y_1,y_2)\mathrm{d}y_2\mathrm{d}y_1\mathrm{d}x_1\\&=\int_{-\infty}^{\infty}f_{X1}(x)\int_{-\infty}^{z-x_1}f_{Y_1}(y)\int_{-\infty}^{z-x_1-y_1}f_{Y_2}(y)c(u_1,v_1,v_2)\mathrm{d}y_2\mathrm{d}y_1\mathrm{d}x_1\\&=\int_0^1\int_0^{F_{Y_1}(z-x_1)}\int_0^{F_{Y_2}(z-x_1-y_1)}c(u_1,v_1,v_2)\mathrm{d}v_2\mathrm{d}v_1\mathrm{d}u_1\end{aligned} \tag{3.60}$$

将 X_1、Y_1 及 Y_2 的频率曲线 u_1、v_1、v_2 离散化，即概化成阶梯状。设 X_1 取 m_{X1} 个状态，Y_1 取 m_{Y1} 个状态，Y_2 取 m_{Y2} 个状态，则组合变量 Z 的状态 $m_Z=m_{X1}m_{Y1}m_{Y2}$。

按照离散后各概率区间对应的洪量放大各分区典型洪水过程，即可得到经 A_1、A_2 两水库调洪后 C 断面最大流量频率曲线，其操作步骤与单库情形类似，这里不再赘述。

3.3.3 条件期望地区组成法

条件期望组成是设计洪水地区组成的一种平均情况，具有一定代表性，虽不是最可能出现的地区组成，也不是最不利的地区组成，但它考虑了上游断面与区间洪水的空间相关性，存在一定的统计基础[27]。

3.3.3.1 条件期望 I 组成法

当 C 断面发生洪量为 z 的洪水时，上游 n 个水库 A_1，A_2，…，A_{n-1}，A_n 存在着条

件概率分布函数 $F_{X_i|Z}(x_i \mid z)$，采用 Copula 函数推导如下：

$$\begin{aligned}F_{X_i|Z}(x_i|z_p)&=P(X_i\leqslant x_i|Z=z_p)\\&=\frac{\partial F(x_i,z)/\partial z}{\mathrm{d}F_Z(z)/\mathrm{d}z}=\frac{\partial C(u_i,w)}{\partial w}=C_2(u_i,w)\end{aligned} \tag{3.61}$$

式中：$C(u,w)$ 为 Copula 的概率分布函数。

采用 n 个水库 A_1，A_2，…，A_{n-1}，A_n 和 C 断面的条件期望组合，在给定某一设计频率 p 下 C 断面的洪量值 z_p 时，A_i 水库的洪量值 x_i 的期望 $E(x_i \mid z_p)$ 计算如下：

$$\begin{aligned}E(x_i \mid z_p)&=\int_{-\infty}^{\infty}x_i f_{X_i|Z}(x_i \mid z_p)\mathrm{d}x_i=\int_{-\infty}^{\infty}x_i c(u_i,w)f_{X_i}(x_i)\mathrm{d}x_i\\&=\int_0^1 F_{X_i}^{-1}(u_i)c(u_i,w)\mathrm{d}u_i\end{aligned} \tag{3.62}$$

式中：$f_{X|Z}(x \mid z)=c(u,w)f_X(x)$，为 $F_{X|Z}(x \mid z)$ 的密度函数；$F_X^{-1}(\cdot)$ 为 x 的反函数。

如上所述，基于水量平衡方程，可以得出 C 断面上游洪水地区的条件期望Ⅰ组合 [$E(x_1 \mid z_p)$，$E(x_2 \mid z_p)$，…，$E(x_n \mid z_p)$]，自下而上逐级求出区间 B_n，B_{n-1}，…，B_1 的洪量值 y_n，y_{n-1}，…，y_1：

$$\begin{cases}y_n=z_p-E(x_n|z_p)\\y_{n-1}=E(x_n|z_p)-E(x_{n-1}|z_p)\\\vdots\\y_1=E(x_2|z_p)-E(x_1|z_p)\end{cases} \tag{3.63}$$

3.3.3.2 条件期望Ⅱ组成法

当上游水库 A_1 发生洪量为 x_1 的洪水时，下游区间面积所对应的洪量 y_i 存在着条件概率分布函数 $F_{Y_i|X_1}(y_i \mid x_1)$（$i=1$，2，…，$n$），采用 Copula 函数推导如下：

$$\begin{aligned}F_{Y_i|X_1}(y_i|x_1)&=P(Y_i\leqslant y_i|X_1=x_1)\\&=\frac{\partial F(x_1,y_i)/\partial x_1}{\mathrm{d}F_{X_1}(x_1)/\mathrm{d}x_1}=\frac{\partial C(u_1,v_i)}{\partial u_1}=C_1(u_1,v_i)\end{aligned} \tag{3.64}$$

采用 A_1 水库和 n 个区间 B_1，B_2，…，B_{n-1}，B_n 的条件期望组合，在给定 A_1 水库的洪量值 x_1 时，区间 B_i 的洪量值 y_i 的期望 $E(y_i \mid x_1)$ 计算如下：

$$\begin{aligned}E(y_i \mid x_1)&=\int_{-\infty}^{\infty}y_i f_{Y_i|X_1}(y_i \mid x_1)\mathrm{d}y_i=\int_{-\infty}^{\infty}y_i c(u_1,v_i)f_{Y_i}(y_i)\mathrm{d}y_i\\&=\int_0^1 F_{Y_i}^{-1}(v_i)c(u_1,v_i)\mathrm{d}v_i\end{aligned} \tag{3.65}$$

式中：$f_{Y|X}(y \mid x)=c(u,v)f_Y(y)$，为 $F_{Y|X}(y \mid x)$ 的密度函数；$F_Y^{-1}(\cdot)$ 为 y 的反函数。

当 C 断面发生某一设计频率 p 的时段洪量 z_p 时，根据水量平衡方程，可以得出 C 断面的条件期望Ⅱ组合 [x_1，$E(y_1 \mid x_1)$，$E(y_2 \mid x_1)$，…，$E(y_n \mid x_1)$] 如下：

$$x_1+E(y_1|x_1)+E(y_2|x_1)+\cdots+E(y_n|x_1)=z_p \tag{3.66}$$

3.3.4 基于Copula函数的最可能地区组成法

闫宝伟等[27] 将Copula函数理论应用于设计洪水地区组成研究，提出了考虑单座水库的最可能洪水地区组成法，认为不同洪水组合发生的相对可能性大小，可以用各分区洪水的联合概率密度函数值 $f(x, y_1, \cdots, y_n)$ 的大小来度量。联合概率密度函数值越大，表明该地区组成模式发生的可能性越大。刘章君等[29] 利用Copula函数推导基于最可能地区组成法推求梯级水库设计洪水的计算通式，具体步骤如下：设计洪水的地区组成本质上是给定C断面的设计洪量 z_p，在满足式（3.38）约束条件下分配 z_p，得到组合（x，y_1，y_2，…，y_{n-1}，y_n）。得到洪量分配结果后，可以从实际系列中选择有代表性的典型年，放大该典型年各分区的洪水过程线可得各分区相应的设计洪水过程线，然后输入到 A_1，A_2，…，A_{n-1}，A_n 梯级水库系统进行调洪演算，就可以推求出同一频率 p C断面受上游梯级水库调蓄影响的设计洪水值[4]。

理论上，满足式（3.38）约束的洪量组合（x，y_1，y_2，…，y_{n-1}，y_n）有无数种可能，但不同组合推求的C断面受上游梯级水库影响的设计洪水值不同。因此，如何选择合理的地区组成方法来计算洪量组合至关重要。同频率地区组成法是目前使用最为广泛的方法，但该方法只是一种人为假设，是否符合流域洪水地区组成规律，要视分区与设计断面洪水的相关性密切程度而定。此外，随水库数量的增加，需要拟订的地区组成方案数呈指数级增长，计算工作量将急剧增加，难以满足复杂梯级水库设计洪水计算的实际需要。

在工程设计中，人们通过对实际发生洪水的时空特性规律分析，通常关心最可能发生且对下游防洪不利的地区组成。因此，为了避免组合的任意性和盲目性，本书从发生可能性最大的角度，推导梯级水库设计洪水的最可能地区组成的计算通式。

不同洪量组合发生的相对可能性大小，可以用 X 和 $Y_i(i=1, 2, \cdots, n)$ 的联合概率密度函数值 $f(x, y_1, y_2, \cdots, y_{n-1}, y_n)$ 的大小来度量。联合概率密度函数值越大，表明该地区组成发生的可能性越大。想得到最可能地区组成，就是求解 $f(x, y_1, y_2, \cdots, y_{n-1}, y_n)$ 在满足式（3.38）条件下的最大值，即

$$\begin{cases} \max & f(x, y_1, y_2, \cdots, y_{n-1}, y_n) \\ \text{s.t.} & x + \sum_{i=1}^{n} y_i = z_p \end{cases} \tag{3.67}$$

X 和 $Y_i(i=1, 2, \cdots, n)$ 的联合分布函数用 $F(x, y_1, y_2, \cdots, y_{n-1}, y_n)$ 表示，表达式如下：

$$F(x, y_1, y_2, \cdots, y_{n-1}, y_n) = P(X \leqslant x, Y_1 \leqslant y_1, \cdots, Y_n \leqslant y_n) \tag{3.68}$$

相应的概率密度函数为

$$f(x, y_1, y_2, \cdots, y_{n-1}, y_n) = \partial^{n+1} F(x, y_1, y_2, \cdots, y_{n-1}, y_n) / \partial x \partial y_1, \cdots, \partial y_n \tag{3.69}$$

我国一般假定 X 和 $Y_i(i=1, 2, \cdots, n)$ 均服从P3型分布[1]，且各变量之间还存在一定的相关性。若用传统办法来确定 $n+1$ 个随机变量的联合概率分布函数和密度函数的解析表达式，是非常困难的。近年来Copula函数理论的应用和日趋完善使之成为可能，它能够灵活地构造具有任意边缘分布的多变量联合分布[22-23]。

3.3.4.1 基于 Copula 函数的多维联合分布

假设随机变量 X_i（$i=1,2,\cdots,n$）的边缘分布函数分别为 $F_{X_i}(x_i)=P_{X_i}(X_i\leqslant x_i)$，其中 n 为随机变量的个数，x_i 为随机变量 X_i 的取值，$H(x_1,x_2,\cdots,x_n)$ 为随机变量 X_1，X_2，…，X_n 的联合分布函数，则存在唯一的 Copula 函数使得下式成立[25]：

$$H(x_1,x_2,\cdots,x_n)=C[F_1(x_1),F_2(x_2),\cdots,F_n(x_n)]=C(u_1,u_2,\cdots,u_n) \tag{3.70}$$

式中：$u_i=F_{X_i}(x_i)$，在区间 [0，1] 上连续。

应用 Copula 函数建模时，可分为两步进行：①确定随机变量各自的边缘分布；②根据各变量的边缘分布，选取适当的 Copula 函数，准确地描述边际分布间的相关结构。关于 Copula 函数形式及其选取和参数估计等一系列问题，相关文献已有详细介绍，此处不再赘述。

3.3.4.2 最可能地区组成法的计算通式推导

借助 Copula 函数，联合分布函数 $F(x,y_1,y_2,\cdots,y_{n-1},y_n)$ 可以表示为[25]

$$F(x,y_1,y_2,\cdots,y_{n-1},y_n)=C(u,v_1,v_2,\cdots,v_{n-1},v_n) \tag{3.71}$$

式中：$C(u,v_1,v_2,\cdots,v_{n-1},v_n)$ 为 Copula 函数；u、v_i($i=1$，2，…，n) 分别为水库 A_1、区间 B_i 洪水的边缘分布函数；$u=F_X(x)$、$v_i=F_{Y_i}(y_i)$。

相应的联合概率密度函数为[25]

$$f(x,y_1,y_2,\cdots,y_{n-1},y_n)=c(u,v_1,v_2,\cdots,v_{n-1},v_n)f_X(x)\prod_{i=1}^{n}f_{Y_i}(y_i) \tag{3.72}$$

式中：$c(u,v_1,v_2,\cdots,v_{n-1},v_n)=\partial^{n+1}C(u,v_1,v_2,\cdots,v_{n-1},v_n)/\partial u\,\partial v_1\,\partial v_2,\cdots,\partial v_{n-1}\,\partial v_n$ 为 Copula 函数的密度函数；f_X、f_{Y_i} 分别为 X 和 Y_i($i=1$，2，…，n ）的概率密度函数。

将 $x=z_p-\sum_{i=1}^{n}y_i$ 代入式（3.72）得到

$$\begin{aligned}&f(z_p-\sum_{i=1}^{n}y_i,y_1,y_2,\cdots,y_{n-1},y_n)\\=&c[F_X(z_p-\sum_{i=1}^{n}y_i),F_{Y_1}(y_1),F_{Y_2}(y_2),\cdots,F_{Y_{n-1}}(y_{n-1}),F_{Y_n}(y_n)]f_X(z_p-\sum_{i=1}^{n}y_i)\prod_{i=1}^{n}f_{Y_i}(y_i)\end{aligned} \tag{3.73}$$

欲使 $f\left(z_p-\sum_{i=1}^{n}y_i,y_1,y_2,\cdots,y_{n-1},y_n\right)$ 取最大值，需满足以下条件：

$$\partial f\left(z_p-\sum_{i=1}^{n}y_i,y_1,y_2,\cdots,y_{n-1},y_n\right)/\partial y_i=0\quad i=1,2,\cdots,n \tag{3.74}$$

由于式（3.74）的求解比较复杂，因此先研究 $n=1$，2，3，4 的情况，再归纳出由 n 个水库组成的梯级防洪系统设计洪水最可能地区组成的计算通式。

（1）$n=1$。由式（3.38）和式（3.74）联立求解，化简后得到如下方程组：

$$\begin{cases}c_1f_X(x)-c_2f_{Y_1}(y_1)+c\left[\dfrac{f'_X(x)}{f_X(x)}-\dfrac{f'_{Y_1}(y_1)}{f_{Y_1}(y_1)}\right]=0\\x=z_p-y_1\end{cases} \tag{3.75}$$

式中：$c=c(u,v_1)=\partial^2 C(u,v_1)/\partial u\partial v_1$，$c_1=\partial c/\partial u$，$c_2=\partial c/\partial v_1$；$f'_X$ 和 f'_{Y_1} 分别为相应密度函数的导函数。

（2）$n=2$。由式（3.38）和式（3.74）联立求解，化简后得到如下方程组：

$$\begin{cases} c_1 f_X(x)-c_2 f_{Y_1}(y_1)+c\left[\dfrac{f'_X(x)}{f_X(x)}-\dfrac{f'_{Y_1}(y_1)}{f_{Y_1}(y_1)}\right]=0 \\ c_1 f_X(x)-c_3 f_{Y_2}(y_2)+c\left[\dfrac{f'_X(x)}{f_X(x)}-\dfrac{f'_{Y_2}(y_2)}{f_{Y_2}(y_2)}\right]=0 \\ x=z_p-\sum\limits_{i=1}^{2} y_i \end{cases} \tag{3.76}$$

式中：$c=c(u,v_1,v_2)=\partial^3 C(u,v_1,v_2)/\partial u\partial v_1\partial v_2$，$c_1=\partial c/\partial u$，$c_2=\partial c/\partial v_1$，$c_3=\partial c/\partial v_2$；$f'_X$、$f'_{Y_1}$ 和 f'_{Y_2} 分别为相应密度函数的导函数。

（3）$n=3$。由式（3.38）和式（3.74）联立求解，化简后得到如下方程组：

$$\begin{cases} c_1 f_X(x)-c_2 f_{Y_1}(y_1)+c\left[\dfrac{f'_X(x)}{f_X(x)}-\dfrac{f'_{Y_1}(y_1)}{f_{Y_1}(y_1)}\right]=0 \\ c_1 f_X(x)-c_3 f_{Y_2}(y_2)+c\left[\dfrac{f'_X(x)}{f_X(x)}-\dfrac{f'_{Y_2}(y_2)}{f_{Y_2}(y_2)}\right]=0 \\ c_1 f_X(x)-c_4 f_{Y_3}(y_3)+c\left[\dfrac{f'_X(x)}{f_X(x)}-\dfrac{f'_{Y_3}(y_3)}{f_{Y_3}(y_3)}\right]=0 \\ x=z_p-\sum\limits_{i=1}^{3} y_i \end{cases} \tag{3.77}$$

式中：$c=c(u,v_1,v_2,v_3)=\partial^4 C(u,v_1,v_2,v_3)/\partial u\partial v_1\partial v_2\partial v_3$，$c_1=\partial c/\partial u$，$c_2=\partial c/\partial v_1$，$c_3=\partial c/\partial v_2$，$c_4=\partial c/\partial v_3$；$f'_X$、$f'_{Y_1}$、$f'_{Y_2}$ 和 f'_{Y_3} 分别为相应密度函数的导函数。

从以上结果看出，$n=1$、2、3 时最可能地区组成的满足方程组有明显的客观规律，由此可以归纳得到 n 为任意正整数时的方程组通式为

$$\begin{cases} c_1 f_X(x)-c_2 f_{Y_1}(y_1)+c\left[\dfrac{f'_X(x)}{f_X(x)}-\dfrac{f'_{Y_1}(y_1)}{f_{Y_1}(y_1)}\right]=0 \\ c_1 f_X(x)-c_3 f_{Y_2}(y_2)+c\left[\dfrac{f'_X(x)}{f_X(x)}-\dfrac{f'_{Y_2}(y_2)}{f_{Y_2}(y_2)}\right]=0 \\ \vdots \\ c_1 f_X(x)-c_n f_{Y_{n-1}}(y_{n-1})+c\left[\dfrac{f'_X(x)}{f_X(x)}-\dfrac{f'_{Y_{n-1}}(y_{n-1})}{f_{Y_{n-1}}(y_{n-1})}\right]=0 \\ c_1 f_X(x)-c_{n+1} f_{Y_n}(y_n)+c\left[\dfrac{f'_X(x)}{f_X(x)}-\dfrac{f'_{Y_n}(y_n)}{f_{Y_n}(y_n)}\right]=0 \\ x+\sum\limits_{i=1}^{n} y_i-z_p=0 \end{cases} \tag{3.78}$$

式中：$c=c(u, v_1, v_2, \cdots, v_{n-1}, v_n)$，$c_1=\partial c/\partial u$，$c_{i+1}=\partial c/\partial v_i$；$f'_X$、$f'_{Y_i}(i=1, 2, \cdots, n)$ 分别为相应概率密度函数的导函数。

若 X、和 $Y_i(i=1, 2, \cdots, n)$ 均服从 P3 型分布，其概率密度函数则为[1]

$$f_X(x)=\frac{\beta_x^{\alpha_x}}{\Gamma(\alpha_x)}(x-\gamma_x)^{\alpha_x-1}\mathrm{e}^{-\beta_x(x-\gamma_x)} \tag{3.79}$$

$$f_{Y_i}(y_i)=\frac{\beta_{y_i}^{\alpha_{y_i}}}{\Gamma(\alpha_{y_i})}(y_i-\gamma_{y_i})^{\alpha_{y_i}-1}\mathrm{e}^{-\beta_{y_i}(y_i-\gamma_{y_i})} \tag{3.80}$$

式中：α_x、β_x、γ_x 和 α_{y_i}、β_{y_i}、γ_{y_i} 分别为变量 X 和 Y_i 的形状、尺度和位置参数。

因此有

$$f'_X(x)=\frac{\beta_x^{\alpha_x}}{\Gamma(\alpha_x)}(x-\gamma_x)^{\alpha_x-2}\mathrm{e}^{-\beta_x(x-\gamma_x)}[(\alpha_x-1)-\beta_x(x-\gamma_x)] \tag{3.81}$$

$$f'_{Y_i}(y_i)=\frac{\beta_{y_i}^{\alpha_{y_i}}}{\Gamma(\alpha_{y_i})}(y_i-\gamma^{y_i})^{\alpha_{y_i}-2}\mathrm{e}^{-\beta_{y_i}(y_i-\gamma_{y_i})}[(\alpha_{y_i}-1)-\beta_{y_i}(y_i-\gamma_{y_i})] \tag{3.82}$$

故

$$\frac{f'_X(x)}{f_X(x)}=\frac{\alpha_x-1}{x-\gamma_x}-\beta_x \tag{3.83}$$

$$\frac{f'_{Y_i}(y_i)}{f_{Y_i}(y_i)}=\frac{\alpha_{y_i}-1}{y_i-\gamma_{y_i}}-\beta_{y_i} \tag{3.84}$$

将式（3.83）和（3.84）代入式（3.78），则可表述为

$$\begin{cases} c_1 f_X(x)-c_2 f_{Y_1}(y_1)+c\left(\dfrac{\alpha_x-1}{x-\gamma_x}-\dfrac{\alpha_{y_1}-1}{y_1-\gamma_{y_1}}+\beta_{y_1}-\beta_x\right)=0 \\ c_1 f_X(x)-c_3 f_{Y_2}(y_2)+c\left(\dfrac{\alpha_x-1}{x-\gamma_x}-\dfrac{\alpha_{y_2}-1}{y_2-\gamma_{y_2}}+\beta_{y_2}-\beta_x\right)=0 \\ \vdots \\ c_1 f_X(x)-c_n f_{Y_{n-1}}(y_{n-1})+c\left(\dfrac{\alpha_x-1}{x-\gamma_x}-\dfrac{\alpha_{y_{n-1}}-1}{y_{n-1}-\gamma_{y_{n-1}}}+\beta_{y_{n-1}}-\beta_x\right)=0 \\ c_1 f_X(x)-c_{n+1} f_{Y_n}(y_n)+c\left(\dfrac{\alpha_x-1}{x-\gamma_x}-\dfrac{\alpha_{y_n}-1}{y_n-\gamma_{y_n}}+\beta_{y_n}-\beta_x\right)=0 \\ x+\sum\limits_{i=1}^{n} y_i-z_p=0 \end{cases} \tag{3.85}$$

非线性方程组（3.85）即为基于 Copula 函数推求的最可能地区组成法应满足的计算通式。式（3.85）中分别有 $n+1$ 个未知数 x，y_1，y_2，…，y_{n-1}，y_n 和 $n+1$ 个方程，根据问题的实际意义，$f(x, y_1, y_2, \cdots, y_{n-1}, y_n)$ 的最大值客观上存在且唯一，因此该方程组必定有唯一的解。显然，其最大值不会在边界取得，而是在定义域内部，即 $0<x, y_1, y_2, \cdots, y_{n-1}, y_n<z_p$ 取得，因此由偏导数为 0 求解方程组得到的驻点即为最大值点。

由于问题的复杂性，采用数值方法计算非线性方程组（3.85）的近似解。拟牛顿法是目前求解非线性方程组最为有效的一种算法，具有收敛速度快、算法稳定性强等优点。可将以各分区控制面积占设计断面的比例分配洪量 z_p 得到的结果作为初始解，采用 Broyden 拟牛顿迭代法进行迭代求解，得到水库 A_1 断面、区间流域 B_1，B_2，…，B_{n-1}，B_n 洪水的最可能地区组成（x^*，y_1^*，y_2^*，…，y_{n-1}^*，y_n^*）[30]。

3.3.4.3 高维情况下最可能地区组成的求解方法

随着梯级水库的增多，采用非对称 Archimedean Copula 嵌套方式的不确定性以及误差显著增大，会对分析结果产生较大影响，且求解高维通式得到的解不稳健。Chang et al.[31] 选择 t - Copula 函数构建各分区洪水的联合分布。t - Copula 函数属于椭圆分布族，易扩展到高维，且其能够描述各个变量之间的相关性以及极值变量之间的相关性。

针对高维情况下最可能组成的计算通式求解不稳健的问题，采用蒙特卡洛法和遗传算法（genetic algorithm，GA）求解最可能组成。蒙特卡洛法属于统计试验方法，通过随机抽样来求解复杂的优化问题。当试验次数足够多时，其理论上可以获得问题的精确解。GA 法是一种有效的全局并行优化搜索工具，具有简单、通用、鲁棒性强等优点。当迭代搜索次数足够多时，其理论上可以求得全局最优解[32]。

1. 蒙特卡洛法

通过蒙特卡洛法求解最可能地区组成的步骤如下：

（1）根据样本确定各分区洪水的边缘分布和联合分布。

（2）生成 M 组服从 [0，1] 均匀分布的随机数组合 [w_1，w_2，…，w_{n-2}，w_{n-1}] 作为区间 Y_1，Y_2，…，Y_{n-2}，Y_{n-1} 的洪水频率，由 Y_1，Y_2…，Y_{n-2}，Y_{n-1} 的边缘分布模型计算其设计洪水值 y_1，y_2，…，y_{n-2}，y_{n-1}。

（3）由水量平衡约束推求每一组 X 的设计洪水值，并由 X 的边缘分布模型计算其经验频率 u，由此可得 M 组的地区组成 [x，y_1，y_2，…，y_{n-2}，y_{n-1}] 及其对应的频率 [u，w_1，w_2，…，w_{n-2}，w_{n-1}]。

（4）计算每一组地区组成的联合概率密度函数值。

（5）考虑到蒙特卡洛法的随机性，将步骤（1）～（4）重复 K 次，其中概率密度最大的地区组成即为最可能地区组成。

2. GA 法

基于 GA 法求解最可能地区组成的步骤如下：

（1）根据样本确定各分区的边缘分布和联合分布。

（2）考虑水量平衡约束，以最小化联合概率密度函数的负值为目标函数进行优化求解：

$$\begin{cases} \min \quad -f(x_1,x_2,\cdots,x_{n-1},x_n,z) = -c(u_1,u_2,\cdots,u_{n-1},u_n,v)\prod_{i=1}^{n} f_{X_i}(x_i)f_Z(z) \\ \text{s.t.} \quad x_1 + y_1 + y_2 + \cdots + y_n = z = z_p \end{cases} \tag{3.86}$$

其中优化变量为各分区洪水的频率组合。

（3）由求解得到的最优频率组合及各分区的边缘分布推求最可能地区组成。

3.4 概率组合离散求和法的统计试验研究

概率组合离散求和法的实质是对理论连续分布进行离散化，并用求和代替积分，所以会产生误差。采用统计试验，对离散求和法与改进离散求和法进行对比研究。为便于随机数的生成，假定边缘分布为正态分布，联合分布为二维正态分布。

为简化边缘分布和联合分布计算，设区间流量服从 $Y \sim N(0,1)$，由于入库流量均值一般大于区间流量均值，因此设入库流量服从 $X \sim N(1,1)$，两者相关系数 ρ 为

$$\rho=\frac{\mathrm{Cov}(X,Y)}{\sqrt{D(X)}\sqrt{D(Y)}}=\mathrm{Cov}(X,Y) \tag{3.87}$$

式中：$\mathrm{Cov}(X,Y)$ 为随机变量 X 和 Y 的协方差。

X 和 Y 的联合分布的协方差矩阵为

$$\Sigma_{XY}=\begin{pmatrix}\mathrm{Cov}(X,X) & \mathrm{Cov}(X,Y)\\ \mathrm{Cov}(Y,X) & \mathrm{Cov}(Y,Y)\end{pmatrix}=\begin{pmatrix}1 & \rho\\ \rho & 1\end{pmatrix} \tag{3.88}$$

根据边缘分布和式（3.88）的协方差矩阵可以计算二元正态分布 $(X,Y) \sim N(1,0,1,1,\rho)$ 在任何离散点 (x_i,y_j) 上的理论概率分布值 $F_{X,Y}(x_i,y_j)$。由于随机变量 $E \sim N(-r,\sqrt{1-r^2})$ 是独立化处理后的结果，与随机变量 X 的相关系数近似为 0，也可根据协方差公式计算二元正态分布 $(X,E) \sim N(1,-r,1,\sqrt{1-r^2},0)$ 在任何离散点 (x_i,e_j) 上的理论概率分布值 $F_{X,E}(x_i,e_j)$。

3.4.1 离散求和法随机模拟

根据式（3.88）所示协方差矩阵和两个边缘分布的参数，分别生成 2000 个随机变量 X、Y 的随机数，在离散求和法的统计试验中，假定样本仍然服从正态分布，即可估计随机变量 X 和 Y 的分布参数；若构建随机变量 E，其分布类型也为正态分布，其转换系数通过最小二乘法确定，然后估计正态分布参数。

离散求和法根据随机变量 X 和 Y 的相关系数进行独立性检验，决定是否通过构造与随机变量 X 相互独立的随机变量 E 进行后续的概率离散运算，设置相关系数 ρ 的取值区间为 $[0,0.98]$。当相关系数 ρ 较小时才可以视为相互独立，ρ 较大时构建随机变量 E，但其阈值的具体大小尚不明朗。因此本次统计试验分以下两种情况讨论离散求和法的误差：

（1）离散求和法 Y。认为随机变量 X 和 Y 相互独立，不再构建随机变量 E。在相关系数 ρ 的取值区间内，直接采用式（3.43）、式（3.44）求得 Z 的概率区间 $\Delta P_{Z,ij}$，进而计算离散点 (x_i,y_j) 上的概率分布估计值，即

$$\hat{F}_{y,ij}(X=x_i,Y=y_j)=\Delta P_{Z,ij}=\Delta P_{X,i}\Delta P_{Y,j} \tag{3.89}$$

（2）离散求和法 E。认为随机变量 X 和 Y 不相互独立，构建随机变量 E。在相关系数 ρ 的取值区间内，采用式（3.50）计算 Z 的概率区间 $\Delta P_{Z,ij}$，并用式（3.48）和式

(3.49) 将随机变量 E 转化为 Y，进而计算离散点 (x_i, y_j) 上的概率分布估计值，即

$$\hat{F}_{e,ij}(X=x_i,E=e_j)=\hat{F}_{e,ij}(X=x_i,Y=y_j)=\Delta P_{Z,ij}=\Delta P_{X,i}\Delta P_{E,j} \tag{3.90}$$

3.4.2 改进离散求和法随机模拟

改进离散求和法采用与离散求和法相同的随机数，由于选择 Normal Copula 函数构建随机变量 X 和 Y 的联合分布，Normal Copula 函数参数即为相关系数 ρ。因此在相关系数 ρ 的取值区间内，采用式 (3.57) 和式 (3.58) 计算 Z 的概率区间 $\Delta P_{Z,ij}$，进而求得离散点 (x_i, y_j) 上的概率分布估计值，即

$$\begin{aligned}\hat{F}_{c,ij}(X=x_i,Y=y_j)=\Delta P_{Z,ij}&=\int_{u_i}^{u_{i+1}}\int_{v_j}^{v_{j+1}}c(u,v)\mathrm{d}v\mathrm{d}u\\&=C(u_{i+1},v_{j+1})-C(u_{i+1},v_j)-C(u_i,v_{j+1})+C(u_i,v_j)\end{aligned} \tag{3.91}$$

以理论分布计算的各个离散点 (x_i, y_j) 上的概率分布值 $F(x_i, y_j)$ 为基准，采用估计值与理论值的绝对误差之和（sum of absolute error，SAE）表征离散求和法与改进离散求和法的总估计误差，即

$$\mathrm{SAE}=\sum_{i=1}^{m_X}\sum_{j=1}^{m_Y}\left|F(x_i,y_j)-\hat{F}(x_i,y_j)\right| \tag{3.92}$$

SAE 越小，说明计算结果越精确。需要说明的是，本次统计试验主要研究离散化计算相对连续分布积分的误差，而离散点 (x_i, y_j) 上的概率值计算之后的水库调洪计算，不再涉及积分的离散且不会产生系统误差。因此，统计试验仅仅涉及离散积分的部分，其流程如图 3.4 所示，将相关系数 ρ 和随机变量 X、Y 分别离散成 K 种、m_X 种、m_Y 种状

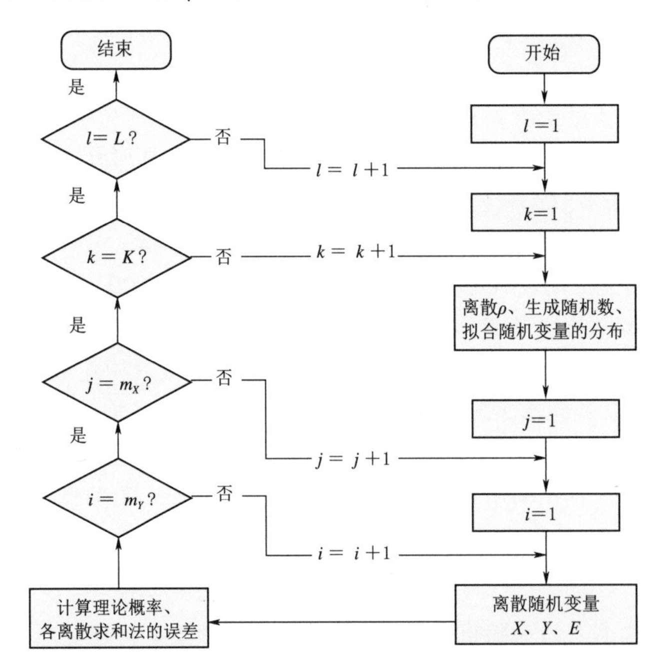

图 3.4 统计试验流程

态，并计算所有状态组合相应概率与理论概率间的误差。为避免偶然性，将上述步骤重复 L 次，再对所有结果进行统计分析。

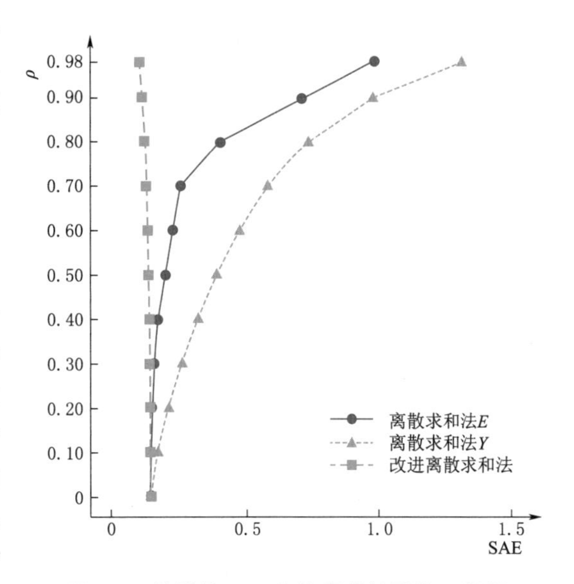

图 3.5 总误差 SAE 均值和相关系数 ρ 关系

3.4.3 统计试验结果和维数灾问题

取 $m_X=m_Y=30$，$K=20$，$L=100$，分析计算了理论分布概率、离散求和法和改进离散求和法，并对 100 次循环的结果进行汇总，统计了离散求和法与改进离散求和法在不同相关系数下的估计值与理论值的误差分布，结果见图 3.5 和表 3.2。可以看出：①相关系数 $0<\rho\leqslant 0.2$ 时，离散求和法 E、离散求和法 Y 与改进离散求和法的总误差分布较接近，可用于估算各状态的组合概率；②$\rho>0.2$ 时，改进离散求和法的总误差分布范围值随相关系数的增大而减小，而离散求和法则随相关系数的增大而增大。从流域产汇流机制来讲，干流和区间流量一般存在显著的相关关系，离散求和法的独立性假设具有很大的局限性。

表 3.2　总误差与相关系数 ρ 的关系

ρ	离散求和法 E		离散求和法 Y		改进离散求和法	
	均值	方差/%	均值	方差/%	均值	方差/%
0.00	0.147	1.09	0.145	0.86	0.147	0.85
0.05	0.147	1.09	0.153	0.57	0.146	0.85
0.10	0.147	0.92	0.171	0.34	0.146	0.69
0.15	0.147	0.95	0.192	0.36	0.145	0.70
0.20	0.151	0.96	0.215	0.49	0.146	0.79
0.25	0.150	0.91	0.240	0.59	0.145	0.77
0.30	0.159	0.97	0.263	0.61	0.144	0.80
0.35	0.166	0.90	0.290	0.70	0.143	0.85
0.40	0.175	0.81	0.321	0.70	0.142	0.80
0.45	0.187	0.78	0.354	0.77	0.142	0.91
0.50	0.202	0.70	0.389	0.82	0.141	0.80
0.55	0.216	0.66	0.428	1.06	0.141	0.93
0.60	0.231	0.48	0.473	0.92	0.137	0.89
0.65	0.244	0.32	0.522	1.04	0.136	0.82
0.70	0.257	0.62	0.580	1.24	0.131	0.81

续表

ρ	离散求和法 E		离散求和法 Y		改进离散求和法	
	均值	方差/%	均值	方差/%	均值	方差/%
0.75	0.313	1.43	0.651	1.12	0.128	0.80
0.80	0.401	1.54	0.732	1.06	0.125	0.81
0.85	0.530	1.57	0.838	1.07	0.120	0.96
0.90	0.705	1.67	0.977	1.01	0.115	0.91
0.95	0.927	0.66	1.192	0.97	0.104	0.96
0.98	1.033	0.16	1.424	0.59	0.105	1.30

对 p 维问题，统计试验是需要将各个维度分别离散为 m_X 个、m_{Y1} 个、m_{Y2} 个、…、m_{Yp-1} 个状态，假设各个维度离散状态数相同，记为 M，则状态组合数达 $m_X m_{Y1} m_{Y2} \cdots m_{Yp-1}=M^p$ 个；除此之外，p 维正态分布的相关系数矩阵由各维度两两之间的相关系数组成，总共涉及 $p(p-1)/2$ 个相关系数，为比较各变量不同相关程度的模拟情况，每个相关系数同样需要进行离散，当各系数离散状态个数为 K 时，状态组合数达 $K^{\frac{p(p-1)}{2}}$ 个；同时为避免随机抽样的误差，上述试验需重复多次，若进行 L 次重复试验，则总计涉及 $M^p K^{\frac{p(p-1)}{2}} L$ 次计算。因此随着考虑问题的维度上升，计算量呈指数级增加。以本书统计试验为例（$M=30$，$K=20$，$L=100$），二维只需循环 180 万次计算，三维则需要 72 亿次，四维高达 5184 万亿次。随着维数增加，计算量急剧增长，出现明显的“维数灾”难题。

3.5 同频率地区组成法和最可能地区组成法的比较

同频率地区组成法假定水库或者区间发生的洪量与设计断面同频率，即假定分区洪水与设计断面的洪水相关系数为 1，并通过水量平衡原理计算另一分区的洪量。最可能地区组成法采用 Copula 函数描述各分区洪水的实际相关性，并选取发生可能性最大的一种地区组成。可以看出，同频率地区组成法和最可能地区组成法的差异在于两种方法对于相关性的假定。

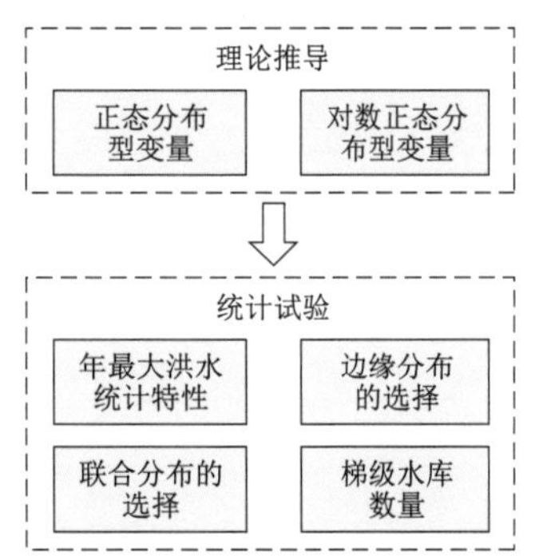

图 3.6 同频率地区组成法和最可能地区组成法对比流程图

Xiong et al.[32] 采用理论推导和统计试验法，将同频率地区组成法和最可能地区组成法进行对比，着重研究探讨两种方法的内在联系和区别，以及各自的优缺点和适用条件。研究流程如图 3.6 所示，主要包含两个部分：

（1）理论推导。采用正态分布和对数正态分布作为边缘分布，分析计算两变量条件下同频率地区组成法和最可能地区组成法的内在联系。

（2）统计试验。通过生成随机径流进行统计试验分析复杂条件下同频率地区组成法和最可能地区组成法的差异。

3.5.1 理论推导结果比较

最可能地区组成法需要构建各分区洪水的联合概率密度函数。当边缘分布采用偏态型分布，且联合分布采用 Copula 函数构建时，计算复杂程度显著增加。因此在理论推导部分采用正态分布和对数正态分布作为边缘分布，并采用二维正态分布和二维对数正态分布构建其联合分布。研究变量为上游水库 A_1、区间 B_1 和下游水库 A_2 发生的年最大洪水，依次采用随机变量 X、Y 和 Z 来表示。

3.5.1.1 同频率Ⅰ组成法和最可能组成法的对比

1. 变量服从正态分布情况

若 X 和 Z 均服从正态分布，密度函数如下：

$$f(x)=\frac{1}{\sqrt{2\pi}\sigma_x}\exp\left[-\frac{(x-u_x)^2}{2\sigma_x^2}\right] \tag{3.93}$$

$$f(z)=\frac{1}{\sqrt{2\pi}\sigma_z}\exp\left[-\frac{(z-u_z)^2}{2\sigma_z^2}\right] \tag{3.94}$$

式中：u_x、σ_x 和 u_z、σ_z 为 X 和 Z 的均值和标准差。

则 X 和 Z 的联合密度函数可表示为[33]

$$f(x,z,r)=\frac{1}{2\pi\sigma_x\sigma_z\sqrt{1-r^2}}\exp\left\{-\frac{1}{2(1-r^2)}\left[\frac{(x-u_x)^2}{\sigma_x{}^2}-\frac{2r(x-u_x)(z-u_z)}{\sigma_x\sigma_z}+\frac{(z-u_z)^2}{\sigma_z{}^2}\right]\right\} \tag{3.95}$$

其中

$$r=\frac{E[(x-u_x)(z-u_z)]}{\sigma_x\sigma_z} \tag{3.96}$$

式中：r 为 X 和 Z 的线性相关系数。

由水量平衡原理 $Y=Z-X$，变量 Y 的概率密度函数可以表示为

$$f(y)=\frac{1}{\sqrt{2\pi(\sigma_z^2-\sigma_x^2)}}\exp\left[-\frac{(y-u_z+u_x)^2}{2(\sigma_z^2-\sigma_x^2)}\right] \tag{3.97}$$

同频率Ⅰ地区组成法认为上、下游水库设计洪水同频，即

$$P(X>x)=P(Z>z) \tag{3.98}$$

若 X 和 Z 为正态分布型变量，将 X 和 Z 的概率密度函数代入式（3.98）可得

$$\frac{1}{\sqrt{2\pi}\sigma_x}\int_x^{\infty}\exp\left[-\frac{(x-u_x)^2}{2\sigma_x^2}\right]\mathrm{d}x=\frac{1}{\sqrt{2\pi}\sigma_z}\int_z^{\infty}\exp\left[-\frac{(z-u_z)^2}{2\sigma_z^2}\right]\mathrm{d}z \tag{3.99}$$

令 $t_1=\frac{x-u_x}{\sqrt{2}\sigma_x}$ 以及 $m_1=\frac{z-u_z}{\sqrt{2}\sigma_z}$，式（3.99）可以改写为

$$\frac{1}{\sqrt{\pi}}\int_{t_1}^{\infty}\exp(-t_1^2)\mathrm{d}t_1=\frac{1}{\sqrt{\pi}}\int_{m_1}^{\infty}\exp(-m_1^2)\mathrm{d}m_1 \tag{3.100}$$

因此 $t_1=m_1$，可得

$$\frac{x-u_x}{\sqrt{2}\sigma_x}=\frac{z-u_z}{\sqrt{2}\sigma_z} \tag{3.101}$$

$$x=u_x+\frac{(z-u_z)\sigma_x}{\sigma_z} \tag{3.102}$$

求得特定重现期下的设计值 z 后，同频率Ⅰ组成（$x,z-x$）即可通过水量平衡原理确定。

对于最可能地区组成法，X 和 Z 的联合密度函数 $f(x,z,r)$ 如式（3.40）所示。当 $f(x,z,r)$ 的一阶导数等于0时，$f(x,z,r)$ 取最大值，即

$$\frac{\partial f(x,z,r)}{\partial x}=0 \tag{3.103}$$

求解式（3.103）可得

$$x=u_x+r\frac{(z-u_z)\sigma_x}{\sigma_z} \tag{3.104}$$

求得特定重现期下的设计值 z 后，最可能组成（$x,z-x$）即可通过水量平衡原理确定。

在工程实际中，上下游水库洪水的相关性在0～1之间，对比式（3.102）和式（3.104）可知，当上下游水库的洪水完全不相关时（$r\rightarrow 0$），同频率Ⅰ地区组成法和最可能地区组成法差异显著。随着 r 增加，两者的差异呈递减趋势。当上下游水库的洪水完全相关时（$r\rightarrow 1$），同频率Ⅰ地区组成法和最可能地区组成法完全等效。另外，由同频率Ⅰ地区组成法计算得到的水库 A_1 的设计洪量总是大于最可能地区组成法的结果。相应地，同频率Ⅰ地区组成法得到的区间洪量总是小于最可能地区组成法。因此，最可能地区组成法的结果相比于同频率Ⅰ地区组成法对防洪更不利。

2. 变量服从对数正态分布情况

若 $X'=\ln X$ 和 $Z'=\ln Z$ 为正态分布变量，则 X 和 Z 服从对数正态分布，密度函数如下：

$$f(x)=\frac{1}{x\sqrt{2\pi}\sigma_{x'}}\exp\left[-\frac{(\ln x-u_{x'})^2}{2\sigma_{x'}^2}\right] \tag{3.105}$$

$$f(z)=\frac{1}{z\sqrt{2\pi}\sigma_{z'}}\exp\left[-\frac{(\ln z-u_{z'})^2}{2\sigma_{z'}^2}\right] \tag{3.106}$$

式中：$u_{x'}$、$\sigma_{x'}$ 和 $u_{z'}$、$\sigma_{z'}$ 为 X' 和 Z' 的均值和标准差。

X 和 Z 的联合密度函数可表示为[34]

$$f(x,z,r')=\frac{1}{2\pi xz\sigma_{x'}\sigma_{z'}\sqrt{1-r'^2}}\exp\left\{-\frac{1}{2(1-r'^2)}\left[\frac{(\ln x-u_{x'})^2}{\sigma_{x'}{}^2}-\frac{2r'(\ln x-u_{x'})(\ln z-u_{z'})}{\sigma_{x'}\sigma_{z'}}+\frac{(\ln z-u_{z'})^2}{\sigma_{z'}{}^2}\right]\right\} \tag{3.107}$$

其中

$$r'=\frac{E[(x-u'_x)(z-u'_z)]}{\sigma'_x\sigma'_z} \tag{3.108}$$

式中：r' 为 X' 和 Z' 的线性相关系数。

对同频率Ⅰ组成法，仍需满足式（3.48）。若 X 和 Z 为对数正态分布型变量，如式（3.43）和式（3.44）所示，将 X 和 Z 的概率密度函数代入式（3.48）可得

$$\frac{1}{\sqrt{2\pi}\sigma_{x'}}\int_{x}^{\infty}\frac{1}{x}\exp\left[-\frac{(\ln x-u_{x'})^{2}}{2\sigma_{x'}^{2}}\right]\mathrm{d}x=\frac{1}{\sqrt{2\pi}\sigma_{z'}}\int_{z}^{\infty}\frac{1}{z}\exp\left[-\frac{(\ln z-u_{z'})^{2}}{2\sigma_{z'}^{2}}\right]\mathrm{d}z \tag{3.109}$$

令 $t_2=\frac{\ln x-u_{x'}}{\sqrt{2}\sigma_{x'}}$ 以及 $m_2=\frac{\ln z-u_{z'}}{\sqrt{2}\sigma_{z'}}$，式（3.109）可以改写为

$$\frac{1}{\sqrt{\pi}}\int_{t_2}^{\infty}\exp(-t_2^2)\mathrm{d}t_2=\frac{1}{\sqrt{\pi}}\int_{m_2}^{\infty}\exp(-m_2^2)\mathrm{d}m_2 \tag{3.110}$$

因此 $t_2=m_2$，可得

$$\frac{\ln x-u_{x'}}{\sqrt{2}\sigma_{x'}}=\frac{\ln z-u_{z'}}{\sqrt{2}\sigma_{z'}} \tag{3.111}$$

$$x=\exp\left[u_{x'}+\frac{(\ln z-u_{z'})\sigma_{x'}}{\sigma_{z'}}\right] \tag{3.112}$$

求得特定重现期下的设计值 z 后，同频率Ⅰ组成（$x,z-x$）即可通过水量平衡原理确定。

对于最可能组成法，X 和 Z 的联合概率密度函数 $f(x,z,r')$ 如式（3.45）所示。

当 $f(x,z,r')$ 的一阶导数等于 0 时，$f(x,z,r')$ 取最大值，即

$$\frac{\partial f(x,z,r')}{\partial x}=0 \tag{3.113}$$

或

$$\frac{\partial \ln f(x,z,r')}{\partial x}=\frac{\partial f(x,z,r')}{\partial x}/f(x,z,r')=0 \tag{3.114}$$

求解式（3.113）和式（3.114）可得

$$x=\exp\left[u_{x'}+r'\frac{(\ln z-u_{z'})\sigma_{x'}}{\sigma_{z'}}\right] \tag{3.115}$$

求得特定重现期下的设计值 z 后，最可能组成（$x,z-x$）即可通过水量平衡原理确定。

对比式（3.58）和式（3.115）可知，当随机变量服从对数正态分布时，随着 r 增加，同频率Ⅰ地区组成法和最可能地区组成法的差异呈递减趋势。当上下游水库的洪水完全相关时（$r\to 1$），同频率Ⅰ地区组成法和最可能地区组成法完全等效。最可能地区组成法的结果相比于同频率Ⅰ地区组成法对防洪更不利。

3.5.1.2 同频率Ⅱ地区组成法和最可能地区组成法的对比

由于对数正态分布变量的和与差的概率密度函数无显式解析表达式[35]，因此只讨论变量服从正态分布的情况。

同频率Ⅱ地区组成法认为区间洪水与设计断面同频，即

$$P(Y>y)=P(Z>z) \tag{3.116}$$

若 Y 和 Z 为正态分布型变量，概率密度函数如式（3.42）和式（3.39）所示，将 Y 和 Z 的概率密度函数代入式（3.116）可得

$$\frac{1}{\sqrt{2\pi(\sigma_z^2-\sigma_x^2)}}\int_y^{\infty}\exp\left[-\frac{(y-u_z+u_x)^2}{2(\sigma_z^2-\sigma_x^2)}\right]\mathrm{d}x=\frac{1}{\sqrt{2\pi}\sigma_z}\int_z^{\infty}\exp\left[-\frac{(z-u_z)^2}{2\sigma_z^2}\right]\mathrm{d}z \tag{3.117}$$

令 $t_3=\dfrac{y-u_z+u_x}{\sqrt{2\ (\sigma_z^2-\sigma_x^2)}}$以及 $m_3=\dfrac{z-u_z}{\sqrt{2}\sigma_z}$，式（3.117）可以改写为

$$\frac{1}{\sqrt{\pi}}\int_{t_3}^{\infty}\exp(-t_3^2)\mathrm{d}t_3=\frac{1}{\sqrt{\pi}}\int_{m_3}^{\infty}\exp(-m_3^2)\mathrm{d}m_3 \tag{3.118}$$

因此 $t_3=m_3$，可得

$$\frac{y-u_z+u_x}{\sqrt{2(\sigma_z^2-\sigma_x^2)}}=\frac{z-u_z}{\sqrt{2}\sigma_z} \tag{3.119}$$

$$x=z-y=u_x+\frac{(z-u_z)(\sigma_z-\sqrt{\sigma_z^2-\sigma_x^2})}{\sigma_z} \tag{3.120}$$

求得特定重现期下的设计值 z 后，同频率Ⅱ组成（x，y）即可通过水量平衡原理确定。

对于最可能地区组成法，A_1 水库的设计洪量可以通过式（3.54）求得。令 Δ 表示同频率Ⅱ组成法和最可能组成法求得的 A_1 水库设计洪量的差，即

$$\Delta=\frac{(z-u_z)[\sigma_z/\sigma_x-\sqrt{(\sigma_z/\sigma_x)^2-1}-r]}{\sigma_z/\sigma_x} \tag{3.121}$$

再令 $k=\sigma_z/\sigma_x(k>1)$ 及 $L=\sigma_z/\sigma_x-\sqrt{(\sigma_z/\sigma_x)^2-1}-r=k-\sqrt{k^2-1}-r$，并对 L 求 k 的一阶导数可得

$$\frac{\partial L}{\partial k}=1-\frac{k}{\sqrt{k^2-1}}<0 \tag{3.122}$$

由式（3.122）可知，L 随着 k 的增加而减小。当 $k\to1$ 时，$L=1-r>0$；当 $k\to\infty$时，$L=-r<0$。另外，当 $r\to0$ 时，$L=k-\sqrt{k^2-1}>0$；当 $r\to1$ 时，$L=k-\sqrt{k^2-1}-1<0$。

因此，同频率Ⅱ地区组成法和最可能地区组成法的差异与上下游水库洪水的相关性及径流统计特性均有关系。此外，同频率Ⅱ地区组成法计算得到的 A_1 水库的设计洪量可能大于或小于最可能地区组成法的结果。

3.5.2 统计试验结果分析

理论推导部分仅考虑了随机变量为正态和对数正态分布情况下，同频率地区组成法和最可能地区组成法的内在联系和差异。为了分析更为复杂的情况，采用统计试验法进行研究。通过随机生成一系列具有不同相关性的径流来分析相关性对同频率地区组成法和最可能地区组成法之间差异的影响。随机径流的生成方法描述如下：

（1）通过对 P3 型分布进行随机采样生成 A_2 水库的年最大洪水系列。

（2）采用 Chen et al.[36] 提出的基于 Copula 函数的多站径流随机模拟方法，基于 A_2 水库的年最大洪水系列生成 A_1 水库的年最大洪水系列；采用 Kendall 秩相关系数（R）

来表征径流的相关程度，R 的值设置为 0.01～0.99。

由同频率地区组成法和最可能地区组成法的求解过程可知，除径流相关性外，以下 4 个因素也可能影响两种方法的结果：①上下游水库年最大洪水的统计特性；②边缘分布的选择；③联合分布的选择；④梯级水库的个数。因此，采用控制变量法分析上述 4 个因素变化时径流相关性对同频率地区组成法和最可能地区组成法差异的影响。共设置 4 个统计试验共计 12 种情景进行分析，见表 3.3。

表 3.3　同频率地区组成法和最可能地区组成法差异对比统计试验

统计试验	情景	径流统计特性	边缘分布	联合分布
试验 1	Ⅰ	A_1：E_x=60，C_v=0.25，C_s=1；A_2：E_x=100，C_v=0.25，C_s=1	P3 型	t-Copula
	Ⅱ	A_1：E_x=80，C_v=0.25，C_s=1；A_2：E_x=100，C_v=0.25，C_s=1		
	Ⅲ	A_1：E_x=60，C_v=0.6，C_s=1；A_2：E_x=100，C_v=0.6，C_s=1		
	Ⅳ	A_1：E_x=60，C_v=0.25，C_s=0.75；A_2：E_x=100，C_v=0.25，C_s=0.75		
试验 2	Ⅴ	A_1：E_x=60，C_v=0.25，C_s=1；A_2：E_x=100，C_v=0.25，C_s=1	P3 型	t-Copula
	Ⅵ		GLO	
	Ⅶ		GEV	
	Ⅷ		LN3	
试验 3	Ⅸ	A_1：E_x=60，C_v=0.25，C_s=1；A_2：E_x=100，C_v=0.25，C_s=1	P3 型	Gumbel Copula
	Ⅹ			t-Copula
试验 4	Ⅺ	A_1：E_x=60，C_v=0.25，C_s=1；A_2：E_x=90，C_v=0.25，C_s=1；A_3：E_x=120，C_v=0.25，C_s=1	P3 型	t-Copula
	Ⅻ	A_1：E_x=60，C_v=0.25，C_s=1；A_2：E_x=90，C_v=0.25，C_s=1；A_3：E_x=120，C_v=0.25，C_s=1；A_4：E_x=150，C_v=0.25，C_s=1		

试验 1 研究上下游水库年最大洪水统计特性的影响，共设置 4 种情景。为确保下游 A_2 水库的径流总量始终大于上游 A_1 水库，因此在模拟时认为 A_2 年最大洪水的均值（E_x）大于 A_1。另外，工程实际中同一条河流上下游洪水的变差系数（C_v）和偏态系数（C_s）一般差异不大，因此将两水库年最大洪水的 C_v 和 C_s 设定为相等。情景Ⅰ为对照组，情景Ⅱ、情景Ⅲ、情景Ⅳ中的均值、变差系数、偏态系数分别做出符合工程实际的改变来与情景Ⅰ形成对照。洪水的边缘、联合分布采用 P3 和 t-Copula 函数。

试验 2 研究边缘分布选择的影响。采用水文分析计算中常用的 P3、广义逻辑（generalized logic，GLO）、广义极值（generalized extreme value，GEV）、对数正态（log-normal 3，LN3）分布分别设置 4 种情景进行分析对比。联合分布均采用 t-Copula 函数，A_1 水库和 A_2 水库的径流统计性质在试验中也保持不变。

试验 3 研究联合分布选择的影响。采用多变量水文极值分析计算中常用的 Gumbel Copula 和 t-Copula 分别设置两种情景进行对比分析。其他的 Copula 函数，例如 Frank Copula、Clayton Copula 和正态 Copula 函数等，均无法描述右尾相关性[37]，因此不作考虑。边缘分布均采用 P3 型分布，A_1 水库和 A_2 水库的径流统计性质在试验中也保持不变。

试验4研究梯级水库数目的影响。采用 $A_1—A_2—A_3$ 以及 $A_1—A_2—A_3—A_4$ 梯级水库系统分别设置两种情景进行对比分析。相似地，下游梯级水库年最大洪水均值大于上游水库，而上下游梯级水库的变差系数和偏态系数相同。

以同频率组成法的计算结果为基准，采用相对误差（relative error，RE）值来表征最可能组成法和同频率组成法的不同：

$$\mathrm{RE}=\frac{W_E-W_M}{W_E}\times 100\% \tag{3.123}$$

式中：W_E 和 W_M 分别为同频率地区组成法和最可能地区组成法得到的 A_1 水库给定重现期下的设计洪量。

RE值越大，表明两种方法的差异越大。

3.5.2.1 同频率Ⅰ地区组成法和最可能地区组成法的对比

对于每个设计情景，分析计算了同频率Ⅰ地区组成法和最可能地区组成法得到的 A_1 水库千年一遇设计洪量，并计算了相应的RE值，RE和 R 的关系如图3.7所示，由图中可见：

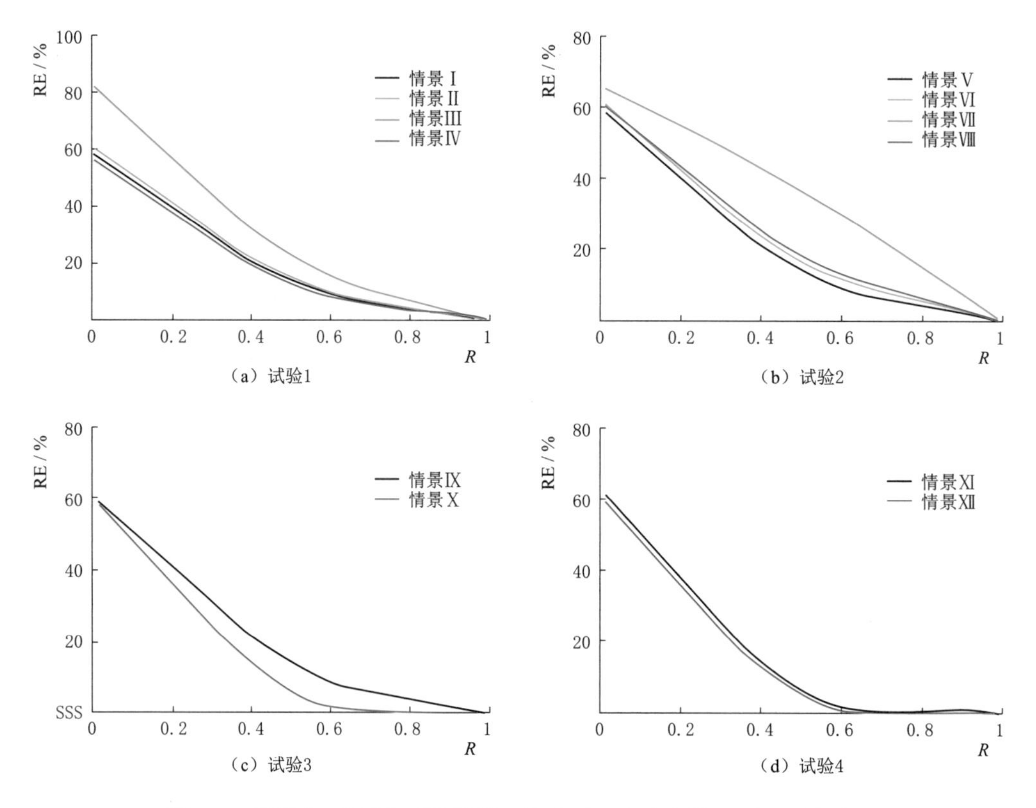

图3.7 同频率Ⅰ地区组成法和最可能地区组成法所得RE和 R 关系图

（1）径流的统计特性、边缘分布和联合分布的选择以及梯级水库座数均会对同频率Ⅰ组成和最可能组成结果产生影响。

（2）对于所有的试验和情景，RE值随着R的增大而减小。当R值较小时，同频率Ⅰ地区组成法和最可能地区组成法的结果差异显著。这个结论与理论推导部分得出的结论一致。因此，结果表明：同频率Ⅰ地区组成法和最可能地区组成法在径流相关性较高的情况下是等效的。

从统计试验结果可知，同频率Ⅰ地区组成法和最可能地区组成法的差异随着相关性的增大而减小。洪水的统计特性、边缘分布和联合分布的选择以及水库数量对两者的差异没有影响。在工程实际中，同频率Ⅰ地区组成法和最可能地区组成法在分区洪水相关性高于0.7时可以认为是等效的。最可能地区组成法可以考虑任意相关性的洪水地区组成情况，可以看作是同频率Ⅰ地区组成法的扩展情况。

3.5.2.2 同频率Ⅱ地区组成法和最可能地区组成法的对比

对于每个设计情景，分析计算了同频率Ⅱ地区组成法和最可能地区组成法得到的A_1水库千年一遇设计洪量，并计算了相应的RE值，RE和R的关系如图3.8所示，由图中可见：

（1）对于所有的试验和情景，RE值随着R的增大而减小。

（2）当$R>0.4$时，所有情景的RE值均小于0，表明当洪水相关性较高时，同频率Ⅱ地区组成法得到的A_1水库设计洪量小于最可能地区组成法。统计试验的结果与理论推导部分一致。

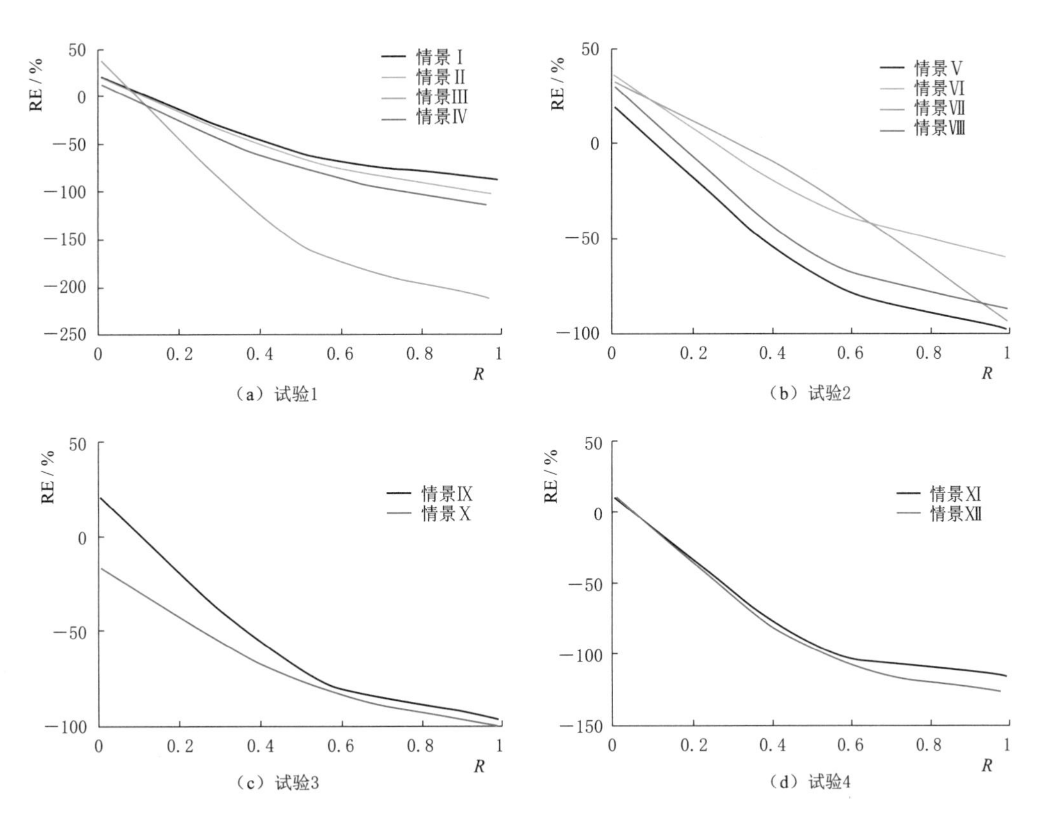

图3.8 同频率Ⅱ地区组成法和最可能地区组成法所得RE和R关系图

3.6 各种洪水地区组成方法的实用性比较讨论

3.6.1 洪水地区组成法和非一致性洪水频率分析比较

3.6.1.1 水文序列的非一致性问题

水文序列的非一致性不能简单地根据统计检验的结果得出，还需要从机理方面支撑检验结果。时变矩法是描述水文序列非一致性的有力的数学工具，以物理因子作为解释变量是该方法的进一步研究方向。在使用非一致性估计方法时，也要因地制宜地选择合适的分析途径，对于气候环境和流域下垫面变化驱动的河川径流的缓适性演化过程，现有的非一致性洪水频率分析方法是可行的；但由于人类活动（如水库建成蓄水、山体滑坡堵塞河道、水库应急调度）造成的流量突变情况，则不宜直接采用非一致性洪水频率分析途径。目前国内外非一致性水文频率分析研究的重点主要集中于单变量情形，对多变量的研究还处于起步阶段。多变量水文序列的非一致性包括两方面的内容，即边缘分布的非一致性和相关结构的非一致性。针对多变量水文序列非一致性的诊断、非一致性条件下的频率分析方法、多变量洪水重现期和联合设计值的推求等问题，仍需要更为广泛和深入的研究。

3.6.1.2 时变矩法无法考虑梯级水库的调蓄作用

当前非一致性设计洪水计算方法主要是采用时变矩法，通过构建水库系数 I_R 与分布参数的函数关系来估计受水库调蓄影响的洪水序列的频率分布[10]。该方法能定性评估水库调蓄产生的影响大小，但由于水库系数 I_R 是一个与梯级水库调度规则无关的变量[38]，因此难以定量估计高维梯级水库调蓄作用对下游水库设计洪水产生的影响。郭生练等[4]也指出时变矩法适用于研究气候和流域下垫面变化引起的河川径流渐变过程，而不适用于研究由人类活动（如水库建成蓄水、山体滑坡堵塞河道、水库应急调度）造成的流量突变情况。

3.6.1.3 梯级水库设计洪水问题

地区组成随着水库数量的增加变得越来越复杂，最可能地区组成法和多站洪水模拟是两种具有良好前景的方法。另外，无资料地区的梯级水库设计洪水、梯级水库分期设计洪水以及梯级水库溃坝设计洪水等，都是有待进一步深入研究的问题。

3.6.1.4 设计洪水不确定性研究

当前的单变量洪水频率分析主要针对样本抽样、线型选择和参数估计的一个或两个方面，亟待建立一套同时考虑三类不确定性的综合评价方法。现有的设计洪水地区组成计算方法仅考虑获取洪水地区组成的一个确定数值（点估计值），无法反映点估计值的精度和可靠程度；如何对边缘分布和联合分布进行耦合是研究的难点[39]，多变量设计洪水估计的不确定性研究仍处于起步阶段，应该加强研究以补充完善设计洪水不确定性分析理论体系。

3.6.2 洪水地区组成同频率法和最可能组成法比较

3.6.2.1 同频率地区组成法和最可能地区组成法的差异

同频率地区组成法在假定水库控制流域或区间流域发生的洪水与设计断面同频率，即认为各分区洪水事件是完全相关的（相关系数 $\rho=1$）；最可能地区组成推求的是发生可能性最大的洪水地区组成方案。本章采用蒙特卡洛试验研究了不同洪水统计特性、不同边缘分布和联合分布、不同水库数量、不同洪水相关性情形下同频率地区组成和最可能地区组成的差异。结果表明：各分区洪水相关性是影响同频率地区组成和最可能地区组成差异的主要因素，洪水的统计特性、边缘分布和联合分布的选择以及水库数量对两者的差异没有影响。各分区洪水相关性越强，同频率地区组成法和最可能地区组成法的差异越小。当各分区洪水相关系数 $\rho=1$ 时，同频率地区组成和最可能地区组成是等效的。此外，区间流域与设计断面同频率的地区组成方案一般对防洪最不利，水库控制流域与设计断面同频率的地区组成方案对防洪有利，而最可能地区组成方案的设计成果一般介于上述两种同频率方案之间[40]。

3.6.2.2 同频率地区组成法和最可能地区组成法的适用性

同频率组成具有一定的代表性，但它既不是最可能出现的地区组成，也不一定是最恶劣的地区组成。蒙特卡洛试验结果表明：当分区与设计断面洪水相关性高于 0.7 时，同频率地区组成法和最可能地区组成法的差异很小。即当各分区洪水相关性较强时，同频率组成方案可以近似认为是发生可能性最大的方案，具有一定的合理性。但当分区洪水与设计断面相关性较弱时，则不宜采用同频率地区组成方案。最可能地区组成法基于各个分区的洪水相关性，求解发生可能性最大的一种组成。由于该方法弱化了同频率地区组成法中各分区洪水相关系数 $\rho=1$ 的假定约束，因此其结果应更为科学合理。另外，对于 n 维梯级水库，同频率地区组成需拟订 2^{n-1} 种组成方案，而具体选用何种方案具有较大的不确定性。而最可能地区组成法的方案数唯一，不随水库数目的增加而增加，避免了方案选择的任意性。因此，在梯级水库运行期设计洪水分析计算中，推荐选择最可能地区组成法。

3.7 本章小结

水利水电工程建设运行和气候环境变化，造成流域下垫面和天然河川径流发生了较大的改变，水文资料系列的一致性和可靠性受到质疑，现有水库的设计洪水及水位特征值，无法满足水资源高效利用的需求。因此，本章开展水库运行期设计洪水理论方法研究，分析讨论非一致性洪水频率分析和洪水地区组成法的实用条件，采用理论推导和统计试验方法，比较讨论各种设计洪水地区组成法的优缺点和实用性，得出的主要结论如下：

（1）提出梯级水库运行期设计洪水计算理论方法，重点分析对比洪水地区组成法，建议采用运行期设计洪水及汛控水位指导水库调度运行，在确保防洪安全的前提下，提高梯级水库的综合利用效益。

（2）离散求和法需对变量做独立性转换处理，其过程难免会出现负值，可能使相关性信息失真；而改进离散求和法基于 Copula 函数构造各个水库断面洪量的联合分布模型，其公式推导更加直接，且无需做独立化处理，既简化了计算又降低了误差累积。

（3）统计试验表明，离散求和法的总误差随着入库和区间流量系列相关系数 ρ 的增加而显著增大，改进离散求和法的总误差则逐渐减小。当 $0<\rho\leqslant0.2$ 时，两者计算的结果差

别不大；但当 $\rho>0.2$ 时，则推荐采用改进离散求和法。

（4）同频率Ⅰ地区组成法和最可能地区组成法的差异随着分区洪水相关性的增大而减小。当分区洪水相关系数 $\rho=1$ 时，两种方法完全等效。洪水的统计特性、边缘分布和联合分布的选择以及梯级水库数量对两种方法的差异没有影响。由同频率Ⅰ地区组成法计算得到的上游水库设计洪量总是大于最可能地区组成法的结果；相应地，同频率Ⅰ地区组成法得到的区间洪量总是小于最可能地区组成法。即最可能地区组成法的结果相比于同频率Ⅰ地区组成法对防洪更不利。

（5）同频率Ⅱ地区组成法和最可能地区组成法的差异与上下游水库洪水的相关性及径流统计特性均有关系。与同频率Ⅰ地区组成法不同，同频率Ⅱ地区组成法计算得到的上游水库的设计洪量可能大于或小于最可能地区组成法的结果。当分区洪水相关性较高时同频率Ⅱ地区组成得到的上游水库设计洪量小于最可能地区组成，前者的计算结果对防洪更不利。

（6）对于单座或2座水库，离散求和法（$0<\rho\leqslant0.2$）、改进离散求和法、同频率地区组成法（$\rho>0.7$）、最可能地区组成法的计算结果相当；对于3座及以上的梯级水库群，最可能地区组成法可得到唯一方案解，不仅具有统计理论基础，而且可获得最优的洪水地区组成方案。

本章的研究成果可为我国《规范》的修订提供科学依据和参考。

参考文献

[1] 中华人民共和国水利部．水利水电工程设计洪水计算规范：SL 44—2006 [S]．北京：中国水利水电出版社，2006.

[2] 郭生练，刘章君，熊立华．设计洪水计算方法研究进展与评价 [J]．水利学报，2016，47（3）：302-314.

[3] 郭生练，熊丰，尹家波，等．水库运用期的设计洪水理论和方法 [J]．水资源研究，2018（4）：327-338.

[4] 郭生练，熊立华，熊丰，等．梯级水库运行期设计洪水理论和方法 [J]．水科学进展，2020，31（5）：734-745.

[5] 梁忠民，胡义明，王军．非一致性水文频率分析的研究进展 [J]．水科学进展，2011，22（6）：864-871.

[6] 熊立华，郭生练，江聪．非一致性水文概率分布估计理论和方法 [M]．北京：科学出版社，2018.

[7] 宋松柏，李杨，蔡明科．具有跳跃变异的非一致分布水文序列频率计算方法 [J]．水利学报，2012，43（6）：734-739.

[8] STRUPCZEWSKI W G, SINGH V P, FELUCH W. Non-stationary approach to at-site flood frequency modelling I. Maximum likelihood estimation [J]. Journal of Hydrology, 2001, 248 (1/2/3/4): 123-142.

[9] RIGBY R A, STASINOPOULOS D M. Generalized additive models for location, scale and shape [J]. Journal of the Royal Statistical Society: Series C (Applied Statistics), 2005, 54 (3): 507-554.

[10] LÓPEZ J, FRANCES F. Non-stationary flood frequency analysis in continental Spanish rivers, using climate and reservoir indices as external covariates [J]. Hydrology and Earth System Sci-

ences，2013，17（8）：3189－3203.

[11] JIANG C，XIONG L H，YAN L，et al. Multivariate hydrologic design methods under nonstationary conditions and application to engineering practice [J]. Hydrology and Earth System Sciences. 2019，23（3）：1683－1704.

[12] WIGLEY T M L. The effect of changing climate on the frequency of absolute extreme events [J]. Climatic Change，2009，97（1/2）：67－76.

[13] PAREY S，MALEK F，LAURENT C，et al. Trends and climate evolution：statistical approach for very high temperatures in France [J]. Climatic Change，2007，81（3/4）：331－352.

[14] ROOTZÉN H，KATZ R W. Design Life Level：Quantifying risk in a changing climate [J]. Water Resources Research，2013，49（9）：5964－5972.

[15] READ L K，VOGEL R M. Reliability，return periods，and risk under nonstationarity [J]. Water Resources Research，2015，51（8）：6381－6398.

[16] 梁忠民，胡义明，黄华平，等．非一致性条件下水文设计值估计方法探讨 [J]. 南水北调与水利科技，2016，14（1）：50－53.

[17] YAN L，XIONG L H，GUO S L，et al. Comparison of four nonstationary hydrologic design methods for changing environment [J]. Journal of Hydrology，2017，551：132－150.

[18] XIONG B，XIONG L H，XIA J，et al. Assessing the impacts of reservoirs on downstream flood frequency by coupling the effect of scheduling-related multivariate rainfall with an indicator of reservoir effects [J]. Hydrology and Earth System Sciences，2019，23（11）：4453－4470.

[19] 冯平，李新．基于Copula函数的非一致性洪水峰量联合分析 [J]. 水利学报，2013，44（10）：1137－1147.

[20] XIONG L H，JIANG C，XU C Y，et al. A framework of change-point detection for multivariate hydrological series [J]. Water Resources Research，2015，51（10）：8198－8217.

[21] DE MICHELE C，SALVADORI G. A Generalized Pareto intensity-duration model of storm rainfall exploiting 2－Copulas [J]. Journal of Geophysical Research－Atmospheres，2003，108（D2）：4067.

[22] 郭生练，闫宝伟，肖义，等．Copula函数在多变量水文分析计算中的应用及研究进展 [J]. 水文，2008，28（3）：1－7.

[23] 刘章君，郭生练，许新发，等．Copula函数在水文水资源中的研究进展与述评 [J]. 水科学进展，2021，32（1）：148－159.

[24] SALVADORI G，De MICHELE C. Frequency analysis via copulas：theoretical aspects and applications to hydrological events [J]. Water Resources Research，2004，40（12）：229－244.

[25] NELSEN R B. An introduction to copulas [M]. 2nd ed. Berlin：Springer，2006.

[26] 王锐琛，陈源泽，孙汉贤．梯级水库下游洪水概率分布的计算方法 [J]. 水文，1990（1）：1－8.

[27] 闫宝伟，郭生练，郭靖，等．基于Copula函数的设计洪水地区组成研究 [J]. 水力发电学报，2010，29（6）：60－65.

[28] 李天元，郭生练，刘章君，等．梯级水库下游设计洪水计算方法研究 [J]. 水利学报，2014，45（6）：641－648.

[29] 刘章君，郭生练，李天元，等．梯级水库设计洪水最可能地区组成法计算通式 [J]. 水科学进展，2014，25（4）：575－584.

[30] 熊丰，郭生练，陈柯兵，等．金沙江下游梯级水库运行期设计洪水及汛控水位 [J]. 水科学进展，2019，30（3）：401－410.

[31] CHANG L，CHANG F，WANG K，et al. Constrained genetic algorithms for optimizing multiuse reservoir operation [J]. Journal of Hydrology，2010，390（1－2）：66－74.

[32] XIONG F, GUO S L, YIN J B, et al. Comparative study of flood regional composition methods for design flood estimation in cascade reservoir system [J]. Journal of Hydrology, 2020, 590: 125530.

[33] YUE S. Applying bivariate normal distribution to flood frequency analysis [J]. Water International, 1999, 24 (3): 248-254.

[34] YUE S. The bivariate lognormal distribution to model a multivariate flood episode [J]. Hydrological Processes, 2000, 14 (14): 2575-2588.

[35] SCHWARTZ S, Yeh Y. On the distribution function and moments of power sums with log-normal components [J]. Bell Labs Technical Journal, 1982, 61 (7): 1441-1462.

[36] CHEN L, SINGH V, GUO S L, et al. Copula-based method for multisite monthly and daily streamflow simulation [J]. Journal of Hydrology, 2015, 528: 369-384.

[37] POULIN A, HUARD D, FAVRE A, et al. Importance of tail dependence in bivariate frequency analysis [J]. Journal of Hydrologic Engineering, 2007, 12 (4): 394-403.

[38] GENEST C, GHOUDI K, RIVEST L. A semiparametric estimation procedure of dependence parameters in multivariate families of distributions [J]. Biometrika, 1995, 82 (3): 543-552.

[39] 尹家波，郭生练，吴旭树，等．两变量设计洪水估计的不确定性及其对水库防洪安全的影响[J]. 水利学报，2018，49 (6): 715-724.

[40] 水利部长江水利委员会水文局，水利部南京水文水资源研究所．水利水电工程设计洪水计算手册 [M]. 北京：中国水利水电出版社，2001.

金沙江下游梯级和三峡水库设计洪水复核计算

乌东德—白鹤滩—溪洛渡—向家坝梯级水库初步设计阶段坝址设计洪水成果采用的水文系列资料范围从 1939 年始，分别止于 2008 年、2009 年、1998 年和 1998 年。三峡水库初步设计采用的水文资料系列为 1877—1990 年。受全球气候变化和强厄尔尼诺事件影响，1998 年、2016 年、2020 年长江先后发生了大洪水。季学武[1] 分析了长江 1998 年流域性大洪水的成因和暴雨洪水特征，并与 1954 年特大洪水做比较，着重剖析了中下游水位偏高的原因；同时简要分析了长江中下游输沙量和河床冲淤变化的基本规律以及主要测站水位、流量关系（河道泄洪能力）的变化情况。通过研究分析得出了以下结论：1998 年长江大洪水期间，宜昌来水总量与 1954 年相近，宜昌以下较 1954 年为小；中下游部分江段水位偏高主要是水文情势、湖泊蓄水、江湖分洪、溃口等原因所致，河槽淤积影响不甚显著。2016 年 6—7 月副热带高压异常偏强偏西，同时西风带阻塞形势稳定，导致长江流域汛期降雨异常集中、暴雨过程频发[2]。2020 年 8 月，在副热带高压西进、冷高压中心向西南方向移动和西南涡的共同作用下，长江发生了新中国成立以来仅次于 1954 年、1998 年的流域性大洪水。长江干流发生 5 次编号洪水，长江上游发生特大洪水，寸滩站洪峰水位居实测记录第 2 位，三峡水库出现建库以来最大入库流量[3]。长江上游发生极端性强降水，重庆等地出现了 1998 年以来最严重汛情[4]。

金沙江下游梯级和三峡水库初步设计之后，历经了数次大洪水的检验。考虑到初步设计年份之后的洪水对原设计水文成果的影响，郭生练等[5] 将丹江口水库坝址洪水系列从 1989 年延长至 2014 年，重新考证了丹江口水库的最大历史洪水。钱名开等[6] 对淮河流域的主要控制站点进行了逐月径流还原计算，将 19 处水文控制站的径流系列从 2000 年延长至 2010 年并对主要站点进行设计洪水复核，结果表明：该流域不同时段设计暴雨和设计洪量与防洪规划成果基本一致；沂沭泗河水系的设计洪水偏小，但淮河流域干流设计洪水与规划成果基本一致。林荷娟等[7] 将太湖流域降雨系列从 2000 年延长至 2010 年，在 2010 年流域土地利用条件下，对太湖流域的设计暴雨、设计洪量等防洪规划成果进行了复核分析。

本章基于华弹、屏山两个水文站的径流资料和上游大型水库群的实际运行资料，利用还原方法将水文序列延长至2020年，并进行金沙江下游梯级水库设计洪水复核计算[8]。同样，把宜昌站流量资料系列延长至2020年，对三峡水库设计洪水进行复核[9]。

4.1 金沙江下游水文资料

华弹水文站和屏山水文站是金沙江下游乌东德—白鹤滩—溪洛渡—向家坝梯级水库设计洪水分析计算的依据站。

4.1.1 华弹水文站和屏山水文站水文资料

华弹水文站位于金沙江下游干流，地处四川省宁南县华弹镇。该站1939年4月设在云南省巧家县城外龙王庙，称为巧家水文站，1949年停测，1951年11月恢复水位观测，1952年5月改为水文站，1957年上迁2km至裤脚坝，1975年10月在基本断面上游120m的左岸新设立基本水尺进行水位比测，1977年1月1日正式迁往左岸新断面，并改名为华弹水文站，观测至今。下文统一为华弹站，不进行站名变更的确切区分。

屏山水文站位于金沙江下游干流，地处岷江入汇口上游59.5km的四川省屏山县锦屏镇高石梯。该站1939年8月原设立于屏山县城小南门外的燕耳崖，1948年6月以后流量停测。1950年7月恢复测流，1953年5月基本水尺及测流断面下迁5km至高石梯。1986年1月至1987年1月基本水尺断面上迁5km回到燕耳崖，改名为屏山（二）站，1987年1月后又下迁5km回到高石梯，仍名为屏山站。因库区淹没，2012年6月原址改为水位站，在向家坝水电站下游2km新设向家坝水文站，观测至今。下文统一为屏山站，不进行站名变更的确切区分。

对华弹和屏山两个水文站的资料进行如下“三性”审查。

1. 可靠性审查

资料来源为长江水利委员会（以下简称长江委）水文局，且具有一定的精度，对资料进行检查，排除可能存在的错误，使资料满足可靠性要求。

2. 一致性检验

《水利水电工程设计洪水计算规范》（SL 44—2006）（以下简称《规范》）明确规定，设计洪水计算所依据的水文资料及其系列应具有一致性。金沙江流域水库群建成后，需开展各控制站点的洪水还原计算。洪水还原计算以水量平衡法为理论基础，根据水库的坝上水位和水位-库容曲线开展洪水还原计算，还原计算的时段视各处的洪水过程特性和基础资料条件，选择3h或6h。

金沙江流域已建的大型水库有梨园、阿海、金安桥、龙开口、鲁地拉、观音岩、溪洛渡、向家坝，以及雅砻江上的锦屏一级、二滩梯级水库，见表4.1。建库时间最早的是二滩水库，因此本次考虑华弹站和屏山站两个控制节点洪水还原的起始年份是1998年，1998—2011年还原仅考虑二滩水库的调蓄影响，2012年开始增加考虑新建成的水库影响进行还原。

金沙江华弹站上游已建的对其洪水过程有影响的大型水库有梨园、阿海、金安桥、龙开口、鲁地拉、观音岩，以及雅砻江上的锦屏一级、二滩梯级水库，见表4.1所列溪洛渡以上前 8 个水库。根据上游水库（梨园 2014—2020 年、阿海 2012—2020 年、金安桥 2012—2020 年、龙开口 2013—2020 年、鲁地拉 2013—2020 年、观音岩 2014—2020 年、雅砻江上的锦屏一级 2013—2020 年、二滩 1998—2020 年）的实际运行资料，采用水量平衡法逐级还原得到各水库的 6h 天然入库洪水，考虑洪水传播时间，并采用马斯京根演算方法，逐级演算到下游控制点与区间洪水叠加，最终推求得到华弹站 1998—2020 年的入库天然（还原后）6h 洪水过程。

表 4.1　华弹站和屏山站径流还原计算需要考虑的水库情况

序号	水系名称	水库名称	开工年份	建成年份
1	雅砻江	锦屏一级	2005	2014
2		二滩	1991	1999
3	金沙江	梨园	2007	2015
4		阿海	2011	2014
5		金安桥	2005	2011
6		龙开口	2008	2014
7		鲁地拉	2012	2014
8		观音岩	2009	2015
9		溪洛渡	2005	2014
10		向家坝	2006	2014

除了上述 8 个水库以外，金沙江屏山水文站上游已建的对其洪水过程有影响的大型水库还有溪洛渡和向家坝水库，见表 4.1。根据上游水库（上述 8 个水库资料及溪洛渡 2013—2020 年、向家坝 2012—2020 年）的实际运行资料，采用水量平衡法逐级还原得到各水库的 6h 天然入库洪水，考虑洪水传播时间，并采用马斯京根演算方法将它逐级演算到下游控制点与区间洪水叠加，最终推求得到屏山站 1998—2020 年的天然（还原后）6h 洪水过程。为展示还原效果，选择还原前后洪峰、洪量有明显变化的 2014 年绘制其洪水过程，如图 4.1 所示。

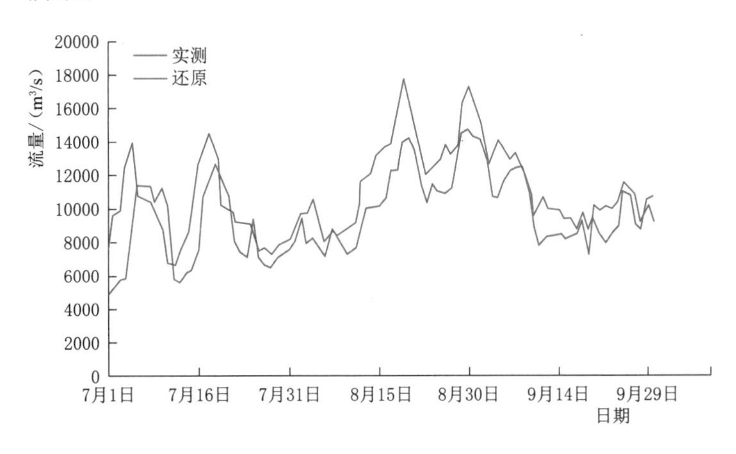

图 4.1　屏山站 2014 年实测和还原洪水过程

3. 代表性分析

华弹站和屏山站资料年限均为1939—2020年，系列较长，且加入了历史洪水，资料的代表性较好。

4.1.2 金沙江历史洪水

4.1.2.1 历史洪水概况

自20世纪50年代开始，长江委等单位先后多次对金沙江干流奔子栏至宜宾1542km的19个重要河段、中下段9条主要支流的控制河段进行了大量的历史洪水调查、测量和复核，并多次到国家博物馆和云南、四川等有关省份各级档案馆查寻有关历史文献与记载。1978年，长江委将多次调查、复核、查寻的历史洪水成果整理编印成《金沙江流域历史洪水调查资料汇编》。大量历史文献对洪水的记载及调查的历史洪水资料显示，在金沙江下游河段曾发生大洪水的年份有：①16世纪，1514年、1550年和1560年；②17世纪，1618年；③18世纪，1728年、1751年；④19世纪，1808年、1813年、1835年、1838年、1847年、1852年、1860年和1892年；⑤20世纪，1905年、1924年、1928年。

在有关屏山县历史文献中，对19世纪以来的大洪水灾害记载较多，成灾洪水均被记录（约10年即记有一次），水情描述也较为具体，这为确定近200年金沙江下游历史大洪水的量级及重现期的考证，提供了翔实、宝贵的资料。

金沙江攀枝花河段的历史洪水调查以攀枝花为中心，但攀枝花地处偏僻，人烟稀少，仅有的历史洪水调查均集中在1924年，由于攀枝花建市较晚，本河段也无历史文献记载。

根据历史文献、碑刻及洪水调查，确定近200年来巧家、屏山河段的历史大洪水年份有1813年（清嘉庆十八年）、1860年（清咸丰十年）、1892年（清光绪十八年）、1905年（清光绪三十一年）、1924年（民国十三年）、1928年（民国十七年），各年洪水简介如下：

（1）1813年（清嘉庆十八年）洪水。《屏山县续志》记载“八月初二，金江水涨，高与东门外禹庙戏台齐”。经分析研究，该年洪水仅及东门外禹庙戏台，并未进城成灾，小于1966年洪水，为一般量级的洪水。

（2）1860年（清咸丰十年）洪水。《屏山县续志》记有“五月二十七日，水大涨，涌入城中，与县署头门石梯及文庙宫墙基齐……”，小南门内禹王宫正殿石柱刻有“咸丰十年庚申五月廿七日大水至此，二十九日退”。这次洪水从“五月廿七日水大涨涌入城中”起，一直到“六月半间街上方陆续退出”，洪水过程历时17天，是一个肥胖型大洪水，峰高量大。云南奏报“五六月间，阴雨连旬。省垣一带暨曲靖所属州县低洼处渐被水淹浸”，贵州、四川五月雨水亦较充沛，“五月大雨如注”“连日夜不绝”。在乌东德上游的龙街一带形成较大洪峰，沿程支流洪水加入，到屏山则形成肥胖洪水。有关该次洪水的雨情、水情记载较多，上至龙街，下至宜宾河段均调查到该年洪水。

（3）1892年（清光绪十八年）洪水。云贵总督王文韶奏折称“六月以后阴雨连绵，山水暴发，河海同时猛涨，以致昆明等十六州县，田禾被淹，庐舍亦多坍塌，小民荡析离居”，《屏山县续志》载“光绪十八年初六，江水陡涨，冲坏西、南、东一带城垣七十三丈”，《绥江县志》载“光绪十八年壬辰，六月大水，淹至机仙庙石梯第三步，水迹比庚申（1860年）低丈零”。有关该次洪水的雨情、水情记载较多，在金沙江上游为调查洪水中最大或次大，至下游龙街后降为调查的第三大洪水。

（4）1905 年（清光绪三十一年）洪水。该次在金沙江下段仍属大洪水。华弹、屏山均调查到该年洪水，屏山河段“乙巳年水淹到西门城洞”。该次洪水有关的雨情、水情，在云南、四川奏报中均有叙述。

（5）1924 年（民国十三年）洪水。该次为全流域性大洪水，上至金江街，下至屏山，均调查到此年洪水，且为首大，文献记载有 24 州县受灾。《绥江县志》记载“（民国）十三年甲子七月大水，三昼夜，高至机仙庙上街禹王宫月台平坎，比老庚申年（1860 年）高三尺余……”华弹镇田锦才老人叙说：“1924 年大水涨至我老二家房子门口，华弹街的大水上涨到武庙正殿。”在华弹、屏山河段，当地居民叙述逼真，均有多处可靠洪痕，洪痕位置多在固定建筑物上或刻字记录，调查洪水位可靠。

（6）1928 年（民国十七年）洪水。《绥江县志》记载该年洪水“大江水陡涨数十丈，全城居民铺户淹没三分之二，漂毁房屋二百余间”。根据上下游雨情、水情分析比较得知，该年降水主要分布在雅砻江汇口以下的金沙江，降水向下游有增大的趋势；在龙街、屏山河段为大洪水。通过调查洪水位进行推断，该年洪水大于 1966 年洪水。

4.1.2.2 洪峰流量推算

根据历史文献、碑刻及洪水调查，1860 年、1892 年、1905 年、1924 年等各年洪痕，多分布在巧家、屏山两水文站附近，根据实测和调查的洪水水面线，按水面比降将洪痕水位推算至巧家、屏山两水文站，将实测的 1966 年水位流量关系外延，推求各年历史洪水的洪峰流量，见表 4.2。其中 1928 年洪水，在华弹河段未调查到洪水位，其上游的龙街水文站调查了 3 处洪痕，推算洪峰流量为 23200m^3/s，下游屏山水文站根据调查洪水位推算洪峰流量为 29400m^3/s，分别从龙街站和屏山站推算华弹站该年洪峰流量为 24800m^3/s、26500m^3/s。

表 4.2 华弹站和屏山站历史洪水洪峰流量与复核重现期成果

洪水年份		1924	1860	1892	1905	1928	1966
华弹站	洪峰流量/(m^3/s)	32700	32000	27800	26800	26500	25800
	排位	1	2	3	4	5	6
	复核重现期/年	208	103	69	51	41	34
屏山站	洪峰流量/(m^3/s)	36900	35000	33200	30700	29400	29000
	排位	1	2	3	4	5	6
	复核重现期/年	208	103	69	51	41	34

4.1.2.3 重现期考证

历史文献中的华弹河段历史上洪涝灾害的记载较少，而下游屏山河段洪水在《马湖府志》（马湖府即今屏山县）、《屏山县志》、《屏山县续志》等历史文献有较为详细记载。在华弹、屏山河段，洪水具有较好的一致性，因此，华弹站历史洪水重现期参照屏山站的考证。据历史文献和调查资料，对屏山河段历史洪水重现期考证如下：

（1）金沙江下段最远年历史洪水发生在公元 842 年。该年洪水导致宜宾城池倾圮，被迫从三江口（现宜宾城区所在地）迁往岷江北岸地势较高的旧州坝，至 1276 年搬回三江口，此后未见反映发生同公元 842 年一样的毁城迫迁的洪水。如果公元 842—1276 年间未发生类似于842年的大洪水，则842年洪水重现期应达千年，但由于年代久远，洪峰无法推求，仅起参证作用。

（2）查阅历史文献，1426—1514年89年间、1560—1728年169年间、1751—1808年58年间均无记载，其间特大洪水有无漏记情况不能确定。同时，16—18世纪洪水的记载简单，无可比位置或位置已改变，很难确定洪水量级。

（3）1813年以来，历史文献对洪水、洪灾记载较完善。19世纪初至有水文观测的1939年约130年间，文献记录的历史洪水达14次之多，洪水发生的间隔年份，与1939—2000年62年实测资料中大洪水发生情况基本相似，可以认为19世纪大洪水的记载是较全面的，无大洪水漏记情况，因而对各年历史洪水量级定性较为准确。经对1813年以来大洪水的反复调查考证，认为1813年以来不可能遗漏大于或相当于1966年量级的洪水，故考证期始于1813年，按洪水大小依次排列为1924年、1860年、1892年、1905年、1928年、1966年（实测），其中1966年在实测系列中为首大洪水，量级突出，提取出来作特大值处理。

4.2 华弹站和屏山站设计洪水复核

华弹站和屏山站是金沙江下游乌东德—白鹤滩—溪洛渡—向家坝梯级水库的设计洪水分析计算的设计依据站。本次复核所用资料为1939—1998年华弹站和屏山站实测系列以及1998—2020年两站还原流量系列，分别按年最大值独立取样，历史洪水仍沿用可行性研究阶段成果。频率计算时段根据《规范》要求和梯级水库特点，选择洪峰流量Q_{max}与洪量W_{1d}、W_{3d}、W_{7d}、W_{15d}和W_{30d}。

按表4.2所列，华弹站1924年、1860年、1892年、1905年、1928年、1966年（实测）等6年大洪水次序与屏山站一致，重现期亦参照屏山站。

华弹站、屏山站样本由1924年、1860年、1892年、1905年、1928年、1966年等历史特大洪水和各自的实测洪水组成不连续系列。如图4.2和图4.3所示，华弹站、屏山站历史洪水的W_{1d}、W_{3d}和W_{7d}，根据各站峰量相关关系插补，相关系数为0.96～1.00，洪峰与W_{15d}、W_{30d}相关点据分布呈带状，相关线具有一定的不确定性，偏安全考虑进行插补。历史洪水各时段洪量重现期考证方法与洪峰一致。

特大洪水系列经验频率公式采用下式：

$$P_M=\frac{M}{N+1} \quad M=1,2,\cdots,a \tag{4.1}$$

实测系列经验频率公式采用下式：

$$P_m=\frac{a}{N+1}+\left(1-\frac{a}{N+1}\right)\frac{m-l}{n-l+1} \quad m=l+1,l+2,\cdots,n \tag{4.2}$$

式中：M为特大洪水由大到小排列的序号；P_M为特大洪水第M号的经验频率；N为自最远的调查考证年份至今的年数，年；a为特大洪水个数（含实测中的特大洪水）；m为实测系列由大到小排列的序号；P_m为实测系列第m项的经验频率；n为实测系列的年数，年；l为实测系列中作特大值处理的个数，个。

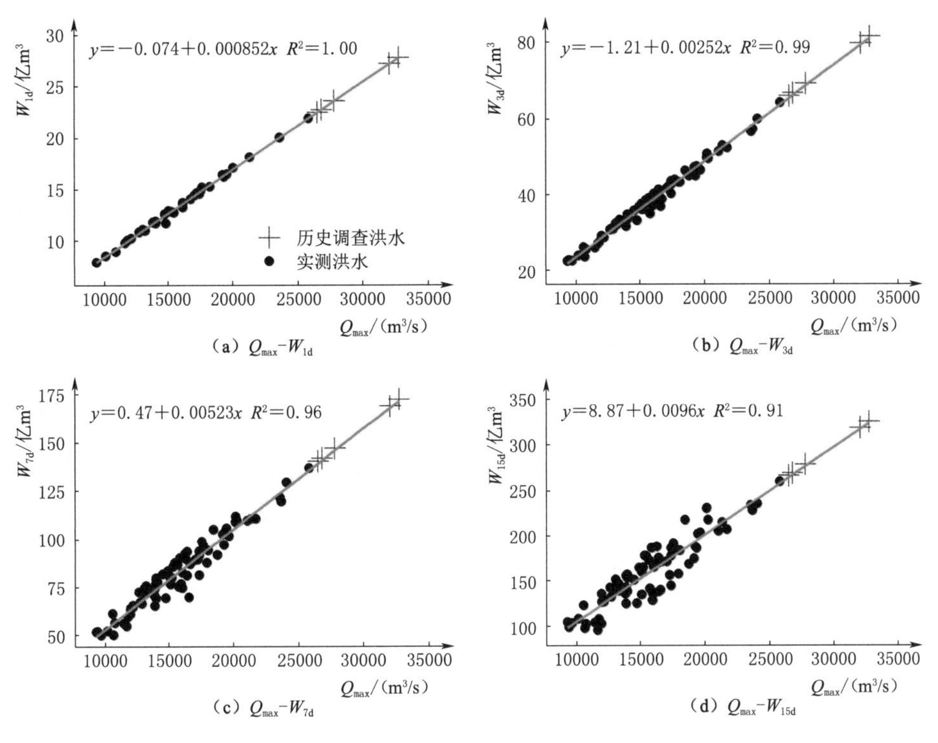

图 4.2 华弹站年最大洪峰流量 Q_{max} 与洪量 W_{1d}、W_{3d}、W_{7d} 和 W_{15d} 相关关系

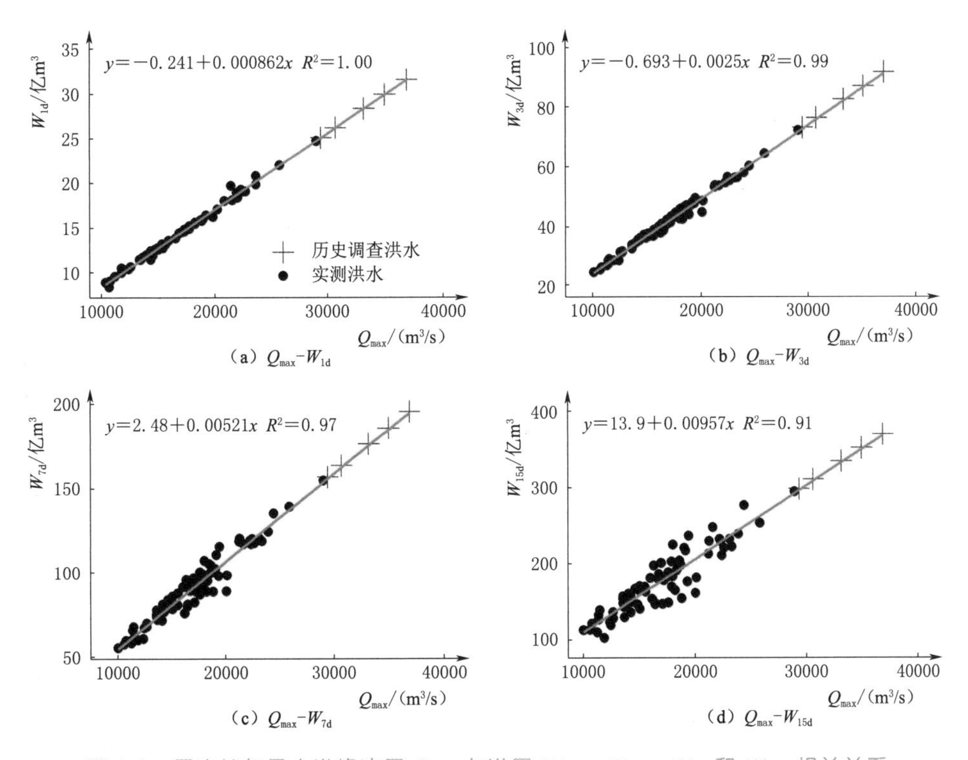

图 4.3 屏山站年最大洪峰流量 Q_{max} 与洪量 W_{1d}、W_{3d}、W_{7d} 和 W_{15d} 相关关系

理论频率曲线采用P3型曲线，不同分期各时段的年最大值参数，均以矩法的计算结果为初始值，通过目估适线法确定参数，结果见表4.3、表4.4和图4.4～图4.15。对比华弹站和屏山站的原设计成果和本次复核成果，可以看出各个设计变量的均值和C_v变化均较小，本次复核成果和原设计成果基本一致。

表4.3　华弹站设计洪水成果

站名	阶段	峰　量	统　计　参　数									
			均值	C_v	C_s/C_v	0.01%	0.02%	0.1%	1%	2%	5%	10%
华弹	初设成果	Q_{max}/(m^3/s)	16300	0.29	4.0	46200	44000	38800	31100	28600	25300	22600
		W_{1d}/亿m^3	13.8	0.29	4.0	39.1	37.2	32.8	26.3	24.2	21.4	19.2
		W_{3d}/亿m^3	40.0	0.29	4.0	113.0	108.0	95.2	76.2	70.3	62.1	55.6
		W_{7d}/亿m^3	84.9	0.29	4.0	241.0	229.0	202	162.0	149.0	132.0	118.0
		W_{15d}/亿m^3	166.0	0.29	4.0	470.0	448.0	395	316.0	292.0	258.0	231.0
		W_{30d}/亿m^3	294.0	0.28	4.0	806.0	769.0	682	549.0	507.0	450.0	404.0
	此次复核	Q_{max}/(m^3/s)	16400	0.28	4.0	45700	43600	38500	30900	28500	25300	22700
		W_{1d}/亿m^3	13.9	0.29	4.0	39.3	37.4	33.0	26.5	24.4	21.6	19.3
		W_{3d}/亿m^3	40.0	0.29	4.0	112.0	106.7	94.3	75.7	69.9	61.8	55.4
		W_{7d}/亿m^3	86.2	0.28	4.0	238.0	227.0	200	161.0	149.0	132.0	119.0
		W_{15d}/亿m^3	166.0	0.28	4.0	452.0	431.0	382	308.0	285.0	253.0	228.0
		W_{30d}/亿m^3	297.0	0.27	4.0	794.0	758.0	673	545.0	505.0	449.0	405.0

表4.4　屏山站设计洪水成果

站名	阶段	峰　量	统　计　参　数									
			均值	C_v	C_s/C_v	0.01%	0.02%	0.1%	1%	2%	5%	10%
屏山	初设成果	Q_{max}/(m^3/s)	17900	0.30	4.0	52300	49800	43800	34800	32000	28200	25100
		W_{1d}/亿m^3	15.3	0.30	4.0	44.7	42.6	37.4	29.8	27.4	24.1	21.5
		W_{3d}/亿m^3	44.2	0.30	4.0	129.0	123.0	108.0	86.0	79.0	69.5	62.0
		W_{7d}/亿m^3	97.0	0.30	4.0	284.0	270.0	237.0	189.0	173.0	152.0	136.0
		W_{15d}/亿m^3	186.0	0.29	4.0	527.0	502.0	443.0	355.0	327.0	289.0	258.0
		W_{30d}/亿m^3	327.0	0.28	4.0	897.0	855.0	757.0	610.0	564.0	500.0	449.0
	此次复核	Q_{max}/(m^3/s)	17800	0.29	4.0	51100	48600	42800	34200	31500	27800	24800
		W_{1d}/亿m^3	15.3	0.30	4.0	44.8	42.6	37.4	29.7	27.3	23.9	21.3
		W_{3d}/亿m^3	43.8	0.30	4.0	129.0	123.0	108.0	85.7	78.7	69.2	61.6
		W_{7d}/亿m^3	95.0	0.30	4.0	275.0	262.0	230.0	184.0	169.0	149.0	133.0
		W_{15d}/亿m^3	184.0	0.29	4.0	516.0	491.0	434.0	348.0	321.0	284.0	255.0
		W_{30d}/亿m^3	330.0	0.28	4.0	893.0	852.0	755.0	611.0	565.0	502.0	452.0

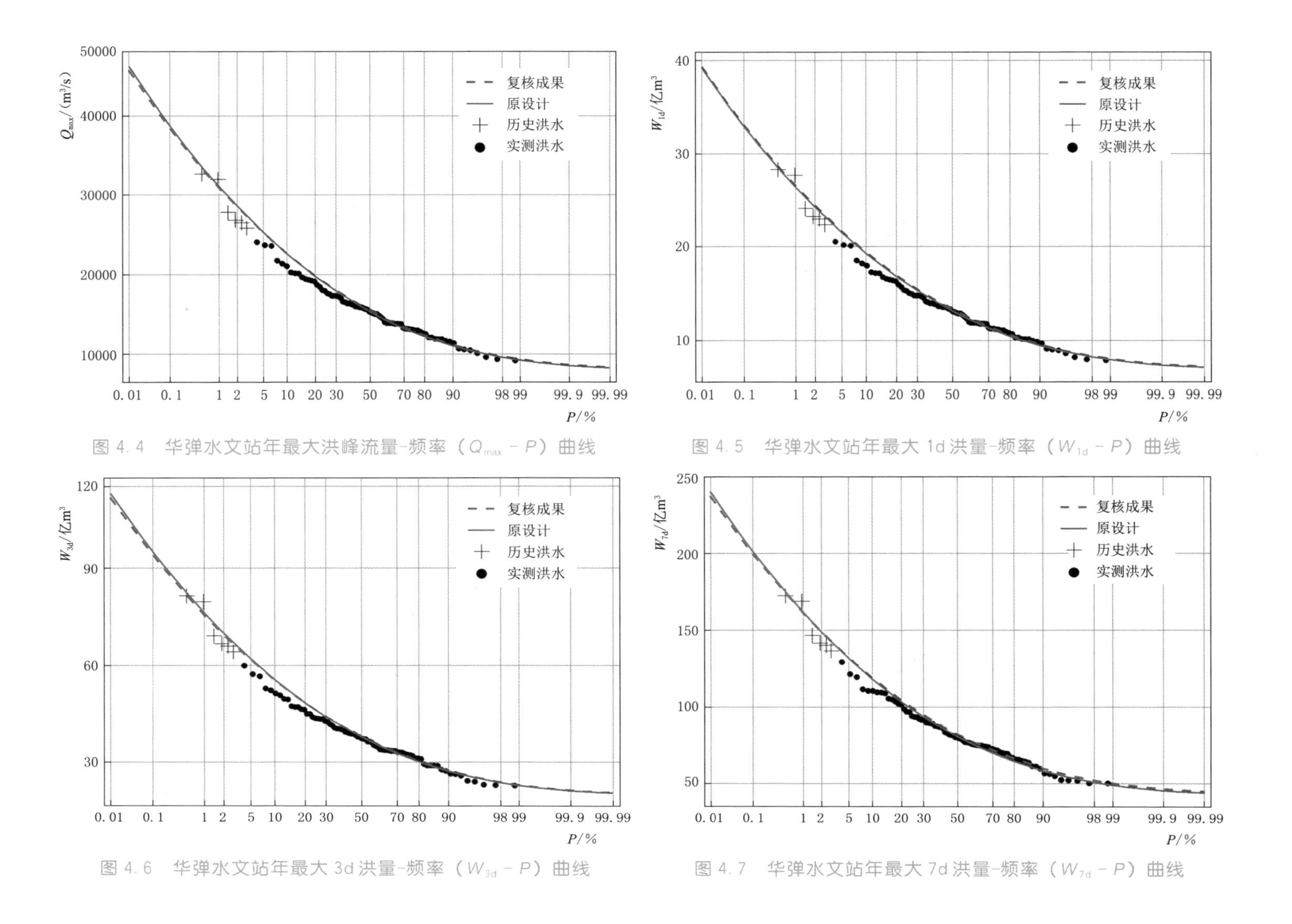

图 4.4 华弹水文站年最大洪峰流量-频率（$Q_{max}-P$）曲线

图 4.5 华弹水文站年最大 1d 洪量-频率（$W_{1d}-P$）曲线

图 4.6 华弹水文站年最大 3d 洪量-频率（$W_{3d}-P$）曲线

图 4.7 华弹水文站年最大 7d 洪量-频率（$W_{7d}-P$）曲线

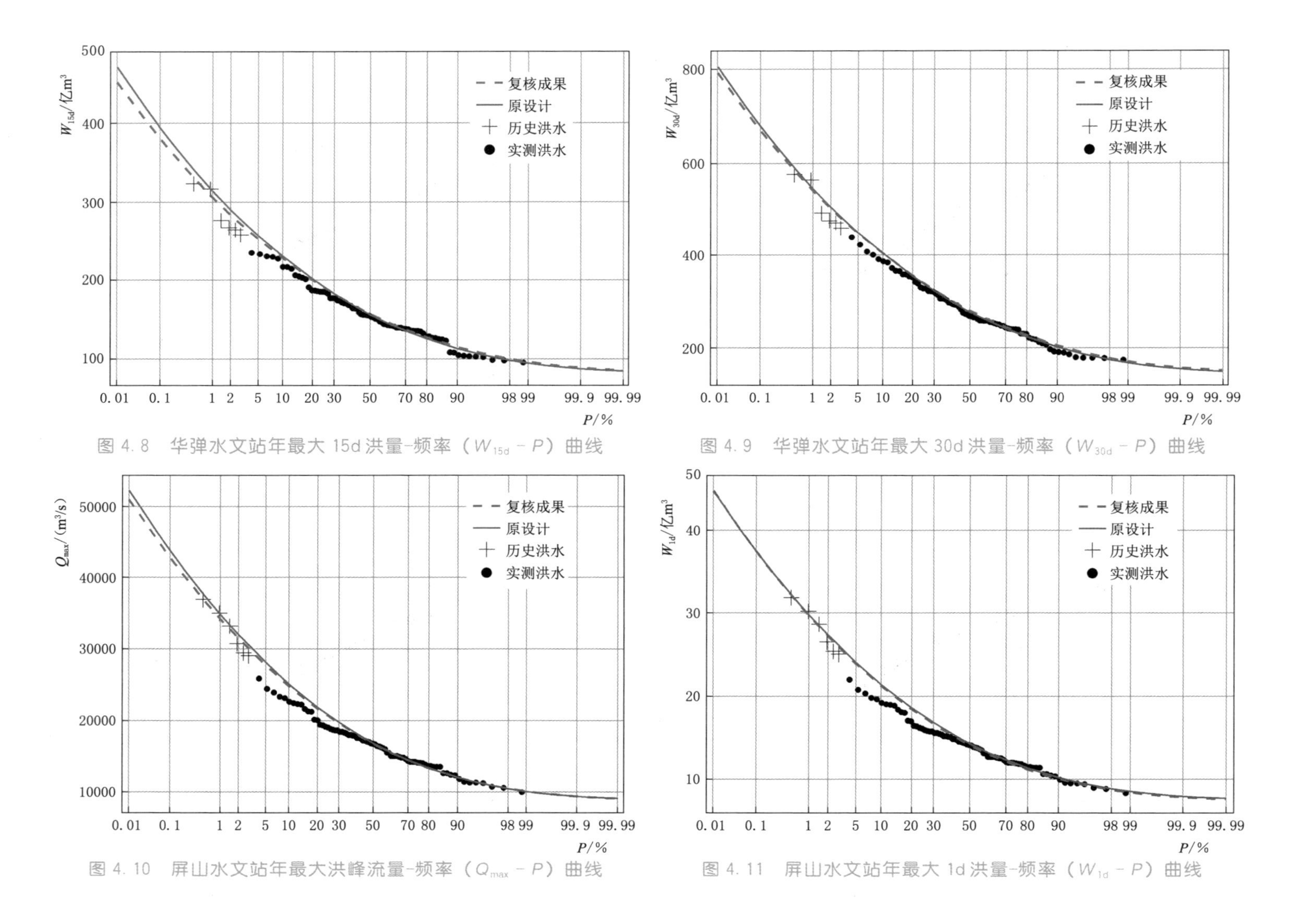

图4.8 华弹水文站年最大15d洪量-频率（$W_{15d}-P$）曲线

图4.9 华弹水文站年最大30d洪量-频率（$W_{30d}-P$）曲线

图4.10 屏山水文站年最大洪峰流量-频率（$Q_{max}-P$）曲线

图4.11 屏山水文站年最大1d洪量-频率（$W_{1d}-P$）曲线

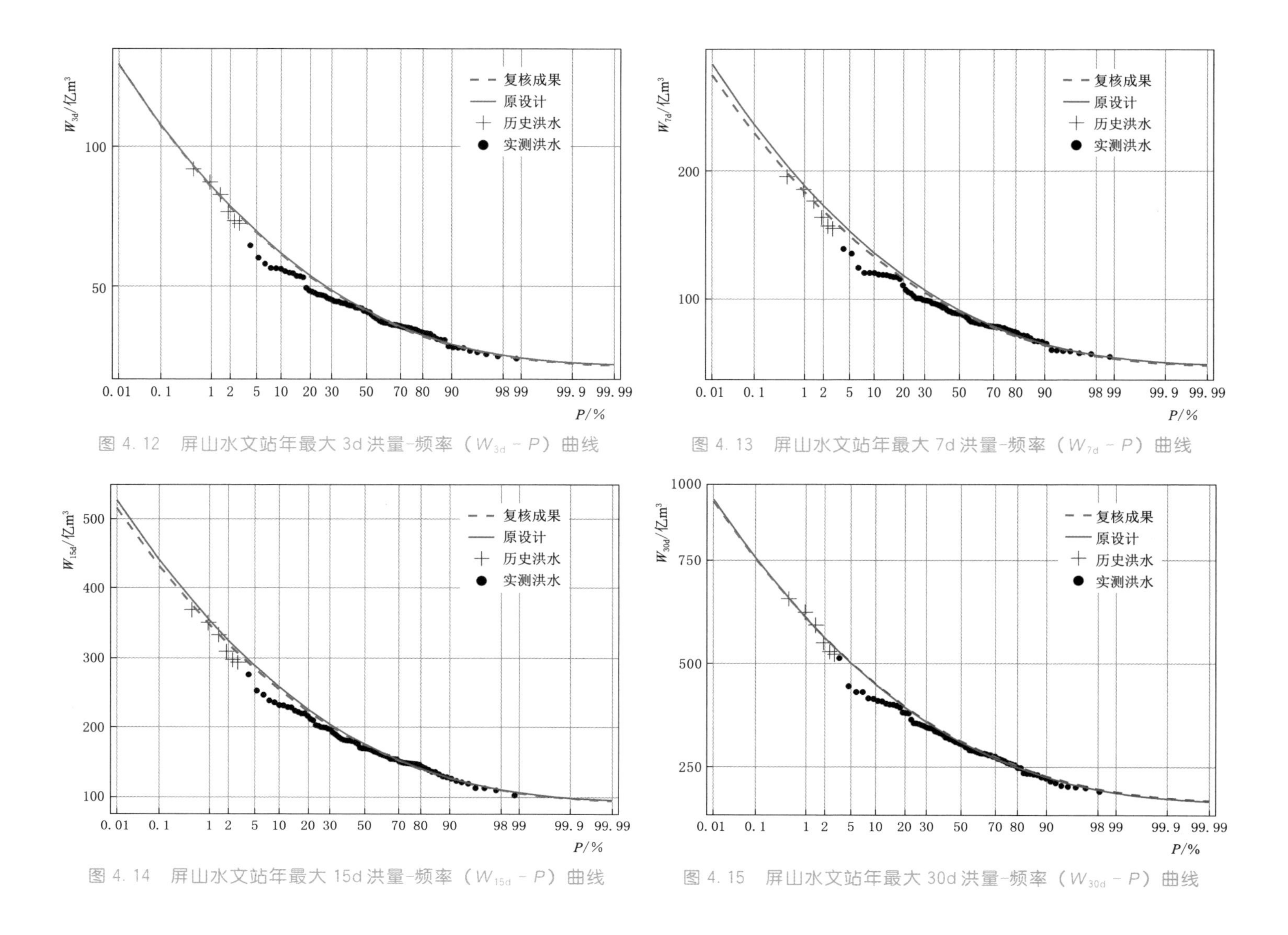

图 4.12 屏山水文站年最大 3d 洪量-频率（$W_{3d}-P$）曲线

图 4.13 屏山水文站年最大 7d 洪量-频率（$W_{7d}-P$）曲线

图 4.14 屏山水文站年最大 15d 洪量-频率（$W_{15d}-P$）曲线

图 4.15 屏山水文站年最大 30d 洪量-频率（$W_{30d}-P$）曲线

由表4.3可见，此次华弹站设计洪水复核，资料系列延长到2020年，华弹站设计洪水（天然情况）与初步设计阶段的审定成果差别如下：

（1）延长系列后，华弹站设计洪峰流量均值由原设计16300m^3/s增加至16400m^3/s，增加了0.6%，C_v由0.29减小到0.28，不同频率设计误差百分比在－1.1%～0.4%之间。

（2）延长系列后，华弹站1d洪量均值增加百分比为0.7%，不同频率设计值增加百分比在0.5%～0.9%之间。

（3）延长系列后，华弹站3d洪量均值不变，不同频率设计值减小百分比在0.4%～1.2%之间。

（4）延长系列后，华弹站7d洪量均值增加百分比为1.5%，C_v由0.29减小到0.28，不同频率设计值变化百分比在－1.2%～0.8%之间。

（5）延长系列后，华弹站15d洪量均值不变，C_v由0.29减小到0.28，不同频率设计值减小百分比在1.3%～3.8%之间。

（6）延长系列后，华弹站30d洪量均值增加百分比为1.0%，C_v由0.28减小到0.27，不同频率设计值变化百分比在－1.5%～0.3%之间。

复核结果显示：系列延长至2020年，不同频率华弹站设计洪峰、时段洪量略有变化，但与原设计差别不大，且频率曲线也基本与原审定结果相符，因此可认为华弹站的设计洪水计算结果是合理的。

由表4.4可见，此次屏山站设计洪水复核，资料系列延长到2020年，屏山站设计洪水（天然情况）与初设阶段的审定成果差别如下：

（1）延长系列后，屏山站设计洪峰流量均值由原设计17900m^3/s减小至17800m^3/s，减小了0.6%，C_v由0.30减小到0.29，不同频率设计值减小百分比在1.2%～2.4%之间。

（2）延长系列后，屏山站1d洪量均值不变，不同频率设计值变化百分比在－0.9%～0.2%之间。

（3）延长系列后，屏山站3d洪量均值减小百分比为0.9%，不同频率设计值变化百分比在－0.6%～0.2%之间。

（4）延长系列后，屏山站7d洪量均值减小百分比为2.1%，不同频率设计值减小百分比在2%～3.2%之间。

（5）延长系列后，屏山站15d洪量均值减小百分比为1.1%，不同频率设计值减小百分比在1.2%～2.2%之间。

（6）延长系列后，屏山站30d洪量均值增加百分比为1.0%，不同频率设计值变化百分比在－0.5%～0.7%之间。

复核结果显示：系列延长至2020年，不同频率屏山站设计洪峰、时段洪量略有变化，但与原设计差别不大，且频率曲线也基本与原审定结果相符，因此可认为屏山站的设计洪水计算结果是合理的。

4.3 乌东德水库设计洪水复核计算结果

长江设计集团有限公司负责乌东德水利枢纽工程设计，2013年完成设计报告《金沙江乌东德水电站可行性研究报告》(长江勘测规划设计院),其设计洪水依据站为华弹水文站和屏山水文站,资料序列范围为1939—2008年。乌东德水电站坝址以上集水面积40.61万km^2,下距华弹水文站143.4km、屏山水文站517km。

4.3.1 坝址设计洪水复核

乌东德水库设计洪水设计值采用下式计算:

$$W_{乌}=W_{华}-\frac{W_{屏}-W_{华}}{F_{屏}-F_{华}}(F_{华}-F_{乌}) \tag{4.3}$$

式中:$W_{乌}$、$W_{华}$、$W_{屏}$分别为乌东德水库、华弹站、屏山站设计洪量或洪峰;$F_{乌}$、$F_{华}$、$F_{屏}$分别为乌东德水库、华弹站、屏山站集水面积。

乌东德水电站坝址设计洪水成果见表4.5。由表可见,此次乌东德水库设计洪水复核,资料系列延长到2020年,延长系列后乌东德坝址设计洪水(天然情况)与初设阶段的审定成果相比,不同频率下乌东德坝址设计洪峰流量Q_{max}和洪量W_{1d}、W_{3d}、W_{7d}、W_{15d}、W_{30d}的误差百分比分别为$-0.2\%\sim1.6\%$、$0.7\%\sim2.2\%$、$-2.0\%\sim0.2\%$、$0.3\%\sim3.2\%$、$-5.1\%\sim-1.4\%$、$-2.3\%\sim0.1\%$。

表4.5 乌东德水电站坝址设计洪水成果

阶段	洪水峰量	统计参数						
		0.01%	0.02%	0.10%	1%	2%	5%	10%
初设成果	$Q_{max}/(m^3/s)$	42500	40500	35800	28800	26600	23600	21100
	W_{1d}/亿m^3	35.7	34.0	30.1	24.2	22.4	19.8	17.8
	W_{3d}/亿m^3	103.0	98.8	87.4	70.3	65.0	57.6	51.7
	W_{7d}/亿m^3	215.0	204.0	181.0	146.0	134.0	119.0	107.0
	W_{15d}/亿m^3	435.0	415.0	366.0	293.0	270.0	239.0	214.0
	W_{30d}/亿m^3	751.0	717.0	636.0	512.0	472.0	420.0	377.0
此次复核	$Q_{max}/(m^3/s)$	42400	40500	36000	28900	26700	23800	21400
	W_{1d}/亿m^3	36.0	34.2	30.3	24.6	22.6	20.2	18.1
	W_{3d}/亿m^3	102.0	96.9	86.0	69.6	64.5	57.3	51.6
	W_{7d}/亿m^3	216.0	206.0	182.0	147.0	137.0	122.0	110.0
	W_{15d}/亿m^3	413.0	395.0	350.0	284.0	263.0	234.0	212.0
	W_{30d}/亿m^3	734.0	701.0	623.0	505.0	469.0	417.0	376.0

复核结果显示:系列延长至2020年,乌东德水库设计洪峰流量略有增加、时段洪量略有减小,但与设计值差别不大,且频率曲线也基本与原审定结果相符,因此可认为乌东德水库的设计洪水计算结果是合理的。

4.3.2 坝址设计洪水过程线

根据《规范》和《金沙江乌东德水电站可行性研究报告》的规定,选取资料可靠、具有代表性、对工程防洪较为不利的华弹站1966年、1974年、1993年的大洪水过程线作为典型。1966年洪水出现在8月20日至9月25日，1974年洪水出现在8月25日至9月26日，1993年洪水出现在8月6日至9月12日。以上三个典型过程按洪峰流量 Q_{max} 和1d、3d、7d、15d和30d洪量设计值为控制，采用式（4.4）～式（4.9）的同频率法计算乌东德水库坝址设计洪水过程线，如图4.16～图4.18所示。

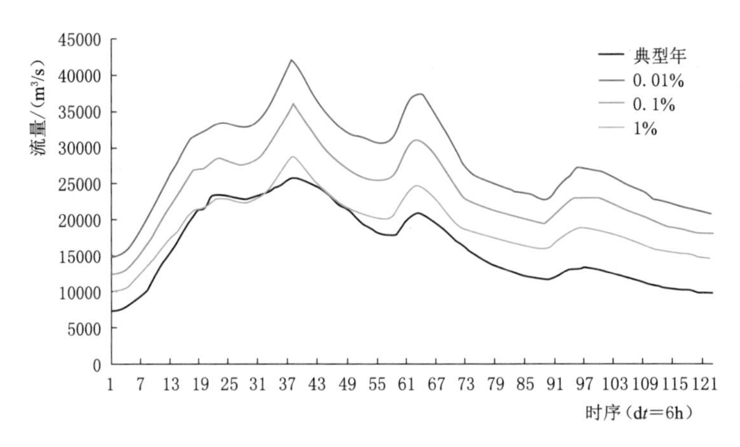

图4.16 乌东德水库1966典型年坝址设计洪水过程线

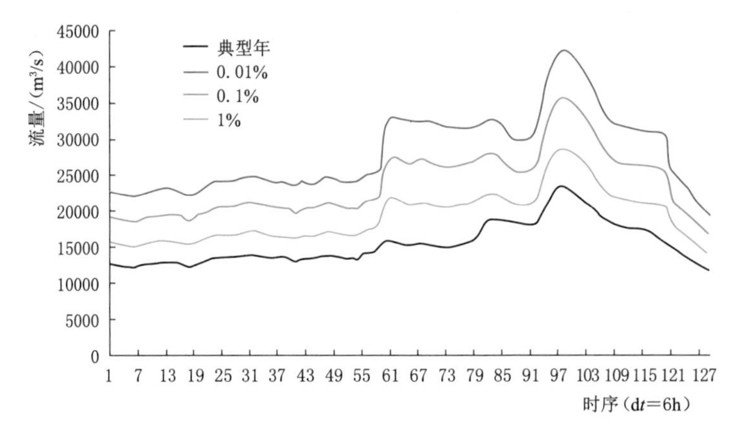

图4.17 乌东德水库1974典型年坝址设计洪水过程线

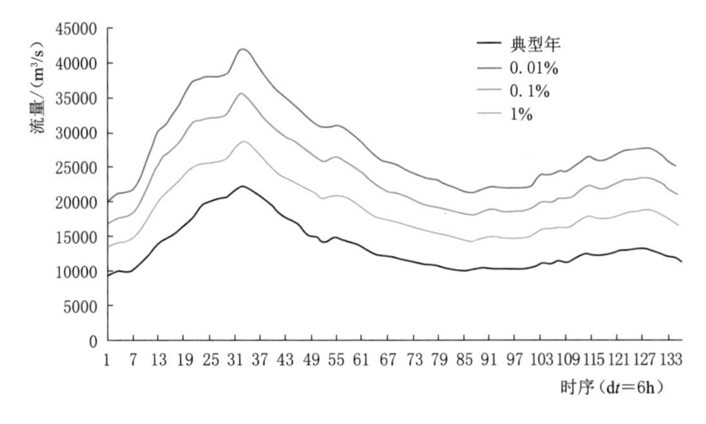

图4.18 乌东德水库1993典型年坝址设计洪水过程线

最大洪峰流量放大倍比为

$$K_Q=\frac{Q_p}{Q_d} \tag{4.4}$$

最大 1d 洪量放大倍比为

$$K_1=\frac{W_{1p}}{W_{1d}} \tag{4.5}$$

最大 3d 洪量中除最大 1d 以外，其余 2d 的放大倍比为

$$K_{3-1}=\frac{W_{3p}-W_{1p}}{W_{3d}-W_{1d}} \tag{4.6}$$

最大 7d 洪量中除最大 3d 以外，其余 4d 的放大倍比为

$$K_{7-3}=\frac{W_{7p}-W_{3p}}{W_{7d}-W_{3d}} \tag{4.7}$$

最大 15d 洪量中除最大 7d 以外，其余 8d 的放大倍比为

$$K_{15-7}=\frac{W_{15p}-W_{7p}}{W_{15d}-W_{7d}} \tag{4.8}$$

最大 30d 洪量中除最大 15d 以外，其余 15d 的放大倍比为

$$K_{30-15}=\frac{W_{30p}-W_{15p}}{W_{30d}-W_{15d}} \tag{4.9}$$

式（4.4）～式（4.9）中，下标 p 表示设计值，下标 d 表示典型年值。

4.4 白鹤滩水库设计洪水复核计算结果

中国电建集团华东勘测设计研究院有限公司负责白鹤滩水利枢纽工程设计，2011 年完成设计报告《金沙江白鹤滩水电站可行性研究报告》（华东勘测设计研究院），其设计依据站为华弹水文站，资料序列范围为 1939—2009 年。白鹤滩水电站坝址位于金沙江干流下游，坝址集水面积 430308km^2，上距华弹水文站 42km（河道距离）。华弹站控制面积 425948km^2，其历史洪水及设计洪水复核详见 4.1.2 小节和 4.2 节。

4.4.1 坝址设计洪水复核

按年最大值独立取样原则，分别统计华弹站年最大洪峰流量及 1d、3d、7d、15d 和 30d 洪量，根据 P3 型分布曲线进行频率计算复核。特大洪水系列和实测洪水序列分别用式（4.1）和式（4.2）计算。华弹站的最大洪峰流量及洪量频率曲线分别如图 4.4～图 4.9 所示；白鹤滩水电站坝址设计洪水成果复核成果采用华弹站的设计洪水复核成果，见表 4.3。

4.4.2 坝址设计洪水过程线

分析华弹站历年汛期日流量变化过程，年最大的洪水过程可历时30～60d，峰型多为复峰。根据华弹站1939以来历年最大洪水过程，分析发生于不同年代、具有不同洪水特性的洪水过程，结合下游溪洛渡水库设计所采用的洪水典型，分别选择了1962年8月、1966年8月、1974年9月和1993年8月四场洪水过程为典型，按设计最大洪峰流量3d、7d、15d、30d设计洪量，式（4.4）～式（4.9）所示同频率分时段控制，计算白鹤滩水库坝址设计洪水过程线，分别如图4.19～图4.22所示。

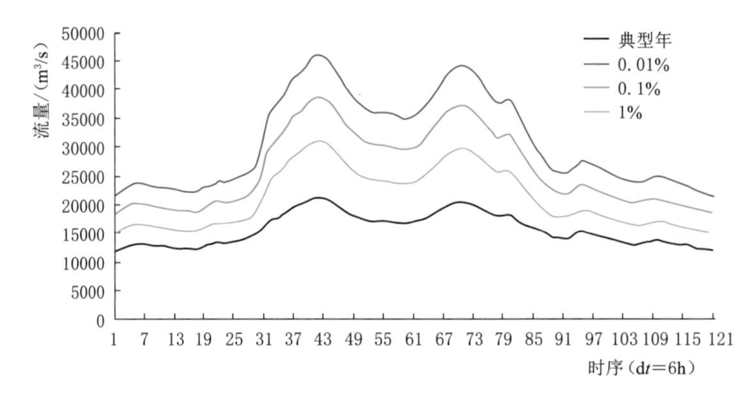

图4.19 白鹤滩水库1962典型年坝址设计洪水过程线

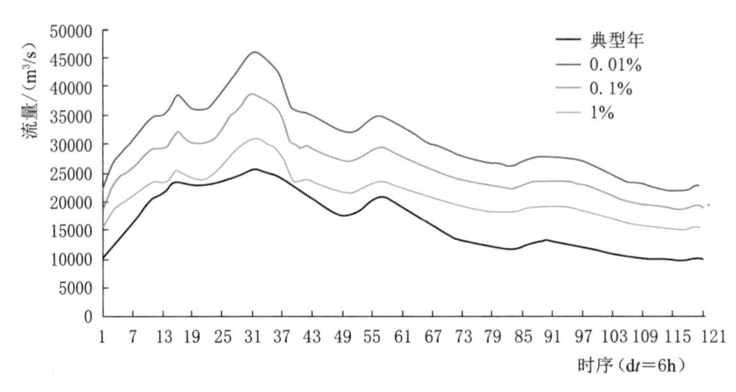

图4.20 白鹤滩水库1966典型年坝址设计洪水过程线

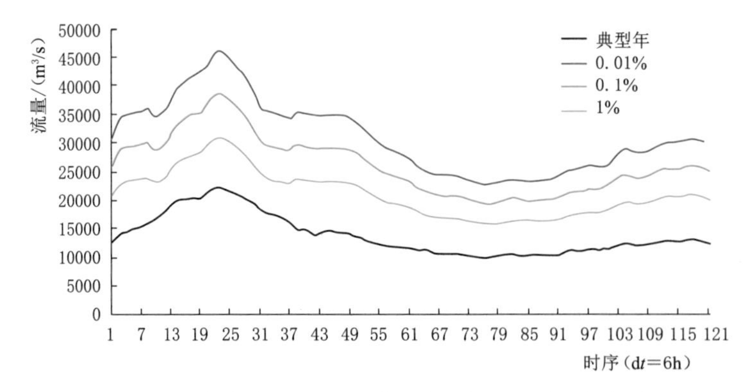

图4.21 白鹤滩水库1974典型年坝址设计洪水过程线

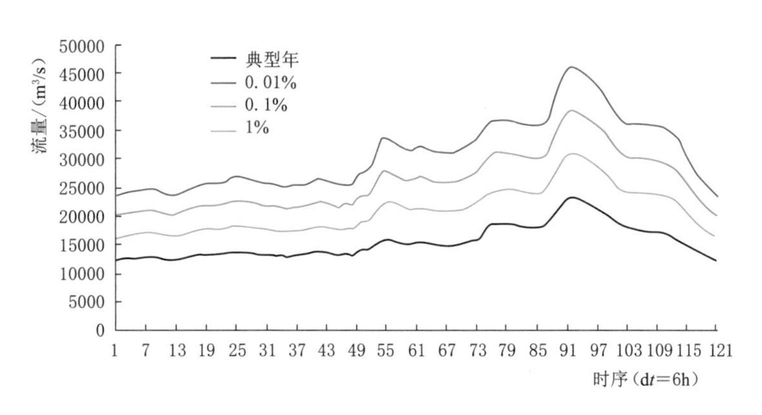

图 4.22　白鹤滩水库 1993 典型年坝址设计洪水过程线

4.5　溪洛渡水库设计洪水复核计算结果

中国电建集团成都勘测设计研究院有限公司负责溪洛渡水利枢纽工程设计，2001 年完成设计报告《金沙江溪洛渡水电站可行性研究报告》(成都勘测设计研究院)，其设计洪水依据站为屏山水文站，资料序列范围为 1939—1998 年。溪洛渡水电站位于金沙江下游，下距屏山水文站 124km，溪洛渡电站控制面积 45.44 万 km^2，屏山站控制面积为 45.85 万 km^2，溪洛渡坝址与屏山站区间面积仅占屏山站控制面积的 0.9%。

4.5.1　坝址设计洪水复核

按年最大值独立取样原则，分别统计屏山站年最大洪峰流量及 1d、3d、7d、15d 和 30d 洪量，根据 P3 型分布曲线进行频率计算复核。特大洪水系列和实测洪水序列分别用式（4.1）和式（4.2）计算。屏山站的最大洪峰流量及洪量频率曲线分别如图 4.10～图 4.15 所示；溪洛渡水库坝址设计洪水成果复核成果采用屏山站的设计洪水复核成果，见表 4.4。

4.5.2　设计洪水过程线

根据溪洛渡水电站的防洪要求，分析了屏山站年最大洪水过程线的特性，选择峰高量大的洪水过程作为典型，本阶段除仍选 1966 年典型外，另增加了 1962 年、1965 年、1974 年三个典型过程。1962 年洪水出现在 7 月 30 日至 9 月 2 日，1965 年洪水出现在 8 月 6 日至 9 月 5 日，1966 年洪水出现在 8 月 24 日至 9 月 23 日，1974 年洪水出现在 8 月 23 日至 9 月 22 日。以上四个典型过程均按式（4.4）～式（4.9）所示洪峰流量同频率分时段控制放大，求得溪洛渡水库设计洪水过程线，如图 4.23～图 4.26 所示。

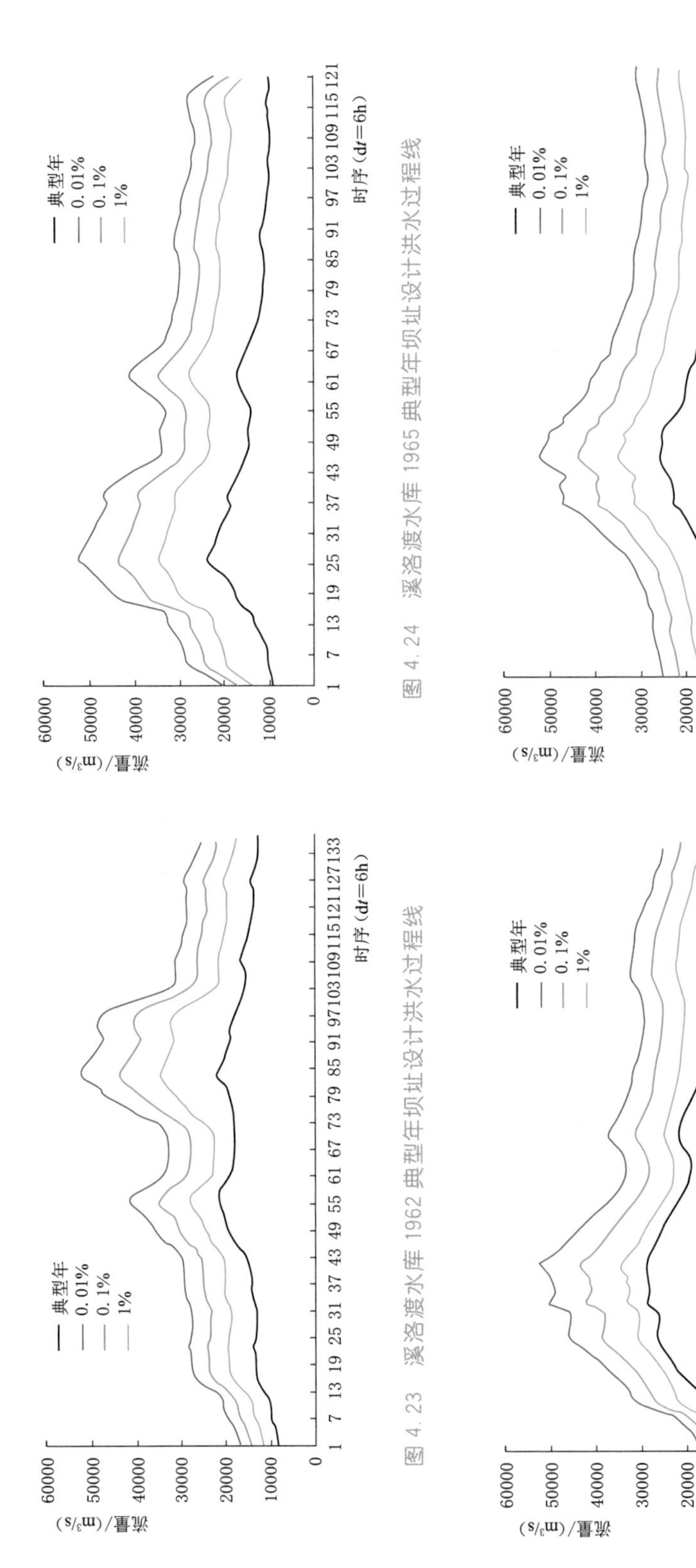

图 4.23 溪洛渡水库 1962 典型年坝址设计洪水过程线

图 4.24 溪洛渡水库 1965 典型年坝址设计洪水过程线

图 4.25 溪洛渡水库 1966 典型年坝址设计洪水过程线

图 4.26 溪洛渡水库 1974 典型年坝址设计洪水过程线

4.6 向家坝水库设计洪水复核计算结果

中国电建集团中南勘测设计研究院有限公司负责向家坝水利枢纽工程设计，2003年完成设计报告《金沙江向家坝水电站可行性研究报告》（中南勘测设计研究院），其设计依据站为屏山水文站，资料序列范围为1939—1998年。向家坝水电站位于金沙江下游河段，是金沙江梯级中最末一级电站。坝址控制流域面积45.88万km^2，上距屏山水文站28km，两处集水面积相差不足200km^2，仅占坝址集水面积的0.04%。屏山站历史洪水及设计洪水复核详见4.1.2小节和4.2节。

4.6.1 坝址设计洪水复核

按年最大值独立取样原则，分别统计屏山站年最大洪峰流量及1d、3d、7d、15d和30d洪量，根据P3型分布曲线进行频率计算复核。特大洪水系列和实测洪水序列分别用式（4.1）和式（4.2）计算。屏山站的最大洪峰流量及洪量频率曲线分别如图4.9～图4.14所示；向家坝水库坝址设计洪水复核成果采用屏山站的设计洪水复核成果，见表4.4。

4.6.2 设计洪水过程线

依据屏山站实测的几场大洪水资料分析比较，1962年洪水典型属峰、量相对较大的双峰过程，且主峰在后，对工程实际较为不利；1966年洪水典型是屏山站有实测资料以来最大洪水，属峰高、量大的单峰过程，其最大洪峰流量和1d、3d、7d、15d、30d洪量均为实测资料中的第一大值。因此，向家坝水电站设计洪水过程选择1962年和1966年共两场实测大洪水过程作典型，1962年洪水出现在7月30日至8月24日，1966年洪水出现在8月25日至9月24日。以上典型过程采用设计洪峰流量和1d、3d、7d、15d、30d设计洪量，按式（4.4）～式（4.9）所示同频率控制放大方法计算向家坝水库设计洪水过程线，结果如图4.27和图4.28所示。

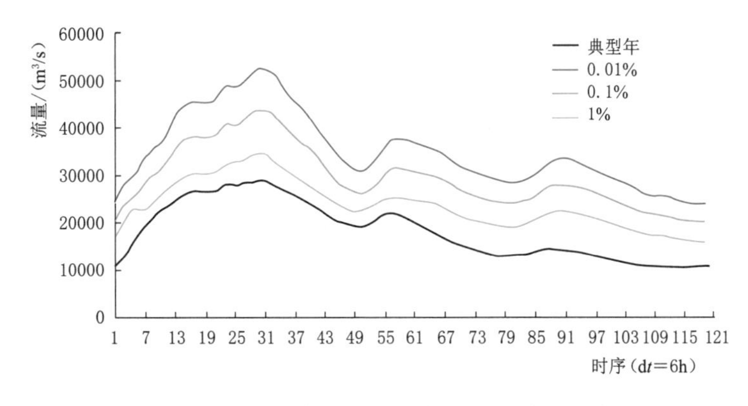

图4.27 向家坝水库1962典型年坝址设计洪水过程线

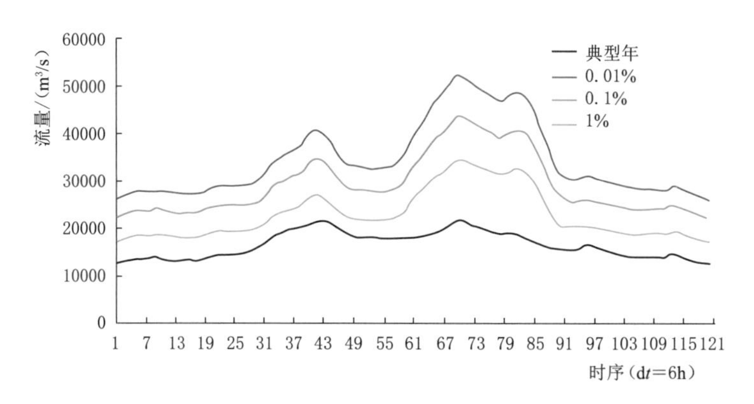

图 4.28 向家坝水库 1966 典型年坝址设计洪水过程线

4.7 三峡水库设计洪水复核计算结果

三峡水库设计洪水直接引用宜昌水文站 1877—1990 年的水文资料系列，并加入了历史洪水进行分析计算。本次复核计算把水文资料系列延长到 2020 年，并采用历史洪水资料。

4.7.1 宜昌站径流还原计算

考虑到 2003 年以前，宜昌站以上水库较少，仅雅砻江上的二滩水库投入运行，其调蓄作用随着洪水传播过程的坦化，对下游的影响逐渐减弱，对宜昌站的洪水过程影响作用较小，因此不考虑宜昌站 2003 年以前的洪水还原。

考虑 2003—2015 年金沙江、岷江、嘉陵江三个流域的控制性水库和三峡水库的调洪作用，采用长江委汇流曲线法将支流控制站点还原后的流量演算到宜昌站，与汇入的区间洪水叠加，得到宜昌站还原洪水过程。为展示还原效果，选择还原前后最大洪峰流量、洪量有明显变化的 2016 年和 2020 年并绘制其洪水过程，如图 4.29 和图 4.30 所示。

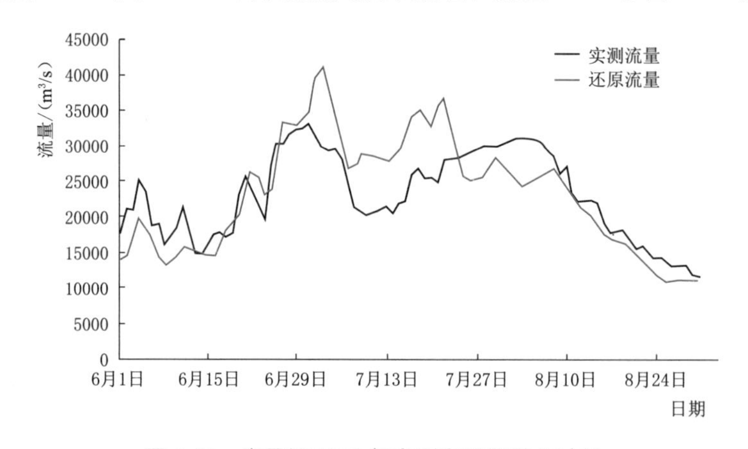

图 4.29 宜昌站 2016 年实测和还原洪水过程

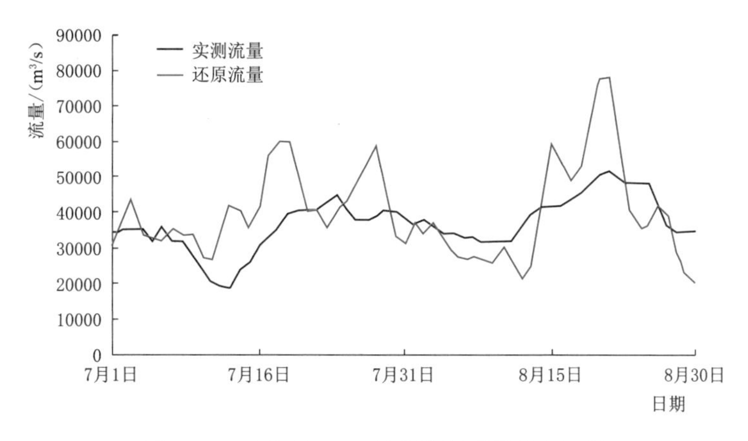

图 4.30 宜昌站 2020 年实测和还原洪水过程

4.7.2 长江历史洪水考证和重现期

4.7.2.1 历史洪水概况

长江流域人文历史悠久，文化发达，物产丰富，历来就是我国文化经济中心。同时，长江流域水患灾害频繁，特别是长江中下游平原地带，洪水灾害更为严重。据统计，长江上游自唐代至清代近 1300 年中，发生洪灾 230 余次，平均约 5 年 1 次。从 1860 年至开展三峡水库可行性研究约 130 年间，出现特大洪水 5 次，分别为 1870 年、1860 年、1931 年、1935 年、1954 年，给长江中下游人民带来深重的灾难。自开展长江流域规划及三峡水利枢纽设计以来，先后进行了多次调查。据统计：长江干流从上游宜宾起至下游大通止，较大规模的历史洪水调查有 10 次，查得洪水年份 60 多个，洪水点据 2800 余处。其中宜宾至宜昌河段内碑刻、岩刻及指认洪痕甚多。

在运用历史洪水资料时，采用现场调查和文献考证互相结合，并在北京、上海、南京、宁波、四川、湖北、广州等地的图书馆、档案馆搜集了大量历史文献资料，查录了各地的地方志、故宫军包奏折、水利史料等有关历史洪水的雨情、水情、灾情资料。还查阅了“史”“记”“典”“要”和其他有关私人著述及收藏资料。据初步统计，仅宜昌以上地区，就查阅抄录地方志 760 多种，宫廷档案 600 多件，使历史洪水资料更趋完善。

宜昌上下游沿江城镇，有关历史洪水文献记载，最早见于《荆州万城堤志》所载楚昭王时（公元前 966—前 948 年）国都江陵有“江水大至没及渐台”。《汉书·五行志》记有汉高后三年（公元前 185 年）“江水汉水溢”。《宜昌府志》记有东晋永平二年（公元 292 年）长江“大水”。《忠州县志》有唐贞观十八年（公元 644 年）“秋忠州大水”的记载。《重庆府志》记有唐贞观二十二年（公元 648 年）“夏泸渝等州大水”。近 1000 年来，水旱记载逐渐增多。据统计，11—15 世纪（宋代至明代）重庆至江陵间平均 5 年有水旱记载 1 次，16—19 世纪，平均 2 年有水旱记载 1 次。宜昌在近 1000 年，有 30 多次大水记载，其中有 23 个年份洪水较大。

4.7.2.2 宜昌站洪水重现期考证

据新近调查的远年洪水资料分析，在忠县附近调查到的多年洪水刻字，有 1153 年、

1227年、1560年、1788年、1796年、1860年和1870年等洪水，均测定了高程[9]。其中以1870年最高，比1227、1560年水位高4m。比1153年高5m。其大小序位是：1870年、1227年、1560年、1153年、1788年、1860年、1796年。又根据这些洪水年文献记载和忠县至宜昌间调查资料，考虑忠县至宜昌河段间，大洪水序位较为一致，宜昌洪峰大小序位，考虑了以下两种排法。

（1）第一种，认为近1000年来，宜昌以上两岸城镇大部分没有大的搬迁，沿江题刻甚多，故可将掌握的历史洪水资料在868年内（1153—2020年）按大小排列，即1870年、1227年、1560年、1153年、1860年、1788年、1796年、1613年。1870年洪水至少是1153年以来868年间的首位。1860年、1788年分别为1153年以来的第五位（重现期174年）、第六位（重现期145年）。

（2）第二种，因为明、清两代记载较多而且详细，宋、元两代记载稀少，而且简略，但是基本上还是连续不断的，因此可以推断，近1000年来，漏记1870年、1227年的大洪水的可能性很小，因而将1870年、1227年洪水定为1153年来第一位、第二位，考证期为868年，同时近400年来记载较多，认为漏记1560年的同大洪水的可能性很小，所以将1560年洪水定为1560年以来的首位，其后各年序位依次为1153年、1860年、1788年、1796年、1613年，考证期为461年（1560—2020年）。

对于这两种排位法，经频率计算适线比较，其结果没有显著的差异[10]。

4.7.2.3 1998年和2020年洪水重现期考证

1998年受超强厄尔尼诺事件影响，副热带高压异常偏强偏西，同时西风带阻塞形势稳定，导致长江流域汛期降雨异常集中、暴雨过程频发。2020年8月，在副热带高压西进、冷高压中心向西南方向移动和西南涡的共同作用下，长江发生流域性大洪水，上游发生极端性强降水，出现了1998年以来的最严重汛情。因此对1998年和2020年洪水重现期进行考证，并采用还原后的宜昌站资料将1998年、2020年洪水与1981年和1954年洪水进行比较，统计最大洪峰流量和3d、7d、15d和30d洪量，分析各年重现期，见表4.6。

表4.6　宜昌站四个年份洪水最大洪峰、洪量及重现期对照

洪水年份		2020	1998	1981	1954
最高水位/m		53.51	54.5	55.38	55.73
最大洪峰	流量/(m^3/s)	78400	63300	69500	66100
	重现期/年	约50	<10	约10～20	约10
3d洪量	W_{3d}/亿m^3	194.6	150.6	172.5	170.1
	重现期/年	约50	<10	约10～20	约10～20
7d洪量	W_{7d}/亿m^3	385.1	350.4	334.8	385.3
	重现期/年	约20～50	约10～20	<10	约20～50
15d洪量	W_{15d}/亿m^3	666.1	733.9	558.3	785.1
	重现期/年	约10	约20～50	<10	约100
30d洪量	W_{30d}/亿m^3	1054.4	1382.0	995.0	1387.0
	重现期/年	<10	约100	<10	约100

由表 4.6 可知，还原后，宜昌站 2020 年最大洪峰和 3d 洪量重现期均大于 1981 年、1998 年和 1954 年，约 50 年一遇，位列实测第一位；最大 7d 洪量及重现期与 1954 年相近，最大 15d 和 30d 洪量均不超过 20 年一遇。

综上所述，2020 年和 1998 年洪水均为长江流域性大洪水，洪水量级均小于流域性大洪水的 1954 年，而大于上游来水型的 1981 年。

4.7.3 宜昌站设计洪水复核

宜昌站位于三峡水利枢纽三斗坪坝址下游 43km，集水面积约 100 万 km^2，为长江出三峡后的控制站。因三峡坝址至宜昌区间面积甚小，故坝址的水文分析计算，直接移用宜昌站的水文资料。

宜昌站有 100 多年的洪水系列，可以认为已具备洪水频率计算分析的基础。本次复核所用资料为 1877—1998 年宜昌站实测系列以及 1998—2020 年还原流量系列，按年最大值独立取样，历史洪水仍沿用初步设计阶段成果。频率计算时段根据规范要求和梯级水库特点，选择洪峰为年最大日平均流量和洪量（年最大）W_{3d}、W_{7d}、W_{15d} 和 W_{30d}。

为使估算的洪水参数相对稳定，降低参数的抽样误差，各频率曲线的上段有根据地外延，在洪水频率计算中，应用了调查到的历史上发生的特大洪水。根据定量估算，有具体量值，洪峰流量大于 80000m^3/s，按大小顺序排列有 1870 年、1227 年、1560 年、1153 年、1860 年、1788 年、1796 年、1613 年等八个年份，见表 4.7。为研究历史洪水的应用对经验频率的影响，经过 1978 年、1984 年和 1985 年三次“三峡水利枢纽设计洪水”会议的讨论后，认为不宜将那些只能定性无法定量的历史洪水应用于频率分析。因此，在洪水频率计算分析中，采用上述八个历史洪水估算经验频率[10]。

表 4.7　　宜昌历史洪水洪峰、洪量统计

洪水年份	水位/m	流量/(m^3/s)	发生日期	W_{3d}/亿 m^3	W_{7d}/亿 m^3	W_{15d}/亿 m^3	W_{30d}/亿 m^3
1870	59.50	105000	7月20日	265.0	536.6	975.1	1650.0
1860	58.32	92500	7月18日	232.0	473.8	835.7	1454.0
1788	57.50	86000	7月23日	215.6	441.9	790.7	1367.0
1153	58.06	92800	7月31日	232.7	475.3		
1227	58.47	96300	8月1日	241.6	492.5		
1560	58.45	93600	8月25日	234.8	479.2		
1796	56.81	82200	7月18日	206.0	423.2		
1613	56.67	81000		203.0	417.3		

W_{15d} 和 W_{30d} 由于时段长、峰量关系不密切，用回归方程推估历史洪水的洪量误差较大，故 W_{15d} 和 W_{30d} 的频率计算，仅使用了 1870 年、1860 年、1788 年三个历史洪水。实测系列中，1954 年的 W_{15d} 和 W_{30d} 特大，1998 年的 W_{30d} 特大，均抽出参与历史洪水排位。上述四个年份的 W_{15d} 在 868 年中的序位为：1870 年第一位，1860 年第五位，1954 年第六位，1788 年为第七位；上述五个年份的 W_{30d} 在 868 年中的序位为：1870 年第一位，1860 年第五位，1954 年第六位，1998 年为第七位，1788 年为第八位。经验频率估算

与前述的方法相同。

理论频率曲线采用P3型曲线，不同分期各时段的年最大值参数，均以矩法的计算结果为初始值，通过适线法确定参数，结果见表4.8和图4.31～图4.35。

表4.8　　宜昌站（三峡水库坝址）设计洪水成果

阶段	峰量	统计参数									
		均值	C_v	C_s/C_v	0.01%	0.02%	0.1%	1%	2%	5%	10%
初设成果	$Q_{max}/(m^3/s)$	52000	0.21	4.0	113000	109000	98800	83900	78800	72300	66500
	W_{3d}/亿 m^3	130.0	0.21	4.0	282.1	272.3	247.0	209.3	197.5	180.7	166.5
	W_{7d}/亿 m^3	275.0	0.19	3.5	547.2	528.8	486.8	420.8	399.9	368.5	344.6
	W_{15d}/亿 m^3	524.0	0.19	3.0	1022.0	988.6	911.8	796.5	757.5	702.2	656.1
	W_{30d}/亿 m^3	935.0	0.18	3.0	1767.0	1710.0	1590.0	1393.0	1327.0	1234.0	1158.0
此次复核	$Q_{max}/(m^3/s)$	53000	0.21	4.0	113900	109800	99900	84800	79900	73100	67600
	W_{3d}/亿 m^3	132.0	0.21	4.0	284.1	273.8	249.1	211.6	199.4	182.4	168.6
	W_{7d}/亿 m^3	277.0	0.19	3.5	550.2	532.5	490.0	424.3	402.7	372.3	347.0
	W_{15d}/亿 m^3	509.8	0.19	3.0	1000.0	969.6	895.1	778.9	740.4	685.8	640.2
	W_{30d}/亿 m^3	915.1	0.18	3.0	1752.0	1700.0	1574.0	1376.0	1311.0	1218.0	1140.0

由表4.8可见，此次宜昌站设计洪水复核，资料系列延长到2020年，其设计洪水（天然情况）与初步设计阶段的审定成果差别如下：

（1）延长系列后，设计洪峰流量均值由原设计52000m^3/s增加至53000m^3/s，增加了1.9%，不同频率设计值增加百分比在0.7%～1.7%之间。

（2）延长系列后，3d洪量均值增加百分比为1.5%，不同频率设计值增加百分比在0.6%～1.3%之间。

（3）延长系列后，7d洪量均值增加百分比为0.7%，不同频率设计值增加百分比在0.5%～1.0%之间。

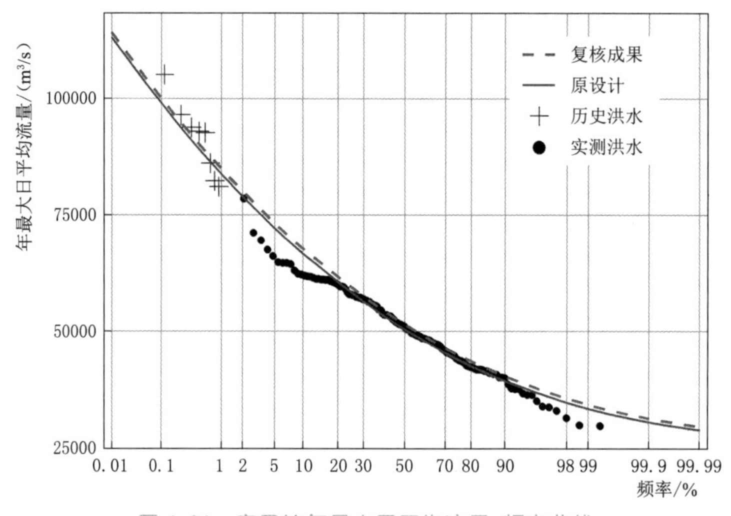

图4.31　宜昌站年最大日平均流量-频率曲线

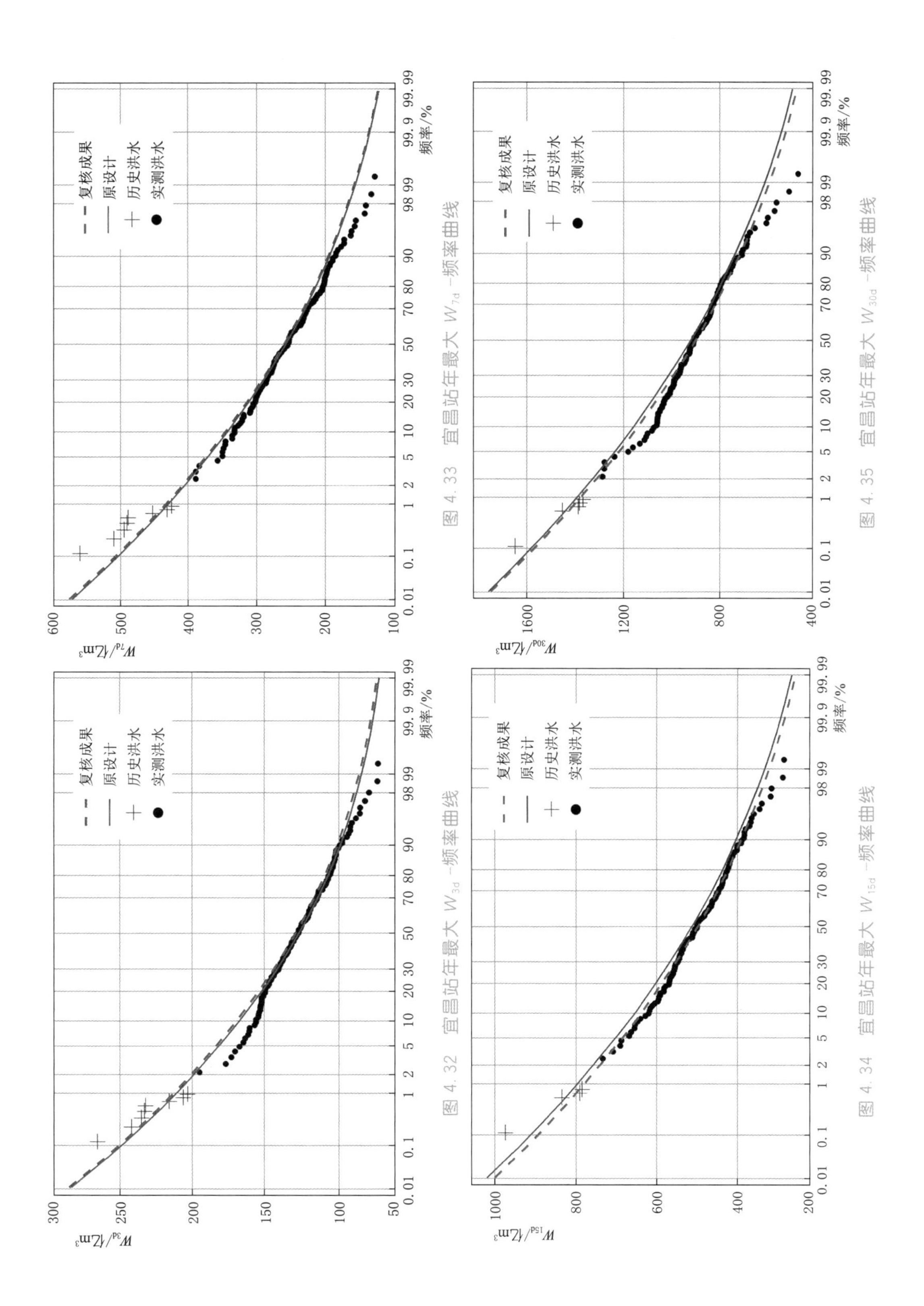

图 4.32 宜昌站年最大 W_{3d}-频率曲线

图 4.33 宜昌站年最大 W_{7d}-频率曲线

图 4.34 宜昌站年最大 W_{15d}-频率曲线

图 4.35 宜昌站年最大 W_{30d}-频率曲线

（4）延长系列后，15d洪量均值减小百分比为2.7%，不同频率设计值减小百分比在1.8%～2.4%之间。

（5）延长系列后，30d洪量均值减小百分比为2.1%，不同频率设计值减小百分比在0.6%～1.6%之间。

复核结果显示：系列延长至2020年，不同频率下宜昌站设计洪峰流量和3d和7d洪量略有增加，15d和30d洪量略有减小，但与原设计差别不大，且频率曲线也基本与原审定结果相符，因此可认为宜昌站的设计洪水计算结果是合理的。

4.7.4 坝址设计洪水过程线

坝址设计洪水的典型年为1954年、1981年、1982年。1954年洪水出现在7月15—24日，1981年洪水出现在7月14日至8月12日，1982年洪水出现在7月11日至8月14日。设计洪水过程线的计算，取用峰、量同频率控制放大典型。对1954年典型按7d、15d洪量同频率控制放大，1981年典型按1d、7d洪量同频率控制放大，1982年典型按1d、7d、15d洪量同频率控制放大。

考虑到1998年和2020年长江流域均发生流域性大洪水，因此将1998年8月4日至9月2日、2020年7月29日至8月28日的典型洪水过程，采用同频率放大法推求设计洪水过程线。五个典型年三峡水库坝址设计洪水过程线如图4.36～图4.40所示。

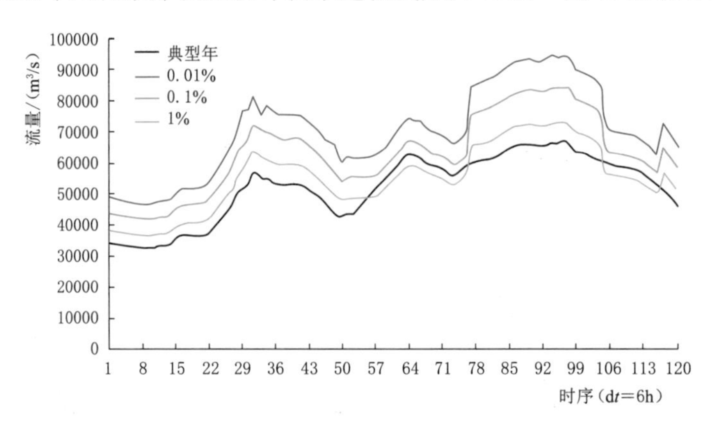

图4.36 三峡水库1954典型年坝址设计洪水过程线

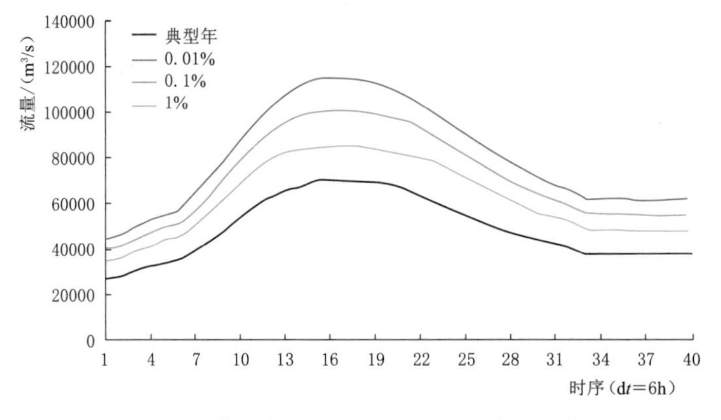

图4.37 三峡水库1981典型年坝址设计洪水过程线

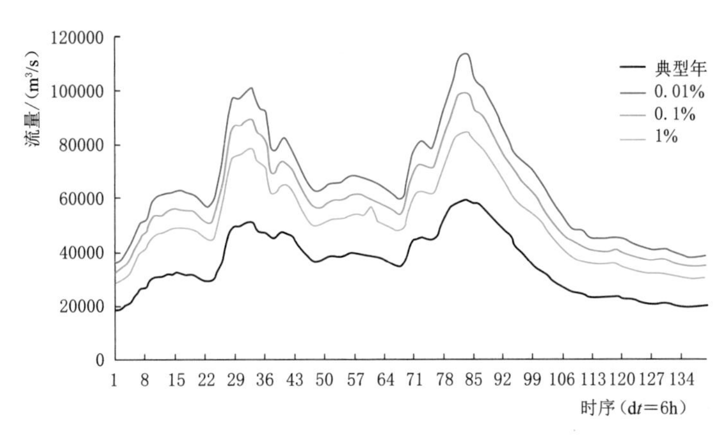

图 4.38 三峡水库 1982 典型年坝址设计洪水过程线

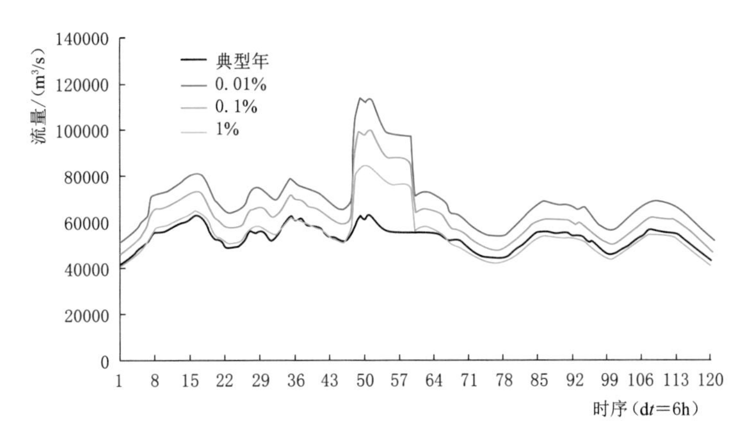

图 4.39 三峡水库 1998 典型年坝址设计洪水过程线

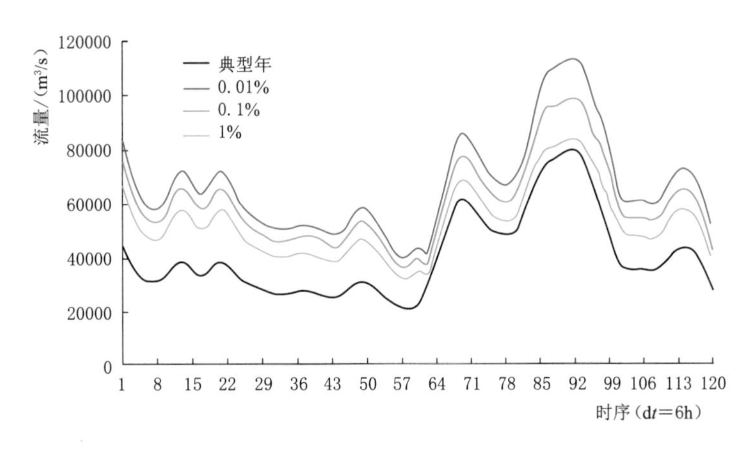

图 4.40 三峡水库 2020 典型年坝址设计洪水过程线

4.8 本章小结

本章将洪水资料系列延长至 2020 年，对金沙江下游乌东德—白鹤滩—溪洛渡—向家坝梯级水库和三峡水库设计洪水进行复核计算，主要结论如下：

（1）金沙江下游梯级水库的依据水文站华弹站和屏山站设计洪水峰量的统计参数中，均值稍有增减（均变化 0.6%左右），C_v 稍有减小，C_s/C_v 基本不变。

（2）金沙江下游梯级水库的坝址设计洪峰和洪量均有所增减；与原设计成果相比，乌东德、白鹤滩、溪洛渡和向家坝四座水库不同频率设计洪水最大洪峰流量的变幅基本分别控制在 5%、3%、3%和 3%以内。

（3）金沙江下游梯级水库不同频率坝址设计洪峰、时段洪量略有变化，但与原设计差别不大，且频率曲线也基本与原审定结果相符。

（4）三峡水库坝址（宜昌站）不同频率设计最大洪峰流量和 3d、7d 洪量略有增加，15d 和 30d 洪量略有减小，但与原设计差别不大，且频率曲线也基本与原审定结果相符。

（5）复核结果表明，金沙江下游梯级水库群和三峡水库的设计洪水成果是合理的，因此沿用原设计洪水成果。

参考文献

[1] 季学武．长江 1998 年洪水和水文科技进步 [J]. 人民长江，1999 (2)：2-6，57.

[2] 王俊．2016 年长江洪水特点与启示 [J]. 人民长江，2017，48 (4)：54-57，65.

[3] 陈敏．2020 年长江暴雨洪水特点与启示 [J]. 人民长江，2020，51 (12)：76-81.

[4] 陈桂亚，冯宝飞．“20·8”洪水金沙江流域水库群调度对川渝河段的防洪作用 [J]. 长江科学院院报，2021，38 (9)：1-6，13.

[5] 郭生练，尹家波，李丹，等．丹江口水库设计洪水复核及偏大原因分析 [J]. 水力发电学报，2017，36 (2)：1-8.

[6] 钱名开，孙勇，费永法，等．淮河流域水文设计成果修订研究 [J]. 水文，2018，38 (5)：85-90.

[7] 林荷娟，刘敏．太湖流域水文设计成果修订研究 [J]. 水文，2019，39 (4)：84-89.

[8] 谢雨祚，熊丰，李帅，等．金沙江下游梯级水库设计洪水复核计算 [J]. 水资源研究，2021，10 (6)：561-571.

[9] 长江水利委员会．三峡工程水文研究 [M]. 武汉：湖北科学技术出版社，1997.

[10] 李镇南．长江历史水文记载的搜集与分析研究 [J]. 中国三峡建设，1996，3 (7)：19.

长江上游干支流梯级水库群运行期设计洪水

第 3 章详细论述了水库运行期设计洪水计算理论和方法，并重点探讨了基于 Copula 函数的最可能洪水地区组成。本章选择 t - Copula 函数构建各分区洪水的联合分布，并采用蒙特卡洛法和 GA 法优化最可能洪水地区组成，分析计算长江上游干支流梯级水库群运行期设计洪水及汛控水位，为梯级水库优化调度决策提供科学依据[1]。

5.1 梯级水库运行期设计洪水及汛控水位计算流程

图 5.1 给出了梯级水库运行期设计洪水及汛控水位计算流程[2]，该流程主要分为以下三个部分：

(1) 基于天然流量序列，采用传统的水文频率分析方法计算各梯级水库的建设期设计洪水。频率分析采用 P3 型分布和适线法，采用 KS (Kolmogorov - Smirnov) 检验法对其进行假设检验。取检验显著性水平为 $\alpha=0.05$、$p>0.05$ 时通过检验。

(2) 分析各个设计断面的洪水地区组成，通过多方案对比分析得出科学合理的地区组成方案。采用最可能地区组成法进行求解，并与同频率法的结果进行对比。

对于最可能地区组成法，采用 t - Copula 函数建立各分区洪水的联合分布。参数估计方法采用极大似然法，假设检验方法采用 CM (Cramér von Mises) 法。取检验显著性水平为 $\alpha=0.05$、$p>0.05$ 时通过检验。根据均方根误差 RMSE 和赤池信息准则 AIC 对 t - Copula 的自由度进行优选。对于 n 座梯级水库，同频率组成法需拟定 2^{n-1} 种方案。采用同频率地区组成方案Ⅰ (即各个水库断面发生的洪水与设计断面同频率，而各个区间按水量平衡原则分别发生相应洪水) 做对比分析。

(3) 基于梯级水库建设期设计洪水和洪水地区组成推求各分区的设计洪水过程线，输入到梯级水库系统中进行调洪演算，并做河道洪水演算，得到梯级水库运行期设计洪水。最后采用试算法基于不降低原设计防洪标准的原则推求梯级水库运行期汛期控制水位。

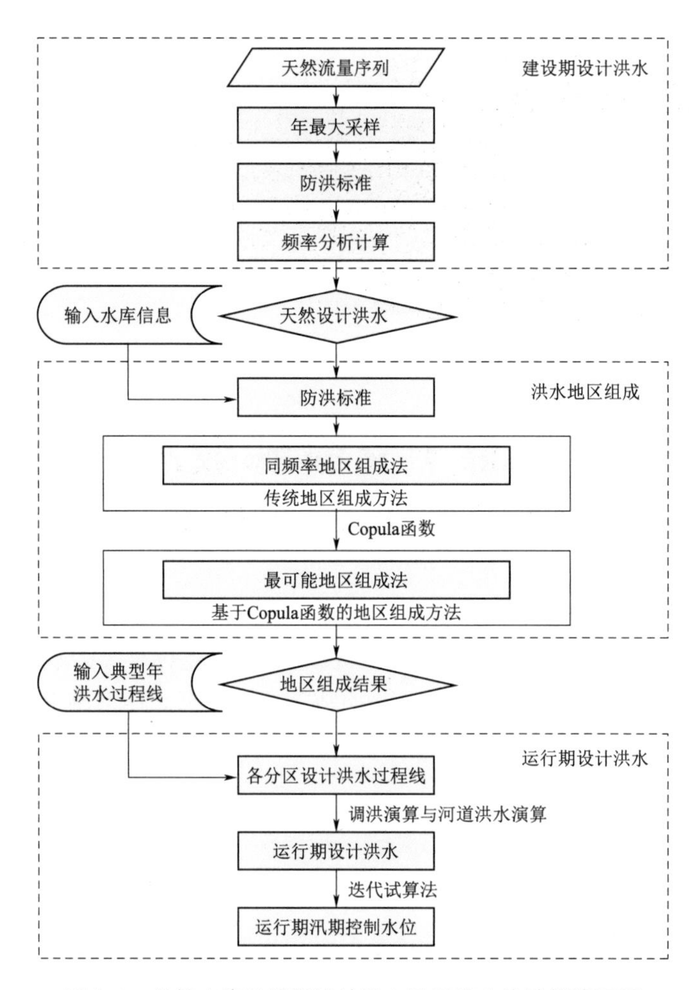

图5.1 梯级水库运行期设计洪水及汛控水位计算流程图

5.2 金沙江中游梯级水库运行期设计洪水

金沙江是长江的上游河段，自上而下流经青藏高原区、横断山纵谷区、云贵高原区，流域自然地理状况丰富多变，地形北高南低，形状狭长。

金沙江中游干流从上到下构成梨园—阿海—金安桥—龙开口—鲁地拉—观音岩梯级水库，雅砻江从上到下构成两河口—锦屏一级—二滩梯级水库，金沙江下游干流从上到下构成乌东德—白鹤滩—溪洛渡—向家坝梯级水库，金沙江及雅砻江流域水系和梯级水库示意如图5.2所示。

5.2.1 金沙江中游梯级水库简介

参照图3.3，金沙江上中游流域梯级水库概化图如图5.3所示，其中石鼓、金江街和攀

图 5.2 金沙江及雅砻江流域水系和梯级水库示意图

枝花均为水文站。金沙江中游干流从上到下构成梨园—阿海—金安桥—龙开口—鲁地拉—观音岩梯级水库，其基本参数见表 5.1。金沙江中游梯级水库建设期设计洪水均依据石鼓水文站、金江街水文站和攀枝花水文站的洪水资料计算而得。石鼓站位于云南省丽江市玉龙纳西族自治县石鼓镇大同村，是金沙江上段的出口控制站，控制流域面积约 21.42 万 km^2。金江街站位于云南省丽江市永胜县，集水面积约为 24.95 万 km^2。攀枝花站为金沙江中游出口控制站，位于四川省攀枝花市江南路三村金沙江干流，控制集水面积约 25.92 万 km^2。

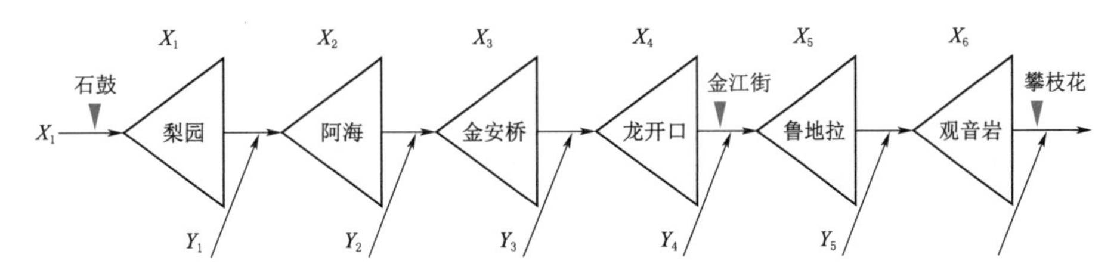

图 5.3 金沙江上中游流域梯级水库概化图

表 5.1 **金沙江中游梯级水库基本参数**

水库	集水面积/万 km^2	正常蓄水位/m	汛限水位/m	设计洪水位/m	防洪库容/亿 m^3	总库容/亿 m^3	装机容量/万 kW
梨园	22.00	1618.00	1605.00	1618.00	1.73	8.05	240
阿海	23.54	1504.00	1493.00	1504.00	2.15	8.85	200

续表

水库	集水面积/万 km^2	正常蓄水位/m	汛限水位/m	设计洪水位/m	防洪库容/亿 m^3	总库容/亿 m^3	装机容量/万 kW
金安桥	23.74	1418.00	1410.00	1418.00	1.58	9.13	240
龙开口	24.00	1298.00	1289.00	1298.00	1.26	5.58	180
鲁地拉	24.73	1223.00	1212.00	1223.00	5.64	17.18	216
观音岩	25.65	1134.00	1122.30	1134.00	5.42	22.50	300

5.2.2 各分区洪水的边缘分布

采用石鼓站 1939—2020 年、金江街站 1950—2020 年、攀枝花站 1965—2020 年的还原后日平均流量系列进行分析计算。根据金沙江中游流域的洪水特点和梯级水库的调洪特性，选取 7d、30d 为设计洪水地区组成的控制时段。各水库 7d 洪量的原设计和此次复核成果见表 5.2，结果表明：表中的各个随机变量的 P3 型分布均通过了 KS 假设检验。与原设计洪水成果相比，本次复核结果差异较小。因此金沙江中游梯级水库建设期设计洪水仍沿用原设计成果。

表 5.2 金沙江中游梯级水库建设期 W_{7d} 设计洪水成果

阶段	水库	统计参数			KS 检验	W_{7d}/亿 m^3					
		均值	C_v	C_s/C_v	p 值	0.10%	0.20%	0.50%	1%	2%	5%
原设计	梨园	29.2	0.28	4.0	0.98	67.6	63.8	58.6	54.4	50.4	44.7
	阿海	32.5	0.28	4.0	0.99	75.3	71.0	65.2	60.7	56.1	49.8
	金安桥	32.9	0.28	4.0	0.99	76.2	71.9	66.0	61.5	56.8	50.4
	龙开口	33.5	0.28	4.0	1.00	77.6	73.2	67.2	62.6	57.8	51.3
	鲁地拉	35.2	0.28	4.0	0.99	81.5	76.9	70.6	65.7	60.8	53.9
	观音岩	37.3	0.28	4.0	1.00	86.4	81.5	74.8	69.7	64.4	57.1
此次复核	梨园	29.1	0.28	4.0	0.99	67.4	63.6	58.4	54.4	50.2	44.6
	阿海	32.4	0.28	4.0	0.99	75.1	70.8	65.0	60.5	55.9	49.6
	金安桥	32.8	0.28	4.0	1.00	76.0	71.6	65.8	61.3	56.6	50.2
	龙开口	33.4	0.28	4.0	0.99	77.4	73.0	67.0	62.4	57.7	51.1
	鲁地拉	35.1	0.28	4.0	1.00	81.3	76.7	70.4	65.6	60.6	53.7
	观音岩	37.3	0.28	4.0	1.00	86.4	81.5	74.8	69.7	64.4	57.1

5.2.3 各分区洪水的联合分布

采用 t - Copula 函数建立各分区年最大 7d 和 30d 洪量的联合分布。以观音岩水库以上各分区 7d 洪量联合分布的构建为例，分析结果见表 5.3。由表中可见，不同自由度的 t - Copula 函数建立的联合分布均能通过假设检验。比较可知，自由度为 5 的 t - Copula 函数有着最小的 RMSE 和 AIC 值，因此选择自由度为 5 的 t - Copula 函数。以阿海、龙开口、鲁地拉和观音岩四座水库为例，t - Copula 函数拟合得到的各分区 7d 洪量的经验和

理论联合分布的 $P-P$ 图（图 5.4），可以看出点据基本位于等值线附近，表明其能够很好地模拟金沙江中游梯级水库各分区洪水的联合分布。

表 5.3　　t - Copula 函数拟合结果（观音岩水库）

Copula 函数	CM 检验 p 值	RMSE	AIC
t - Copula（$v=2$）	0.47	0.0207	−375.3
t - Copula（$v=3$）	0.49	0.0207	−375.9
t - Copula（$v=4$）	0.48	0.0206	−376.1
t - Copula（$v=5$）	0.48	0.0206	−376.2
t - Copula（$v=6$）	0.48	0.0206	−376.1

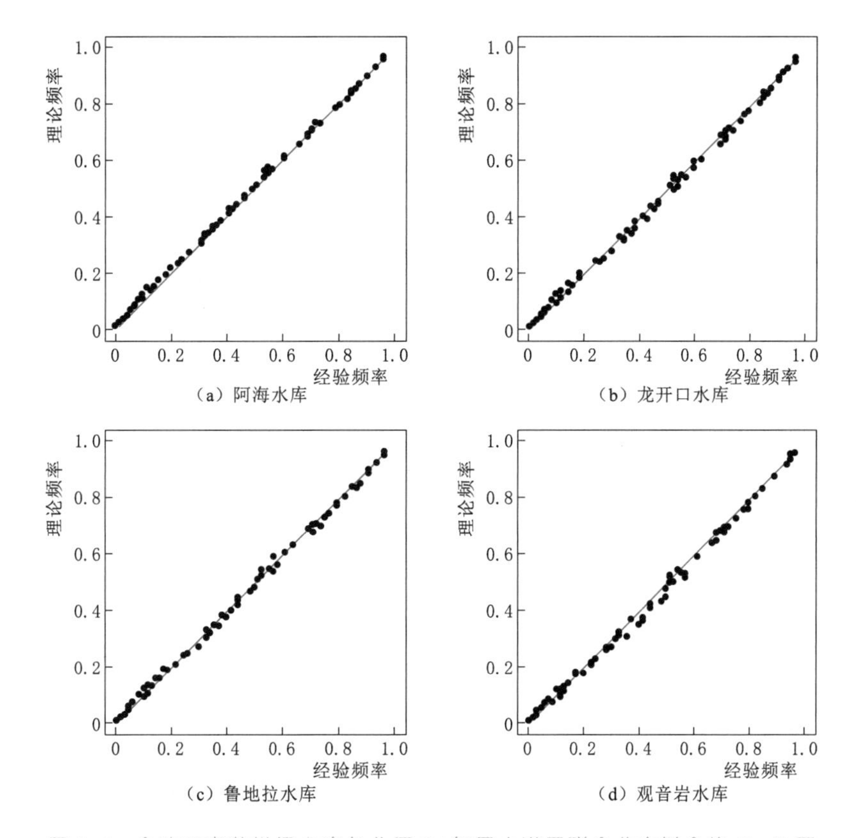

图 5.4　金沙江中游梯级水库各分区 7d 年最大洪量联合分布拟合的 $P-P$ 图

5.2.4　金沙江中游梯级水库建设期和运行期设计洪水对比

构建各分区洪水的边缘和联合分布后，可以求解各水库的洪水地区组成。采用最可能组成法求解各水库 7d、30d 洪量的最可能地区组成，并和同频率组成进行对比。以观音岩水库 7d 洪量的地区组成为例，结果列于表 5.4。从表中可以看出：最可能地区组成法和同频率法的结果较为相似，由于金沙江流域的洪水相关性较高，所以“同频率”假设在该流域较为适用，同频率组成和最可能地区组成的结果均较为合理。最可能地区组成法基于各个分区的洪量相关性，求解发生可能性最大的一种组成。由于该方法弱化了同频率法中各分区洪水相关系数为1的假定约束，因此其结果更为科学合理。

表5.4 观音岩水库设计洪水7d洪量地区组成结果

重现期/年	观音岩水库7d洪量/亿 m^3	方法	W_{7d}/亿 m^3					
			梨园水库	梨—阿区间	阿—金区间	金—龙区间	龙—鲁区间	鲁—观区间
1000	86.49	最可能地区组成法	66.67	8.08	1.03	1.48	4.06	5.17
		同频率地区组成法	67.64	7.62	1.01	1.32	3.85	5.05
500	81.55	最可能地区组成法	63.02	7.64	0.86	1.35	3.57	5.11
		同频率地区组成法	63.77	7.19	0.95	1.25	3.63	4.76
100	69.74	最可能地区组成法	54.15	6.52	0.82	1.05	3.03	4.17
		同频率地区组成法	54.54	6.14	0.82	1.06	3.10	4.08

金沙江中游梯级水库设计频率为500年一遇，其建设期和运行期设计洪水对比见表5.5。

表5.5 金沙江中游梯级水库建设期和运行期500年一遇设计洪水比较

变量	时期	梨园水库	阿海水库	金安桥水库	龙开口水库	鲁地拉水库	观音岩水库
Q_{max}/(m^3/s)	建设期	12200	14400	14700	15730	15900	16900
	运行期	12200	13334 (−7.40%)	13289 (−9.60%)	14361 (−8.70%)	14246 (−10.40%)	14061 (−16.80%)
W_{3d}/亿 m^3	建设期	30.1	35.4	36.1	38.8	39.1	41.2
	运行期	30.1	33.9 (−4.20%)	34.0 (−5.80%)	36.5 (−5.90%)	36.6 (−6.30%)	36.1 (−12.40%)
W_{7d}/亿 m^3	建设期	63.8	70.9	71.9	73.2	76.8	81.6
	运行期	63.8	69.4 (−2.10%)	69.4 (−3.50%)	70.7 (−3.40%)	74.2 (−3.40%)	74.9 (−8.20%)
W_{30d}/亿 m^3	建设期	228	268	273	292	300	306
	运行期	228	268	273	291.4 (−0.20%)	298.8 (−0.40%)	303.2 (−0.90%)
汛期运行水位/m	建设期	1605.00	1493.30	1410.00	1289.00	1212.00	1122.30
	运行期	1605.00	1493.80	1410.90	1290.50	1212.90	1123.90
汛期多年平均发电量/(亿kW·h)	建设期	14.88	13.22	15.25	11.32	13.16	18.01
	运行期	14.88	13.30 (+0.58%)	15.38 (+0.84%)	11.61 (+2.60%)	13.41 (+1.90%)	18.60 (+3.30%)

注 括号内数据为变化率，"+"为增加率，"−"为减少率。

由表 5.5 可得到如下结果：

(1) 由于上游梯级水库的调蓄作用，下游梯级水库的设计洪峰最大流量和 3d、7d、15d 洪量均有一定削减。与建设期设计洪水相比，观音岩水库在运行期的设计洪峰最大流量和 3d、7d、30d 洪量的削减率分别为 16.80%、12.40%、8.20%和 0.90%。

(2) 由于可用防洪库容从上游到下游逐渐递增，因此下游梯级水库的设计洪水削减率高于上游梯级水库。

(3) 下游水库受上游水库调蓄影响，其运行期的汛控水位要高于原设计的汛限水位。阿海、金安桥、龙开口、鲁地拉、观音岩五座水库汛控水位（汛限水位）分别为 1493.80m（1493.30m）、1410.90m（1410.00m）、1290.50m（1289.00m）、1212.90m（1212.00m）、1123.90m(1122.30m)。在保证水库自身和下游防洪标准不变的前提下，下游各水库运行期的汛控水位发生了一定变化。

(4) 对比梯级水库建设期与运行期的汛期多年平均发电量，阿海、金安桥、龙开口、鲁地拉、观音岩五座水电站在运行期汛期多年平均发电量分别增加了 0.58%、0.84%、2.60%、1.90%、3.30%，每年共计 1.34 亿 kW·h。

5.2.5 金沙江中游梯级水库调蓄后攀枝花站设计洪水

求解金沙江中游梯级水库的设计洪水最可能组成后，可以分析计算金沙江中游梯级水库联合调度影响下的攀枝花站运行期设计洪水。观音岩与攀枝花之间的区间流域集水面积为0.27 万 km^2，区间无大支流汇入。根据攀枝花站实测大洪水过程洪水恶劣程度和洪水形态，选择 1966 典型年洪水过程分析其运行期设计洪水。以各分区分配到的 7d、30d 相应洪量为控制，按各典型洪水过程线同频率放大得到各分区的设计洪水过程线，输入到梯级水库系统进行调洪演算。采用马斯京根法进行河道洪水演算。攀枝花站 100 年一遇和 500 年一遇建设期和运行期设计洪水过程线分别如图 5.5 和图 5.6 所示。从图中可以看出，受金沙江中游梯级水库联合调度的影响，攀枝花站运行期设计洪水相比建设期有较大程度的削减。

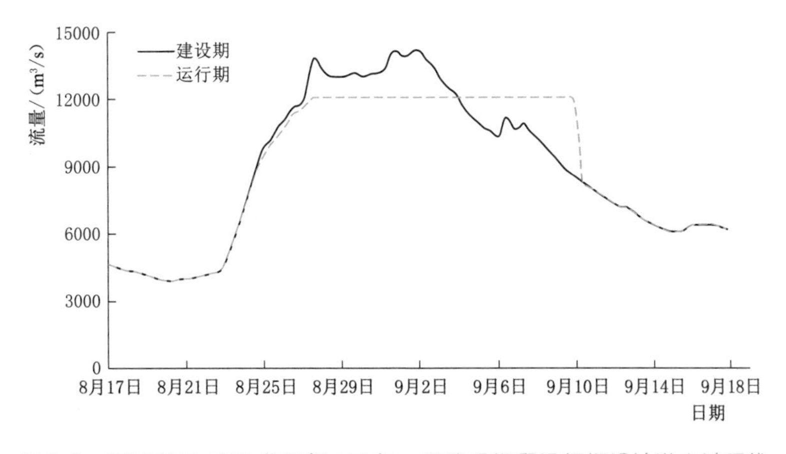

图 5.5 攀枝花站 1966 典型年 100 年一遇建设期和运行期设计洪水过程线

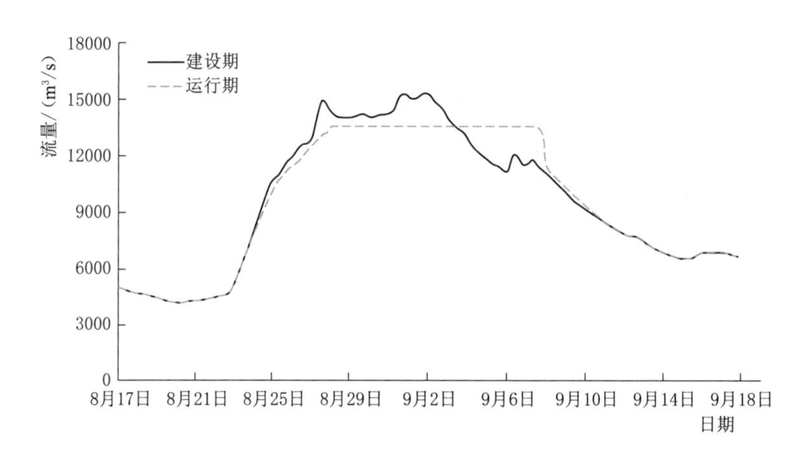

图5.6 攀枝花站1966典型年500年一遇建设期和运行期设计洪水过程线

5.3 雅砻江梯级水库运行期设计洪水

5.3.1 雅砻江梯级水库简介

雅砻江发源于青海巴颜喀拉山南麓，干流主要位于四川境内，于攀枝花市汇入金沙江，是其最大的支流。雅砻江干流从上到下已建有雅砻江两河口、锦屏一级和二滩三个控制性水库工程，其基本参数见表5.6。雅砻江与金沙江汇合口上游15km处建有桐子林水库，以此为控制断面进行运行期设计洪水研究，雅砻江流域水系及梯级水库概化如图5.7所示[3]。

表5.6 雅砻江梯级水库基本参数

水库	集水面积/万km²	正常蓄水位/m	汛限水位/m	设计洪水位/m	防洪库容/亿m³	总库容/亿m³	装机容量/万kW
两河口	6.57	2865.00	2845.90	2867.11	20.00	107.67	300
锦屏一级	10.26	1880.00	1859.00	1880.54	16.05	79.90	360
二滩	11.64	1200.00	1190.00	1200.00	9.43	58.00	330

5.3.2 雅砻江流域径流资料

根据水电站地理位置和河段水文站的水文资料条件，雅砻江梯级水库建设期设计洪水主要依据雅江、洼里、锦屏、泸宁、小得石和桐子林（二）等水文站的洪水资料，见表5.7。

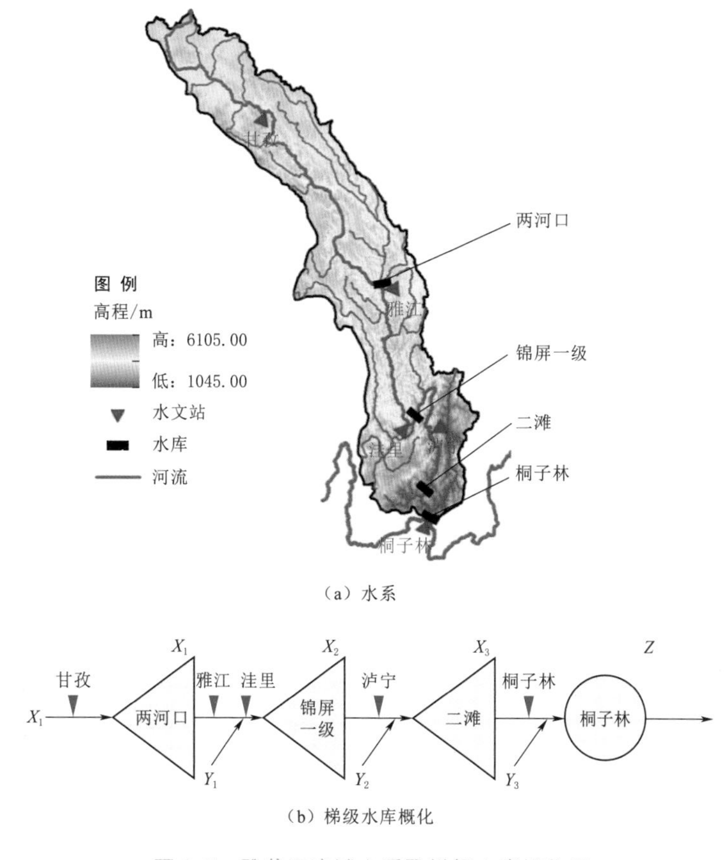

（a）水系

（b）梯级水库概化

图 5.7 雅砻江流域水系及梯级水库概化图

表 5.7 雅砻江流域水库及水文站日径流资料

水 库	站 点	流域面积/km²	资料时段	说 明
两河口	两河口坝址	65727		2020 年 12 月开始蓄水
	雅江（二）	66871	1952 年 5 月至 1968 年 12 月 1970 年 1 月至 2010 年 12 月	
	雅江（三）	66871	2011 年 1 月至 2020 年 12 月	
	旬径流资料	—	1956 年 6 月至 2013 年 5 月	
锦屏一级	锦屏一级坝址	102560		2012 年 11 月开始蓄水
	锦屏	102560	1959 年 2 月至 1967 年 12 月 1972 年 1 月至 2012 年 12 月	
	泸宁	108164	1960 年 1 月至 2013 年 12 月	
	运行资料	—	2012 年 11 月至 2020 年 12 月	
二滩	二滩坝址	116490		1998 年 5 月开始蓄水
	小得石	116490	1957 年 6 月至 2010 年 12 月	
	运行资料	—	1998 年 5 月至 2012 年 12 月 2013 年 5 月至 2020 年 12 月	

续表

水 库	站 点	流域面积/km²	资料时段	说 明
桐子林	桐子林坝址	127674		桐子林（二）水文站为雅砻江流域出口控制站。桐子林水库2015年3月开始蓄水
	桐子林（二）	128363	1999年1月至2020年12月	
	运行资料	—	2013年7月至2020年12月	

下面对各水库的流量资料系列进行还原、插补延长处理。

1. 两河口入库流量系列

雅江（二）水文站自2010年向下游迁移约300m至雅江（三）水文站，本书统一表述为雅江站。而两河口水库与雅江站距离较近，控制流域面积分别为65727km^{2}和66871km^2，可采用水文比拟法将雅江站资料处理成两河口水库入库径流。由于缺失1969年的日径流资料，拟采用1969年雅江站旬径流资料进行处理估算。考虑到两河口水库于2020年12月开始蓄水，雅江（三）站实测值应为此时段出库流量。故参考上游甘孜、道孚等支流站建立多元线性回归关系并插补延长至2020年12月，最终可获得两河口水库1952—2020年的日径流入库资料系列。

2. 锦屏一级入库流量系列

锦屏一级水库与锦屏站距离较近，控制流域面积均为102560km^2，可直接移用水文站资料作为锦屏一级水库的入库径流。由于缺失1968—1969年的日径流资料，采用泸宁站（流域控制面积108164km^2）资料按面积倍比缩放并移置到锦屏一级水库。锦屏一级水库2012年11月蓄水后，根据水量平衡原理，以运行资料中的水位数据和出库流量数据反推入库流量，即

$$Q_{in}=Q_{out}+(V_t-V_{t-1})/\Delta T_t \tag{5.1}$$

式中：Q_{in}和Q_{out}分别为水库运行资料中的入库、出库流量；V_{t-1}和V_t为第t时段初、末库容；ΔT_t为第t时段时间间隔。

根据式（5.1），最终可获得锦屏一级水库1959—2020年的入库日径流资料系列。

考虑到两河口水库2020年12月开始蓄水，其调蓄作用对锦屏一级水库入库径流有一定影响。雅砻江流域河道演算处理方法较粗糙，其不考虑河道演进对洪水过程的影响，仅错洪峰时间相减得到两库洪水传播时间，可采用下式还原水库径流资料：

$$Q_{in,up\text{-}down}=Q_{in,down}-Q_{out,up};Q_{0,down}=Q_{in,up}+Q_{in,up\text{-}down} \tag{5.2}$$

式中：$Q_{in,up\text{-}down}$为上游水库与下游水库的区间流量，需要考虑洪水传播时间Δt，错时段相减所得ΔQ即为区间流量；$Q_{in,up}$和$Q_{out,up}$分别为上游水库运行的还原后的入库和实测的出库流量；$Q_{0,down}$为下游水库还原后的入库流量；$Q_{in,down}$为下游水库运行资料反推的入库流量。

处理后，最终可获得锦屏一级水库1959年2月至2020年12月的入库日径流资料还原系列。

3. 二滩入库流量系列

二滩水库与小得石站距离较近，控制流域面积均为116490km^2，可直接移用水文站资

料作为二滩水库的入库径流。二滩水库1998年5月蓄水后，按式（5.1）以运行资料反推水库运行入库径流。2013年1—4月运行资料缺失，但对2013年年最大洪水过程的选择没有影响，暂用桐子林（二）站资料按流域面积比缩放移植。故1957—2020年的水库径流资料已知。考虑到锦屏一级水库投运后的调蓄作用对下游二滩水库的影响，2012年11月至2020年12月的日径流需按式（5.2）进行还原处理。最终可得二滩水库1957年6月至2020年12月的入库日径流资料还原系列。

4. 桐子林断面流量系列

桐子林水库与桐子林（二）站控制流域面积接近，分别为127674km^{2}和128363km^2，可采用水文比拟法将桐子林站资料处理成桐子林水库入库流量资料。自桐子林水库投运后，则采用式（5.1）反算入库流量。考虑二滩水库投运影响时，由于桐子林水库和二滩水库距离较短，忽略洪水传播时间按式（5.2）进行还原处理，最终可获得1999—2020年的径流资料并作为桐子林断面的日流量。由于桐子林断面与二滩水库仅相隔18km，可根据二滩水库资料，采用相关关系插补延长。

桐子林（二）站控制流域面积128363km^2，为雅砻江流域出口控制断面。考虑到各水库与设计断面最终获得的原始径流资料长度差异，最终截取1959—2020年日径流资料作为雅砻江流域设计洪水计算的输入数据。

5.3.3 各分区洪水的边缘分布

根据雅砻江流域的洪水特点和梯级水库的调洪特性，选取3d、7d为设计洪水地区组成的控制时段。本书沿用建设期设计洪水成果，各分区7d原设计成果见表5.8。

表5.8 雅砻江梯级水库建设期 W_{7d} 设计洪水成果

水库	统计参数			W_{7d}/亿m^3					
	均值	C_v	C_s/C_v	0.10%	0.20%	0.50%	1%	2%	5%
两河口	15.4	0.29	4.0	36.7	34.5	31.6	29.4	27.1	23.9
锦屏一级	27.9	0.31	4.0	70.0	65.7	59.9	54.4	50.8	44.5
二滩	38.9	0.32	4.0	100	93.9	85.3	78.7	72.0	62.8

5.3.4 各分区洪水的联合分布

采用Copula函数建立各分区年最大洪量的联合分布。以桐子林断面以上雅砻江各分区7d洪量联合分布的构建为例，分析结果见表5.9。由表中可见，t-Copula函数建立的联合分布均能通过假设检验。比较可知，自由度为4的t-Copula有着最小的AIC值，选择其构建各分区洪量联合分布。以锦屏一级、二滩和桐子林水库为设计断面，拟合得到的3d、7d洪量的经验和理论联合分布的$P-P$图如图5.8所示，可以看出点据基本位于等值线附近，表明t-Copula（$v=4$）能够很好地模拟雅砻江梯级水库各分区洪水的分布情况。

表 5.9　　雅砻江流域（桐子林断面）Copula 函数拟合结果

Copula 函数	CM 检验 p 值	RMSE	AIC
Gumbel Copula	0.03	0.024	−100
Frank Copula	0.00	0.027	−103
Clayton Copula	0.00	0.047	−85
t - Copula（v=1）	0.02	0.032	−104
t - Copula（v=2）	0.07	0.021	−131
t - Copula（v=3）	0.14	0.020	−138
t - Copula（v=4）	0.18	0.020	−141

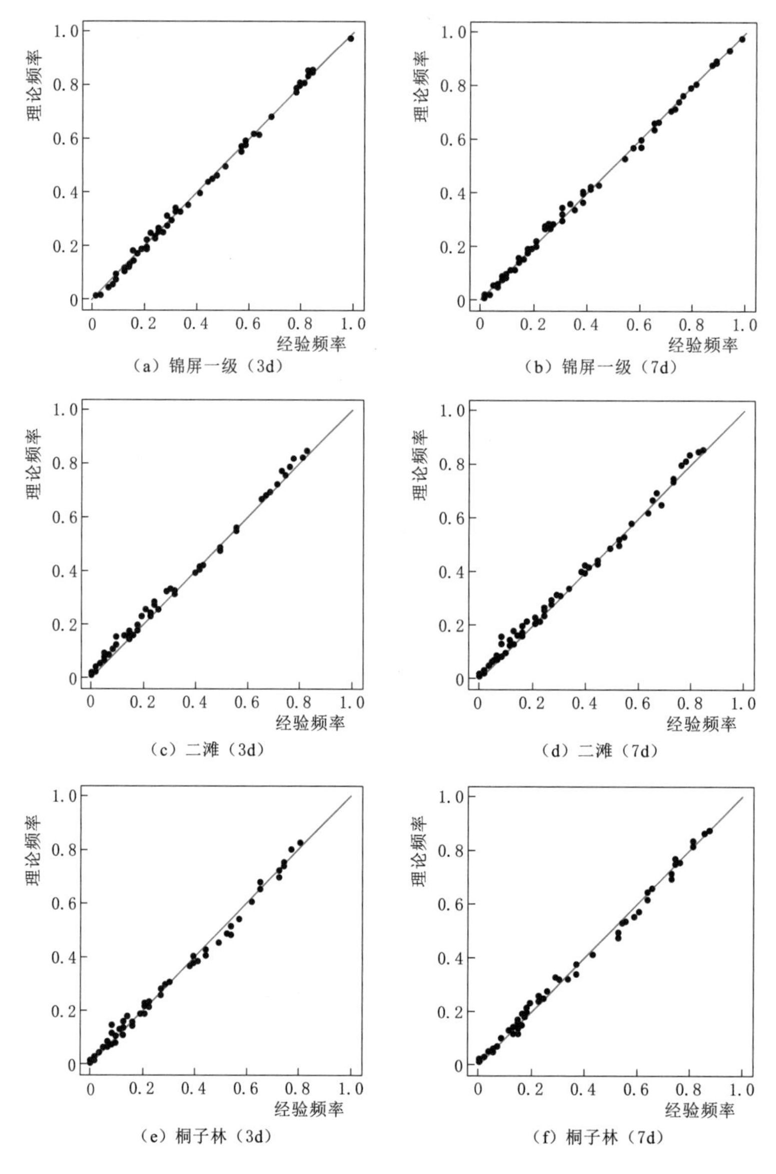

图 5.8　雅砻江流域各分区年最大洪量联合分布 $P-P$ 图

5.3.5 雅砻江梯级水库建设期和运行期设计洪水对比

构建各分区洪水的边缘和联合分布后，可以求解各个水库的洪水地区组成。采用遗传算法求解各个水库3d、7d洪量的最可能地区组成。最可能地区组成法基于各个分区的洪量相关性，求解发生可能性最大的一种组成。由于该方法弱化了同频率法中各分区洪水相关系数为1的假定约束，因此其结果应更为科学合理。以锦屏一级、二滩两水库7d洪量的地区组成为例，结果列于表5.10和表5.11。

表5.10　锦屏一级水库7d洪量地区组成结果

重现期/年	W_{7d}/亿 m^3		
	锦屏一级水库	两河口水库	两一锦区间
1000	70.0	35.7	34.4
500	65.7	33.5	32.2
200	59.9	30.6	29.3
100	55.4	28.3	27.0

表5.11　二滩水库7d洪量地区组成结果

重现期/年	W_{7d}/亿 m^3			
	二滩水库	两河口水库	两一锦区间	锦一二区间
1000	100	32.1	30.4	37.7
500	93.9	30.3	28.6	34.9
200	85.3	27.9	26.2	31.1
100	78.7	26.1	24.4	28.3

二滩与桐子林之间的区间流域集水面积约为11100km²，区间有支流安宁河汇入，计算桐子林水库设计洪水时不能忽略其影响。故同样需要建立上游各分区洪水联合分布并求解最可能组成方案，成果见表5.12。

表5.12　桐子林断面7d洪量地区组成结果

重现期/年	W_{7d}/亿 m^3				
	桐子林断面	两河口水库	两一锦区间	锦一二区间	二一桐区间
1000	118.27	31.88	36.67	31.58	18.14
500	110.75	29.93	34.10	29.75	16.98
200	100.66	26.92	31.11	27.07	15.56
100	92.88	24.66	28.76	24.92	14.55

雅砻江梯级水库设计频率为1000年一遇，选择1965典型年洪水过程按控制时段相应洪量放大得到各分区洪水过程线，输入到梯级水库系统进行调洪演算，可获得运行期设计洪水计算结果。雅砻江梯级水库建设期和运行期设计洪水见表5.13。

表 5.13 雅砻江梯级水库建设期和运行期设计洪水比较

变量	时期	两河口水库	锦屏一级水库	二滩水库	桐子林断面
Q_{max}/(m³/s)	建设期	7260	13600	20600	24300
	运行期	7260	9800 (−27.94%)	12500 (−39.32%)	14200 (−41.56%)
W_{1d}/亿 m³	建设期	6.05	10.9	17.4	20.2
	运行期	6.05	8.52 (−21.82%)	10.8 (−37.93%)	12.5 (−38.03%)
W_{3d}/亿 m³	建设期	17.2	31.0	48.3	60.0
	运行期	17.2	24.5 (−20.87%)	31.7 (−34.43%)	36.8 (−38.74%)
W_{7d}/亿 m³	建设期	36.7	70.0	100	118
	运行期	36.7	50.9 (−27.35%)	69.3 (−30.65%)	79.2 (−32.84%)
汛期控制水位/m	建设期	2845.90	1859.00	1190.00	
	运行期	2845.90	1863.05	1193.45	
汛期多年平均发电量/(亿 kW·h)	建设期	62.13	81.27	86.69	
	运行期	62.13	84.09 (3.47%)	89.17 (2.86%)	

注 括号内数据为变化率，“+”为增加率，“−”为减少率。

由表 5.13 的分析比较，可得出如下结果：

(1) 由于上游水库的调蓄作用，下游水库的设计洪峰洪量均有一定削减。与建设期设计洪水相比，锦屏一级水库在运行期的设计洪峰最大流量及 1d、3d 和 7d 洪量的削减率分别为 27.94%、21.82%、20.87%和 27.35%；二滩水库在运行期的设计洪峰最大流量及 1d、3d 和 7d 洪量的削减率分别为 39.32%、37.93%、34.43%和 30.65%。雅砻江流域运行期设计洪水经三座控制性水库工程调蓄后，汇至桐子林断面洪峰最大流量和 1d、3d 和 7d 洪量的削减率分别为 41.56%、38.03%、38.74%和 32.84%。

(2) 受到上游水库的调蓄作用影响，下游水库洪水过程明显削减坦化，其中锦屏一级、二滩、桐子林三座水库建设期和运行期设计洪水对比如图 5.9～图 5.11 所示。

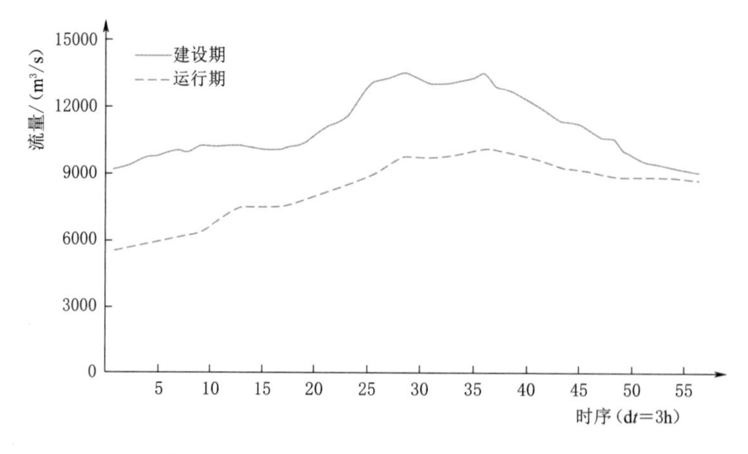

图 5.9 锦屏一级水库 1000 年一遇设计洪水过程线比较（1965 典型年）

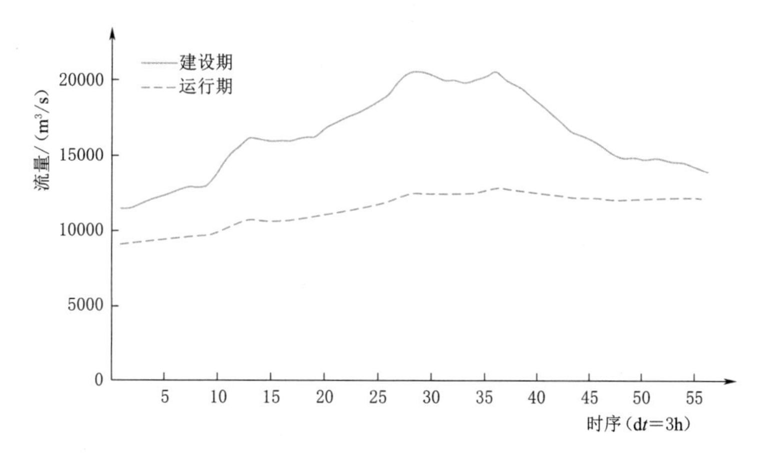

图 5.10 二滩水库 1000 年一遇设计洪水过程线比较(1965 典型年)

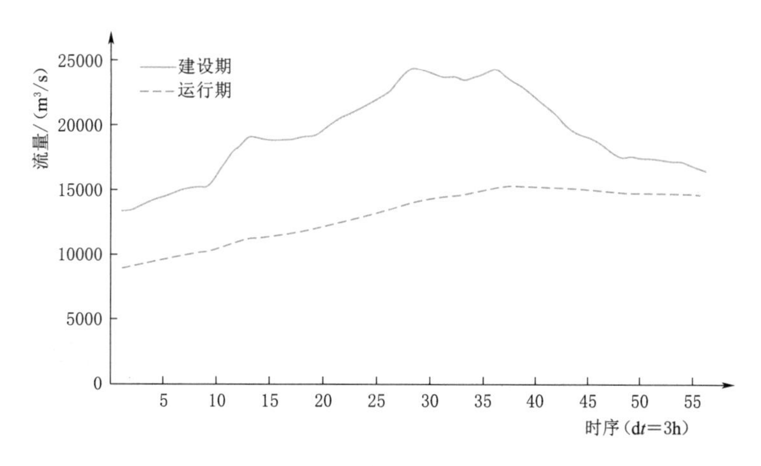

图 5.11 桐子林水库 1000 年一遇设计洪水过程线比较(1965 典型年)

(3) 考虑上游水库对洪水的调蓄作用,下游水库运行期的汛控水位要高于原设计的汛限水位。锦屏一级、二滩两座水库汛控水位(汛限水位)分别为 1863.05m(1859.00m)、1193.45m(1190.00m)。

(4) 分析对比水库建设期与运行期的汛期多年平均发电量,锦屏一级、二滩水电站在运行期汛期(6—9 月)多年平均发电量分别增加了 3.47%、2.86%,每年共计增发 5.30 亿 kW·h 电量。

5.4 金沙江下游梯级水库运行期设计洪水

5.4.1 流量资料系列处理

首先将金沙江中游控制站攀枝花水文站、雅砻江出口控制站桐子林(二)水文站和金沙江下游华弹、屏山水文站的长系列径流资料还原至天然状态,在此基础上采用水文比拟法计算金沙江中游梯级水库、雅砻江梯级水库和金沙江下游梯级水库的坝址天然径流。此外，乌东德水库坝址控制面积为406100km²，桐子林（二）水文站和攀枝花水文站的控制面积分别为128400km²和259200km²，因此攀枝花—桐子林—乌东德（以下简称攀—桐—乌）区间控制面积为18500km²，仅为乌东德坝址控制面积的4.56%。而桐子林断面和攀枝花断面至乌东德断面的洪水平均传播时间分别为7h和9h，因此攀—桐—乌区间天然流量可以通过乌东德坝址天然径流与攀枝花、桐子林断面天然径流错时相减计算得出。

5.4.2 构建各分区边缘分布和联合分布

采用t-Copula函数拟合得到金沙江下游梯级水库各分区7d洪水的经验和理论联合分布的$P-P$图，如图5.12所示，可以看出点据基本位于等值线附近。研究结果表明：t-Copula函数可以很好地模拟高维情况下的多变量联合分布。

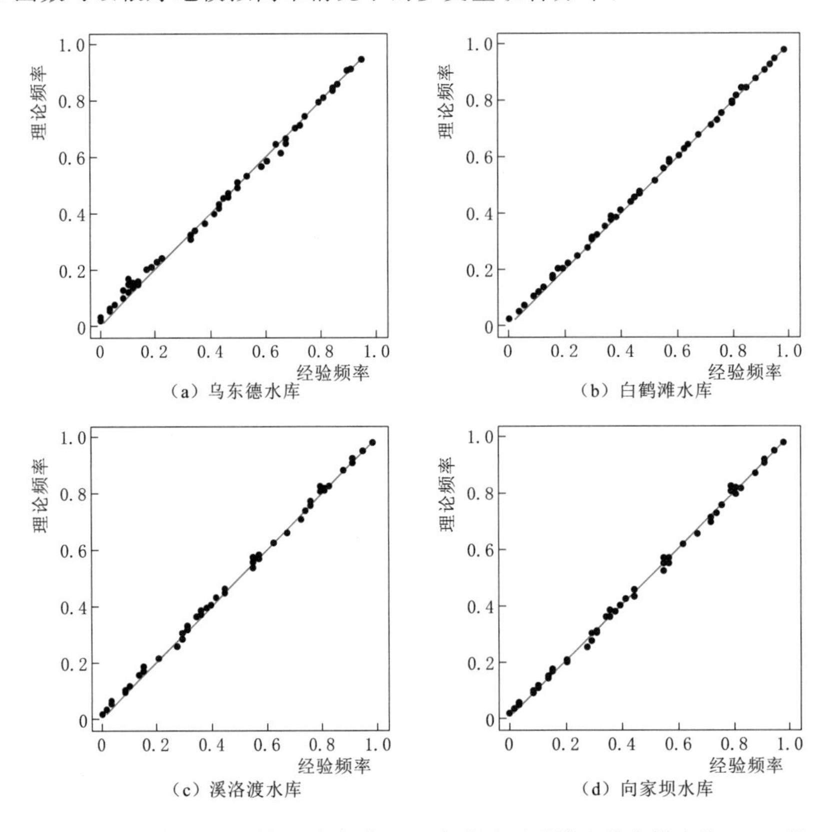

图5.12 金沙江下游梯级水库各分区7d年最大洪量联合分布拟合的$P-P$图

构建金沙江下游梯级水库各分区洪水的边缘和联合分布后，可以求解各个水库的洪水地区组成。以向家坝水库7d洪量的地区组成为例，结果列于表5.14，由表可得到如下结论：

（1）最可能组成和同频率组成的差异并不显著，“同频率”假定在此流域较适用。

（2）最可能地区组成法结果合理可信，可以为设计洪水地区组成提供一定参考价值。

表 5.14　　向家坝水库设计洪水 7d 洪量地区组成结果

重现期/年	屏山站 7d 洪量/亿 m^3	方　法	7d 洪量/亿 m^3					
			观音岩水库	二滩水库	观—铜—乌区间	乌—白区间	白—溪区间	溪—向区间
1000	237	最可能地区组成法	85.89	75.78	18.95	20.90	33.06	2.42
		同频率地区组成法	86.49	74.93	18.73	21.89	32.86	2.20
500	223	最可能地区组成法	81.08	71.44	17.86	19.64	30.64	2.34
		同频率地区组成法	81.55	70.41	17.60	20.61	30.54	2.07
100	189	最可能地区组成法	69.19	60.40	15.10	16.25	25.98	2.07
		同频率地区组成法	69.74	59.64	14.91	17.54	25.07	1.75

5.4.3 金沙江下游梯级水库建设期和运行期设计洪水对比

金沙江下游梯级水库设计频率均为 1000 年一遇。其建设期和运行期设计洪水比较见表 5.15，设计洪水过程线如图 5.13 所示。

表 5.15　　金沙江下游梯级水库建设期和运行期 1000 年一遇设计洪水比较

变量	时期	乌东德水库	白鹤滩水库	溪洛渡水库	向家坝水库
$Q_{max}/(m^3/s)$	建设期	35800	38800	43300	43700
	运行期	26000（−27.37%）	25400（−34.54%）	28900（−33.26%）	25500（−41.65%）
W_{3d}/亿 m^3	建设期	84.3	95.2	108	109
	运行期	66.0（−21.71%）	65.4（−31.28%）	74.8（−30.72%）	65.8（−39.66%）
W_{7d}/亿 m^3	建设期	181	202	237	239
	运行期	145.7（−19.48%）	150.8（−25.32%）	172.1（−27.38%）	153.6（−35.72%）
W_{30d}/亿 m^3	建设期	580	682	759	764
	运行期	540.2（−6.86%）	623.6（−8.56%）	687.9（−9.36%）	660.3（−13.58%）
汛期运行水位/m	建设期	952.00	785.00	560.00	370.00
	运行期	957.60	794.70	572.30	373.20
汛期多年平均发电量/(亿 kW·h)	建设期	133.1	197.7	190.5	97
	运行期	137.2（+3.08%）	210.9（+6.68%）	202.8（+6.46%）	104.1（+7.32%）

注　括号内数据为变化率，“+”表示增加率，“−”表示减少率。

从表 5.15 和图 5.13 中可以得出如下结论：

（1）下游各水库受上游梯级水库的调蓄影响，其运行期设计洪水过程线的洪峰削减程度较大，洪水过程变得平缓。

（2）金沙江下游梯级水库的运行期 1000 年一遇设计洪水相比建设期有显著削减。向家坝水库在运行期的 1000 年一遇设计洪峰最大流量和 3d、7d、30d 洪量的削减率分别为 41.65%、39.66%、35.72% 和 13.58%，其削减率高于金沙江中游及雅砻江梯级水库。

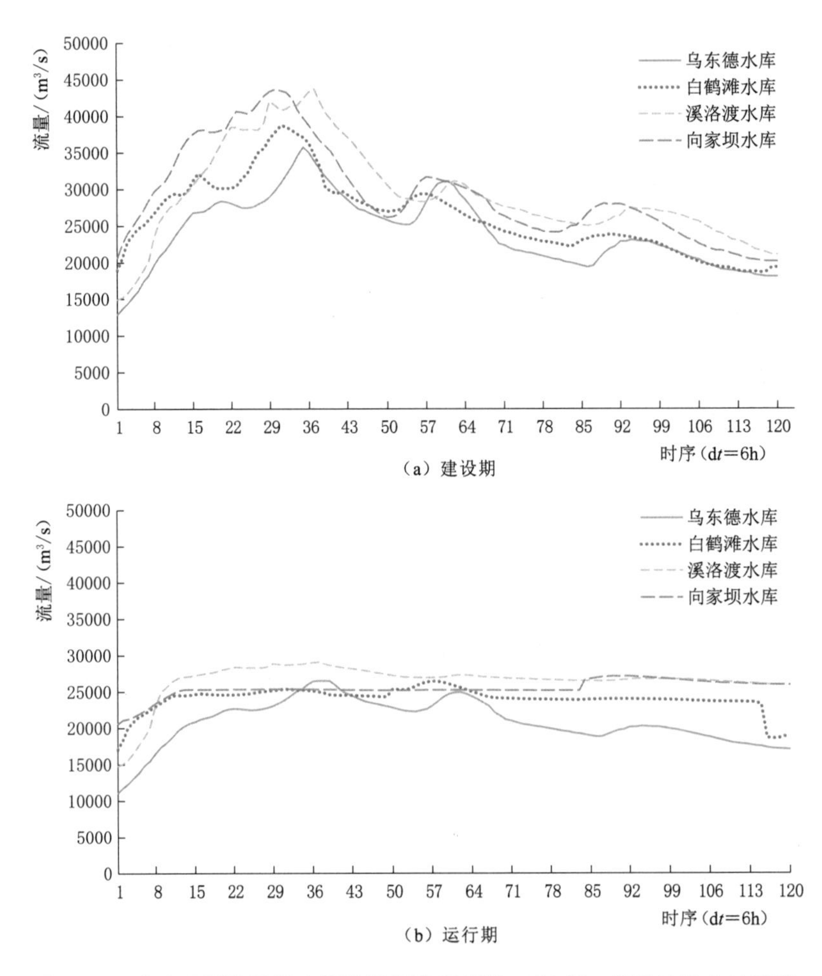

图5.13 金沙江下游梯级水库建设期和运行期1000年一遇设计洪水过程线

(3) 由于运行期设计洪水的显著削减，金沙江下游梯级水库的汛期控制水位可以显著抬高。乌东德、白鹤滩、溪洛渡和向家坝的汛控水位（汛限水位）分别为957.60m (952.00m)、794.70m (785.00m)、572.30m (560.00m) 和373.20m (370.00m)。

(4) 对比了梯级水库建设期与运行期的汛期多年平均发电量，乌东德、白鹤滩、溪洛渡和向家坝四座水库在运行期汛期多年平均发电量分别增加了3.08%、6.68%、6.46%和7.32%，每年共计增发36.7亿kW·h电量。

5.4.4 金沙江梯级水库运行期设计洪水分析讨论

分析计算了金沙江中游梯级水库年最大7d洪量间的Kendall秩相关系数，结果见表5.16。从表5.16中可以看出，所有水库年最大7d洪量间的相关性系数均大于0.7，相关性很强。金沙江流域梯级水库的集水面积非常相似，并且水库之间没有大的支流汇入，因此同频率地区组成法中的各分区洪水“同频率”的假设在该流域是合理可信的，同频率地区组成和最可能地区组成的结果非常相似[4]。

表 5.16　　金沙江中游梯级水库年最大 7d 洪量 Kendall 秩相关系数

水　库	秩相关系数					
	梨园	阿海	金安桥	龙开口	鲁地拉	观音岩
梨园	1.00	0.91	0,89	0.88	0.83	0.78
阿海	0.91	1.00	0.98	0.97	0.92	0.86
金安桥	0.89	0.98	1.00	0.98	0.93	0.88
龙开口	0.88	0.97	0.98	1.00	0.94	0.89
鲁地拉	0.83	0.92	0.93	0.94	1.00	0.92
观音岩	0.78	0.86	0.88	0.89	0.92	1.00

另外，如前所述，不同的洪水地区组成在发生概率方面有所不同，可以用其联合概率密度函数值的大小来度量。联合概率密度越大，表明该地区组成发生的可能性越大。最可能地区组成提供了一个具有高发生概率的洪水地区组成方案，更具有代表性。

从前述分析可知，设计洪水的削减率和可用防洪库容有关。设计洪水最大洪峰流量和 3d、7d、30d 洪量的削减率与可用防洪库容之间的关系如图 5.14 所示。从图 5.14 可以得出如下结论：

（1）设计洪峰流量的削减率受可用防洪库容的影响最大，而 30d 设计洪量的削减率受可用防洪库容的影响最小。

（2）设计洪水最大洪峰流量和 3d、7d、30d 洪量的削减率随可用防洪库容的增加而增加，但增加率呈下降趋势。金沙江下游梯级水库的可利用防洪库容比金沙江中游和雅砻江大得多，其设计洪水削减率也较大。当防洪库容满足防洪需求时，洪水可以得到很好的调节，因此设计洪水削减率不再随防洪库容的增加而增加。

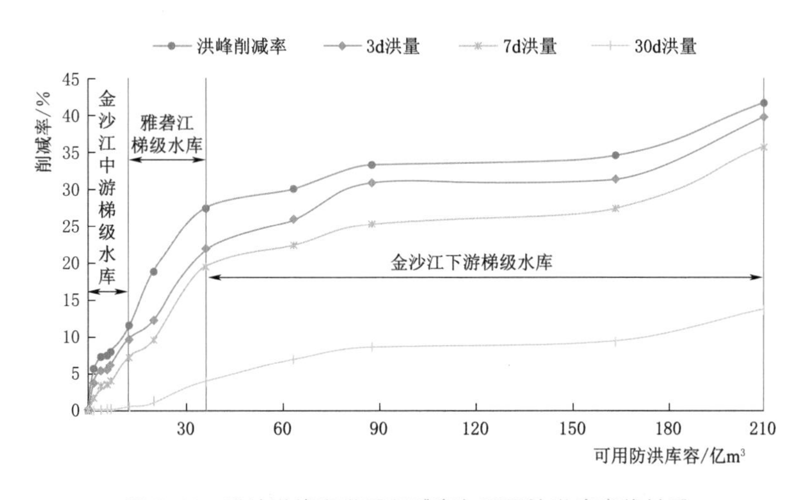

图 5.14　设计洪峰和洪量削减率与可用防洪库容的关系

5.5 岷江梯级水库运行期设计洪水

5.5.1 岷江梯级水库简介

岷江是长江支流中水量最大的支流，河道分歧、渠系密布，为著名的都江堰灌区，岷江最大支流是大渡河，岷江流域水系示意如图5.15所示。大渡河上建有下尔呷—双江口—瀑布沟梯级水库，岷江干流上建有紫坪铺水库。岷江梯级水库基本参数见表5.17，岷江梯级水库概化示意如图5.16所示。

图5.15 岷江流域水系示意图

表5.17 岷江梯级水库基本参数

水　库	集水面积/万 km^2	正常蓄水位/m	汛限水位/m	防洪库容/亿 m^3	总库容/亿 m^3
下尔呷	1.55	3120.00	3105.00	8.7	28
双江口	3.93	2500.00	2480.00	6.63	32
瀑布沟	6.85	850.00	836.20/841.00	11/7.27	53.32
紫坪铺	2.27	877.00	850.00	1.67	11.12

注 “A/B”中A表示主汛期的参数数值，B表示汛期但非主汛期的参数数值。

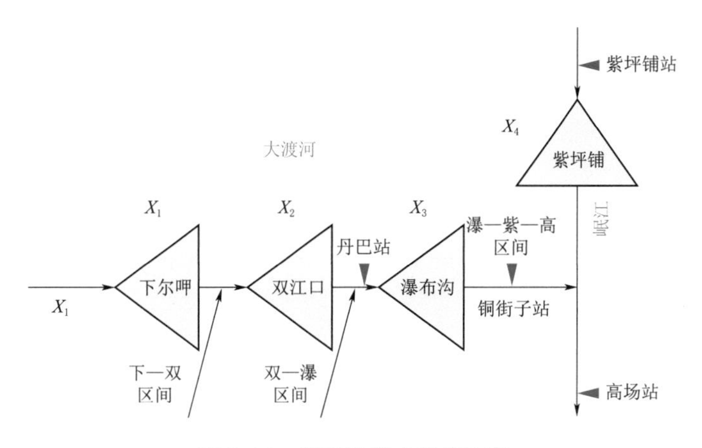

图 5.16 岷江梯级水库概化图

5.5.2 各分区洪水的边缘分布和联合分布

采用丹巴站 1939—2020 年、铜街子站 1936—2020 年、紫坪铺站 1936—2020 年、高场站 1939—2020 年日流量系列。根据岷江流域的洪水特点和梯级水库的调洪特性，选取 3d、7d 为设计洪水地区组成的控制时段。各分区 7d 天然设计洪量成果见表 5.18，结果表明：表中各个随机变量的 P3 型分布均通过了 KS 假设检验。

表 5.18 岷江各分区天然设计洪水成果

水库	变量	统计参数									
		均值	C_v	C_s/C_v	KS 检验 p 值	0.1%	0.2%	0.5%	1%	2%	5%
下尔呷	$Q_{max}/(m^3/s)$	1140	0.33	5.0	0.98	3210	2970	2660	2430	2200	1890
	W_{7d}/亿 m^3	5.2	0.17	5.0	0.975	9.0	8.7	8.2	7.8	7.4	6.8
双江口	$Q_{max}/(m^3/s)$	2480	0.33	5.0	0.93	6900	6400	5780	5330	4770	4090
	W_{7d}/亿 m^3	13.3	0.17	5.0	0.975	23.1	22.1	20.9	19.9	18.9	17.5
瀑布沟	$Q_{max}/(m^3/s)$	4900	0.22	5.0	0.95	9940	9430	8750	8230	7690	6940
	W_{7d}/亿 m^3	23.2	0.17	5.0	0.98	40.1	38.6	36.4	34.7	33	30.5
紫坪铺	$Q_{max}/(m^3/s)$	2300	0.40	5.0	0.96	7740	7100	6250	5620	4980	4140
	W_{7d}/亿 m^3	7.7	0.23	5.0	0.98	16.1	15.3	14.1	13.2	12.3	11.1
高场	$Q_{max}/(m^3/s)$	19900	0.41	5.0	0.974	68637	62888	55271	49523	43782	36207
	W_{7d}/亿 m^3	64.4	0.40	5.0	0.96	216.6	198.7	175.1	157.3	139.4	115.8

采用 t - Copula 函数建立各分区年最大洪量的联合分布。以瀑布沟以上各分区 7d 洪量联合分布的构建为例，分析结果见表 5.19，由表可见，不同自由度的 t - Copula 函数建立的联合分布均能通过假设检验。比较可知，自由度 $v=2$ 的 t - Copula 函数有着最小的 RMSE 和 AIC 值，因此选择 $v=2$ 的 t - Copula 函数。

表 5.19　　t-Copula 函数拟合结果（瀑布沟水库）

Copula 函数	参　数	CM 检验 p 值	RMSE	AIC
t-Copula（v=2）	[0.95，0.48，0.52]	0.14	0.020	−375.33
t-Copula（v=3）	[0.95，0.52，0.56]	0.22	0.025	−371.47
t-Copula（v=4）	[0.95，0.54，0.57]	0.28	0.021	−375.26
t-Copula（v=5）	[0.96，0.55，0.58]	0.29	0.023	−365.24

t-Copula 函数拟合得到的经验和理论联合分布的 $P-P$ 图如图 5.17 所示，可以看出点据基本位于等值线附近，表明其能够很好地模拟岷江梯级水库各分区洪水的联合分布。

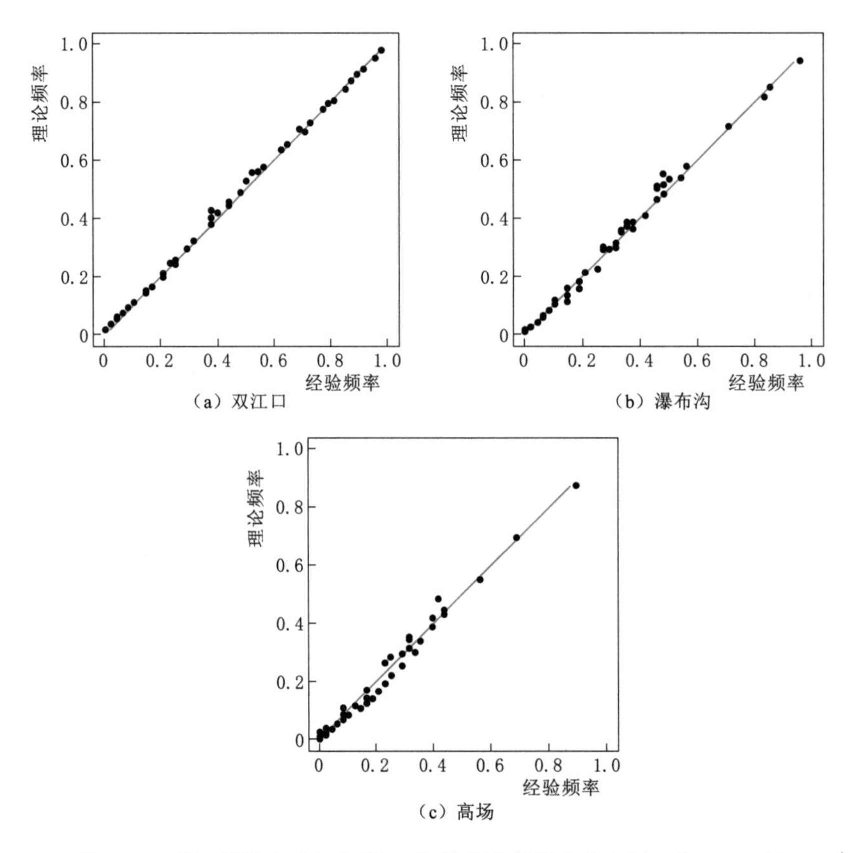

图 5.17　岷江梯级水库各分区 7d 年最大洪量联合分布拟合的 $P-P$ 图

5.5.3　岷江梯级水库建设期和运行期设计洪水对比

得到各分区的边缘分布和联合分布后，可以求解高场站不同频率的 3d、7d 设计洪量的地区组成，其中 7d 洪量的地区组成结果见表 5.20。最可能地区组成法计算得到的不同频率的下尔呷、下—双区间、双—瀑区间洪量均小于同频率法计算结果，而紫坪铺、瀑—紫—高区间的不同频率的洪量均大于同频率地区组成法计算结果。由表 5.20 可见，当各分区洪量相关性不很显著时，同频率地区组成法和最可能地区组成法的计算结果会有一定差异。

表 5.20　高场站设计洪水 7d 洪量地区组成结果

方法	洪水地区	W_{7d}/亿 m^3					
		0.1%	0.2%	0.5%	1%	2%	5%
	高场控制站	216.6	198.7	175.1	157.3	139.4	115.8
最可能地区组成法	下尔呷水库	8.3	8.0	7.6	7.3	7.0	6.5
	下—双区间	13.1	11.6	11.9	11.5	11.0	10.1
	双—瀑区间	15.9	15.0	13.9	13.2	12.3	11.2
	紫坪铺水库	16.1	15.3	14.1	13.2	12.3	11.1
	瀑—紫—高区间	163.2	148.8	127.6	112.1	96.8	76.9
同频率地区组成法	下尔呷水库	9.0	8.7	8.2	7.8	7.4	6.8
	下—双区间	14.1	13.4	12.7	12.1	11.5	10.7
	双—瀑区间	17.0	16.5	15.5	14.8	14.1	13.0
	紫坪铺水库	16.1	15.3	14.1	13.2	12.3	11.1
	瀑—紫—高区间	160.4	144.8	124.6	109.4	94.1	74.2

得到高场 3d、7d 洪量的地区组成结果后，可以计算下尔呷—双江口—瀑布沟和紫坪铺梯级水库联合调度影响下的高场站设计洪峰流量。以各分区分配到的 3d、7d 相应洪量为控制，按 1981 典型年洪水过程线同频率放大得到各分区的设计洪水过程线，输入到梯级水库系统进行调洪演算。高场站 1981 典型年运行期 100 年一遇和 1000 年一遇设计洪水过程线分别如图 5.18 和图 5.19 所示。从图中可以看出，高场站设计洪峰流量均有一定程度的削减，运行期设计洪水过程线相比建设期洪水过程线均变得平缓。

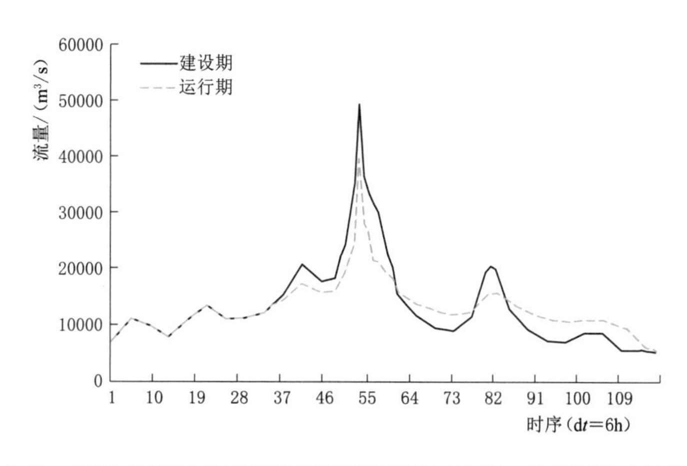

图 5.18　高场站 1981 典型年建设期和运行期 100 年一遇设计洪水过程线

不同地区组成方案推求的受上游梯级水库调蓄影响的高场站洪峰流量见表 5.21。

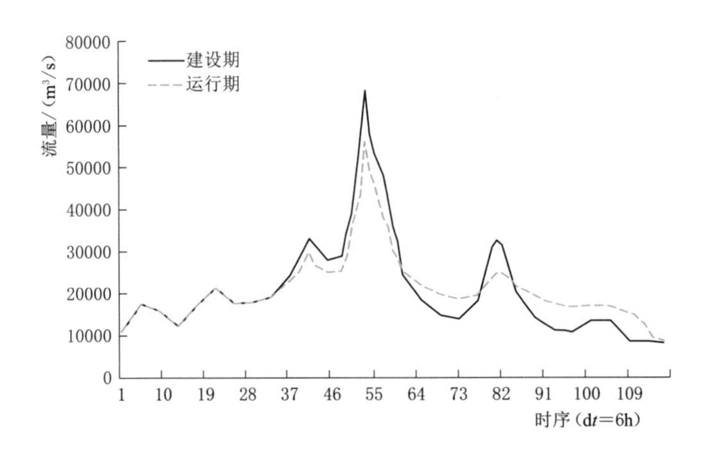

图 5.19 高场站 1981 典型年建设期和运行期 1000 年一遇设计洪水过程线

表 5.21 梯级水库调蓄影响的高场站最大洪峰流量 Q_{max} 对比

设计频率/%			0.1	0.2	0.5	1	2	5
Q_{max}/(m³/s)	建设期		68637	62888	55271	49523	43782	36207
	水库调蓄后	最可能地区组成法	58479 (−14.8%)	54146 (−13.9%)	48749 (−11.8%)	44224 (−10.7%)	40017 (−8.6%)	33962 (−6.2%)
		同频率地区组成法	57106 (−16.8%)	52889 (−15.9%)	47810 (−13.5%)	43481 (−12.2%)	39360 (−10.1%)	33853 (−6.5%)

注 括号内数据为变化率，“—”表示削减率。

由表 5.21 和图 5.18、图 5.19 可知，下尔呷—双江口—瀑布沟和紫坪铺梯级水库的联合调度对高场站设计洪峰有一定的削减作用。当设计频率较高时，削峰作用更为明显，两种地区组成法计算得到的高场站 1000 年一遇设计洪水的削峰率均高于 14%。另外，同频率地区组成法计算得到的不同频率的削峰率均高于最可能地区组成法，表明最可能地区组成法的设计成果相对于同频率地区组成法对防洪较为不利。

最终，由最可能地区组成法得到岷江梯级水库各自的洪水地区组成，并由调洪演算得到各水库运行期 100 年一遇、1000 年一遇的设计洪峰、3d 及 7d 洪量，计算结果列于表 5.22。由表 5.22 可得到如下结论：

(1) 双江口和瀑布沟水库运行期的 1000 年一遇最大洪峰流量和 3d、7d 洪量均有一定减少。瀑布沟水库受调蓄影响较显著，其运行期 1000 年一遇的设计最大洪峰流量和 3d、7d 洪量的减少率分别为 14.2%、10.4%和 7.4%。

(2) 维持各水库建设期的防洪标准不变，由调洪演算得到各水库运行期汛期防洪控制水位。双江口和瀑布沟水库汛控水位（汛限水位）分别为 2480.40m（2480.00m）、838.00m（836.20m）。

(3) 双江口、瀑布沟梯级水库运行期汛期多年平均发电量分别增加 1.5%和 3.1%，每年共增发电量 4 亿 kW·h。

表 5.22　岷江梯级水库建设期运行期设计洪水

重现期/年	变　量	时期	下尔呷水库	双江口水库	瀑布沟水库	紫坪铺水库
100	$Q_{max}/(m^3/s)$	建设期	2430	5330	8230	5620
		运行期	2430	4950 (−7.1%)	7180 (−12.7%)	5620
	W_{3d}/亿 m^3	建设期	3.5	9.0	17.7	7.4
		运行期	3.5	8.6 (−5.0%)	16 (−9.8%)	7.4
	W_{7d}/亿 m^3	建设期	6.8	17.8	35.6	11.7
		运行期	6.8	17.2 (−3.2)	33.3 (−6.6%)	11.7
1000	$Q_{max}/(m^3/s)$	建设期	3210	6900	9950	7740
		运行期	3210	6320 (−8.4%)	8540 (−14.2%)	7740
	W_{3d}/亿 m^3	建设期	4.6	11.7	20.9	9.0
		运行期	4.6	11.1 (−5.2%)	18.7 (−10.4%)	9.0
	W_{7d}/亿 m^3	建设期	9.0	23.1	41.2	16.1
		运行期	9.0	22.2 (−3.8%)	38.2 (−7.4%)	16.1
汛期运行水位/m		建设期	3105.00	2480.00	836.20	850.00
		运行期	3105.00	2480.40	838.00	850.00
汛期多年平均发电量/(亿 kW·h)		建设期	15.5	60.1	99.1	23.2
		运行期	15.5	61 (+1.5%)	102.2 (+3.1%)	23.2

注　括号内数据为变化率，"+"表示增加率，"−"表示减少率。

5.6　嘉陵江梯级水库运行期设计洪水

5.6.1　嘉陵江梯级水库简介

嘉陵江是长江上游左岸一级支流，发源于陕西省秦岭南麓，流经陕西、甘肃、四川、重庆四省（直辖市）。干流全长 1120km，落差 2300m，平均比降为 2.05‰，流域面积 15.9 万 km^2，占长江流域面积的 9%。多年平均水资源总量 698.8 亿 m^3，水资源总量丰沛，但时空分布不均。嘉陵江干流已建成亭子口和草街两座水库，支流白龙江已建成碧口和宝珠寺两座水库。嘉陵江流域水系和梯级水库概化示意如图 5.20 所示。四座水库的特征参数见表 5.23。

5.6.2　各分区洪水的边缘分布和联合分布

采用北碚站 1939—2020 年、亭子口站 1954—2020 年、新店子站 1941—2020 年、三磊坝站 1954—2020 年、碧口站的 1957—2020 年日流量资料序列进行计算。根据嘉陵江流域的洪水特性，选取 3d、7d 作为设计洪水地区组成的控制时段。各水库天然 7d 设计洪水成果见表 5.24，结果表明：表中的各个随机变量的 P3 型分布均通过了 KS 假设检验。

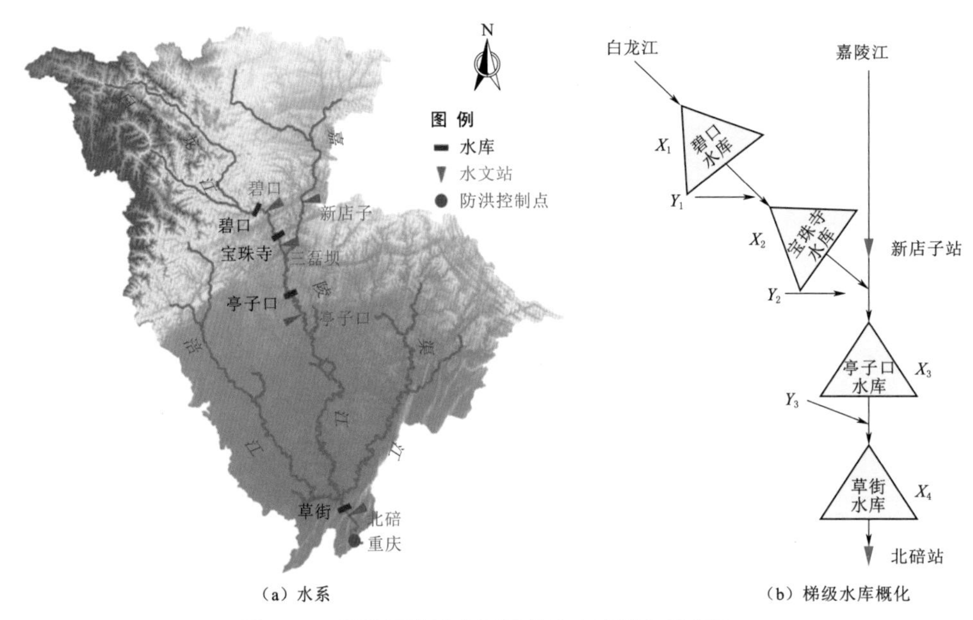

(a) 水系 (b) 梯级水库概化

图 5.20 嘉陵江流域水系和梯级水库概化示意图

表 5.23 嘉陵江梯级水库设计洪水特征值

水库	集水面积/万 km^2	正常蓄水位/m	汛限水位/m	设计洪水位/m	校核洪水位/m	防洪库容/亿 m^3	总库容/亿 m^3
碧口	2.60	704.00	697.00/695.00	704.00	708.80	0.50/0.70	2.17
宝珠寺	2.84	588.00	583.00	588.30	591.80	2.80	25.50
亭子口	6.11	458.00	447.00	461.30	463.07	14.40	40.67
草街	15.61	203.00	200.00	217.56	219.18	1.99	22.18

表 5.24 嘉陵江各分区天然设计洪水成果

水库	变量	统计参数									
		均值	C_v	C_s/C_v	KS 检验 p 值	0.1%	0.2%	0.5%	1%	2%	5%
碧口	$Q_{max}/(m^3/s)$	1960	0.48	2.5	0.564	6500	6030	5400	4920	4430	3760
	W_{7d}/亿 m^3	7.08	0.48	2.5	0.996	23.44	21.77	19.52	17.78	16.00	13.57
宝珠寺	$Q_{max}/(m^3/s)$	2250	0.5	2.5	0.617	7800	7180	6420	5830	5230	4400
	W_{7d}/亿 m^3	7.74	0.48	2.5	1.000	25.63	23.80	21.34	19.44	17.50	14.84
亭子口	$Q_{max}/(m^3/s)$	10800	0.5	2.5	0.796	37200	34500	30800	28000	25100	21200
	W_{7d}/亿 m^3	24.6	0.52	2.5	0.844	87.99	81.38	72.51	65.68	58.71	49.22
草街	$Q_{max}/(m^3/s)$	24600	0.36	2.5	0.856	63400	59700	54700	50800	46700	41100
	W_{7d}/亿 m^3	79.4	0.37	2.5	0.844	209.40	196.90	180.00	166.80	153.10	134.10

采用 t－Copula 函数建立各分区 3d、7d 年最大洪量的联合分布。以草街以上各分区 7d 洪量联合分布的构建为例，分析结果见表 5.25，由表可见，不同自由度的 t－Copula 函数建立的联合分布均能通过假设检验。比较可知，自由度 $v=3$ 的 t－Copula 有着最小

的 RMSE 和 AIC 值，因此选择 $v=3$ 的 t - Copula 函数。由 t - Copula 函数拟合得到的经验和理论联合分布的 $P-P$ 图如图 5.21 所示，可以看出点据基本位于等值线附近，表明其能够很好地模拟嘉陵江各分区 3d、7d 洪量的联合分布。

表 5.25　　t - Copula 函数拟合结果（草街水库）

Copula 函数	参　数	CM 检验 p 值	RMSE	AIC
t - Copula（$v=2$）	[0.98，0.91，0.33，0.93，0.35，0.43]	0.29	0.022	−370.37
t - Copula（$v=3$）	[0.99，0.92，0.37，0.94，0.39，0.47]	0.45	0.020	−379.46
t - Copula（$v=4$）	[0.99，0.93，0.40，0.94，0.42，0.49]	0.55	0.020	−379.34
t - Copula（$v=5$）	[0.99，0.94，0.42，0.95，0.43，0.51]	0.61	0.020	−377.47

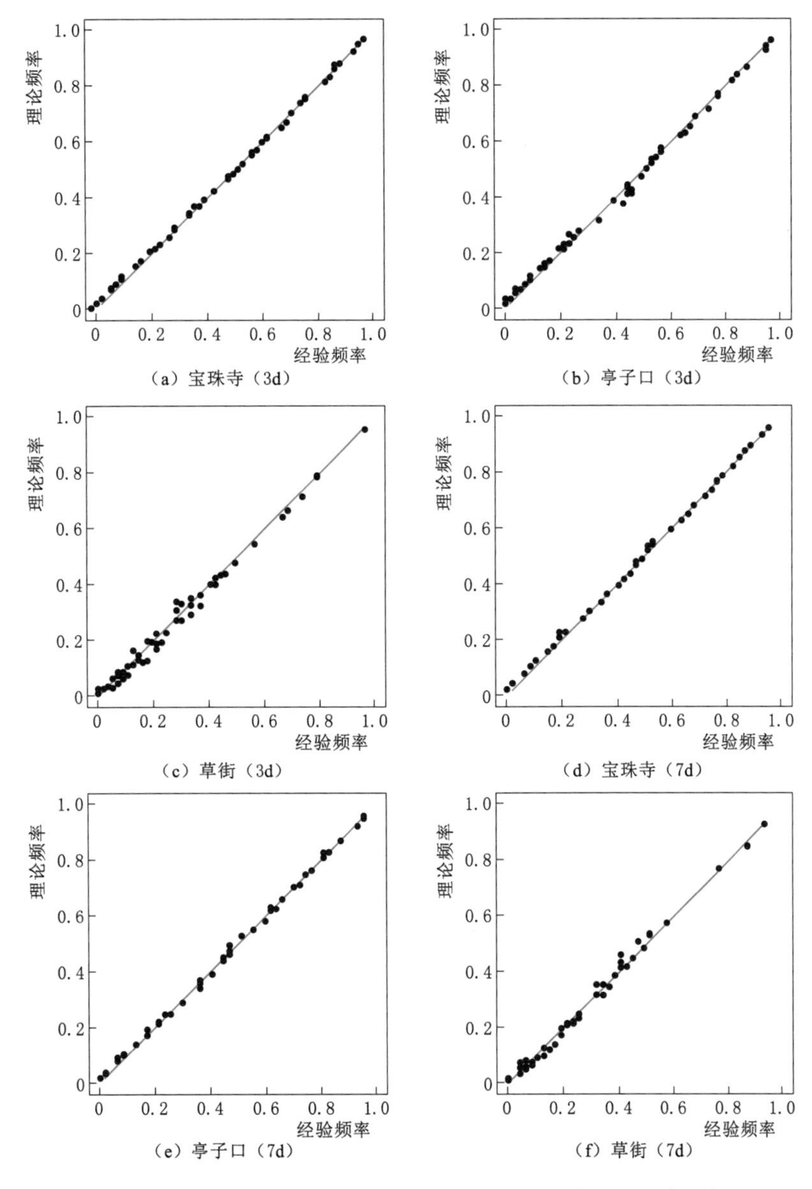

图 5.21　嘉陵江梯级水库各分区 3d 和 7d 年最大洪量联合分布拟合的 $P-P$ 图

5.6.3 嘉陵江梯级水库建设期和运行期设计洪水对比

得到各分区的边缘分布和联合分布后，可以求解梯级水库不同设计频率的 3d、7d 洪量的地区组成。以草街水库为例，其 7d 洪量的地区组成结果见表 5.26，从表中可见，最可能地区组成法计算得到的不同频率的碧口、新店子洪量均小于同频率组成结果，而计算得到的新—宝—亭区间、亭—草区间洪量均大于同频率组成结果；碧—宝区间因集水面积小且不在暴雨区，两种方法计算得到的结果差异不大。总的来说，最可能地区组成法的计算结果较为合理[5]。

表 5.26 草街水库 7d 洪量的洪水地区组成结果

方法	洪水地区	设计频率/%					
		0.1	0.2	0.5	1	2	5
		W_{7d}/亿 m^3					
	草街水库	209.37	196.88	179.96	166.76	153.12	134.14
最可能地区组成法	碧口水库	21.39	20.24	18.48	16.00	14.52	11.49
	碧—宝区间	2.26	2.00	1.85	1.64	1.48	1.19
	新店子站	30.05	28.63	25.40	22.91	20.38	16.95
	新—宝—亭区间	29.24	26.38	24.65	20.05	18.57	13.58
	亭—草区间	126.43	119.63	109.58	106.17	98.17	90.93
同频率地区组成法	碧口水库	23.44	21.77	19.52	17.78	16.01	13.57
	碧—宝区间	2.19	2.03	1.82	1.66	1.49	1.27
	新店子站	34.50	31.81	28.22	25.45	22.64	18.83
	新—宝—亭区间	27.86	25.77	22.95	20.78	18.57	15.56
	亭—草区间	121.38	115.50	107.45	101.08	94.41	84.92

分析计算了碧口—宝珠寺—亭子口梯级水库联合调度影响下的草街水库设计洪峰流量。以碧口水库、碧—宝区间、宝—亭区间和亭—草区间分配到的 3d、7d 相应洪量为控制，按 1981 年典型洪水过程线同频率放大得到各分区的设计洪水过程线，输入到梯级水库系统进行调洪演算。不同地区组成方案推求的受上游梯级水库影响的洪峰流量见表 5.27。由表 5.27 可知，碧口—宝珠寺—亭子口梯级水库的联合调度对草街水库有较显著的削峰作用。两种地区组成法计算推求的草街水库断面 1000 年一遇设计洪水的削峰率均高于 18%。

表 5.27 梯级水库调蓄影响的草街水库最大洪峰流量 Q_{max} 对比

设计频率/%			0.1	0.2	0.5	1	2	5
Q_{max}/(m^3/s)	建设期		63400	59700	54700	50800	46700	41100
	水库调蓄后	最可能地区组成法	51943 (−18.1%)	50864 (−14.8%)	47589 (−13.0%)	46178 (−9.1%)	43524 (−6.8%)	40360 (−1.8%)
		同频率地区组成法	49960 (−21.2%)	49312 (−17.4%)	46331 (−15.3%)	44857 (−11.7%)	42544 (−8.9%)	39332 (−4.3%)

注 括号内数据为削减率。

由最可能地区组成法得到宝珠寺、亭子口、草街三座水库各自的洪水地区组成，并由调洪演算得到各水库运行期100年一遇和1000年一遇的设计最大洪峰流量和3d、7d洪量，计算结果列于表5.28。由表5.28可得到以下结论：

表5.28 嘉陵江梯级水库建设期和运行期设计洪水

重现期/年	变量	时期	碧口水库	宝珠寺水库	亭子口水库	草街水库
100	$Q_{max}/(m^3/s)$	建设期	4920	5830	28000	50800
		运行期	4920	5610(−3.7%)	25900(−7.4%)	43600(−14.2%)
	W_{3d}/亿 m^3	建设期	10.35	11.36	42.18	87.53
		运行期	10.35	11.36	41.38(−1.9%)	79.48(−9.2%)
	W_{7d}/亿 m^3	建设期	17.78	19.44	65.68	166.8
		运行期	17.78	19.44	65.28(−0.6%)	162.13(2.8%)
1000	$Q_{max}/(m^3/s)$	建设期	6500	7800	37200	63400
		运行期	6500	7402(−5.1%)	33591(−9.7%)	51943(−18.0%)
	W_{3d}/亿 m^3	建设期	13.65	14.98	56.51	109.87
		运行期	13.65	14.98	54.98(−2.7%)	96.36(−12.3%)
	W_{7d}/亿 m^3	建设期	23.44	25.63	87.99	209.37
		运行期	23.44	25.63	87.02(−1.1%)	198.25(−5.3%)
汛期运行水位/m		建设期	697.00/695.00	583.00	447.00	200.00
		运行期	697.00/695.00	583.00	447.40	202.30
汛期多年平均发电量/(亿kW·h)		建设期	9.9	17.3	27.8	16.5
		运行期	9.9	17.3	28.1(+1.1%)	17.3(+4.8%)

注 括号内数据为变化率，“+”表示增加率，“−”表示减少率。

(1) 宝珠寺受到碧口水库的调蓄影响较小，原因在于碧口水库的防洪库容较小，对洪水的调蓄能力不强。

(2) 亭子口和草街水库运行期的1000年一遇最大洪峰流量和3d、7d洪量均有一定削减。草街水库运行期1000年一遇的设计洪峰和3d、7d洪量的削减量（削减率）分别为11457m^3/s、13.51亿m^3和11.12亿m^3，削减率分别为18%、12%和5%。

(3) 亭子口和草街水库汛控水位（汛限水位）分别为447.40m（447.00m）、202.30m（200.00m）。

(4) 各水库按汛限水位与汛控水位计算得到汛期多年平均发电量。相对汛限水位，采用汛控水位，亭子口、草街梯级水库运行期多年平均汛期发电量分别增加了1.1%和4.8%，每年共增发电量1.1亿kW·h。

5.6.4 北碚站运行期设计洪水

求解嘉陵江梯级水库的最可能组成后，可以分析计算嘉陵江梯级水库联合调度影响下的北碚站运行期设计洪水。根据北碚站实测大洪水过程洪水恶劣程度和洪水形态，选择1981典型年洪水过程分析其运行期设计洪水。以各分区分配到的7d、30d相应洪量为控制，按各典型洪水过程线同频率放大得到各分区的设计洪水过程线，输入到梯级水库系统进行调洪演算。采用马斯京根法进行河道洪水演算。北碚站建设期和运行期100年一遇和1000年一遇设计洪水过程线分别如图5.22和图5.23所示。从图中可以看出，受上游梯级水库的调蓄影响，北碚站设计洪峰流量均有一定程度的减少，运行期设计洪水过程线相比建设期洪水过程线均变得平缓。

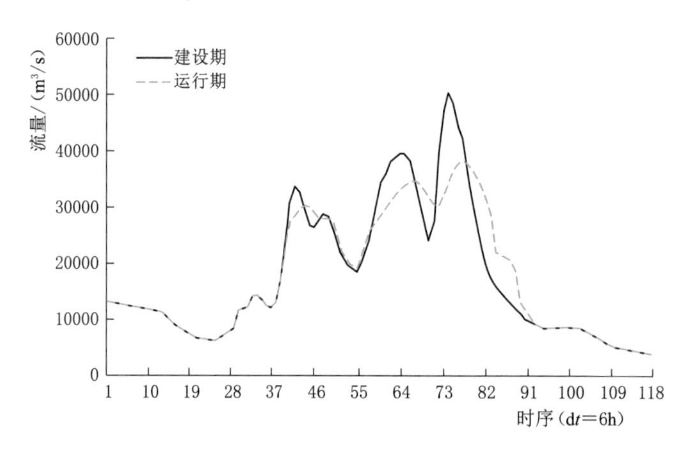

图5.22 北碚站1981典型年建设期和运行期100年一遇设计洪水过程线比较

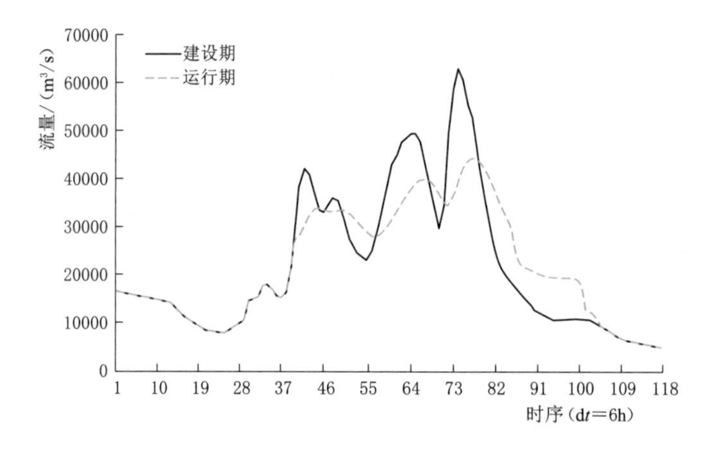

图5.23 北碚站1981典型年建设期和运行期1000年一遇设计洪水过程线比较

5.7 乌江梯级水库运行期设计洪水

5.7.1 乌江梯级水库简介

乌江是长江的主要支流，全长1037km，为典型的峡谷型河流。乌江流域出口武隆水文站控制集水面积8.8万km^2，年径流量约534亿m^3。乌江干流从上到下构成洪家渡—东风—乌江渡—构皮滩—思林—沙沱—彭水梯级水库。乌江流域水系及梯级水库概化示意如图 5.24 所示，各个水库的基本参数见表 5.29[6]。

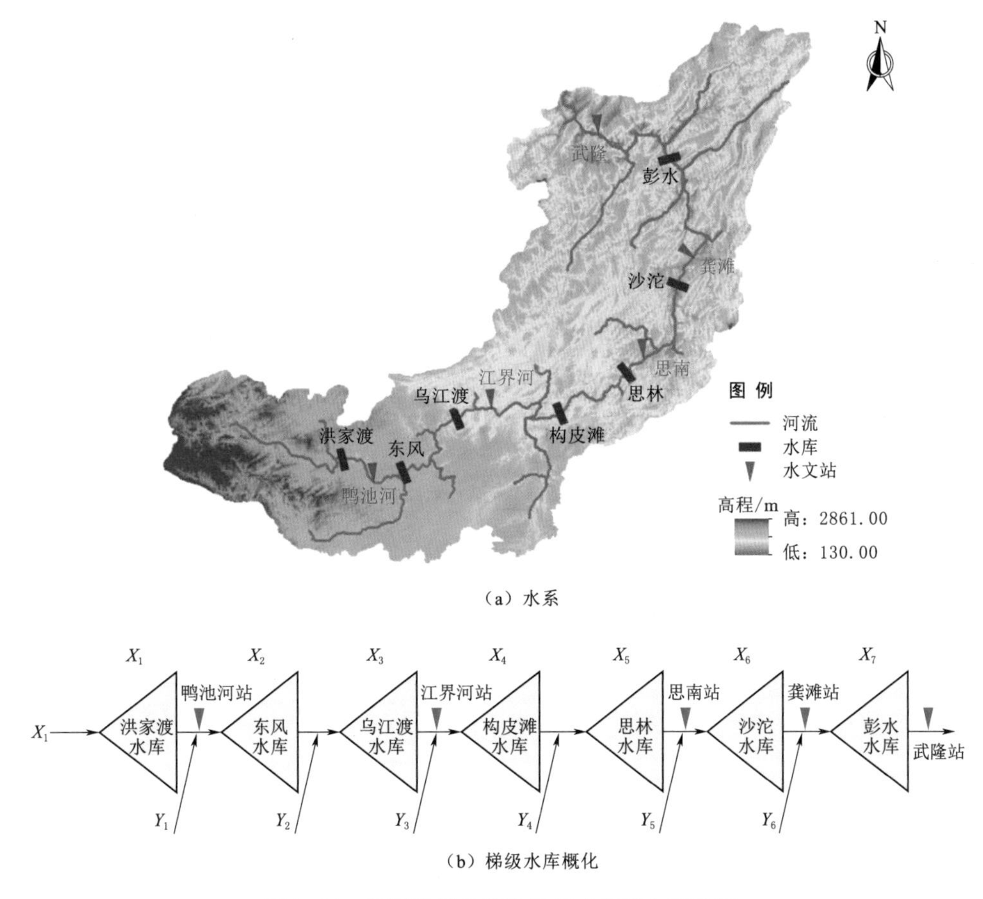

（a）水系

（b）梯级水库概化

图 5.24 乌江流域水系及梯级水库概化示意图

表 5.29　乌江梯级水库设计洪水基本参数

水库	集水面积/万 km²	汛限水位/m	正常蓄水位/m	防洪库容/亿 m³	总库容/亿 m³
洪家渡	0.99	1138.00	1140.00	1.55	49.47
东风	1.82	968.00	970.00	0.36	10.16
乌江渡	2.78	756.00	760.00	1.84	23.00
构皮滩	4.33	626.24	630.00	4.00	64.54
思林	4.86	435.00	440.00	1.84	16.15
沙沱	5.45	357.00	365.00	2.09	9.10
彭水	6.9	287.00	293.00	2.32	14.65

5.7.2 武隆站设计洪水复核计算

采用马斯京根法对武隆站洪水过程进行还原，即根据各梯级水库运行数据计算其蓄变量过程，并演算至武隆断面后叠加，得到其1951—2020年的还原后洪水过程。

乌江流域历史洪水文献记载悠久，乌江干流县城有思南县、沿河县、彭水县、武隆县等，其中沿河县、武隆县为中华民国时期设县。因此洪水调查和历史文献考证均以历史较长的思南县、彭水县和坝址所在地武隆县为重点。

在武隆站历史洪水的洪峰流量推算中，1999年发生了武隆设站以来最大的一次洪水，因此，用武隆站1964年、1999年等年份大洪水资料及大断面成果，对综合水位流量关系进行了检验，结果表明原推算历史洪水1830年、1878年、1909年洪峰流量是合适的。由于武隆站1878年调查洪水位精度不高，故仅在历史洪水排位和重现期考证时予以考虑，不加入洪水系列进行频率计算。

由于武隆县历史洪水记载较少，上游彭水、思南两县历史洪水记载较为详细，因此结合上游彭水两县、思南两县历史洪水情况，对武隆1830年、1909年历史洪水重现期做了多方案比较，综合分析确定武隆站1830年洪水平均重现期约121年，1909年洪水重现期为51年。

武隆站设计洪水峰、量频率计算，以1951—2020年天然洪水和1830年、1909年历史洪水组成一个不连序系列，经验频率采用数学期望公式计算，历史洪水和特大洪水采用式（4.1），实测系列采用式（4.2）。对不连序系列，按矩法计算参数E_x、C_v作初估值，频率曲线线型选用P3型，然后以适线法调整确定。武隆站经适线后的设计洪水成果见表5.30（原设计采用的实测系列为1951—2010年）。从表中可以看出，延长系列后设计洪峰、1d洪量的均值参数相比原设计有所减小，但差异在5%以内，因此仍采用原设计洪水成果。

表5.30　武隆站设计洪水成果

不同阶段	时段	均值	C_v	C_s/C_v	1%	2%	5%	10%
原设计	$Q_{max}/(m^3/s)$	13700	0.38	3.5	30500	27600	23700	13700
	W_{1d}/亿m^3	11.3	0.40	3.5	26.0	23.4	20.0	11.25
	W_{3d}/亿m^3	28.5	0.42	3.5	68.1	61.1	51.8	28.5
本次复核	$Q_{max}/(m^3/s)$	13500	0.38	3.5	30100	27200	23400	13500
	W_{1d}/亿m^3	11.0	0.41	3.5	25.8	23.3	19.8	11.0
	W_{3d}/亿m^3	28.5	0.42	3.5	68.1	61.1	51.8	28.5

5.7.3 各分区洪水的边缘分布和联合分布

采用洪家渡站1957—2020年、鸭池河站1939—2020年、乌江渡站1953—2020年、思南站1939—2020年、龚滩站1939—2020年、彭水站1939—2020年、武隆站1951—2020年的日流量资料进行分析计算。资料还原方法是根据各梯级水库建成后的运行数据计算蓄变量过程，并采用马斯京根法演算至各水文站断面得到其还原后的日流量资料。根据乌江流域的洪水特点和梯级水库的调洪特性，选取3d、7d为设计洪水地区组成的控制时段。各水库7d洪量的设计洪水成果见表5.31，结果表明：表中各个随机变量的P3型分布均通过了 KS 假设检验。

表 5.31 乌江各分区天然设计洪水成果

变量	统计参数									
	均值	C_v	C_s/C_v	KS 检验 p 值	0.1%	0.2%	0.5%	1%	2%	5%
洪家渡 $Q_{max}/(m^3/s)$	2060	0.44	4.0	0.86	7120	6550	5791	5210	4630	3853
洪家渡 W_{7d}/亿 m^3	5.5	0.44	4.0	0.86	19.0	17.5	15.5	13.9	12.4	10.3
东风 $Q_{max}/(m^3/s)$	4750	0.40	3.5	0.78	14400	13400	12023	11000	9880	8430
东风 W_{7d}/亿 m^3	13.0	0.39	3.5	0.83	38.4	35.7	32.1	29.4	26.6	22.7
乌江渡 $Q_{max}/(m^3/s)$	5890	0.44	3.5	0.84	20800	19200	16106	15500	13800	11700
乌江渡 W_{7d}/亿 m^3	19.5	0.44	3.5	0.95	65.0	60.1	53.3	48.3	43.1	36.3
构皮滩 $Q_{max}/(m^3/s)$	8500	0.44	3.5	0.72	28300	26100	23243	21000	18800	15800
构皮滩 W_{7d}/亿 m^3	27.0	0.42	3.5	0.93	85.9	79.5	71.1	64.6	58.0	49.1
思林 $Q_{max}/(m^3/s)$	9181	0.42	3.5	0.82	29202	27045	24163	21953	19714	16689
思林 W_{7d}/亿 m^3	30.3	0.42	3.5	0.85	96.4	89.3	79.7	72.5	65.1	55.1
沙沱 $Q_{max}/(m^3/s)$	9580	0.42	3.5	0.74	30471	28220	25213	22909	20573	17415
沙沱 W_{7d}/亿 m^3	33.9	0.42	3.5	0.83	107.9	99.9	89.2	81.1	72.8	61.6
彭水 $Q_{max}/(m^3/s)$	11400	0.39	3.5	0.85	33836	31465	28291	25851	23369	19997
彭水 W_{7d}/亿 m^3	43.6	0.42	3.5	0.96	138.7	128.4	114.7	104.3	93.6	79.3
武隆 $Q_{max}/(m^3/s)$	13700	0.38	3.5	0.87	39719	36984	33327	30511	27646	23743
武隆 W_{7d}/亿 m^3	52.4	0.38	3.5	0.88	151.9	141.4	127.5	116.7	105.7	90.8

采用 t - Copula 函数建立各分区 3d、7d 年最大洪量的联合分布。以构皮滩水库以上各分区 7d 洪量联合分布的构建为例，分析结果见表 5.32。由表可见，不同自由度的 t - Copula 函数建立的联合分布均能通过假设检验。比较可知，自由度 $v=3$ 的 t - Copula 有着最小的 RMSE 和 AIC 值，因此选择 $v=3$ 的 t - Copula 函数。

表 5.32 t - Copula 函数拟合结果（构皮滩水库）

Copula 函数	参数	CM 检验 p 值	RMSE	AIC
t - Copula($v=2$)	[0.72,0.67,0.49,0.91,0.73,0.82]	0.23	0.027	−348.40
t - Copula($v=3$)	[0.75,0.70,0.54,0.92,0.76,0.84]	0.27	0.023	−362.71
t - Copula($v=4$)	[0.77,0.71,0.56,0.92,0.78,0.85]	0.32	0.022	−366.94
t - Copula($v=5$)	[0.78,0.72,0.57,0.92,0.79,0.86]	0.36	0.022	−366.45

由 t - Copula 函数拟合得到的经验和理论联合分布的 $P-P$ 图如图 5.25 所示，可以看出点据基本位于等值线附近，表明其能够很好地模拟乌江梯级水库各分区洪量的联合分布。

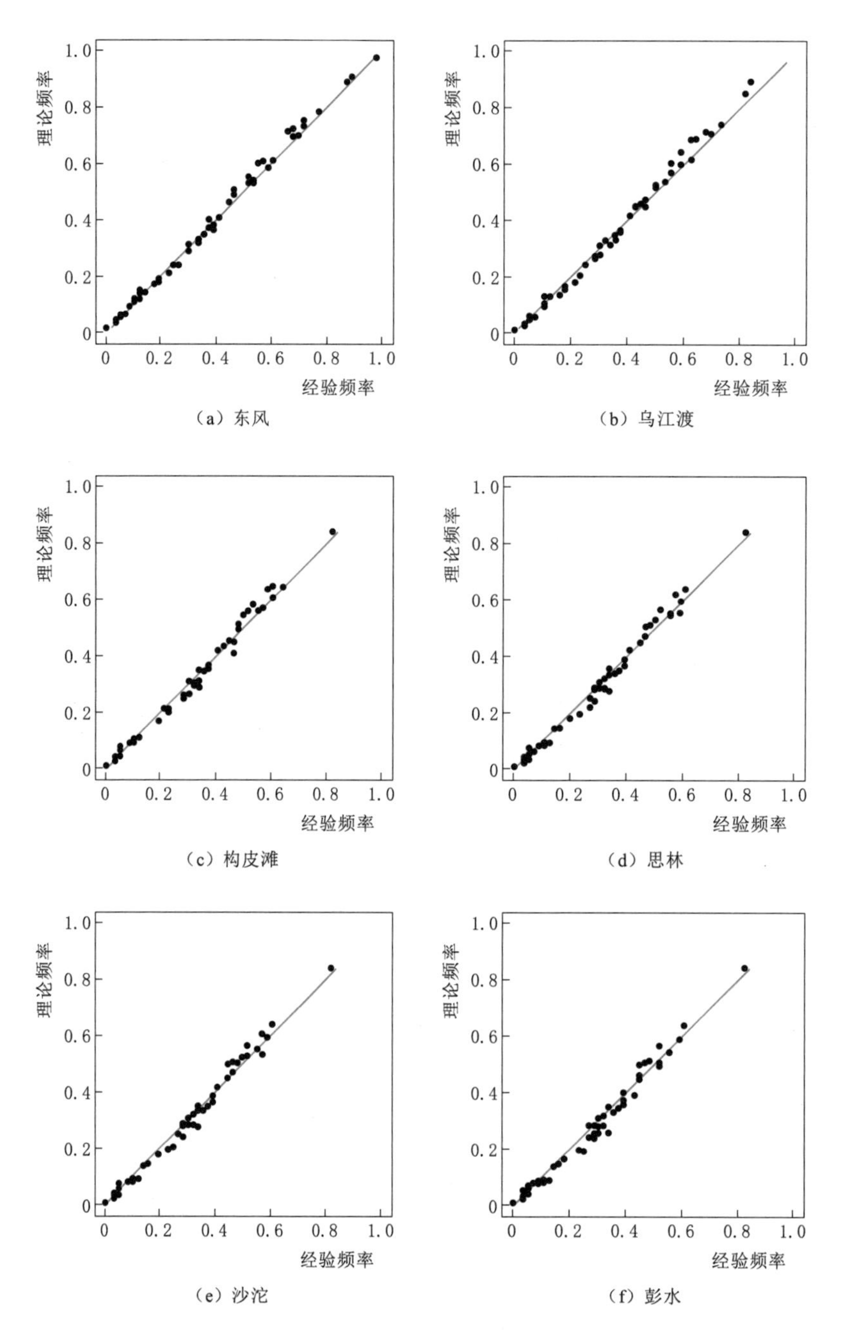

图5.25 乌江梯级水库各分区7d年最大洪量联合分布拟合的 $P-P$ 图

5.7.4 乌江梯级水库建设期和运行期设计洪水对比

得到各分区洪水的边缘分布和联合分布后，可以求解武隆站的最可能地区组成。武隆站7d洪量的地区组成结果见表5.33。并基于洪水地区组成分析计算洪家渡—东风—乌江渡—构皮滩—思林—沙沱—彭水梯级水库联合调度影响下的武隆站设计洪峰流量。以各分区分配到的3d、7d相应洪量为控制，按1991典型年洪水过程线同频率放大得到各分区的设计洪水过程线，输入到梯级水库系统进行调洪演算。不同地区组成方案推求的受上游梯级水库影响的洪峰流量见表5.34及图5.26、图5.27。由表5.34可知，洪家渡—东风—乌江渡—构皮滩—思林—沙沱—彭水梯级水库的联合调度对武隆站洪水有较显著的削峰作用。当设计频率较高时，削峰作用更为明显。两种地区组成法计算得到的武隆站1000年一遇设计洪水的削峰率均高于12%。结果表明：乌江梯级水库的调蓄作用对武隆站设计洪水的影响不可忽略。

表5.33　武隆站洪水地区组成结果

方法	洪水地区	W_{7d}/亿m^3					
		0.1%	0.2%	0.5%	1%	2%	5%
	武隆站	151.9	141.4	127.5	116.7	105.7	90.8
最可能地区组成法	洪家渡水库	16.7	15.5	14.0	12.2	10.9	9.4
	洪—东区间	15.6	15.6	13.9	12.5	10.8	10.4
	东—乌区间	18.2	17.5	15.8	14.2	12.3	11.4
	乌—构区间	28.8	28.1	25.1	22.3	19.6	18.1
	构—思区间	9.4	10.2	9.1	7.6	6.4	5.3
	思—沙区间	11.5	10.7	9.6	8.8	8.1	6.5
	沙—彭区间	26.3	22.3	20.3	20.0	19.2	15.2
	彭—武区间	25.4	21.4	19.6	19.1	18.4	14.6
同频率地区组成法	洪家渡水库	19.0	17.5	15.5	13.9	12.4	10.3
	洪—东区间	19.4	18.3	16.6	15.5	14.2	12.4
	东—乌区间	26.6	24.4	21.2	18.9	16.6	13.6
	乌—构区间	20.9	19.4	17.8	16.3	14.9	12.8
	构—思区间	10.5	9.7	8.6	7.9	7.1	6.0
	思—沙区间	11.5	10.6	9.5	8.6	7.7	6.6
	沙—彭区间	30.8	28.5	25.5	23.2	20.8	17.6
	彭—武区间	13.2	13.0	12.8	12.4	12.1	11.5

表5.34　梯级水库调蓄影响的武隆站最大洪峰流量Q_{max}对比

设计频率/%			0.1	0.2	0.5	1	2	5
$Q_{max}/(m^3/s)$	建设期		39719	36984	33327	30511	27646	23743
	水库调蓄后	最可能地区组成法	34715 (−12.6%)	32657 (−11.7%)	30094 (−9.7%)	27796 (−8.9%)	25822 (−6.6%)	22769 (−4.1%)
		同频率地区组成法	33841 (−14.8%)	31769 (−14.1%)	29561 (−11.3%)	27399 (−10.2%)	25407 (−8.1%)	22675 (−4.5%)

注　括号内数据为削减率。

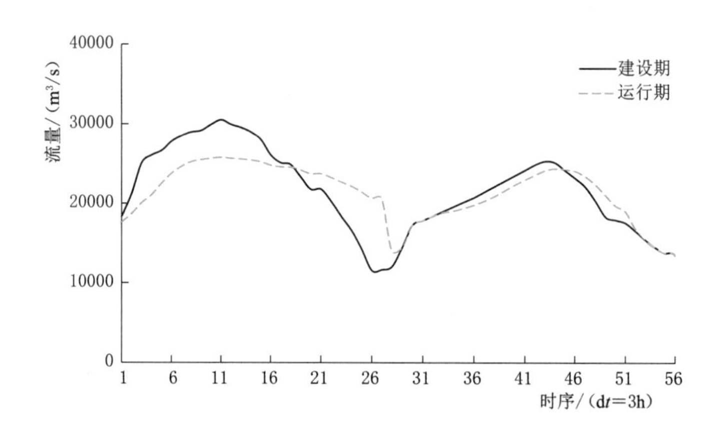

图5.26 武隆站1991年典型年建设期和运行期100年一遇设计洪水过程线

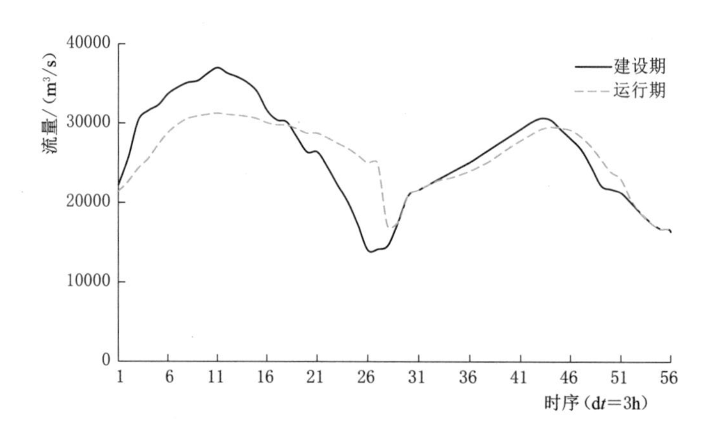

图5.27 武隆站1991典型年建设期和运行期500年一遇设计洪水过程线

乌江梯级水库设计频率均为500年一遇，分析计算其500年一遇运行期设计洪水及汛控水位，结果见表5.35；乌江梯级水库运行期500年一遇设计洪水如图5.28所示。从表中和图中可以得出如下结论：

(1) 由于上游梯级水库的调蓄作用，乌江梯级水库在运行期的设计洪水相比建设期有所削减。彭水水库设计最大洪峰流量和3d、7d洪量的削减率分别为17.3%、7.3%和1.7%。

(2) 由于运行期设计洪水的减少，下游梯级水库的汛期控制水位有所抬高。东风、乌江渡、构皮滩、思林、沙沱、彭水六座水库在运行期（建设期）的汛控水位（汛限水位）分别为968.30m（968.00m）、756.40m（756.00m）、626.80m（626.20m）、436.00m（435.00m）、358.60m（357.00m）、289.80m（287.00m），乌江梯级水库在汛期年平均增发电量2.95亿kW·h。

表 5.35　　乌江梯级水库建设期和运行期 500 年一遇设计洪水比较

变量	时期	洪家渡水库	东风水库	乌江渡水库	构皮滩水库	思林水库	沙沱水库	彭水水库
Q_{max} /(m^3/s)	建设期	6550	13400	19200	26100	27045	28220	31465
	运行期	6550	12542 (−6.4%)	17549 (−8.6%)	23438 (−10.2%)	23313 (−13.8%)	23874 (−15.4%)	26022 (−17.3%)
W_{3d} /亿 m^3	建设期	7.1	14.6	24.6	32.5	38.7	47.3	71.5
	运行期	7.1	14.6 (−0.3%)	24.3 (−1.3%)	31.7 (−2.5%)	37.0 (−4.4%)	44.6 (−5.8%)	66.3 (−7.3%)
W_{7d} /亿 m^3	建设期	17.5	35.7	60.1	79.5	89.3	99.9	128.4
	运行期	17.5	35.7	59.9798 (−0.2%)	79.182 (−0.4%)	88.4963 (−0.9%)	98.7012 (−1.2%)	126.2172 (−1.7%)
汛期运行水位/m	建设期	1138.00	968.00	756.00	626.20	435.00	357.00	287.00
	运行期	1138.00	968.30	756.40	626.80	436.00	358.60	289.90
汛期多年平均发电量 /(亿 kW·h)	建设期	12.6	11.96	13.21	64.58	26.94	26.73	36.72
	运行期	12.6	12.00 (+0.3%)	13.26 (+0.4%)	64.97 (+0.6%)	27.26 (+1.2%)	27.37 (+2.4%)	38.23 (+4.1%)

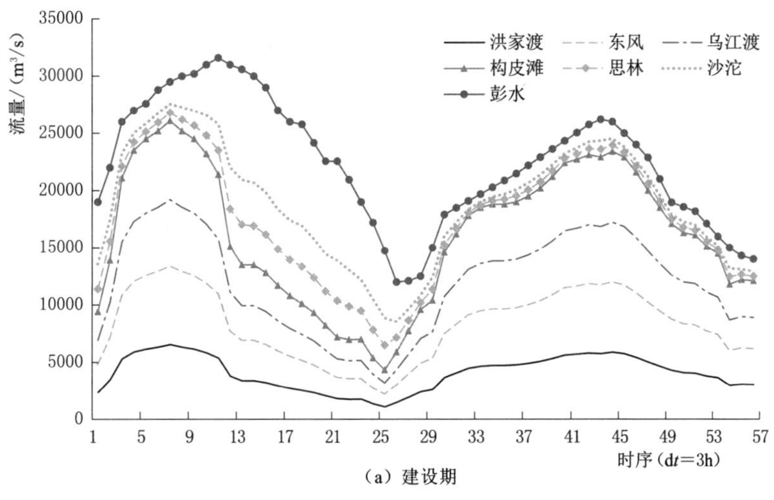

(a) 建设期

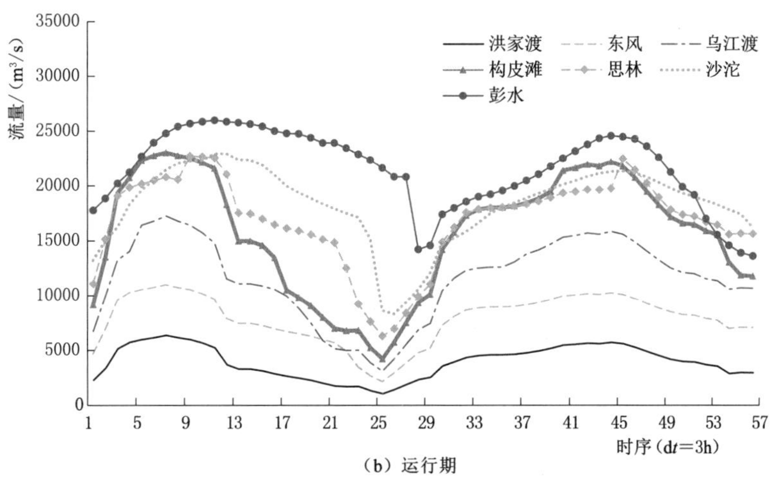

(b) 运行期

图 5.28　乌江梯级水库建设期和运行期 500 年一遇设计洪水过程线

5.8 本章小结

选择 t - Copula 函数建立了高维情况下各分区洪水的联合分布，采用蒙特卡洛法和GA法解决了高维情况下最可能洪水地区组成的求解问题，分析计算了长江上游干支流梯级水库运行期设计洪水及汛控水，所得主要结论如下：

（1）t - Copula 易于扩展到高维，能较好地模拟多个分区年最大洪水的联合分布，采用蒙特卡洛法和GA法推求得到的最可能地区组成结果可靠，所提方法可为梯级水库运行期设计洪水的分析计算提供依据。

（2）梯级水库的联合调度对下游洪水的有一定的削减作用，当可用防洪库容越大时，削减率也越大。设计洪峰流量的削减率受可用防洪库容的影响较大，而长时段设计洪量的削减率受可用防洪库容的影响较小。例如向家坝水库在运行期的1000年一遇设计最大洪峰流量和3d、7d、30d洪量的削减率分别为41.65％、39.66％、35.72％和13.58％。

（3）在保证原设计建设期防洪标准不变的前提下，下游各水库在运行期的汛控水位相比原汛限水位可适当抬高。金沙江及雅砻江阿海、金安桥、龙开口、鲁地拉、观音岩、锦屏一级、二滩、乌东德、白鹤滩、溪洛渡、向家坝等水库汛控水位（汛限水位）分别为1493.70m（1493.30m）、1410.80m（1410.00m）、1290.30m（1289.00m）、1212.80m（1212.00m）、1123.50m（1122.30m）、1862.40m（1859.00m）、1191.60m（1190.00m）、958.01m（952.00m）、793.60m（785.00m）、572.71m（560.00m）、372.09m（370.00m）。岷江双江口和瀑布沟水库汛控水位（汛限水位）分别为2480.50m（2480.00m）、838.10m（836.20m）。嘉陵江亭子口和草街水库汛控水位（汛限水位）分别为447.40m（447.00m）、202.30m（200.00m）。乌江东风、乌江渡、构皮滩、思林、沙沱、彭水水库汛控水位（汛限水位）分别为968.20m（968.00m）、756.30m（756.00m）、626.60m（626.20m）、435.70m（435.00m）、358.20m（357.00m）、289.30m（287.00m）。

（4）金沙江中游、雅砻江、金沙江下游、岷江、嘉陵江、乌江等水系的梯级水库在汛期年均分别可增发电量1.34亿kW·h、5.30亿kW·h、36.7亿kW·h、4.00亿kW·h、1.10亿kW·h、2.95亿kW·h，合计每年增发51.39亿kW·h电量，经济效益巨大。

参考文献

[1] 郭生练，熊立华，熊丰，等．梯级水库运行期设计洪水理论和方法 [J]．水科学进展，2020，31（5）：734-745.

[2] 郭生练，熊丰，尹家波，等．水库运用期设计洪水理论和方法 [J]．水资源研究，2018，7（4）：327-339.

[3] 钟斯睿，何彦锋，郭生练，等．雅砻江梯级水库电站中长期联合优化调度研究 [J]．水资源研究，2022，11（2）：128-137.

[4] 熊丰，郭生练，陈柯兵，等．金沙江下游梯级水库运行期设计洪水及汛控水位 [J]．水科学进

展，2019，30（3）：401-410.

［5］熊丰，郭生练，王俊，等．嘉陵江梯级水库运行期设计洪水及汛控水位［J］. 水资源研究，2019，8（3）：209-216.

［6］张剑亭，郭生练，陈柯兵，等．基于信息熵的梯级水库联合优化调度增益分配模型［J］. 水力发电学报，2020，39（2）：94-102.

三峡水库洪水地区组成与运行期设计洪水及汛控水位

三峡工程是综合治理开发长江的关键工程，具有巨大的防洪、发电、航运等综合利用效益[1-2]。三峡水库初步设计洪水，依据三峡工程的开发任务和规模等，采用天然年最大洪水系列资料推求设计洪水特征值，确定水库防洪和调节库容及其特征水位，确定三峡大坝高程和溢洪道尺度，确保大坝自身和下游防洪安全。这些设计值选用了最恶劣的组合，从偏安全考虑取外包值，称为“建设期设计洪水”，并用汛期防洪限制水位（即“汛限水位”）指导水库调度运行[3-4]。

长江上游干支流已形成和在建一批库容大、调节性能好的梯级水库群[5-6]。受上游梯级水库群联合调度的影响，三峡水库的水文情势和功能需求与初步设计时期相比，已发生了显著变化。目前我国水库运行调度仍沿用建设期设计洪水及汛限水位，而忽略了上游梯级水库群的调蓄影响，导致三峡水库汛期运行水位偏低、综合利用效益有待提高等问题。因此，开展三峡水库洪水地区组成与运行期设计洪水及汛期防洪控制水位（即“汛控水位”）研究，充分考虑上游水库群对三峡水库运行调度的影响，对提高三峡水库的综合利用效益，意义重大。

研究探讨三峡水库运行期设计洪水及汛控水位，其核心就是推求三峡坝址以上各分区洪水的地区组成和洪水演算[7]。《水利水电工程设计洪水计算规范》（SL 44—2006）（以下简称《规范》）[8] 推荐采用典型年法和同频率法推求洪水地区组成。除规范中推荐的方法外，最可能地区组成法因统计基础较强、地区组成方案客观且唯一得到了广泛应用，闫宝伟等[9]、刘章君等[10]、熊丰等[11-12] 研究表明，该方法能较好地应用于梯级水库洪水地区组成，设计成果客观合理。如何准确模拟各支流洪水至三峡的演进过程是另一个研究重点。三峡以上支流众多，且各支流洪水至三峡传播时间较长。对此由水库、河网和区间流域所组成的长河系、多阻断汇流系统，其洪水模拟难以沿用物理或概念性水文模型方法。多输入单输出（multiple input single output，MISO）模型属于黑箱模型的一种，该模型能够处理具有复杂因果关系和高维非线性映射的问题，在实践中被广泛采用。众多研究均表明：MISO 模型适用于模拟复杂水文系统[13]。

6.1 向家坝水库至三峡水库坝址区间流域概况

6.1.1 向家坝水库至三峡水库坝址区间流域

金沙江流域出口控制断面屏山站至三峡水库坝址区间，主要入汇支流控制站包括岷江高场站、沱江富顺站、嘉陵江北碚站和乌江武隆站；未控区间流域面积为 46 万 km^2，分为屏山—寸滩、寸滩—万县、万县—三峡坝址子区间流域[14]。金沙江出口屏山站至三峡水库坝址区间未控流域水系站网示意如图 6.1 所示。

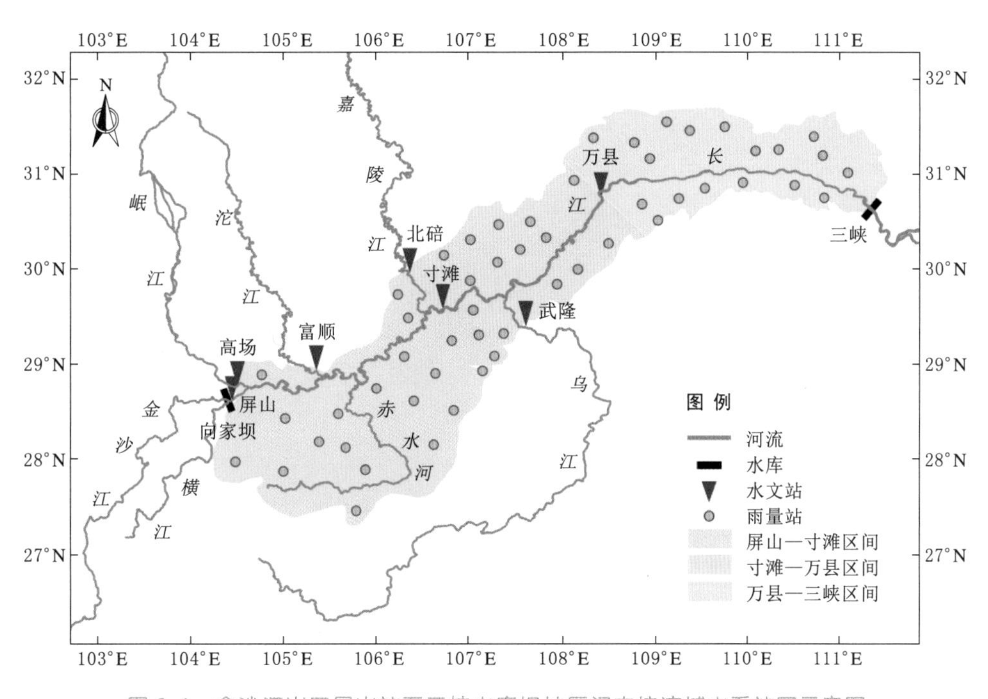

图 6.1 金沙江出口屏山站至三峡水库坝址区间未控流域水系站网示意图

6.1.2 屏山站至三峡水库坝址区间流域资料数据

对于简单的河道汇流系统，一般采用马斯京根法进行洪水演算。长江上游干支流控制站至三峡坝址的洪水传播时间见表 6.1，其中寸滩—三峡水库坝址传播时间与水库水位，洪水涨落形态有关。寸滩—三峡坝址的汇流时间范围为 18～36h，取决于三峡水库水位和洪水波类型。三峡水库未修建时，寸滩—三峡坝址区间为河道型水库，洪水波为运动波，寸滩—三峡坝址的汇流时间约为 68h；当三峡库水位为 145.00m 时，寸滩—万县区间为河道型水库，万县—三峡坝址为湖泊型水库，后者洪水波为动力波，此时寸滩—三峡坝址的汇流时间约为 36h；当三峡库水位高于 145.00m 时，寸滩—三峡坝址区间库区逐渐形成湖泊型水库，库水位为175.00m时，原寸滩—三峡坝址的天然河道变为水库回水区，洪水传播时间明显缩短，汇流时间约为18h。

表6.1　　长江上游干支流控制站至三峡坝址洪水传播时间

河　流	水文站	集水面积/万 km^2	至寸滩传播时间/h	至三峡坝址传播时间/h
金沙江	屏山	45.88	30	48～66
岷江	高场	13.54	30	48～66
嘉陵江	北碚	15.67	6	24～42
沱江	富顺	2.79	24	42～60
乌江	武隆	8.30	—	15～30

从向家坝、高场、北碚、富顺各站到寸滩还是河道演进过程，而寸滩、武隆直接入三峡库区，已经不属于河道演进，马斯京根法的精度通常难以达到要求。

长江上游干支流金沙江、岷江、沱江、嘉陵江和乌江来水分别采用屏山、高场、富顺、北碚和武隆等水文站的实测洪水过程。本书收集整理的资料主要包括以下内容：

(1) 长江上游干支流控制水文站2010—2021年汛期5—9月的6h时间尺度流量资料，包括屏山、高场、富顺、北碚和武隆五个水文站的实测流量资料。

(2) 屏山站至三峡坝址区间范围内2010年—2021年汛期5—9月的6h时间尺度降雨量资料。雨量站点共143个，由于该区间未控流域较为狭长，为考虑雨量分布不均等问题，将其进一步划分为向家坝—寸滩、寸滩—万县、万县—三峡坝址共3个子区间，各子区间信息见表6.2。向家坝—寸滩区间雨量站为47个，寸滩—万县区间雨量站为38个，万县—三峡区间雨量站为58个。各子区间雨量站分布均匀，采用算术平均法计算面平均雨量。

表6.2　　屏山站至三峡坝址区间未控流域雨量站分区与常系数 k 及最大初损值 I_m

子　区　间	集水面积/万 km^2	站点数/个	k	I_m/mm
向家坝—寸滩	7.69	47	0.90	50
寸滩—万县	2.29	38	0.95	80
万县—三峡坝址	2.76	58	0.95	80

6.2　三峡水库洪水地区组成分析

6.2.1　长江上游干支流洪水相关性分析

由于三峡水库集水面积大，地区组成复杂，因此根据聚合分解理论研究其洪水组成规律。以7d时段为例，计算了支流控制站年最大洪水的秩相关关系，见表6.3。由表可以看出，各分区洪水基本相互独立。从物理成因来看，原因在于各个支流属于不同暴雨区，具有不同的暴雨、洪水形成机制。因此，各个分区的洪水可以视为相互独立[15]。

表 6.3　　各分区 7d 年最大洪量的秩相关关系

河流	控制站	秩相关系数				
		屏山	高场	富顺	北碚	武隆
金沙江	屏山	1	0.15	0.16	−0.04	0.11
岷江	高场	0.15	1	0.27	0.07	0.09
沱江	富顺	0.16	0.27	1	0.16	−0.16
嘉陵江	北碚	−0.04	0.07	0.16	1	−0.19
乌江	武隆	0.11	0.09	−0.16	−0.19	1

6.2.2　宜昌站典型年洪水地区组成分析

宜昌站典型年洪水地区组成见表 6.4。

表 6.4　　宜昌站典型年洪水地区组成

洪水地区			屏山站	高场站	富顺站	北碚站	武隆站	屏—寸区间	寸—万区间	万—宜区间
控制流域面积占比			0.482	0.135	0.023	0.155	0.083	0.066	0.023	0.033
多年平均流量占比			0.325	0.187	0.037	0.182	0.105	0.087	0.032	0.045
典型年不同时段洪量占比	1954 典型年	1d	0.306	0.109	0.015	0.094	0.174	0.142	0.062	0.098
		3d	0.310	0.112	0.019	0.092	0.175	0.136	0.068	0.088
		7d	0.308	0.115	0.014	0.096	0.164	0.147	0.064	0.093
		15d	0.303	0.116	0.018	0.109	0.189	0.125	0.058	0.083
		30d	0.287	0.155	0.029	0.149	0.147	0.107	0.052	0.074
	1981 典型年	1d	0.214	0.202	0.102	0.417	0.021	0.036	0.003	0.006
		3d	0.204	0.205	0.110	0.425	0.017	0.031	0.004	0.005
		7d	0.205	0.211	0.109	0.414	0.018	0.034	0.003	0.005
		15d	0.282	0.231	0.081	0.327	0.022	0.040	0.007	0.010
		30d	0.312	0.204	0.055	0.278	0.053	0.065	0.014	0.019
	1982 典型年	1d	0.288	0.144	0.022	0.234	0.084	0.034	0.077	0.117
		3d	0.270	0.136	0.013	0.251	0.098	0.036	0.078	0.118
		7d	0.273	0.131	0.013	0.250	0.115	0.037	0.071	0.109
		15d	0.267	0.141	0.013	0.252	0.080	0.034	0.085	0.127
		30d	0.305	0.151	0.031	0.217	0.070	0.033	0.077	0.116
	1998 典型年	1d	0.359	0.085	0.025	0.103	0.091	0.126	0.084	0.127
		3d	0.357	0.092	0.025	0.104	0.097	0.119	0.082	0.123
		7d	0.361	0.078	0.024	0.102	0.084	0.132	0.087	0.131
		15d	0.353	0.106	0.026	0.105	0.110	0.107	0.077	0.115
		30d	0.366	0.126	0.034	0.152	0.104	0.096	0.049	0.074

续表

洪水地区			屏山站	高场站	富顺站	北碚站	武隆站	屏—寸区间	寸—万区间	万—宜区间
典型年不同时段洪量占比	2020典型年	1d	0.233	0.229	0.047	0.335	0.012	0.079	0.026	0.039
		3d	0.226	0.206	0.063	0.314	0.012	0.098	0.033	0.049
		7d	0.226	0.274	0.077	0.358	0.014	0.028	0.009	0.014
		15d	0.240	0.238	0.071	0.322	0.018	0.060	0.020	0.030
		30d	0.278	0.247	0.066	0.295	0.035	0.043	0.014	0.021

由表 6.4 可得到以下结论：

（1）不同典型年的洪水地区组成结果有所差异，1954 年和 1998 年洪水属于流域性洪水，而 1981 年洪水主要来自嘉陵江流域，1982 年洪水寸滩—宜昌区间来水相对较大。

（2）对于 1954 典型年，金沙江来水占比较大，区间来水比重相对其他典型年亦较高。

（3）对于 1981 典型年，洪水主要来源于嘉陵江。其洪水比重在该典型年超过了金沙江。

（4）对于 1982 典型年，金沙江洪水占比低于 1954 典型年和 1998 典型年。而三峡区间洪水所占比重相对较高。该洪水是嘉陵江洪水与寸滩—宜昌区间洪水遭遇的典型。

（5）对于 1998 典型年，金沙江和万县—宜昌区间来水占比为四个典型年中最高。

（6）对于 2020 典型年，其洪水是金沙江、岷江和嘉陵江三场洪水遭遇所产生的，其中金沙江洪水占比偏低。

综上所述，三峡洪水地区组成较复杂，不同年份之间各分区洪水的占比均有一定差异。所选取的 1954 年、1981 年、1982 年、1998 年和 2020 年五个典型年均对防洪较为不利，一定程度上可以表征三峡发生恶劣洪水时的主要水情特点。

6.3 多输入单输出系统模型模拟洪水结果

6.3.1 多输入单输出系统模型

构建多输入单输出（MISO）系统模型模拟三峡水库坝址洪水过程。MISO 模型属于黑箱模型的一种，该模型在洪水计算过程中将区间流域视作一个整体，即将上游干支流来水和区间净雨作为输入，将水库坝址洪水作为输出。尽管此类数据驱动型模型不具有明确的物理意义，但是其结果精度通常较高，能够满足复杂汇流系统的精度要求。

三峡水库坝址洪水 MISO 模型概化如图 6.2 所示。

MISO 模型的输入为屏山站（向家坝水库建成后移到坝下）、高场站、富顺站、北碚站、武隆站五个控制站的流量，以及屏山—寸滩（屏—寸）、寸滩—万县（寸—万）、万县—三峡坝址（万—三）三个子区间面净雨量，输出为三峡水库入库流量。汇流计算方法[13] 如下：

$$y_i = \sum_{j=1}^{m} x_{i-j+1} h_{ij} \tag{6.1}$$

式中：x、y 为 MISO 模型的输入、输出；h 为单位冲激响应的大小；m 为相应输入的记忆长度，代表输入的汇流时间。

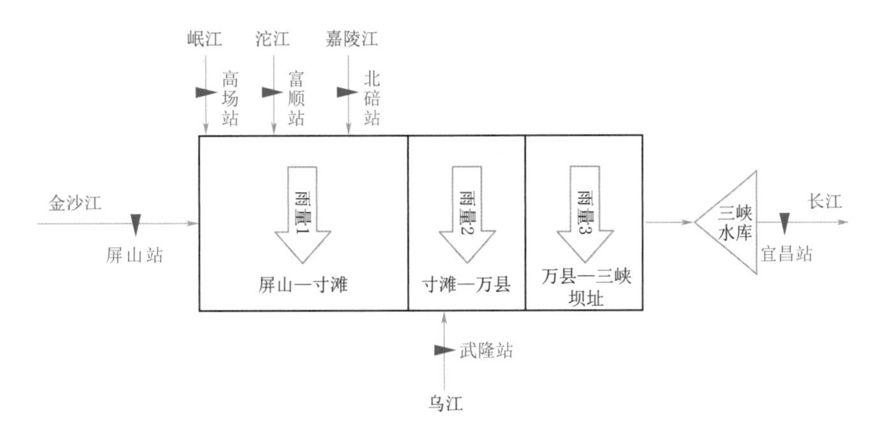

图 6.2 三峡水库坝址洪水 MISO 模型概化图

由于降雨径流模型中的损失，上下游水量平衡难以完全满足，故引入增益因子 G 表征降雨、径流的转换比例如下：

$$G=\int_0^{\infty} h(\tau)\mathrm{d}\tau \tag{6.2}$$

单位冲激响应（脉冲响应函数）值 h 归一化后可得

$$u_j=\frac{h_j}{G} \tag{6.3}$$

则式（6.1）可表示为

$$y_t=G\sum_{j=1}^{n}\sum_{k=1}^{m(j)}u_k^{(j)}x_{t-k+1}^{(j)}+e_t \tag{6.4}$$

式中：$u_k^{(j)}$ 为标准单位冲激响应值；$m(j)$ 为纳入考虑的输入变量时序数；e_t 为残差。

通常基于最小二乘法求解单位冲激响应 $\hat{H}$。其最小二乘解为

$$\hat{H}=[X^TX]^{-1}X^TY \tag{6.5}$$

MISO 模型可以写成矩阵形式：

$$Y=X^{(1)}H^{(1)}+X^{(2)}H^{(2)}+\cdots+X^{(J)}H^{(J)}+e \tag{6.6}$$

其中
$$\hat{H}=[H^{(1)}\quad H^{(2)}\quad\cdots\quad H^{(J)}]^T$$

通过约束 J 个输入，构造得到 H 的估算式为

$$F=e^Te+\lambda_1X^{(1)}H^{(1)}+\lambda_2X^{(2)}H^{(2)}+\cdots+\lambda_JX^{(J)}H^{(J)} \tag{6.7}$$

式中：λ_1，λ_2，…，λ_J 为限制系数。

其最优值点如下：

$$\frac{\partial F}{\partial H_1}=\frac{\partial F}{\partial H_2}=\cdots=\frac{\partial F}{\partial H_J}=0 \tag{6.8}$$

则响应函数的识别式如下：

$$H=(X^TX+A)^{-1}X^TY \tag{6.9}$$

其中

$$A=\begin{bmatrix} \lambda_1 & I_1 & & & & & & \\ & \lambda_2 & I_2 & & & & & \\ & & \cdots & \cdots & & & & \\ & & & \lambda_j & I_j & & & \\ & & & & \cdots & \cdots & & \\ & & & & & \lambda_J & I_J \end{bmatrix} \tag{6.10}$$

式中：I_j 为某 j 阶单位阵。

响应函数识别的目标函数式如下：

$$\text{obj}=\min\left(\frac{1}{2}H^{\mathrm{T}}X^{\mathrm{T}}XH-H^{\mathrm{T}}X^{\mathrm{T}}\mathbf{Y}\right) \tag{6.11}$$

纳入考虑的输入变量时序数 m 通常与汇流时间有关，一般可通过试算法进行优化。如根据表6.1中各输入至三峡坝址的传播时间，可将 m 大致定为4～12不等。

通过前期雨量指数（antecedent precipitation index，API）模型推求净雨量。API模型是三峡水库实际作业预报采用的主要预报模型[16]。实践中通过查算降雨量 P、前期影响雨量 P_a 和净雨量 R 三者的经验关系（图6.3），通过插值法计算净雨量 R。

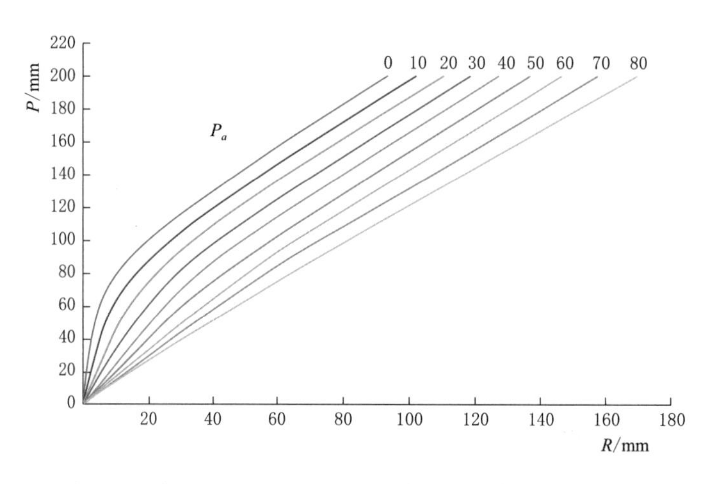

图6.3 降雨量 P、前期影响雨量 P_a 和净雨量 R 关系图

前期影响雨量 P_a 计算式如下：

$$P_{a,t}=kP_{t-1}+k^2P_{t-2}+k^3P_{t-3}+\cdots+k^{15}P_{t-15} \tag{6.12}$$

式中：$P_{a,t}$ 为第 t 日开始时的土壤含水量；P_{t-i} 为前 i 日的降雨量；k 为常系数。

通常将式（6.12）变换为如下递归形式：

$$P_{a,t+1}=k(P_{a,t}+P_t) \tag{6.13}$$

$$P_{a,t+1} \leqslant I_m \tag{6.14}$$

式中：I_m 为最大初损值。

根据长江委水文局水文情报预报中心多年实际预报业务经验，屏一寸、寸一万、万一宣三个子区间的常系数 k 和最大初损值 I_m 见表 6.2，降雨径流相关图节点见表 6.5。

表 6.5　　降雨径流相关图节点　　单位：mm

P	P_a								
	0	10	20	30	40	50	60	70	80
	R								
0	0.0	0.0	0.0	0.0	0.0	0.0	0.0	0.0	0.0
5	0.1	0.3	0.5	1.3	1.8	2.5	2.7	3.3	3.5
10	0.3	0.8	1.5	2.5	3.4	5.0	5.7	6.6	7.4
15	0.5	1.4	2.5	4.1	5.8	7.3	8.8	10.0	11.1
20	0.7	2.0	3.5	5.6	7.7	9.6	11.8	13.5	15.0
30	1.5	3.2	5.8	8.8	11.9	14.6	18.0	20.3	22.2
40	2.4	4.7	8.2	12.1	16.3	20.0	24.0	27.0	30.7
60	4.8	9.0	13.6	19.0	25.0	30.7	36.5	41.0	46.8
80	10.0	15.7	22.2	28.6	35.6	43.5	50.3	56.0	63.4
100	19.7	26.6	33.5	41.4	49.0	57.6	65.4	72.5	80.5
120	32.2	40.2	47.6	55.7	64.3	73.0	81.6	90.0	98.5
140	47.1	55.0	62.8	71.5	80.2	89.2	98.0	107.4	116.0
160	62.5	70.8	78.7	87.3	96.1	105.2	114.4	124.2	133.8
180	78.0	86.4	94.6	102.7	111.7	121.3	130.8	141.0	151.5
200	93.5	102.0	110.5	118.5	127.3	136.7	146.0	157.5	169.0

在获得每日早上 8 时的前期影响雨量之后，采用以下公式计算日内时间尺度（如 6h）的前期影响雨量：

$$P_{a,t,n} = \left(P_{a,t} + \sum_{n=1}^{m} P_{t,n}\right) k \frac{m}{24} \tag{6.15}$$

式中：$P_{a,t,n}$ 为日内尺度的前期影响雨量；$\sum_{n=1}^{m} P_{t,n}$ 为 8 时到日内某一时刻的累积降水量；m 为 8 时到日内某一时刻的小时数。

6.3.2 系统模型输入变量

MISO 模型为汇流系统模型，需结合 API 模型计算子区间净雨量，并依据各水文站点的洪水传播时间和子区间流域汇流时间筛选出模型输入变量。如根据表 6.3 中各输入至三峡的传播时间，屏山—寸滩、寸滩—万县、万县—三峡坝址三个区间的净雨量，以及北碚站、富顺站、高场站、武隆站和向家坝水库出库流量的记忆长度分别大致定为 10 个、3 个、3 个、7 个、10 个、11 个、5 个、11 个时段。

模型率定期为 2010—2016 年共计 7 年，模型检验期为 2017—2021 年共 5 年。

6.3.3 模型精度评定指标

水文模拟的可靠性如何，精度怎样，是否能满足预期目标，如何进行量化的比较，均需要由评定或者检验给予回答。根据我国《水文情报预报规范》（GB/T 22482—2008），并结合长江委实践中采用的三峡水库流量评定指标，采用纳什效率系数（Nash - Sutcliffe efficiency coefficient，NSE）和平均相对水量误差（relative error，RE）对三峡水库汛期模拟精度进行评定，计算式分别如下：

$$NSE = 1 - \frac{\sum_{i=1}^{N}[y_c(i) - y_o(i)]^2}{\sum_{i=1}^{N}[y_o(i) - \overline{y}_o]^2} \tag{6.16}$$

$$RE = \frac{\sum_{i=1}^{N}[y_c(i) - y_o(i)]}{\sum_{i=1}^{N} y_o(i)} \times 100\% \tag{6.17}$$

式中：$y_o(i)$ 和 $\overline{y}_o$ 分别为实测值及其均值；$y_c(i)$ 为模拟值；N 为数据总量。

6.3.4 三峡水库坝址洪水模拟结果分析

6.3.4.1 MISO 模型总体精度评价

采用式（6.16）和式（6.17），分别计算 MISO 模型率定期和检验期的纳什效率系数（NSE）和平均相对水量误差（RE）。模型率定期和检验期的 NSE 分别为 0.969 和 0.968，RE 分别为－0.889％和－0.983％，说明 MISO 模型具有很高的模拟精度。

图 6.4 2017 年三峡水库坝址实测与 MISO 模拟流量过程对比

2017—2021 年三峡水库坝址实测与 MISO 模拟测量过程对比如图 6.4～图 6.8 所示。由图示可直观看到，MISO 模型在检验期模拟的三峡水库坝址流量过程线与实际流量过程线拟合很好，且洪峰部分模拟效果也不错。综上所述，MISO 模型具有很好的模拟能力，可以有效地模拟三峡水库坝址的洪水过程。

图 6.5　2018 年三峡水库坝址实测与 MISO 模拟流量过程对比

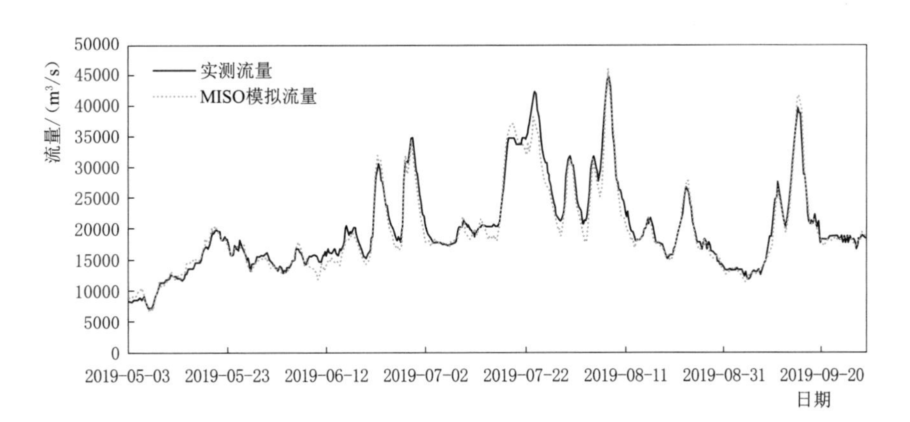

图 6.6　2019 年三峡水库坝址实测与 MISO 模拟流量过程对比

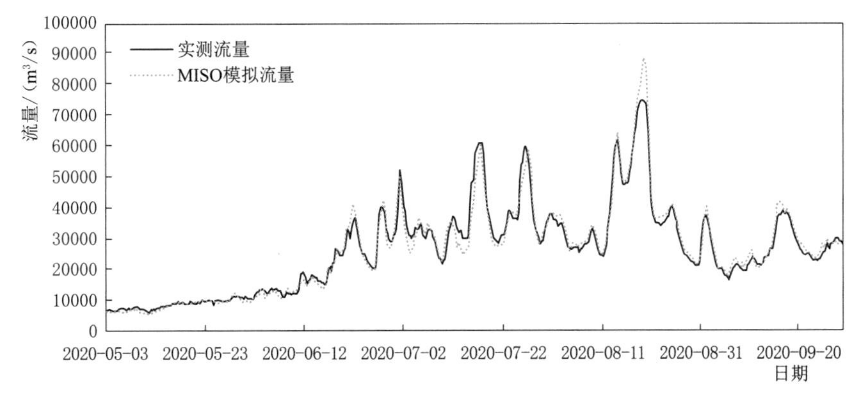

图 6.7　2020 年三峡水库坝址实测与 MISO 模拟流量过程对比

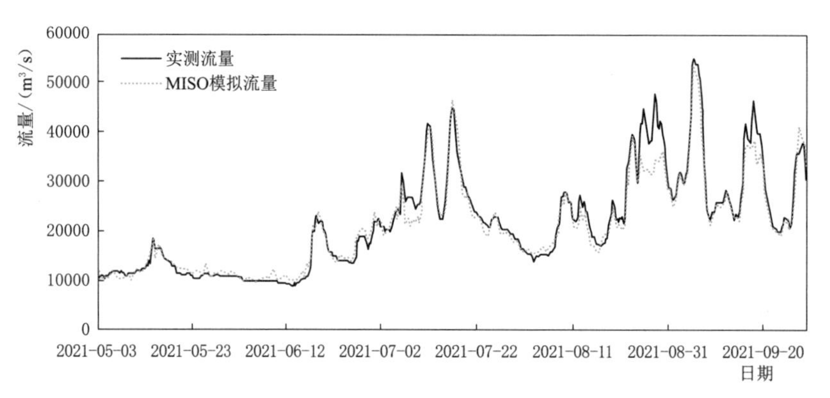

图6.8 2021年三峡水库坝址实测与MISO模拟流量过程对比

6.3.4.2 MISO模型场次洪水精度评价

上述模型精度评价结果是建立在整个率定期和检验期的基础之上的，包括了汛期全部模拟结果。然而，人们往往更加关注场次洪水过程的模拟预测结果。

选取最大洪峰流量超过30000m^3/s的12场场次洪水用作评价分析。其中率定期6场，检验期6场。根据三峡水库洪水特性，选取洪水场次的时段长度为8d（即每场洪水32个流量值），增加了洪峰水量相对误差（peak relative error，PRE）和峰现时间误差（peak time error，PTE）两个指标进行评价。各场次洪水的评价结果见表6.6，由表可以得知，MISO模型在率定期NSE的最大值、最小值和平均值分别为0.99、0.89和0.95，RE的最大值和平均值分别为1.12%和0.01%，PRE的最大值和平均分别为3.36%和0.72%，PTE最大值为12h。在检验期NSE最大值、最小值和平均值分别为0.98、0.85和0.92，RE最大值和平均值分别为4.45%和−1.16%，PRE最大值和平均值分别为4.56%和1.12%，PTE最大值为12h。整体来看，12场洪水的模拟结果精度较高。

表6.6　　三峡水库坝址场次洪水MISO模型模拟精度评价

计算时期	场次洪水编号	评价指标			
		NSE	RE/%	PRE/%	PTE/6h
率定期	20110921	0.99	0.78	3.36	1
	20120725	0.97	1.02	3.12	−1
	20130703	0.98	−1.15	−2.97	2
	20140712	0.89	1.12	1.03	0
	20150701	0.98	0.34	2.20	−1
	20160720	0.91	−2.05	−2.41	0
检验期	20180805	0.94	−0.50	−2.59	2
	20190630	0.91	−3.84	0.48	1
	20190808	0.85	−5.04	2.86	1
	20200826	0.90	4.45	3.42	1
	20210718	0.94	0.93	4.56	0
	20210906	0.98	−2.99	−2.03	0

率定期和检验期选定的12场三峡水库坝址洪水过程线及MISO模型的模拟结果对比分别如图6.9和图6.10所示。由结果可知，对于大多数场次洪水，MISO模型均能够较好地拟合洪水过程，对于洪水的涨落趋势识别也较为准确。

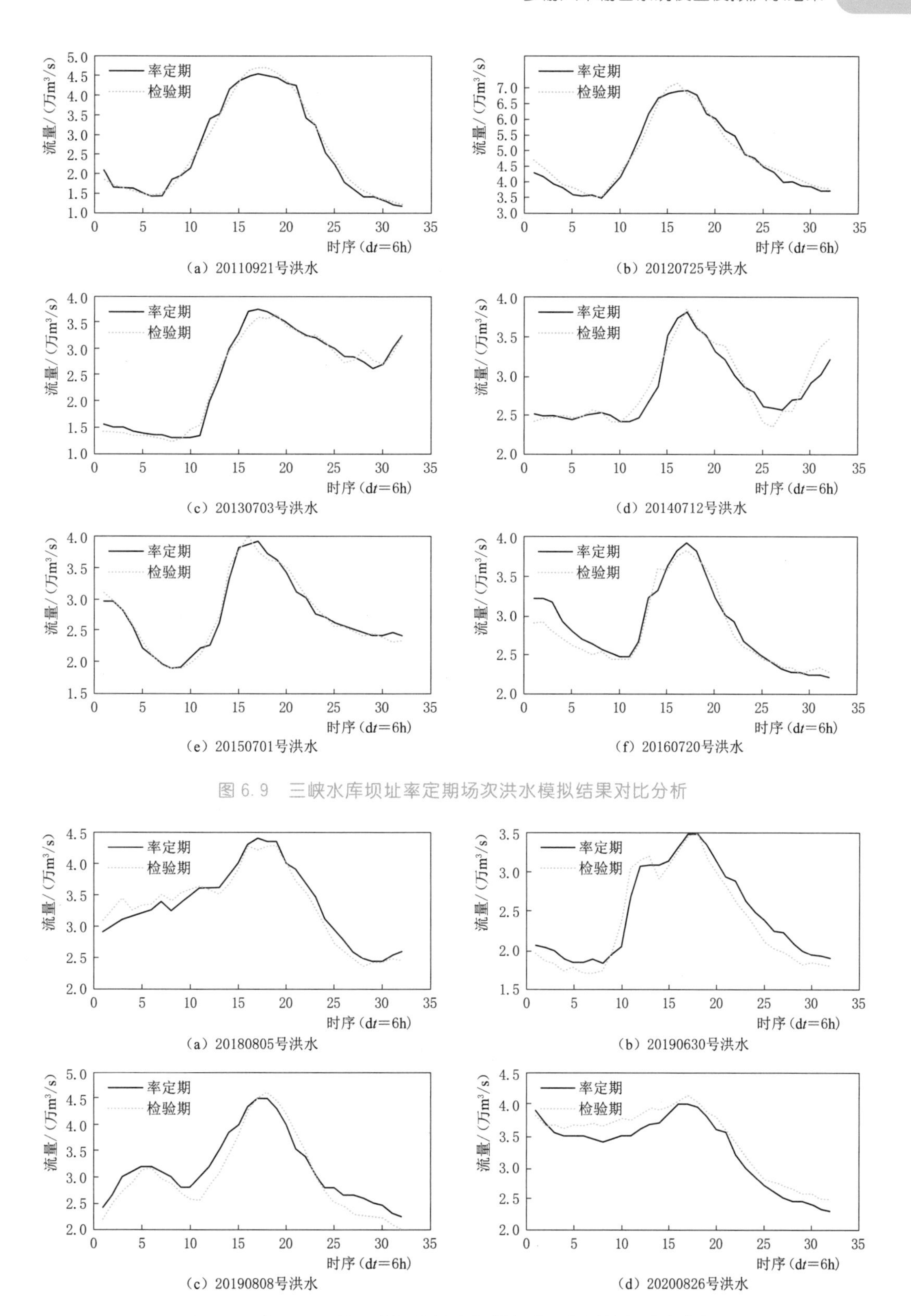

图 6.9 三峡水库坝址率定期场次洪水模拟结果对比分析

图 6.10(一) 三峡水库坝址检验期场次洪水模拟结果对比分析

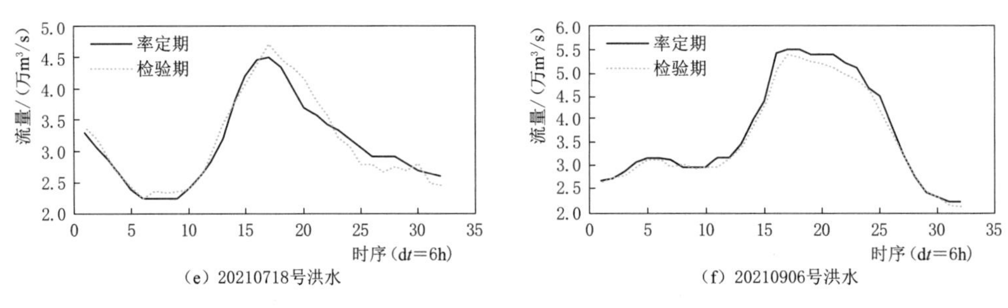

图 6.10（二） 三峡水库坝址检验期场次洪水模拟结果对比分析

6.4 三峡水库运行期设计洪水及汛控水位

6.4.1 长江上游干支流控制站设计洪水特征值和过程线

选择 1954、1981、1982 和 1998 四个典型年洪水过程线，按长江上游干支流子分区分配所得洪量同频率放大得到设计洪水过程线，并基于干支流梯级水库调度规则计算各分区经调蓄后的洪水过程线[15]。干支流控制站建设期和运行期 1000 年一遇设计洪水过程线的对比如图 6.11 所示，从图中可以得出如下结论：

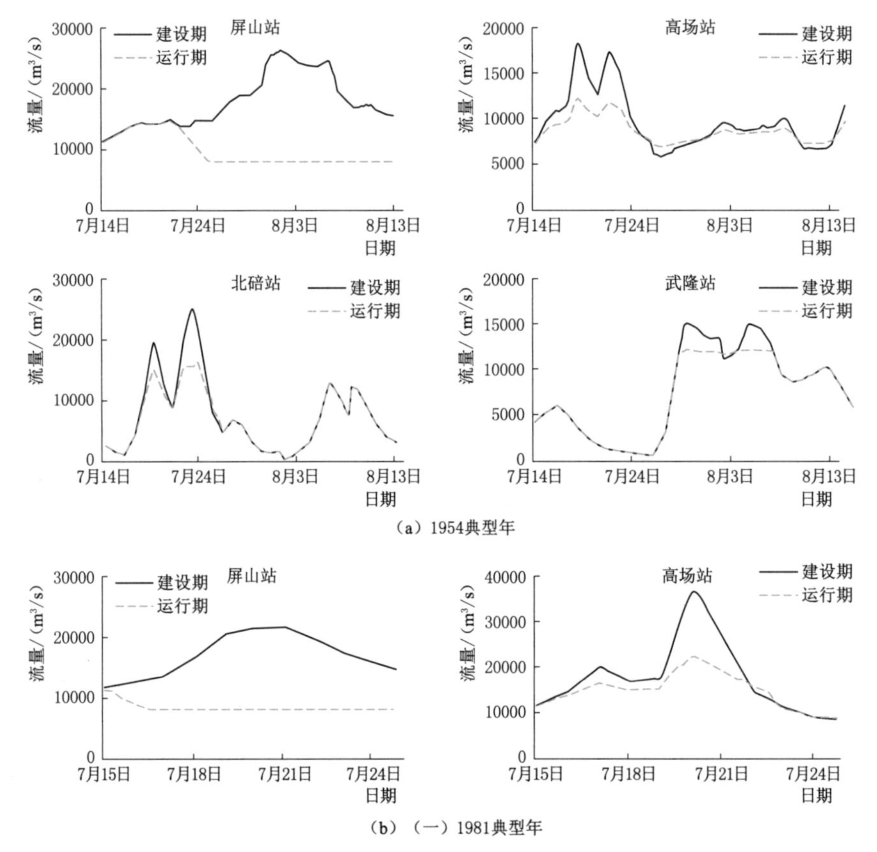

图 6.11（一） 干支流控制站建设期和运行期 1000 年一遇设计洪水过程线对比

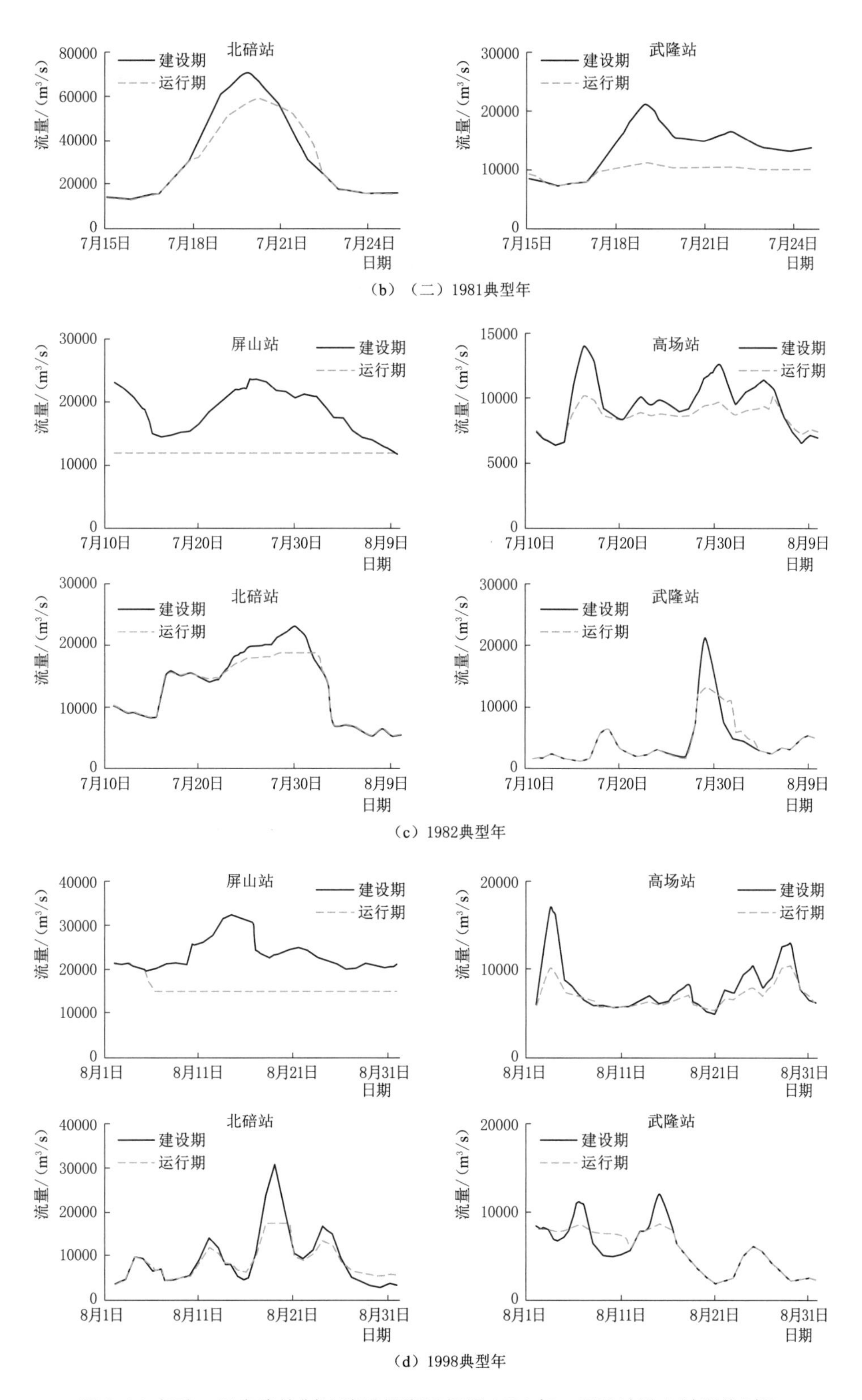

图 6.11(二) 干支流控制站建设期和运行期 1000 年一遇设计洪水过程线对比

（1）干支流控制站的洪水过程经上游水库联合调度后均有显著削减。

（2）金沙江梯级水库防洪库容超过 200 亿 m^3，对三峡设计洪水的影响最为显著。

以 1954 典型年为例计算了干支流不同洪水特征变量的变化，见表 6.7。研究表明：干支流受调蓄影响均显著，屏山站 1954 典型年过程中不同特征变量的减少率均高于 40%，高场站和北碚站的最大洪峰流量和短时段洪量减少率均高于 20%。

表 6.7　干支流控制站建设期和运行期 1000 年一遇设计洪水特征值（1954 典型年）

特征值	时期	屏山站	高场站	北碚站	武隆站
Q_{max}/(m^3/s)	建设期	26500	18307	26136	16485
	运行期	15038（−43.3%）	12176（−33.5%）	17718（−32.2%）	13563（−17.7%）
W_{3d}/亿 m^3	建设期	66.7	39.7	55.1	40.7
	运行期	37.5（−43.8%）	29（−26.9%）	41.6（−24.5%）	34.8（−14.3%）
W_{7d}/亿 m^3	建设期	149.9	87.3	106.7	90.4
	运行期	84.7（−43.5%）	65.6（−24.9%）	87（−18.4%）	80.9（−10.5%）
W_{15d}/亿 m^3	建设期	278.5	141.5	151.6	173.1
	运行期	149.9（−46.2%）	119.9（−15.3%）	132.2（−12.7%）	161.1（−7%）
W_{30d}/亿 m^3	建设期	465.7	252.1	246.6	235.8
	运行期	253.6（−45.5%）	226.4（−10.2%）	227.3（−7.8%）	223.8（−5.1%）

注　括号内数据为变化率，“—”表示削减率。

6.4.2　三峡水库运行期设计洪水及汛控水位推求

将长江上游干支流梯级水库联合调度后的洪水过程以及区间未控流域的净水过程输入到率定的 MISO 模型，可分别输出得到四个典型年三峡水库坝址运行期设计洪水过程。三峡水库坝址建设期和运行期 1000 年一遇设计洪水过程线的对比如图 6.12 所示，由图示可以得出如下结论：

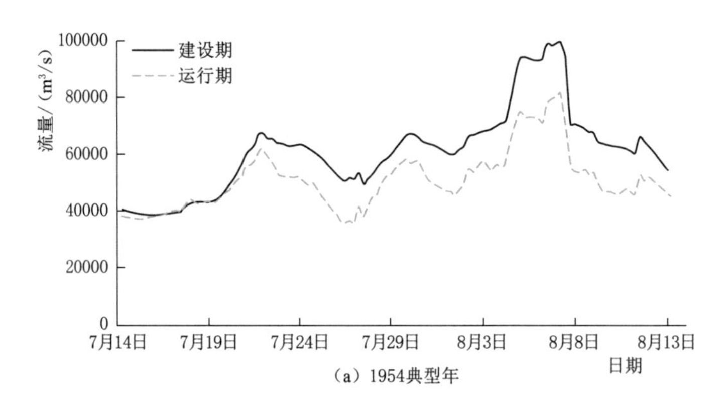

图 6.12（一）　三峡水库坝址建设期和运行期 1000 年一遇设计洪水过程线对比

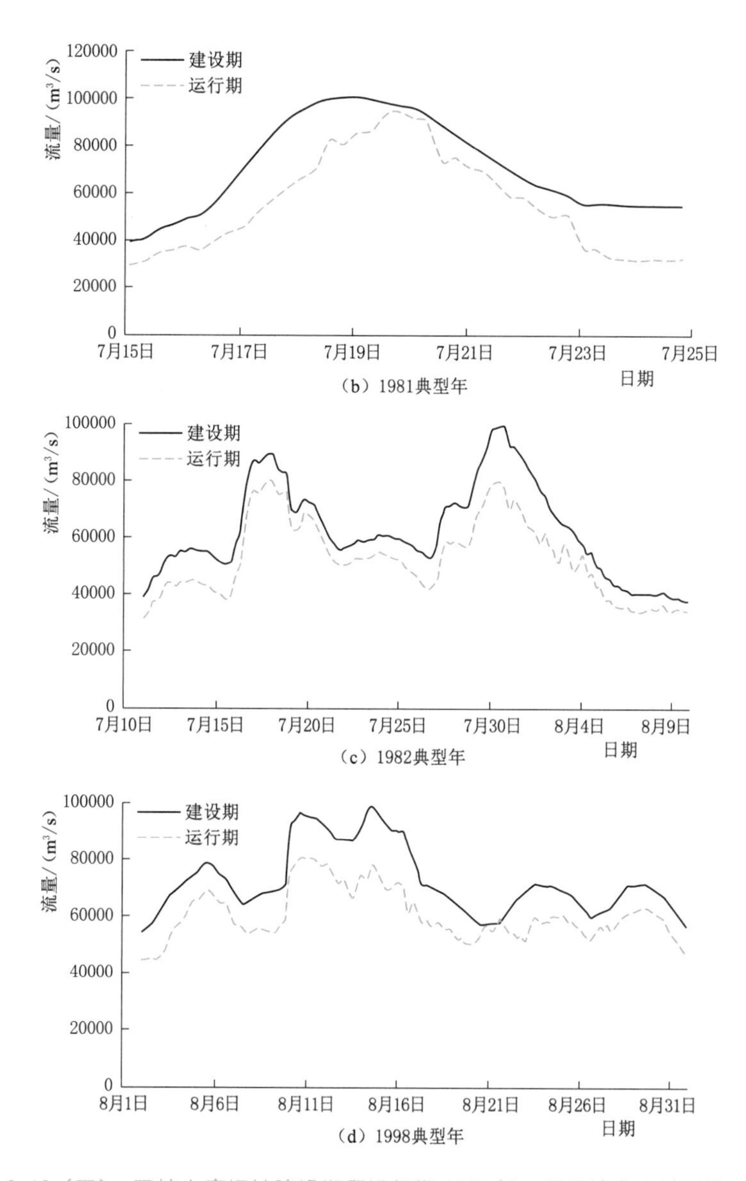

图 6.12(二) 三峡水库坝址建设期和运行期 1000 年一遇设计洪水过程线对比

(1) 各典型年运行期设计洪水过程线相对于建设期均变得相对平缓。

(2) 三峡水库坝址运行期设计洪水过程线受上游水库调蓄影响的变化程度有所不同。1981 典型年过程的削减程度相对较小,其洪峰变化程度不大,但峰现时间有所滞后。

各个典型年的运行期设计洪水汇总见表 6.8,由表可以得出如下结论:

表 6.8　　　三峡水库运行期不同典型年 1000 年一遇设计洪水削减量

特征值	时期	1954 典型年	1981 典型年	1982 典型年	1998 典型年	平均削减量
Q_{max}/(m³/s)	建设期	99208	101000	99300	98800	15247
	运行期	81136(−18.2%)	95035(−5.9%)	80331(−19.1%)	80818(−18.2%)	

续表

特征值	时期	1954典型年	1981典型年	1982典型年	1998典型年	平均削减量
W_{3d}/亿 m^3	建设期	247.0	251.1	239.0	247	47.1
	运行期	188.2(−23.8%)	215.0(−14.4%)	190.1(−20.5%)	202.5(−18%)	
W_{7d}/亿 m^3	建设期	486.8	489.2	489.0	486.9	98.5
	运行期	386.3(−20.6%)	394.3(−19.4%)	391.3(−20.0%)	386.1(−16.3%)	
W_{15d}/亿 m^3	建设期	911.8	—	910.6	912	156.1
	运行期	727.4(−20.2%)	—	796.7(−14.4%)	741.8(−17.9%)	
W_{30d}/亿 m^3	建设期	1590.0	—	1589.8	1590.2	263.2
	运行期	1320.9(−16.9%)	—	1337.0(−15.9%)	1322.5(−16.4%)	

注 括号内数据为削减率。

(1) 不同典型年由于洪水地区组成不同，上游梯级水库起到的拦蓄作用不同。1954典型年和1982典型年的3d、7d洪量削减较多，均高于20%；1954典型年和1998典型年的30d洪量削减亦较多，均高于16%；而1981典型年洪峰削减较少，仅为5.9%。各个典型年特征变量受联合调度影响的变化具有一定差异。

(2) 不同典型年来水情况下，三峡水库洪峰、不同时段设计洪量均有一定削减。其设计洪水受联合调度影响很大，五个典型年最大洪峰流量和3d、7d、15d、30d洪量的平均削减量分别为15247m^3/s、47.1亿m^3、98.5亿m^3、156.1亿m^3、263.2亿m^3。

最终，根据四个典型年设计洪水特征值的平均变化量，汇总得到其建设期和运行期设计洪水特征值，见表6.9，由表可以得到如下结论：

表6.9　　三峡水库建设期和运行期1000年一遇设计洪水特征值变化

特征值	建设期	运行期	变化率/%
Q_{max}/(m^3/s)	98800	83553	−15.4
W_{3d}/亿 m^3	247.0	199.9	−19.1
W_{7d}/亿 m^3	486.8	388.3	−20.2
W_{15d}/亿 m^3	911.8	755.7	−17.1
W_{30d}/亿 m^3	1590.0	1326.8	−16.6
汛期运行水位/m	145.00	155.00	—
汛期多年平均发电量/(亿kW·h)	474.2	515.8	8.7

(1) 三峡水库坝址运行期1000年一遇设计最大洪峰流量和3d、7d、15d、30d洪量分别为83553m^3/s、199.9亿m^3、388.3亿m^3、755.7亿m^3、1326.8亿m^3，相比初步设计阶段（建设期）分别减少了15.4%、19.1%、20.2%、17.1%和16.6%。

(2) 维持初步设计阶段三峡水库承担的荆江和城陵矶防洪标准不变，根据计算得到的运行期设计洪水过程线，经调洪演算可得到三峡水库的汛控水位为155.00m。若按该水位替代汛限水位（145.00m）运行调度，三峡水库在汛期年平均可增发电量41.6亿kW·h（增加8.7%）。

6.5 本章小结

本章分析了三峡水库洪水地区组成，采用 MISO 系统模型模拟屏山—三峡坝址区间的洪水过程，推求了经上游水库调蓄影响后的三峡水库坝址 1000 年一遇设计洪水过程线及汛控水位，主要结论如下：

(1) MISO 模型检验期的 NSE 和 RE 分别为 0.968 和−0.983%，具有很高的模拟精度，三峡水库坝址场次洪水过程的模拟效果很好。

(2) 根据长江上游干支流主要水库调度规则，计算了各分区经水库调蓄后的设计洪水过程线。屏山、高场、北碚、武隆等水文控制站的设计洪水经上游水库联合调度后均有所削减；金沙江梯级水库防洪库容超过 200 亿 m^3，对三峡水库运行期设计洪水的影响最为显著。

(3) 三峡水库坝址运行期 1000 年一遇设计最大洪峰流量和 3d、7d、15d、30d 洪量分别为 83553m^3/s、199.9 亿 m^3、388.3 亿 m^3、755.7 亿 m^3、1326.8 亿 m^3，相比初设阶段分别减少了 15.4%、19.1%、20.2%、17.1%和 16.6%。维持初步设计阶段的防洪标准不变，由调洪演算得到三峡水库汛控水位为 155.00m。若按该水位运行调度，三峡水库在汛期多年平均可增发电量 41.6 亿 kW·h（增加 8.7%）。

(4) 长江上游干支流主要梯级水库在汛期分别承担了相应的防洪任务，大大地减轻了三峡水库的防洪压力。因此，三峡水库采取 155.00m“汛控水位”运行，减少消落期和蓄水期的水位变幅，不仅有利于维护库岸稳定，保护消落区生态环境，显著改善重庆木洞—丰都河段的航道条件，提高三峡电站的发电能力，还可减少三峡水库在蓄水期对中下游河道以及洞庭湖和鄱阳湖的影响[17]。

参考文献

[1] 刘攀，郭生练，王才君，等. 三峡水库动态汛限水位与蓄水时机选定的优化设计 [J]. 水利学报，2004，35 (7)：86-91.

[2] 周建中，李纯龙，陈芳，等. 面向航运和发电的三峡梯级汛期综合运用 [J]. 水利学报，2017，48 (1)：31-40.

[3] 长江水利委员会. 三峡工程水文研究 [M]. 武汉：湖北科学技术出版社，1997.

[4] 郭生练，刘章君，熊立华. 设计洪水计算方法研究进展与评价 [J]. 水利学报，2016，47 (3)：302-314.

[5] 李安强，张建云，仲志余，等. 长江流域上游控制性水库群联合防洪调度研究 [J]. 水利学报，2013，44 (1)：59-66.

[6] 周研来，郭生练，陈进. 溪洛渡-向家坝-三峡梯级水库联合蓄水方案与多目标决策研究 [J]. 水利学报，2015，46 (10)：1135-1144.

[7] 郭生练，熊丰，尹家波，等. 水库运行期设计洪水理论和方法 [J]. 水资源研究，2018，7 (4)：327-339.

[8] 中华人民共和国水利部. 水利水电工程设计洪水计算规范：SL 44—2006 [S]. 北京：中国水利水电出版社，2006.

[9] 闫宝伟，郭生练，郭靖，等．基于Copula函数的设计洪水地区组成研究 [J]. 水力发电学报，2010，29 (6)：60-65.

[10] 刘章君，郭生练，李天元，等．梯级水库设计洪水最可能地区组成法计算通式 [J]. 水科学进展，2014，25 (4)：575-584.

[11] 熊丰，郭生练，陈柯兵，等．金沙江下游梯级水库运行期设计洪水及汛控水位 [J]. 水科学进展，2019，30 (3)：401-410.

[12] XIONG F，GUO S，LIU P，et al. A general framework of design flood estimation for cascade reservoirs in operation period [J]. Journal of Hydrology，2019，577：124003.

[13] LIANG G C，KACHROO R K，KANG W，et al. River flow forecasting：Part 4. Applications of linear modelling techniques for flow routing on large catchments [J]. Journal of Hydrology，1992，133 (1)：99-140.

[14] ZHONG Y X，GUO S L，LIU Z J，et al. Quantifying differences between reservoir inflows and dam site floods using frequency and risk analysis methods [J]. Stochastic Environmental Research and Risk Assessment，2018，32：419-433.

[15] 郭生练，熊丰，王俊，等．三峡水库运行期设计洪水及汛控水位初探 [J]. 水利学报，2019，50 (11)：1311-1317.

[16] 长江水利委员会．水文预报方法 [M]. 2版．北京：中国水利水电出版社，1993.

[17] 胡春宏，方春明，许全喜．论三峡水库“蓄清排浑”运用方式及其优化 [J]. 水利学报，2019，50 (1)：2-11.

梯级水库防洪库容优化分配和互补等效关系

长江上游主要干支流已形成梯级水库群格局，由于梯级水库之间的水力和水文联系，对梯级水库下游同一个防洪目标，各水库的防洪库容具有等效关系。在水库规划设计阶段，往往根据大坝和防洪安全确定设计洪水和防洪库容，并没有考虑流域水库群联合调度运行问题，难以适应当前复杂水库群运行管理的实际需要。因此，如何选择水库拦蓄洪水以及动用防洪库容，研究梯级水库防洪库容的互补等效关系，对提高其防洪和兴利效益，意义重大[1]。

本章以金沙江下游梯级和三峡水库为例，建立三种防洪库容优化分配模型，采用备选方案逐次淘汰法优选最佳方案，基于洪水地区组成理论和方法提出梯级水库防洪库容互补等效关系的计算框架，计算梯级水库防洪库容的互补等效系数和发电效益。

7.1　金沙江下游梯级和三峡水库防洪任务

金沙江下游梯级与三峡水库构成了长江干流最大的梯级水库群，概化如图7.1所示，五座水库的特征值见表7.1。由表7.1可见：五座水库的防洪库容分别为24.4亿m^3、75亿m^3、46.51亿m^3、9.03亿m^3和221.5亿m^3，防洪潜力巨大。

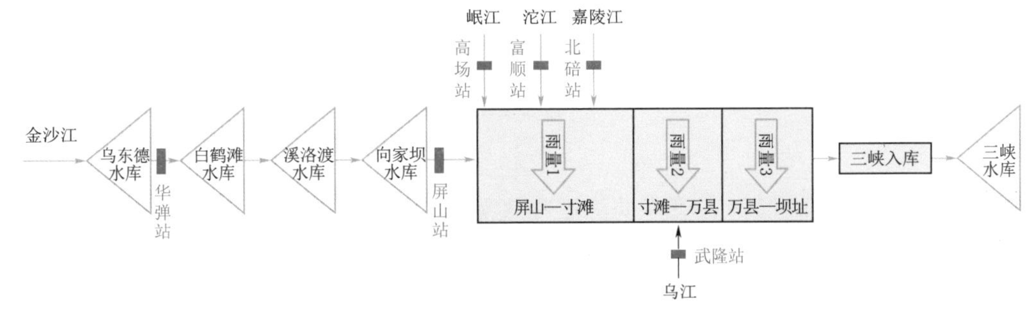

图7.1　金沙江下游梯级与三峡水库概化图

表 7.1 金沙江下游梯级与三峡水库特征值

水库名称	集水面积/万 km^2	汛限水位/m	正常蓄水位/m	设计洪水位/m	防洪库容/亿 m^3
乌东德	40.61	952.00	975.00	979.38	24.40
白鹤滩	43.03	785.00	825.00	827.71	75.00
溪洛渡	45.44	560.00	600.00	604.23	46.51
向家坝	45.88	370.00	380.00	380.00	9.03
三峡	100.00	145.00	175.00	175.00	221.50

金沙江下游梯级水库的防洪任务包括两个方面：①防护川江宜宾、泸州、重庆等沿线城市，对宜宾、泸州主城区的防洪调度：金沙江下游梯级水库预留专用防洪库容共计约 14.6 亿 m^3；对重庆主城区的防洪调度：金沙江下游梯级水库预留防洪库容共计 29.6 亿 m^3；②配合三峡水库联合调度，减小长江中下游分洪损失。

三峡水库的防洪任务包括三个方面：①在确保三峡和葛洲坝水利枢纽防洪安全的前提下，对长江上游洪水进行调控，使荆江河段防洪标准达到 100 年一遇；②适度调控调水，减小城陵矶地区分蓄洪量；③当发生危及大坝安全事件时，按保枢纽大坝安全进行调度。

综上可知，金沙江下游梯级水库和三峡水库都承担对长江中下游的防洪任务，两者的防洪库容具有互补等效性[2]。

7.2 梯级水库防洪库容优化分配模型与评估

7.2.1 梯级水库防洪库容分配模型

7.2.1.1 变权重剩余防洪库容最大模型

为了考虑增加水库剩余防洪库容，周丽伟等[3] 提出变权重剩余防洪库容最大模型。该模型在满足水库群下游共同防洪对象安全的前提下，综合考虑水库区间来水、水库设计防洪库容、水库地理位置等因素，对水库剩余防洪库容权重进行计算，以协调各水库防洪库容的使用。定义水库系数 $\alpha_{i,t}$，其数学表达式如下：

$$\alpha_{i,t}=\frac{Q_{i,t}}{V_i^{\mathrm{des}}\cdot L_i} \tag{7.1}$$

式中：$\alpha_{i,t}$ 为水库 i 在时刻 t 的水库系数；$Q_{i,t}$ 为水库 i 在时刻 t 的入库流量；V_i^{des} 为水库 i 的设计防洪库容；L_i 为水库 i 至下游防洪对象的距离。

将各水库系数归一化后，得到水库剩余防洪库容权重 $\omega_{i,t}$，其数学表达式如下：

$$\omega_{i,t}=\frac{\alpha_{i,t}}{\sum_{i=1}^{N}\alpha_{i,t}} \tag{7.2}$$

式中：$\omega_{i,t}$ 为水库 i 在时刻 t 的剩余防洪库容权重；$\alpha_{i,t}$ 为水库 i 在时刻 t 的水库系数；N 为水库个数。

7.2.1.2 系统非线性安全度最大模型

在水库群联合防洪调度中，使用相同的防洪库容，对设计防洪库容大、调蓄能力强的水库的“安全”影响程度要更小，康玲等[4] 从水库群“安全”的角度建立了系统非线性安全度最大模型。定义水库非线性安全度 S_i 为水库最大剩余防洪库容与水库设计防洪库容的非线性函数，其数学表达式为

$$S_i=\sqrt{1-\left[\frac{\max\limits_{t\in T}(V_i^{\text{des}}-V_{i,t})}{V_i^{\text{des}}}\right]^2} \tag{7.3}$$

式中：S_i 为水库 i 的非线性安全度；V_i^{des} 为水库 i 的设计防洪库容；$V_{i,t}$ 为水库 i 在时刻 t 使用的防洪库容；T 为调度时段总数。

水库非线性安全度的下降速率随着水库防洪库容动用比例的提高而逐步加快。当防洪库容使用比例较低时，水库防洪库容使用比例的增加对系统非线性安全度的影响较小，因此可以优先使用该水库拦蓄洪水。

7.2.1.3 梯级水库防洪风险率最小模型

在实际调度中，往往需要综合考虑各水库的调度方案、上下游位置、区间来水情况、防洪对象的防洪安全等因素。本书提出梯级水库防洪风险率最小策略，即在满足下游防洪对象安全的前提下，水库处于运行水位提高后的水位状态时，遭遇频率 P 洪水的风险率 R_{P} 最小。本书将相应的设计频率洪水经过调洪计算得到的最高水位值作为相应洪水标准的水位。梯级水库防洪风险以允许安全流量及防洪标准对应的最高运行水位作为判定条件，出现了超过相应阈值的事件即视为洪水风险的产生。相应的防洪风险率可通过确定起调水位后使用试算法进行调洪计算获得。

由于串联水库的调蓄作用，单库风险模型可扩展到串联水库，即对于串联水库群，若其中任一水库均满足防洪标准 F，则串联水库群满足防洪标准 F。

$$\begin{cases}R_{\text{P}1}\leqslant F\\ R_{\text{P}2}\leqslant F\\ \vdots\\ R_{\text{P}n}\leqslant F\end{cases}\Rightarrow R_{\text{P}}\leqslant F \tag{7.4}$$

式中：R_{P} 为聚合水库的防洪风险率；$R_{\text{P}i}$ 为第 i 个水库的防洪风险率，$i=1，2，\cdots，n$。

7.2.2 梯级水库防洪库容联合优化分配模型计算

7.2.2.1 目标函数

（1）梯级防洪控制站的超标准洪量最小，即

$$\min W=\sum_{i\in\Gamma_1}\sum_{t=1}^{T}q_{i,t}\Delta t \tag{7.5}$$

式中：W 为梯级防洪控制站整个调度期内的总超标洪量；Γ_1 为防洪控制站集合；t 为调度时刻序号；T 为调度时段总数；$q_{i,t}$ 为第 i 个防洪控制站在时刻 t 的超标流量；Δt 为调度时刻单位。

（2）不同模型要求的目标函数最优。

1）水库群变权重剩余防洪库容最大，即

$$\max V=\sum_{t=1}^{T}\sum_{i=1}^{N}\omega_{i,t}(V_i^{\text{des}}-V_{i,t}) \tag{7.6}$$

式中：V 为水库群在调度期内的累积变权重剩余防洪库容；$V_{i,t}$ 为水库 i 在时刻 t 使用的防洪库容；$\omega_{i,t}$ 为水库 i 在时刻 t 的剩余防洪库容权重系数；N 为水库个数；T 为调度时段总数。

2）水库群系统非线性安全度最大，即

$$\max S = \frac{1}{N}\sum_{i\in\Gamma_2} S_i \tag{7.7}$$

式中：S 为水库群系统非线性安全度；S_i 为水库 i 的非线性安全度；N 为调度时段总数。

3）水库群梯级防洪风险率最小，即

$$\min R_{\mathrm{P}} = \frac{1}{T}\sum_{t=1}^{T} R_{\mathrm{P},t} \tag{7.8}$$

式中：R_{P} 为水库群梯级防洪风险率；$R_{\mathrm{P},t}$ 为时刻 t 梯级水库水位对应的梯级防洪风险率。

7.2.2.2 约束条件

（1）水库水量平衡方程：

$$V_{i,t+1} = V_{i,t} + (Q_{i,t}^{\mathrm{in}} - Q_{i,t}^{\mathrm{out}})\Delta t \tag{7.9}$$

（2）水库防洪库容约束：

$$0 \leqslant V_{i,t} \leqslant V_i^{\mathrm{des}} \tag{7.10}$$

（3）水库泄洪流量约束：

$$Q_{i,\min}^{\mathrm{out}} \leqslant Q_{i,t}^{\mathrm{out}} \leqslant Q_{i,\max}^{\mathrm{out}} \tag{7.11}$$

（4）水库泄流变幅约束：

$$X_{i,t} \leqslant \left| Q_{i,t+1}^{\mathrm{out}} - Q_{i,t}^{\mathrm{out}} \right| \tag{7.12}$$

式中：$V_{i,t+1}$、$V_{i,t}$ 分别为水库 i 在时刻 $t+1$、时刻 t 使用的防洪库容；$Q_{i,t}^{\mathrm{in}}$ 为水库 i 在时刻 t 的入库流量；$Q_{i,t}^{\mathrm{out}}$ 为水库 i 在时刻 t 的出库流量；$Q_{i,\min}^{\mathrm{out}}$ 为水库 i 允许的最小泄洪流量；$Q_{i,\max}^{\mathrm{out}}$ 为水库 i 允许的最大泄洪流量；$X_{i,t}$ 为水库 i 允许的最大泄洪流量变幅；Δt 为调度时刻单位。

7.2.2.3 模型求解方法

Deb et al.[5] 在 GA 法的基础上，结合非支配排序方法，提出了带精英策略的非支配排序遗传算法（non-dominated sorting genetic algorithm Ⅱ，NSGA-Ⅱ）。该算法克服了 NSGA 算法计算复杂、效率不高的局限性，充分利用了非支配排序方法的优点，提高了计算效率，使得该算法能够快速地收敛至目标解集。同时，NSGA-Ⅱ算法在产生下一代时，选择将父代和子代进行合并后，再从中选取表现优秀的个体，能够最大限度地保留优良个体。NSGA-Ⅱ算法还引入了精英策略，确保表现优秀的个体在自然选择的过程中不会丢失。

7.2.3 梯级水库防洪库容优化分配方案评价

7.2.3.1 评价方法

多目标决策方法往往是对多个优化目标参数进行综合评价，首先拟定各个优化目标参数的权重，然后采用决策矩阵的方式对各个方案进行规范化处理转化为单目标问题。而备选方案逐次淘汰法直接构建评价矩阵，通过在 n 维空间上比较参数优劣进行逐步淘汰，最终获得偏好方案，能避免权重系数法中有较多主观因素影响的缺点。基于 k 阶有效概念的备选方案逐次淘汰法如下[6]：

对方案集 $A=\{A_1, A_c, \cdots, A_m\}$，假设 n 维属性集或属性空间 $C=\{C_1, C_c, \cdots, C_n\}$ 中所有属性均为定量型，类似多目标优化问题中 Pareto 最优解的概念，强 Pareto 最优概念 k 阶有效的定义为 k 阶有效或 k - Pareto 最优（k - Pareto - optimal）。

方案 A_i 被称为 k 阶有效或 k - Pareto 最优方案，当且仅当方案 A_i 在 n 维属性空间 C 的所有 k 维子空间中不被任何其他方案所支配（$1 \leqslant k \leqslant n$），记为 k - Pareto 最优。

在上述定义中，Pareto 最优概念实际上是 k - Pareto 最优在当 $k=n$ 时的特殊情况。利用该定义进行多属性决策的方法称为基于 k 阶有效的备选方案逐次淘汰法。

7.2.3.2 评价指标

通过综合分析，使用水库最大使用防洪库容之和、水库最大使用防洪库容比例的均值、水库防洪库容使用比例的最大值、梯级最大防洪风险率四个评价指标来评价防洪库容优化分配方案，既可以考虑防洪库容的总体使用情况，又能考虑各水库防洪库容的协调分配情况。

（1）水库最大使用防洪库容之和，即各个水库最高水位对应的防洪库容之和，记为 C_1：

$$C_1=\sum_{i=1}^{N}\max_{t\in T}(V_{i,t}) \tag{7.13}$$

（2）水库最大使用防洪库容比例的均值，记为 C_2：

$$C_2=\frac{1}{N}\sum_{i=1}^{N}\frac{\max\limits_{t\in T}(V_{i,t})}{V_i^{\mathrm{des}}} \tag{7.14}$$

（3）水库防洪库容使用比例的最大值，为各水库防洪库容分配比例的最大值，记为 C_3：

$$C_3=\max_{i\in N}\left(\frac{\max\limits_{t\in T}(V_{i,t})}{V_i^{\mathrm{des}}}\right) \tag{7.15}$$

（4）梯级最大防洪风险率，通过考虑梯级水库设计洪水特征值及调度规则，计算得到梯级水库使用防洪库容提高运行水位后遭遇某一频率 P 洪水时的防洪风险率 $R_{\mathrm{P},t}$，记为 C_4：

$$C_4=\max_{t\in T}(R_{\mathrm{P},t}) \tag{7.16}$$

7.2.4 梯级水库防洪库容分配计算结果分析

选择乌东德—白鹤滩—溪洛渡—向家坝—三峡水库群为研究对象，当长江上游发生1000年一遇设计洪水时，以枝城站流量不超过 $80000\mathrm{m}^3/\mathrm{s}$ 控制。选择考虑长江全流域大水年1954年、1998年、2020年，上中游大水年1968年，以及川渝河段大水年1981年、1982年共6个典型年的汛期洪水，按同倍比放大30d洪量至1000年一遇。分别运用基于变权重剩余防洪库容最大模型、系统非线性安全度最大模型、梯级水库防洪风险率最小模型，使用NSGA-Ⅱ算法进行多目标优化调度计算，得到每种洪水的三种不同的水库群防洪库容优化分配结果[7]。

水库群优化调度后，枝城站的洪水过程如图7.2所示，联合调度后的洪水指标减少详见表 7.2，各场 1000 年一遇洪水在枝城站的过流流量均不大于其 1000 年一遇控制流量 $80000m^3/s$。可见，本书使用的优化分配模型对乌东德、白鹤滩、溪洛渡、向家坝、三峡五座水库进行联合防洪调度，能保证枝城站的防洪安全。

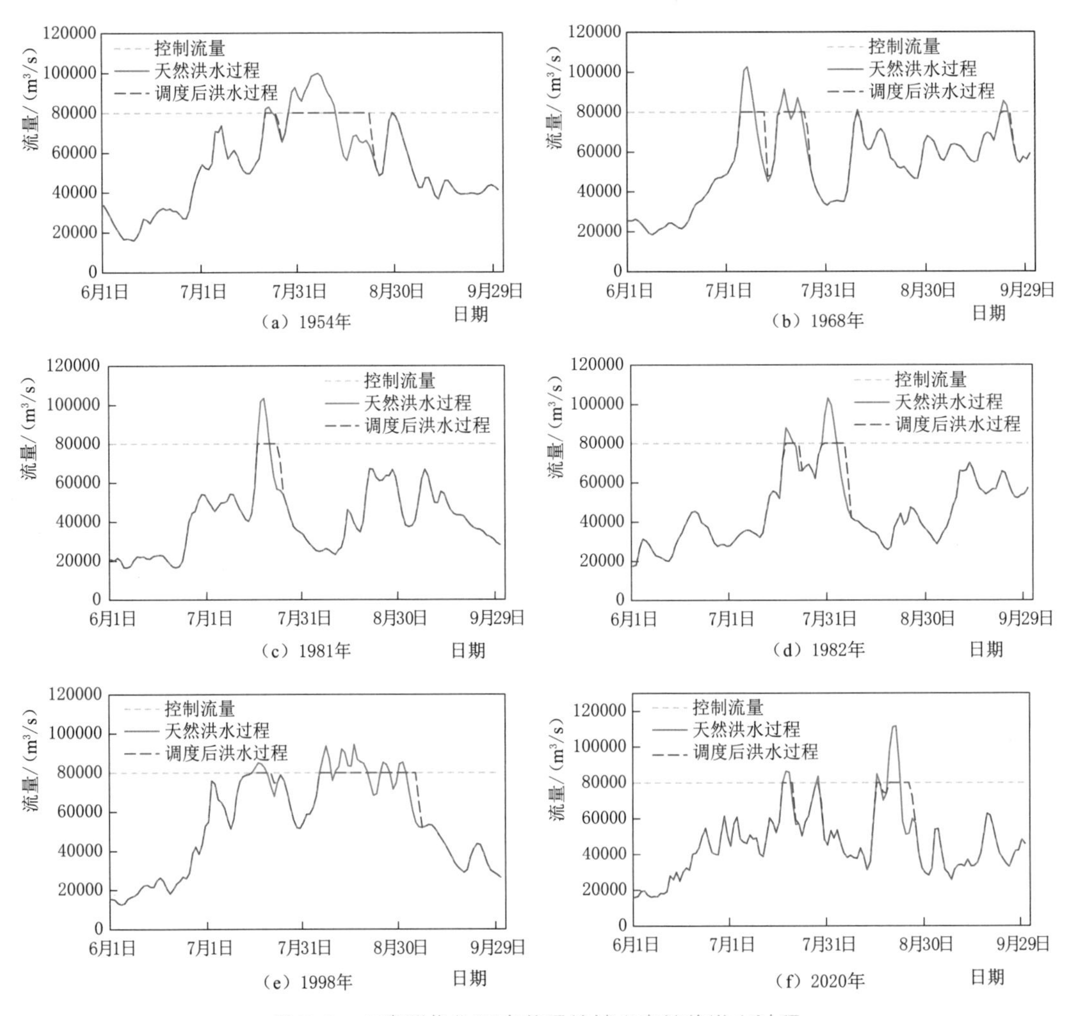

图 7.2 水库群优化调度前后枝城水文站的洪水过程

表 7.2 水库群优化调度后枝城站 1000 年一遇洪水指标变化

年份	最大洪峰流量/(m^3/s)		7d 洪量/亿 m^3		15d 洪量/亿 m^3	
	调度前	调度后	调度前	调度后	调度前	调度后
1954	99810	80000 (−19.85%)	459	361 (−21.38%)	934	786 (−15.92%)
1968	102666	80000 (−22.08%)	481	427 (−11.24%)	911	842 (−7.54%)
1981	103472	80000 (−22.68%)	555	503 (−9.46%)	926	874 (−5.67%)
1982	103186	80000 (−22.47%)	507	450 (−11.28%)	924	862 (−6.74%)
1998	94430	80000 (−15.28%)	416	367 (−11.64%)	910	829 (−8.90%)
2020	107348	80000 (−25.48%)	571	492 (−13.79%)	987	904 (−8.41%)

注 括号内数据为调度后相比调度前的变化率，“−”表示削减。

7.2.4.1 变权重剩余防洪库容最大模型计算

变权重剩余防洪库容最大模型防洪库容使用情况见表7.3。基于变权重剩余防洪库容最大的水库群防洪库容优化分配模型，考虑了水库设计防洪库容、区间来水和水库至防洪对象的距离等因素对防洪调度的影响，结合上述调度结果，可以看出运用该模型能提高上游水库防洪库容的使用率，有效降低下游水库的防洪风险。但同时也能看到，当参与联合防洪调度的水库之间地理空间位置跨度较大时，运用该模型会造成距防洪对象较远的水库过度使用防洪库容，导致其出现安全隐患。因此，该模型适用于各水库距防洪对象地理位置相差不大的水库群。

表7.3　变权重剩余防洪库容最大模型防洪库容使用情况

年份	使用的防洪库容/亿 m^3					
	乌东德水库	白鹤滩水库	溪洛渡水库	向家坝水库	三峡水库	梯级合计
1954	8.64(35.39%)	75.00(100.00%)	46.51(100.00%)	9.03(100.00%)	9.54(4.30%)	148.71(39.50%)
1968	0.00(0.00%)	43.88(58.50%)	4.55(9.78%)	0.38(4.20%)	5.31(2.40%)	54.11(14.37%)
1981	0.00(0.00%)	52.56(70.08%)	0.00(0.00%)	0.00(0.00%)	0.00(0.00%)	52.56(13.96%)
1982	0.00(0.00%)	57.16(76.22%)	0.00(0.00%)	0.00(0.00%)	0.00(0.00%)	57.16(15.18%)
1998	0.00(0.00%)	75.00(100.00%)	2.83(6.08%)	0.00(0.00%)	0.00(0.00%)	77.83(20.68%)
2020	0.00(0.00%)	75.00(100.00%)	3.65(7.84%)	0.00(0.00%)	0.00(0.00%)	78.65(20.89%)

注　括号内数据为使用的防洪库容所占百分比。

7.2.4.2 系统非线性安全度最大模型计算

系统非线性安全度最大模型防洪库容使用情况见表7.4，各水库防洪库容使用比例变化过程如图7.3所示。可以知道水库非线性安全度变化大小与防洪库容使用比例有关。在调度过程中，优先使用安全度变化幅度较小的水库拦蓄洪水。水库防洪库容使用比例增加的同时，系统非线性安全度的变化幅度也随之增加。调度过程中根据非线性安全度的变化程度选择水库进行调蓄，可以保证防洪库容较大的水库多拦蓄洪水，也能保证防洪库容较小的水库参与洪水拦蓄。

表7.4　系统非线性安全度最大模型防洪库容使用情况

年份	使用的防洪库容/亿 m^3					
	乌东德水库	白鹤滩水库	溪洛渡水库	向家坝水库	三峡水库	梯级合计
1954	2.86(11.74%)	18.31(24.41%)	7.21(15.50%)	0.94(10.41%)	119.39(53.90%)	148.71(39.50%)
1968	0.50(2.05%)	4.55(6.07%)	2.26(4.86%)	0.24(2.66%)	46.56(21.02%)	54.11(14.38%)
1981	0.41(1.68%)	4.32(5.76%)	2.29(4.92%)	0.23(2.55%)	45.31(20.46%)	52.56(13.96%)
1982	0.70(2.86%)	5.53(7.37%)	2.36(5.07%)	0.24(2.64%)	48.34(21.82%)	57.16(15.18%)
1998	0.91(3.75%)	7.29(9.72%)	3.87(8.33%)	0.75(8.28%)	65.01(29.35%)	77.83(20.68%)
2020	1.29(5.27%)	6.61(8.82%)	3.92(8.43%)	0.45(4.99%)	66.58(30.06%)	78.85(20.95%)

注　括号内数据为使用的防洪库容所占百分比。

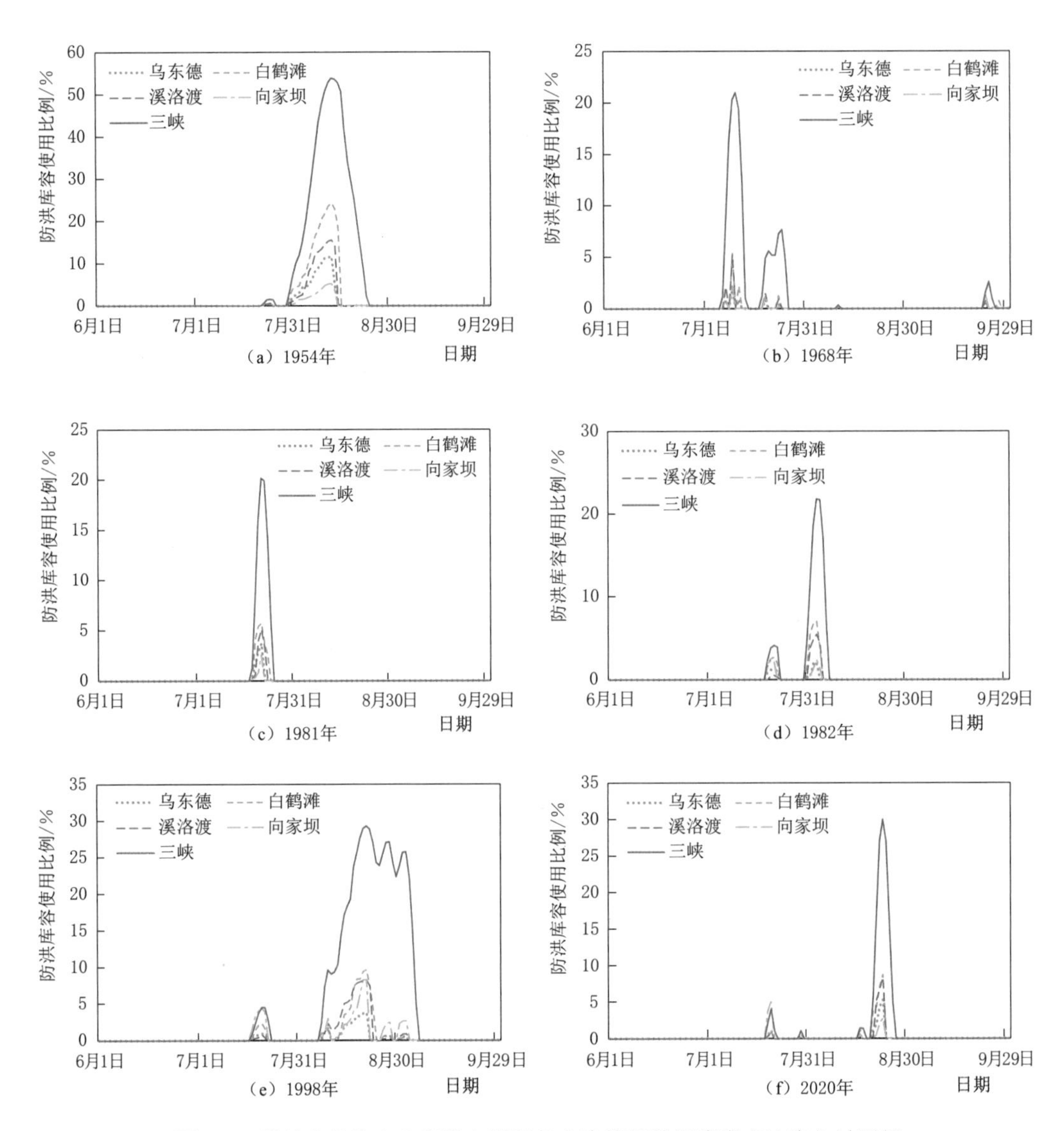

图 7.3 系统非线性安全度最大模型各水库使用防洪库容占比变化过程图

7.2.4.3 梯级水库防洪风险率最小模型计算

梯级水库防洪风险率最小模型防洪库容使用情况见表 7.5，各水库使用防洪库容占比如图 7.4 所示。与系统非线性安全度最大模型对比，该模型计算结果中的梯级总使用防洪库容不变，溪洛渡、向家坝两座水库由于位于金沙江下游梯级水库的下游，经过上游乌东德、白鹤滩两座防洪库容较大水库的调蓄，相应的防洪风险降低，所以可以分配更多的防洪库容；乌东德、白鹤滩两座水库位于梯级水库群上游，防洪库容增加后对防洪风险的影响较大，所以防洪库容分配量相应减少；对于三峡水库而言，因为它是长江流域的大型水库，即使经过金沙江下游梯级水库的调蓄，向家坝—三峡区间的支流汇流量依旧很多，其防洪库容的使用仍然对流域梯级防洪风险影响较大，所以其防洪库容分配减小。

表 7.5　　梯级水库防洪风险率最小模型防洪库容使用情况

年份	使用的防洪库容/亿 m³					
	乌东德水库	白鹤滩水库	溪洛渡水库	向家坝水库	三峡水库	梯级合计
1954	1.13(4.62%)	17.17(22.90%)	6.69(14.38%)	4.69(51.97%)	119.03(53.74%)	148.71(39.50%)
1968	0.19(0.80%)	4.98(6.64%)	1.71(3.67%)	1.41(15.61%)	45.82(20.69%)	54.11(14.37%)
1981	0.10(0.40%)	5.60(7.47%)	0.63(1.36%)	1.35(14.91%)	44.88(20.26%)	52.56(13.96%)
1982	0.15(0.62%)	6.9(9.20%)	1.92(4.14%)	1.67(18.47%)	46.52(21.00%)	57.16(15.18%)
1998	0.39(1.58%)	7.47(9.95%)	3.16(6.79%)	2.48(27.48%)	64.34(29.05%)	77.83(20.68%)
2020	0.20(0.82%)	11.28(15.04%)	3.23(6.94%)	1.07(11.88%)	62.87(28.38%)	78.65(20.89%)

注　括号内数据为使用的防洪库容所占百分比。

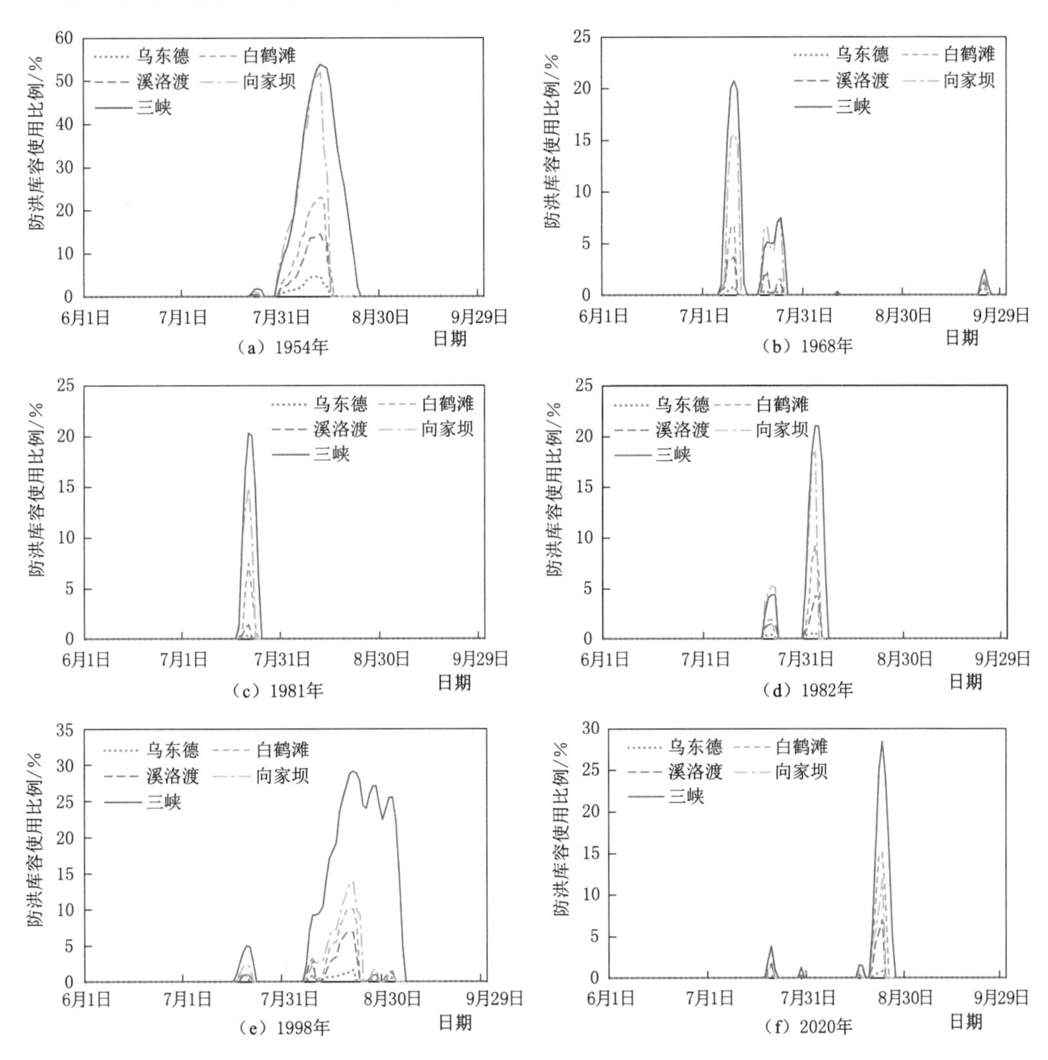

图 7.4　梯级防洪风险率最小模型各水库使用防洪库容占比变化过程图

综上所述，变权重剩余防洪库容最大模型考虑了水库来水、水库设计防洪库容以及水库地理位置的影响，对水库剩余防洪库容设置变权重，使调度中权重小的水库优先动用防洪库容，该策略能够提高上游水库对防洪库容的使用比例；系统非线性安全度最大模型从系统安全的角度考虑水库群防洪库容的优化分配，建立防洪库容运用比例与安全度的非线性相关关系，能反映水库防洪库容使用比例在不同程度时对应的水库安全程度；梯级水库防洪风险率最小模型，从抵御洪水、降低风险的角度进行防洪库容优化分配计算，考虑了设计洪水因素及各自调度规则，在不降低防洪标准的情况下反映了调度期内梯级水库处于某一水位组合时遭遇洪水时对应的风险。

三种水库群防洪库容优化分配模型都具有很好的防洪效果，但对水库群防洪库容的分配方式不同。水库群防洪库容优化分配是一个多目标、多阶段决策问题，无法简单直观地评价每种模型的优劣，需要提出科学合理的多决策方案评价方法，并结合实际的水库群联合防洪调度区域以及具体的防洪案例，才能筛选出适合的水库群防洪库容优化分配方式。

7.2.5 梯级水库防洪库容优化分配方案评价

分别基于变权重剩余防洪库容最大模型（A_1）、系统非线性安全度最大模型（A_2）、梯级水库防洪风险率最小模型（A_3）三种防洪库容优化分配模型，基于总库容（C_1）、比例均值（C_2）、最大比例（C_3）、最大风险率（C_4）的四个评价指标，得到每场洪水的四种不同的防洪库容优化分配方案。采用基于 k 阶 p 级有效概念的方案，使用逐次淘汰法进行综合评价。

以 1954 年为例，统计不同水库群防洪库容优化分配方案的评价指标，见表 7.6。

表 7.6　　1954 年洪水不同方案的评价指标

模　型	C_1/亿 m^3	C_2/%	C_3/%	C_4/%
A_1	148.71	67.94	100.00	18.10
A_2	148.71	23.19	53.90	8.93
A_3	148.71	29.52	53.74	7.63

在四维属性空间上，A_1 的四个评价指标均劣于被其他方案，由此淘汰 A_1。A_2、A_3 在四维属性空间不被其他方案支配，故均为 4 阶有效方案。在三维属性空间上，从四个评价指标选取三个，一共有 4 对子空间，分别是（C_1、C_2、C_3）、（C_1、C_2、C_4）、（C_1、C_3、C_4）、（C_2、C_3、C_4）。每对子空间的支配情况如下：①（C_1、C_2、C_3），A_2、A_3 互不支配；②（C_1、C_2、C_4），A_2、A_3 互不支配；③（C_1、C_3、C_4），A_3 支配 A_2；④（C_2、C_3、C_4），A_2、A_3 互不支配。可见 A_2 为 3 阶 3 级有效方案，A_3 为 3 阶 4 级有效方案，说明 A_3 代表的梯级水库防洪风险率最小的水库群防洪库容优化分配方案较好。

采用水库群防洪库容优化分配方案评价方法，对其他典型年洪水下四种水库群防洪库容优化分配方案进行综合评价，结果见表 7.7。评价结果表明，基于梯级水库防洪风险率最小模型的防洪库容分配方案最适合乌东德—白鹤滩—溪洛渡—向家坝—三峡水库群联合防洪优化调度。

表 7.7 不同典型年洪水的评价结果

年　份		1954	1968	1981	1982	1998	2020
评价结果	A_1	×	×	×	×	×	×
	A_2	3 阶 3 级	3 阶 3 级	3 阶 3 级	3 阶 3 级	3 阶 3 级	3 阶 3 级
	A_3	3 阶 4 级	3 阶 4 级	3 阶 4 级	3 阶 4 级	3 阶 4 级	3 阶 4 级

7.3 梯级水库防洪库容互补等效关系的分析方法

当前的梯级水库联合防洪调度研究侧重于调度理论模型和算法以及调度成果的应用，有关梯级水库防洪库容优化分配策略互补等效的量化关系研究较少。周新春等[8] 以金沙江下游梯级水库和三峡水库为例，分析了两者之间防洪库容的互用比例。谭乔凤等[9] 提出了一种考虑库容补偿和设计洪水不确定性的汛限水位动态控制域求解新方法。顿晓晗等[10] 提出了一种基于长系列历史实测径流资料的防洪库容-频率曲线推算方法，建立了水库实时防洪调度风险分析模型；研究了溪洛渡、向家坝水库配合三峡水库进行联合调度时防洪库容-频率曲线的变化，以及上下游水库间防洪库容分配及其互用性问题。张晓琦等[11] 引入条件风险价值，建立了水库群防洪库容协同作用研究方法，计算了各水库防洪库容组合的可行空间。

金沙江下游梯级水库和三峡水库防洪库容的互补等效关系研究流程如图 7.5 所示。

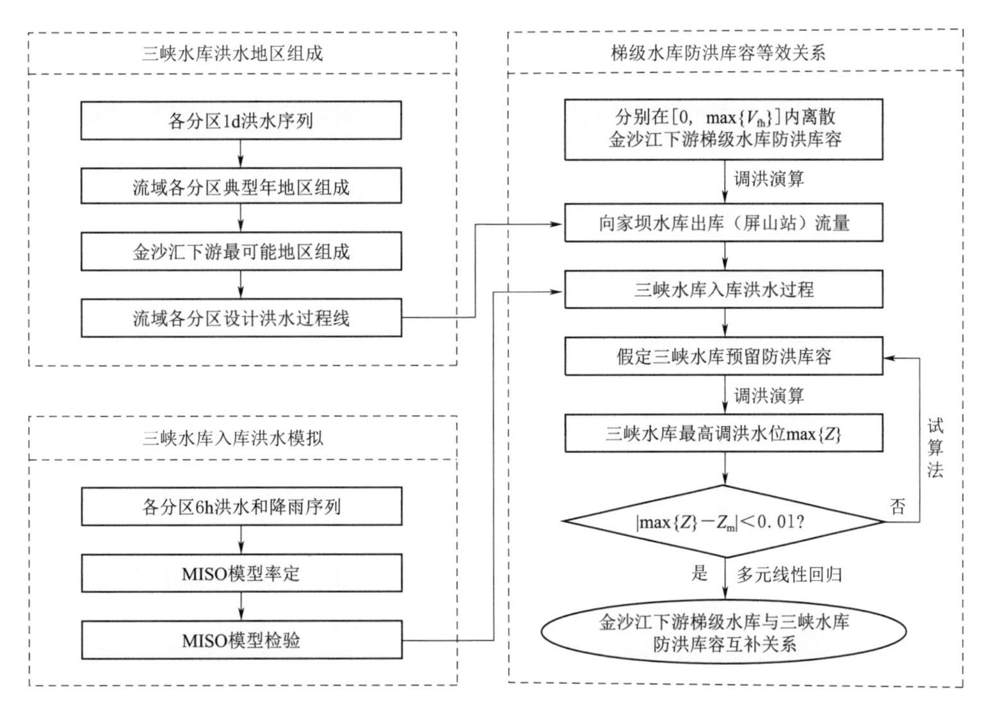

图 7.5　金沙江下游梯级水库和三峡水库防洪库容的互补等效关系研究流程图

研究流程主要分为 3 个步骤：①流域和区间洪水地区组成分析计算；②三峡水库入库洪水模拟；③防洪库容互补等效关系分析计算。步骤①中分别基于典型年法和最可能地区组成法分析了三峡及金沙江下游梯级水库的洪水地区组成，推求了三峡以上各子分区的设计洪水过程线；步骤②中构建 MISO 模型模拟三峡水库入库洪水；步骤③基于步骤①推求的各子分区设计洪水过程线和步骤②率定的 MISO 模型，采用试算法推求金沙江下游梯级水库预留不同防洪库容组合时，在保障防洪控制站安全和三峡水库最高调洪水位不变的前提下，三峡水库最少增加多少有效的防洪库容，进而通过多元线性回归拟合金沙江下游梯级水库与三峡水库的防洪库容互补等效关系[12]。

洪水地区组成是各区洪水随机组合的结果。采用典型年法分析计算向家坝水库下游屏山控制站至三峡水库坝址区间的洪水地区组成。从洪水来源、洪水过程的形态、对防洪不利等原则选择 1954 年、1981 年、1982 年、1998 年和 2020 年五个典型年进行分析。

本书定义防洪库容的等效系数为：针对荆江或城陵矶的防洪效果，在保障防洪控制站安全和三峡水库最高调洪水位不变的前提下，金沙江下游各水库预留的防洪库容，相当于三峡水库最少增加多少有效的防洪库容，即

$$\Delta V_{\mathrm{TGR}}=\boldsymbol{\alpha}\boldsymbol{V}_{\mathrm{J}}+\beta \tag{7.17}$$

式中：ΔV_{TGR} 为三峡水库的互补等效防洪库容，$\Delta V_{\mathrm{TGR}}\in[0,\ 221.5]$；$\boldsymbol{V}_{\mathrm{J}}$ 为金沙江下游各个水库预留的防洪库容，$\boldsymbol{V}_{\mathrm{J}}=(V_{\mathrm{WDD}},\ V_{\mathrm{BHT}},\ V_{\mathrm{XLD}},\ V_{\mathrm{XJB}})^{\mathrm{T}}$，且各水库预留的库容不超过各自防洪库容的最大值，即 $V_i\in[0,\ \max\{V_{\mathrm{fh},i}\}]$，$i=\mathrm{WDD}$（乌东德），BHT（白鹤滩），XLD（溪洛渡），XJB（向家坝）；$\boldsymbol{\alpha}$ 为金沙江下游各水库防洪库容等效系数，$\boldsymbol{\alpha}=(\alpha_{\mathrm{WDD}},\ \alpha_{\mathrm{BHT}},\ \alpha_{\mathrm{XLD}},\ \alpha_{\mathrm{XJB}})$；$\beta$ 为截距值。

研究金沙江下游梯级和三峡水库的防洪库容互补等效关系，具体步骤如下：

(1) 由于三峡水库集水面积大，洪水地区组成复杂，因此根据聚合分解理论研究长江上游干支流洪水组成规律，采用典型年法分析宜昌站的洪水地区组成。采用最可能地区组成法分析计算金沙江屏山站的洪水地区组成，以表征设计洪水地区组成的随机性和不确定性。

(2) 为确保分析防洪库容互补关系过程中不降低防洪标准，基于三峡水库原设计洪水进行分析计算。采用三峡水库 1954 年、1981 年、1982 年、1998 年和 2020 年五个典型年 20 年一遇、100 年一遇和 1000 年一遇设计洪水过程线，并基于上述洪水地区组成结果得到干支流各分区的设计洪水过程线。

(3) 求解得到向家坝至三峡未控区间及金沙江下游梯级水库洪水地区组成后，基于洪水典型过程同频率放大得到各子分区设计洪水过程线。根据各个水库最大的防洪库容 $\max\{V_{\mathrm{fh}}\}$，将金沙江下游梯级水库预留的防洪库容 $\boldsymbol{V}_{\mathrm{J}}$ 离散为 $[0,\ \max\{V_{\mathrm{fh}}\}]$ 内的随机值，对于预设的 $\boldsymbol{V}_{\mathrm{J}}$，维持原调度规则不变，通过河道洪水演算和调洪演算推求屏山站的洪水过程。

(4) 基于率定的 MISO 模型和各子分区的洪水过程模拟三峡水库入库洪水。

(5) 当三峡水库的最高调洪水位及最大下泄流量保持不变时，长江中下游的防洪风险不会增加。基于此原则，采用试算法推求金沙江下游梯级水库预留 $\boldsymbol{V}_{\mathrm{J}}$ 防洪库容条件下，三峡水库的等效防洪库容 ΔV_{TGR}。循环终止条件设定为：三峡水库的最高调洪水位与不考虑等效情况下的最高调洪水位 Z_{m} 差值小于 0.01m。

(6) 重复上述步骤多次，可得到一系列（$\mathbf{V}_{J}$，ΔV_{TGR}）值。在水库调度规则和设计防洪标准不变的前提下，考虑不同典型年和设计频率的影响，采用多元线性回归拟合得到防洪库容的等效关系，以决定系数 R^2 为标准衡量回归效果。

7.4 金沙江出口控制屏山站洪水地区组成结果分析

金沙江下游梯级水库和屏山站设计断面的洪水地区组成如图 7.6 所示。根据各个典型年得到屏山站分配的洪量后，采用最可能地区组成法分析计算屏山站的洪水地区组成。1954 年、1981 年、1982 年、1998 年和 2020 年五个典型年 20 年一遇、100 年一遇和 1000 年一遇最可能地区组成结果分别见表 7.8～表 7.12。由表可以看出金沙江下游梯级水库的各个区间洪水占比均很小。

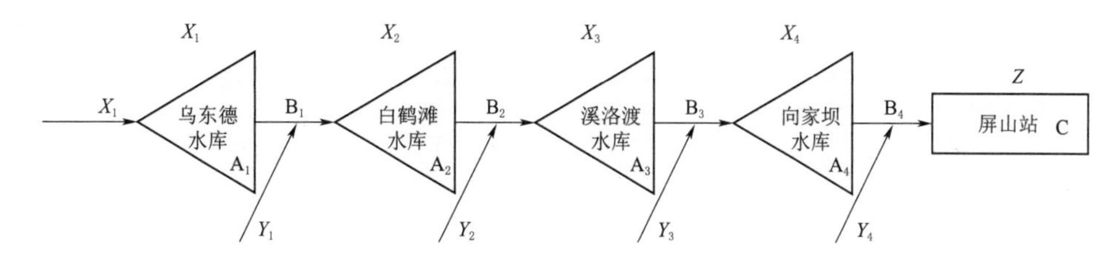

图 7.6 金沙江下游梯级水库和屏山站设计断面的洪水地区组成示意图

表 7.8 屏山站 1954 典型年设计洪量最可能地区组成

设计频率	时段/d	设计洪量/亿 m³				
		乌东德水库	乌—白区间	白—溪区间	溪—向区间	屏山站
20 年一遇	1	14.9	1.9	2.2	0.2	19.1
	3	43.6	5.5	6.4	0.5	56.0
	7	88.3	11.2	12.9	1.0	113.5
	15	165.5	21.0	24.2	1.9	212.8
	30	275.4	34.9	40.3	3.2	354.2
100 年一遇	1	17.3	2.2	2.5	0.2	22.2
	3	50.5	6.4	7.4	0.6	64.9
	7	100.8	12.8	14.7	1.2	129.6
	15	187.7	23.8	27.4	2.2	241.3
	30	310.9	39.4	45.5	3.6	399.8
1000 年一遇	1	20.3	2.6	3.0	0.2	26.1
	3	59.5	7.5	8.7	0.7	76.6
	7	116.6	14.8	17.0	1.4	149.9
	15	214.8	27.2	31.4	2.5	276.3
	30	354.9	45.0	51.9	4.1	456.3

表 7.9 屏山站 1981 典型年设计洪量最可能地区组成

设计频率	时段/d	设计洪量/亿 m³				
		乌东德水库	乌一白区间	白一溪区间	溪一向区间	屏山站
20 年一遇	1	10.4	1.3	1.5	0.1	13.4
	3	38.5	4.9	5.6	0.4	49.5
	7	58.7	7.4	8.6	0.7	75.5
	15	154.0	19.5	22.5	1.8	198.0
	30	299.4	37.9	43.8	3.5	385.0
100 年一遇	1	12.1	1.5	1.8	0.1	15.5
	3	44.6	5.7	6.5	0.5	57.3
	7	67.1	8.5	9.8	0.8	86.3
	15	174.7	22.1	25.5	2.0	224.6
	30	338.0	42.8	49.4	3.9	434.6
1000 年一遇	1	14.2	1.8	2.1	0.2	18.3
	3	52.6	6.7	7.7	0.6	67.7
	7	77.6	9.8	11.3	0.9	99.8
	15	200.0	25.3	29.2	2.3	257.1
	30	385.8	48.9	56.4	4.5	496.1

表 7.10 屏山站 1982 典型年设计洪量最可能地区组成

设计频率	时段/d	设计洪量/亿 m³				
		乌东德水库	乌一白区间	白一溪区间	溪一向区间	屏山站
20 年一遇	1	14.0	1.8	2.0	0.2	18.0
	3	37.9	4.8	5.5	0.4	48.8
	7	78.2	9.9	11.4	0.9	100.6
	15	145.8	18.5	21.3	1.7	187.5
	30	292.7	37.1	42.8	3.4	376.4
100 年一遇	1	16.2	2.1	2.4	0.2	20.9
	3	43.9	5.6	6.4	0.5	56.5
	7	89.3	11.3	13.1	1.0	114.9
	15	165.4	21.0	24.2	1.9	212.7
	30	330.4	41.9	48.3	3.8	424.9
1000 年一遇	1	19.1	2.4	2.8	0.2	24.6
	3	51.9	6.6	7.6	0.6	66.7
	7	103.3	13.1	15.1	1.2	132.9
	15	189.3	24.0	27.7	2.2	243.5
	30	377.1	47.8	55.1	4.4	485.0

表 7.11　屏山站 1998 典型年设计洪量最可能地区组成

设计频率	时段/d	设计洪量/亿 m^3				
		乌东德水库	乌一白区间	白一溪区间	溪一向区间	屏山站
20 年一遇	1	17.4	2.2	2.6	0.2	22.4
	3	50.2	6.4	7.3	0.6	64.5
	7	103.5	13.1	15.1	1.2	133.0
	15	192.8	24.4	28.2	2.2	247.9
	30	351.2	44.5	51.3	4.1	451.6
100 年一遇	1	20.2	2.6	3.0	0.2	26.0
	3	58.1	7.4	8.5	0.7	74.7
	7	118.1	15.0	17.3	1.4	151.9
	15	218.7	27.7	32.0	2.5	281.2
	30	396.5	50.2	58.0	4.6	509.8
1000 年一遇	1	23.8	3.0	3.5	0.3	30.7
	3	68.6	8.7	10.0	0.8	88.2
	7	136.7	17.3	20.0	1.6	175.7
	15	250.3	31.7	36.6	2.9	321.9
	30	452.6	57.4	66.2	5.3	581.9

表 7.12　屏山站 2020 典型年设计洪量最可能地区组成

设计频率	时段/d	设计洪量/亿 m^3				
		乌东德水库	乌一白区间	白一溪区间	溪一向区间	屏山站
20 年一遇	1	11.3	1.4	1.7	0.1	14.6
	3	31.8	4.0	4.6	0.4	40.8
	7	64.8	8.2	9.5	0.8	83.3
	15	131.1	16.6	19.2	1.5	168.5
	30	266.8	33.8	39.0	3.1	343.1
100 年一遇	1	13.1	1.7	1.9	0.2	16.9
	3	36.8	4.7	5.4	0.4	47.3
	7	74.0	9.4	10.8	0.9	95.1
	15	148.7	18.8	21.7	1.7	191.2
	30	301.2	38.2	44.0	3.5	387.3
1000 年一遇	1	15.5	2.0	2.3	0.2	19.9
	3	43.4	5.5	6.3	0.5	55.8
	7	85.6	10.8	12.5	1.0	110.0
	15	170.2	21.6	24.9	2.0	218.8
	30	343.7	43.6	50.3	4.0	442.0

7.5 金沙江下游梯级与三峡水库防洪库容的互补等效关系

基于洪水组成结果求解得到各分区的设计洪水过程线。采用试算法分析计算不同典型年和设计频率（重现期）下，采用最小二乘法拟合结果作为金沙江下游梯级和三峡水库防洪库容互补等效关系[12]。

采用试算法和多元线性回归模型分析计算三峡水库五个典型年的洪水地区组成情况下，金沙江下游梯级和三峡水库防洪库容互补等效关系见表7.13。在置信水平 $p<0.001$，五种典型年洪水地区组成情况下，最小二乘法拟合的决定系数 R^2 均高于0.9，说明模型的拟合优度较好。由表7.13可知，1954年、1981年、1982年、1998年和2020五个典型年1000年一遇设计洪水防洪库容的互补等效关系公式如下：

表7.13 金沙江下游梯级和三峡水库防洪库容互补等效系数汇总

典型年	水库防洪库容	20年一遇		100年一遇		1000年一遇	
		等效系数	R^2	等效系数	R^2	等效系数	R^2
1954	V_{WDD}	0.724	0.997	0.758	0.999	0.923	0.995
	V_{BHT}	0.725		0.758		0.965	
	V_{XLD}	0.725		0.758		0.964	
	V_{XJB}	0.742		0.760		1.007	
1981	V_{WDD}	0.482	0.998	0.492	0.996	0.525	0.965
	V_{BHT}	0.484		0.492		0.527	
	V_{XLD}	0.480		0.483		0.525	
	V_{XJB}	0.485		0.473		0.536	
1982	V_{WDD}	0.576	0.991	0.607	1.000	0.597	0.921
	V_{BHT}	0.573		0.607		0.600	
	V_{XLD}	0.567		0.606		0.661	
	V_{XJB}	0.527		0.610		0.748	
1998	V_{WDD}	0.997	0.971	0.997	0.999	0.968	0.995
	V_{BHT}	0.998		0.997		0.981	
	V_{XLD}	0.983		0.997		0.969	
	V_{XJB}	0.956		0.994		0.935	
2020	V_{WDD}	0.641	0.988	0.680	0.975	0.781	0.972
	V_{BHT}	0.641		0.680		0.748	
	V_{XLD}	0.612		0.690		0.751	
	V_{XJB}	0.558		0.690		0.740	

$$\Delta V_{\mathrm{TGR}}=\begin{cases}0.923V_{\mathrm{WDD}}+0.965V_{\mathrm{BHT}}+0.964V_{\mathrm{XLD}}+1.007V_{\mathrm{XJB}}-57.135\\0.525V_{\mathrm{WDD}}+0.527V_{\mathrm{BHT}}+0.525V_{\mathrm{XLD}}+0.536V_{\mathrm{XJB}}-10.749\\0.597V_{\mathrm{WDD}}+0.600V_{\mathrm{BHT}}+0.661V_{\mathrm{XLD}}+0.748V_{\mathrm{XJB}}-28.807\\0.968V_{\mathrm{WDD}}+0.981V_{\mathrm{BHT}}+0.969V_{\mathrm{XLD}}+0.935V_{\mathrm{XJB}}-13.898\\0.781V_{\mathrm{WDD}}+0.748V_{\mathrm{BHT}}+0.751V_{\mathrm{XLD}}+0.740V_{\mathrm{XJB}}-36.577\end{cases}\tag{7.18}$$

式中：$V_i\in[0,\max\{V_{fh,i}\}]$，$i$=WDD，BHT，XLD，XJB。

图7.7～图7.11分别绘出了金沙江下游梯级水库和三峡水库1954年、1981年、1982年、1998年和2020年五个典型年1000年一遇情况下的防洪库容互补等效关系。结合表7.13可以得出如下结论：

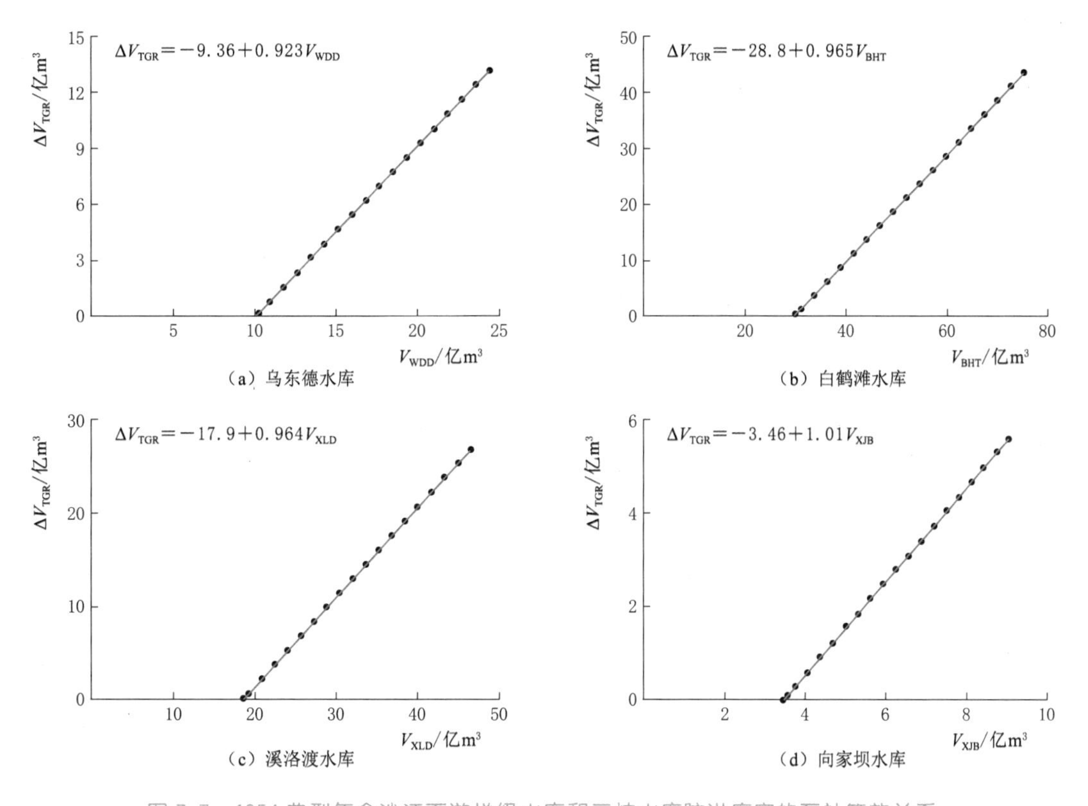

图7.7　1954典型年金沙江下游梯级水库和三峡水库防洪库容的互补等效关系

（1）金沙江下游梯级水库和三峡水库的防洪库容互补等效关系近似为多元线性关系。

（2）三峡水库典型年洪水地区组成对互补等效系数的影响较大，屏山站洪水地区组成对互补等效系数的影响较小，同种典型年和设计频率下四座水库的互补等效系数差异较小。

（3）防洪库容互补等效关系的斜率值 $\boldsymbol{\alpha}$ 主要受到三峡水库典型年的洪水地区组成的影响。当洪水主要来源于金沙江时（1954年和1998年两个典型年），防洪库容互补等效系数高于0.8。1981年嘉陵江洪水占比显著偏大，互补等效系数约等于0.5。1982典型年嘉陵江、寸—宜区间洪水占比明显偏大，是嘉陵江洪水与寸—宜区间洪水遭遇的典型，互

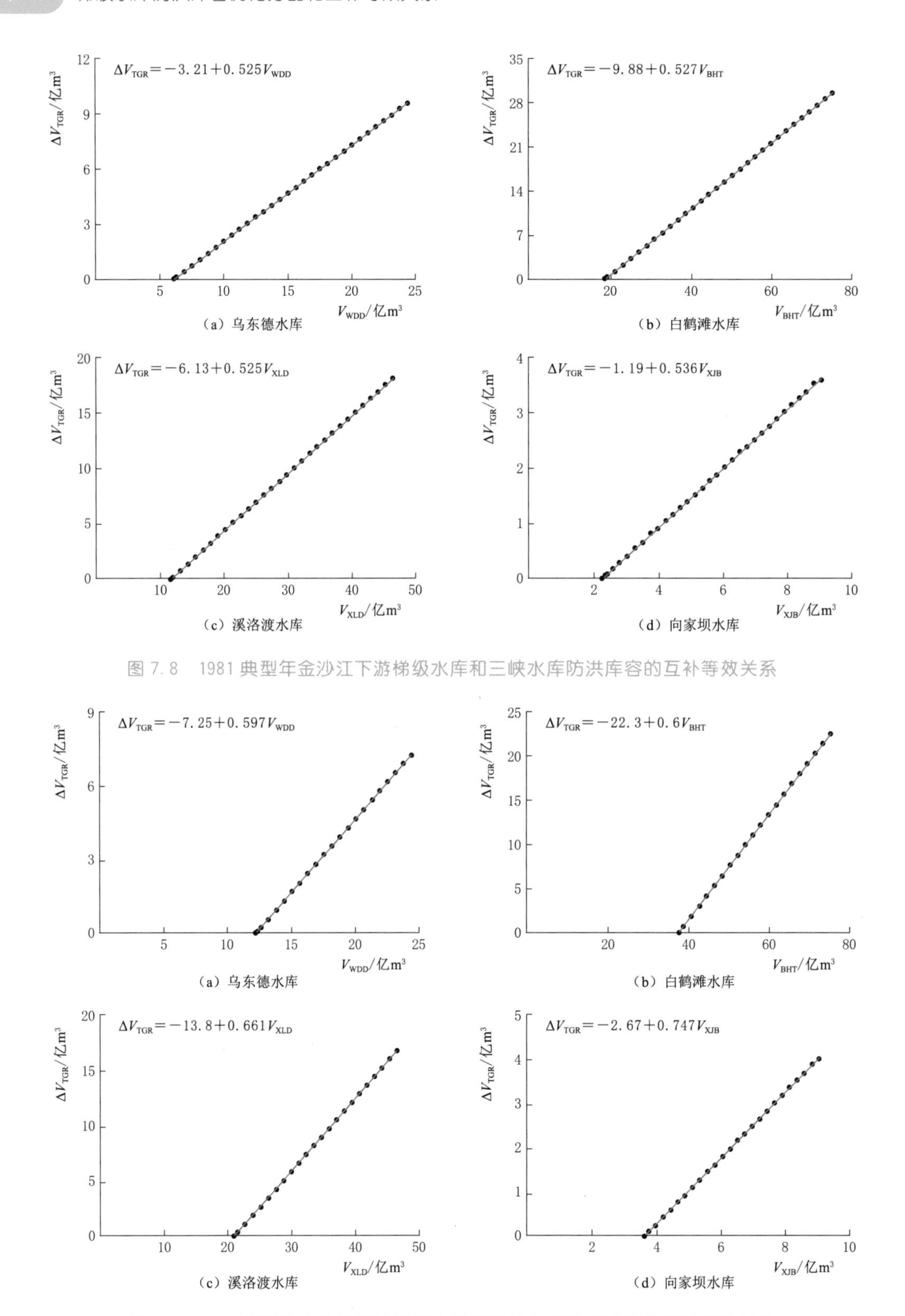

图7.8 1981典型年金沙江下游梯级水库和三峡水库防洪库容的互补等效关系

图7.9 1982典型年金沙江下游梯级水库和三峡水库防洪库容的互补等效关系

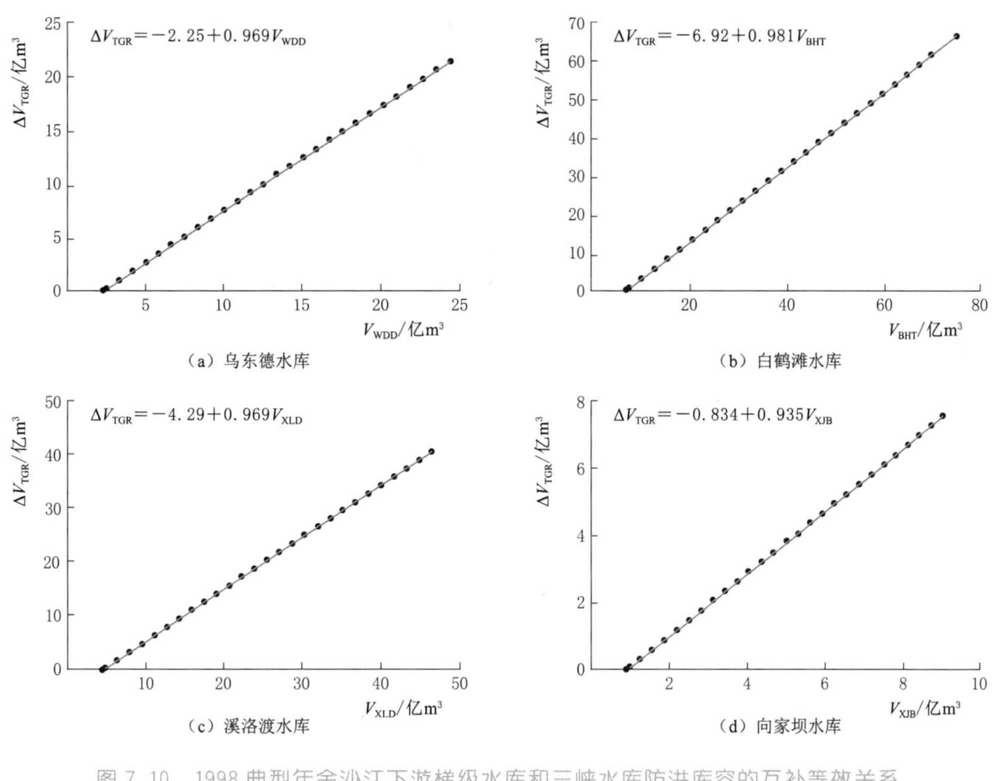

图 7.10 1998 典型年金沙江下游梯级水库和三峡水库防洪库容的互补等效关系

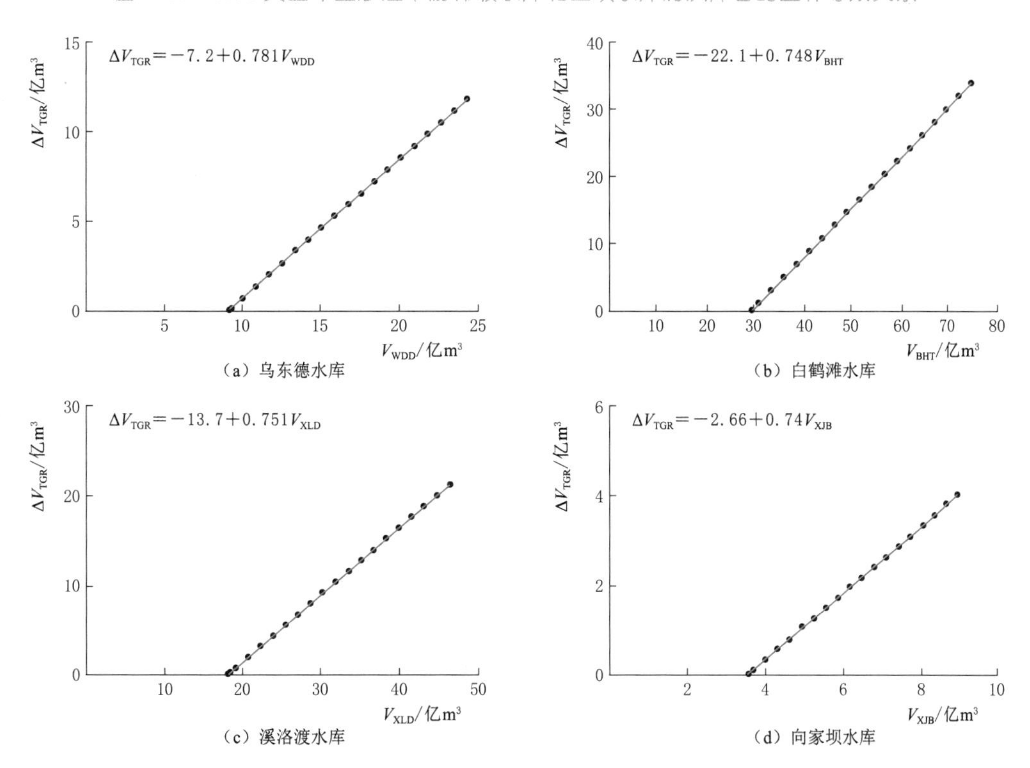

图 7.11 2020 典型年金沙江下游梯级水库和三峡水库防洪库容的互补等效关系

补等效系数在0.6左右波动。2020典型年属于金沙江、嘉陵江和岷江洪水遭遇的情况，互补等效系数约为0.7。

(4) 防洪库容互补等效关系的截距值β主要受三峡水库设计洪水重现期的影响。统计得到三峡发生100年一遇和1000年一遇洪水时，截距值β在五个典型年的平均值分别为−3.3和−29，这意味着当更高频率的洪水发生时，三峡水库需要预留更多的防洪库容抵御大洪水。

为探讨金沙江下游梯级水库总防洪库容与三峡水库防洪库容的互补等效关系，基于聚合分解理论，根据金沙江下游各水库的防洪库容互补等效系数（表7.13）将各水库的防洪库容$\mathbf{V}_J=(V_{WDD}, V_{BHT}, V_{XLD}, V_{XJB})^T$聚合为金沙江下游总防洪库容$V_{JSJ}$，再根据各典型年防洪库容互补等效关系（表7.13）和线性回归模型计算出三峡水库与金沙江下游梯级水库总防洪库容的互补等效关系$\Delta V_{TGR}=\alpha' V_{JSJ}+\beta'$，如图7.12所示。可以看出拟合关系较为稳健，不同设计频率标准下等效系数α'差别较小，而截距值β'随洪水标准的增大而减小，与前述结论一致。

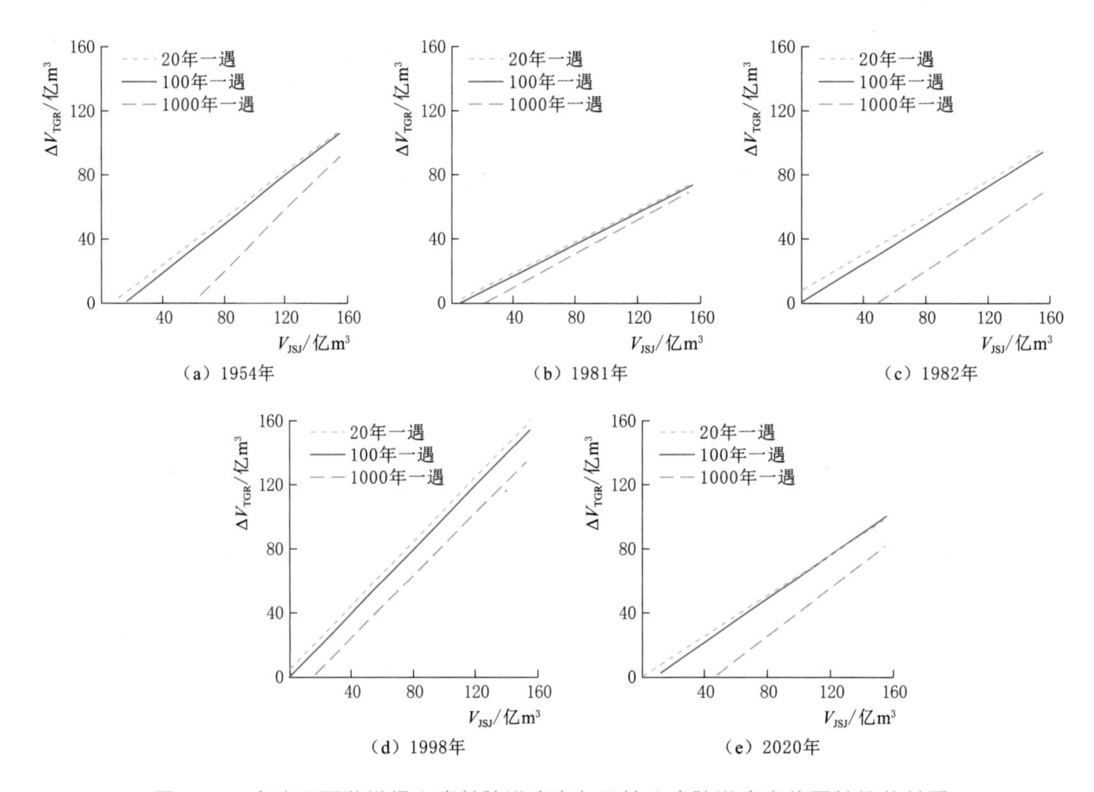

图7.12 金沙江下游梯级水库总防洪库容与三峡水库防洪库容的互补等效关系

7.6 动态调整三峡水库防洪库容的发电效益分析

在实时调度中可采用预报调度的方式动态调整三峡水库的防洪库容。当预测洪水主要来源于金沙江时，金沙江下游梯级水库与三峡水库防洪库容的互补等效系数取0.8，当预测洪水主要来源于嘉陵江未控区间时，互补等效系数取0.5，并按互补等效系数折算后扣除30亿m^3防洪库容作为防御川渝河段洪水的安全裕量。

分析最不利情况，即金沙江下游梯级水库和三峡水库防洪库容互补等效关系取0.5时，相应的三峡水库汛限水位从145.00m可以抬高到156.00m，若在按互补等效系数折算后再扣除30亿m^3防洪库容以防川渝河段洪水，则汛限水位可上浮至153.00m。假定金沙江下游梯级水库均预留原设计防洪库容，根据推求的互补等效关系动态调整三峡水库预留的防洪库容，以三峡水库现行的调度规程为基准，比较是否考虑金沙江下游梯级水库防洪库容互补等效作用，分别计算三峡水电站汛期发电量如下：

$$\begin{cases}\overline{E}=\sum_{i=1}^{M}\sum_{t=1}^{T}N_i(t)\Delta t/M\\ N_i(t)=KQ_i(t)H_i(t)\end{cases}\tag{7.19}$$

式中：$\overline{E}$为三峡水库汛期多年平均发电量，亿kW·h；$N_i(t)$为第i年t时段的平均出力，kW；Δt为计算时段间隔，h；K为三峡水库的平均出力系数；$Q_i(t)$为第i年t时段的发电流量，m^3/s；$H_i(t)$为第i年t时段的平均发电净水头，m；M为总年数；T为调度时段个数。

三峡水库汛期发电调度模型必须满足以下约束：

（1）水量平衡约束：

$$V_i(t)=V_i(t-1)+[I_i(t)-O_i(t)-S_i(t)]\Delta t\tag{7.20}$$

式中：$V_i(t-1)$、$V_i(t)$分别为第i年t时段初、末库容，m^3；$I_i(t)$、$O_i(t)$、$S_i(t)$分别为汛期第i年t时刻的入库、出库、损失流量，m^3/s；Δt为计算时段间隔，h。

（2）水位上下限约束及水位变幅约束：

$$Z_{i,\min}(t)\leqslant Z_i(t)\leqslant Z_{i,\max}(t)\tag{7.21}$$

$$|Z_i(t)-Z_i(t-1)|\leqslant \Delta Z_i\tag{7.22}$$

式中：$Z_{i,\min}(t)$、$Z_i(t)$、$Z_{i,\max}(t)$分别为第i年t时段允许的下限水位、运行水位、上限水位，m；ΔZ_i为第i年相邻时段允许的水位变幅，m。

（3）水库出库流量及流量变幅约束：

$$O_{i,\min}(t)\leqslant O_i(t)\leqslant O_{i,\max}(t),\ O_i(t)=Q_i(t)+QS_i(t)\tag{7.23}$$

$$|O_i(t)-O_i(t-1)|\leqslant \Delta O_i\tag{7.24}$$

式中：$O_{i,\min}(t)$、$O_{i,\max}(t)$分别为第i年t时刻最小、最大出库流量，m^3/s；$O_{i,\max}(t)$一般由水库最大出库能力、下游防洪任务共同确定；$QS_i(t)$为第i年t时段弃水量，m^3/s；ΔO_i为第i年日出库流量最大变幅，m^3/s。

（4）电站出力约束：

$$P_{\min}\leqslant N_i(t)\leqslant P_{\max}\tag{7.25}$$

式中：$P_{\min}$、$P_{\max}$分别为三峡水库保证出力、装机出力，kW；$N_i(t)$为第i年t时段的平均出力，kW。

（5）边界调节约束：

$$Z_i(t)=\begin{cases}Z_{\text{begin}} & t=1\\ Z_{\text{end}} & t=T\end{cases} \tag{7.26}$$

式中：Z_{begin}、Z_{end} 分别为起始水位、末时刻水位，m，一般对应水库汛限水位和汛期运行水位上限，汛期运行水位上限依金沙江下游梯级水库预留防洪库容多少而定。

根据调度模型，分别计算金沙江下游梯级水库提供防洪库容、仅为川渝河段预留 30 亿 m^3 防洪库容与不提供防洪库容情况下的多年平均发电量为 $\overline{E}_2$、$\overline{E}_1$ 和 $\overline{E}_0$。则与原设计方案相比，汛期年均可增发电量为 $\overline{E}_2-\overline{E}_0$；考虑为川渝河段预留 30 亿 m^3 时，汛期年均可增发电量为 $\overline{E}_1-\overline{E}_0$。

采用 1877—2020 年三峡汛期日流量资料的计算结果表明：在不增加防洪风险的前提下，与原设计方案相比，三峡水库平均每年汛期可增发电量 43.5 亿 kW·h（+10.43%），考虑再为川渝河段预留 30 亿 m^3 防洪库容，汛期年均可增发电量 41.4 亿 kW·h（+9.86%）。

7.7 本章小结

本章通过比较评价三种防洪库容优化分配模型，基于洪水地区组成理论和方法分析计算了不同典型年和设计频率下金沙江下游梯级水库的洪水地区组成，研究探讨了金沙江下游梯级和三峡水库的防洪库容互补等效关系，主要结论如下：

（1）基于最大使用防洪库容之和、防洪库容比例使用均值、防洪库容最大使用比例、最大梯级防洪风险率四个评价指标，采用基于 k 阶 p 级有效概念的方案逐次淘汰法进行综合评价。基于梯级防洪风险率最小模型的防洪库容优化分配方案在不降低对下游防洪效果的基础上，可使各水库均衡地分摊防洪区域的防洪风险，充分发挥水库群的防洪效益，是三种防洪库容优化分配方案中的最好方案。

（2）选择 1954 年、1981 年、1982 年、1998 年和 2020 年五个典型年，能代表三峡水库发生大洪水的主要来源组成和特点，金沙江下游梯级水库的最可能洪水地区组成计算结果合理，MISO 系统模型对三峡入库洪水的模拟效果很好。

（3）金沙江下游梯级和三峡水库的防洪库容互补等效关系近似为多元线性关系。防洪库容互补等效系数主要受洪水地区组成的影响，当洪水主要来源于金沙江时互补等效系数取 0.8，嘉陵江及未控区间流域发生暴雨洪水时取 0.5，且同种典型年和设计频率下四座水库的互补等效系数近似等同；截距值主要受三峡水库设计洪水重现期的影响，当更高频率洪水发生时，三峡水库需要预留更多的防洪库容。

（4）在实时调度中建议采用预报调度的方式动态调整三峡水库的防洪库容。当预测洪水主要来源于金沙江或嘉陵江及未控区间流域时，防洪库容的互补等效系数取 0.8 或 0.5。在不增加防洪风险的前提下，三峡水库平均每年汛期可增发电量 41.4 亿 kW·h（+9.86%），经济效益巨大。

参考文献

[1] 胡向阳，等．面向多区域防洪的长江上游水库群协同调度策略［M］．北京：中国水利水电出版

社，2020.

[2] 水利部. 关于2022年长江流域水工程联合调度运用计划的批复［R］. 北京：水利部，2022.

[3] 周丽伟，康玲，丁洪亮，等. 水库群防洪库容利用等效关系研究［J］. 人民长江，2021，52（10）：13-17，25.

[4] 康玲，周丽伟，李争和，等. 长江上游水库群非线性安全度防洪调度策略［J］. 水利水电科技进展，2019，39（3）：1-5.

[5] DEB K，AGRAWAL S，PRATAP A，et al. A fast elitist non-dominated sorting genetic algorithm for multi-objective optimization：NSGA-Ⅱ［J］. Lecture Notes in Computer Science，2002，19（17）：849-858.

[6] DAS I. A preference ordering among various Pareto optimal alternatives［J］. Structural optimization，1999，18（1）：30-35.

[7] 何志鹏，郭生练，王俊，等. 金下梯级与三峡水库群防洪库容优化分配模型研究［J］. 水资源研究，2022，11（3）：227-236.

[8] 周新春，许银山，冯宝飞. 长江上游干流梯级水库群防洪库容互用性初探［J］. 水科学进展，2017，28（3）：421-428.

[9] 谭乔凤，雷晓辉，王浩，等. 考虑梯级水库库容补偿和设计洪水不确定性的汛限水位动态控制域研究［J］. 工程科学与技术，2017，49（1）：60-68.

[10] 顿晓晗，周建中，张勇传，等. 水库实时防洪风险计算及库群防洪库容分配互用性分析［J］. 水利学报，2019，50（2）：209-217，224.

[11] 张晓琦，刘攀，陈进，等. 基于条件风险价值理论的水库群防洪库容协同作用［J］. 水科学进展，2022，33（2）：298-305.

[12] 谢雨祚，熊丰，郭生练，等. 金沙江下游梯级与三峡水库防洪库容互补等效关系研究［J］. 水利学报，2023，54（2）：139-147.

金沙江下游梯级水库防洪库容聚合分解与配置

为了提高长江流域的防洪标准和降低洪涝灾害损失，《长江流域综合规划（2012—2030）》明确了长江干支流水库相应的防洪任务。金沙江下游梯级水库陆续建成并投入运行，在满足川渝河段防洪安全的同时，可配合三峡水库进行联合调度，从而有效分担长江中下游流域的防洪任务，在长江流域防洪体系中占有极其重要的位置[1]。

本章以金沙江下游乌东德—白鹤滩—溪洛渡—向家坝梯级水库为研究对象，这四个大型水利枢纽工程分别由长江设计集团有限公司、中国电建集团的华东勘测设计研究院有限公司、成都勘测设计研究院有限公司和中南勘测设计研究院有限公司负责设计。由于这些水库是由不同的设计单位在不同的时间兴建完成，依据《水利水电工程设计洪水计算规范》（SL 44—2006）（以下简称《规范》），采用单库的资料系列推求设计洪水和特征水位值，但是没有考虑它们共同承担下游河道的防洪任务这一因素，以及梯级水库之间防洪库容的互补关系和上游水库调蓄对下游的影响。金沙江下游四座梯级水库预留的总防洪库容约为 155 亿 m^3，其中乌东德—白鹤滩、溪洛渡—向家坝梯级水库的防洪库容分别为 99.4 亿 m^3 和 45.54 亿 m^3。金沙江下游梯级水库之间的区间河段没有防洪要求，它们共同承担川渝河段及长江中下游的防洪任务，保障川江宜宾、泸州、重庆等城市的防洪安全。因此，在梯级水库总预留防洪库容不变且不降低各水库原设计阶段防洪标准及防洪特性的前提下，如何优化分配这些水库的防洪库容，从而打破汛期水库防洪库容固定的约束，在提高调度灵活性、不增加下游断面防洪风险的同时，提高梯级水库的发电效益，具有重要的理论研究价值和实际意义[2]。

8.1 基于水量平衡的梯级水库库容聚合分解模型

基于水量平衡的梯级水库库容聚合分解模型用来解释对水库库容进行部署的水文机理，包括对各个水库设计防洪库容和预泄水量进行聚合分解。如图 8.1 所示，对梯级水库进行聚合分解应满足两个条件：①梯级水库的区间流域之间没有大的支流汇入；②梯级水库共同承担对下游地区的防洪任务。前者保证了各水库的入库流量之间的相关性和同质性，后者则统一了各水库防洪库容的效用[3]。

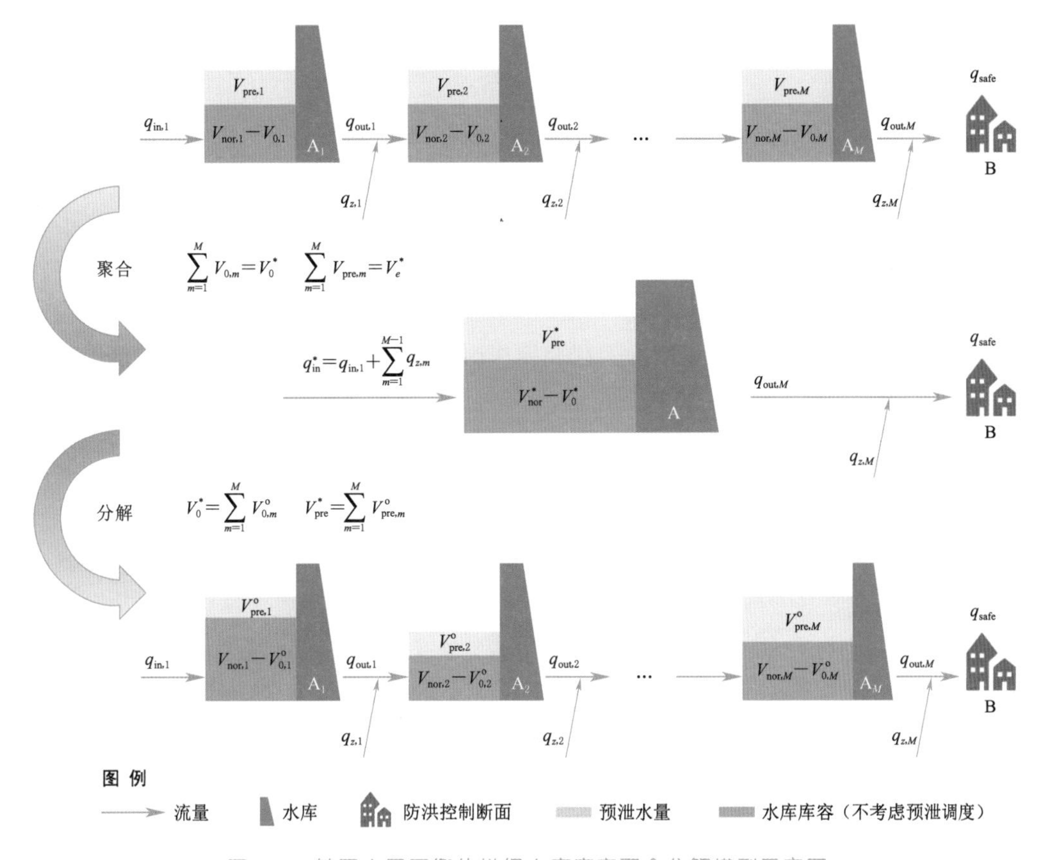

图 8.1 基于水量平衡的梯级水库库容聚合分解模型示意图

基于水量平衡的梯级水库库容聚合分解模型可分为：①梯级水库设计防洪库容的聚合分解；②梯级水库预泄水量的聚合分解。

8.1.1 梯级水库设计防洪库容的聚合分解

防洪库容是指防洪高水位与汛限水位之间的库容，其目的是保障水库大坝和下游防洪目标的防洪安全，在水库规划设计阶段已经被确定下来。第 5 章的金沙江下游梯级水库运行期设计洪水的研究证明，由于上游水库的调蓄作用，下游水库的设计洪水已被显著削减，下游水库的防洪压力得到一定程度的缓解。梯级水库防洪库容聚合的目的是确定防洪效益，在维持防洪库容总量不变的基础上先聚合各水库的原设计防洪库容，梯级水库聚合防洪库容与所有子水库的防洪库容之和相等[4]；而对聚合防洪库容进行分解的目的是增加发电效益。在满足水库系列约束的前提下，适当地对聚合防洪库容进行分解，即优化配置，可增加（以发电为主的）梯级水库的发电效益。

8.1.2 梯级水库预泄水量的聚合分解

预泄水量聚合分解的理论依据是水量平衡方程以及梯级水库之间的水力联系[5]：

$$\begin{cases} V_m(t+1)=V_m(t)+[q_{\text{in},m}(t)-q_{\text{out},m}(t)]\Delta t \\ q_{\text{in},m+1}(t)=f_r[q_{\text{out},m}(t-\tau)]+q_{z,m}(t) \end{cases} \tag{8.1}$$

式中：t 为时间变量，设整个汛期为研究时段，长度为 T，$t=1, 2, 3, \cdots, T$；m 为梯级水库中从上游至下游的水库序号，若水库数量为 M，则 $m=1, 2, \cdots, M$；$V_m(t)$、$V_m(t+1)$ 分别为水库 m 在 t 和 $t+1$ 时段的水库库容；$q_{\text{in},m}(t)$、$q_{\text{out},m}(t)$ 分别为水库 m 在 t 时刻水库平均入库、出库流量；$q_{z,m}(t)$ 为水库 m 与水库 $m+1$ 之间在时段 Δt 中的区间流量；$f_r(\cdot)$ 为水库出库流量过程演算至下游防洪控制断面的计算方法，如马斯京根法；τ 为时滞。

如图 8.1 所示，梯级水库之间的协同调度作用能够对聚合水库的总预泄水量进行灵活调控。

8.2 梯级水库库容聚合分解的发电表达式

通过数学公式推导双库和多库系统库容聚合分解的发电表达式，该表达式基于两个假设：①满足式（8.1）中的水量平衡原理；②汛期水位在涨水或退水过程中的波动影响可以忽略不计，即相邻两个运行时段内水库 m 的库容保持不变：$V_m(t)=V_m$，$t=1, 2, \cdots, T$，$m=1, 2, \cdots, M$。当入库流量等于出库流量时，后者得到满足，汛期相邻两个运行时段的水库库容保持不变。

8.2.1 双库聚合系统的发电表达式

水库 m 在 t 时段内的多年平均发电量计算公式如下：

$$\begin{cases} N_m(t)=k_m q_{\text{out},m}(t)h_m(t) \\ h_m(t)=\dfrac{1}{2}\{Z_{\text{u},m}[V_m(t)]+Z_{\text{u},m}[V_m(t+1)]\}-Z_{\text{d},m}[q_{\text{out},m}(t)]-h_{\text{s},m} \\ E_m(t)=\displaystyle\sum_{t=1}^{T}N_m(t)\Delta t \end{cases} \tag{8.2}$$

式中：k_m 为水库 m 的综合出力系数；$h_m(t)$、$N_m(t)$ 和 $E_m(t)$ 分别为水库 m 在 t 时刻的净水头、出力和发电量；$Z_{\text{u},m}(\cdot)$ 为水库 m 上游水位-库容关系函数，当库容值较大时，可采用幂函数拟合，即 $Z_{\text{u},m}(V_m)=a_m V_m^{b_m}$ $(a_m>0, b_m>0)$，又对水库库容而言，随着水位的增加，单位水位变化量对应的库容变化量呈急剧增加趋势，即 $\partial^2 Z_{\text{u},m}(V_m)/\partial V_m^2=a_m b_m(b_m-1)V_m^{b_m}<0$，因此 $0<b_m<1$；$Z_{\text{d},m}(\cdot)$ 为水库 m 尾水位-出库流量关系函数；$h_{\text{s},m}$ 为水库 m 的发电水头损失；其他符号意义同前[6]。

除了式（8.1）所示的水量平衡约束与梯级水库之间的水力联系约束外，梯级水库调度模型一般还包括水库库容约束、水库坝上水位变幅约束、水库出库流量约束和电站出力约束等[5]。数学表达式的推导可对上述约束条件进行简化如下：①由于各个水库在汛期都会预留一定的防洪库容，根据汛期水位波动影响忽略不计假定，水库库容限制和坝上水位变幅的约束能够满足；②为保证防洪安全，若梯级水库出库流量小于下游防洪断面安全流量，则基本满足水库出库流量约束；③而对电站出力限制约束，可使防洪库容优化配置后的运行水位低于电站基本达到满负荷运行状态（预想出力为装机容量）时的水位。因此，汛期水库调度模型可以适当简化成数学表达式形式。

为满足下游防洪断面的安全需求、保证防洪标准不被降低，维持双库系统汛期的总防洪库容 V_0^* 不变，设比例系数 λ 为龙头水库当前防洪库容 $V_{0,1}$ 相对双库总防洪库容的占比，即 $V_{0,1}=\lambda V_0^*$。设水库 m 的防洪高水位对应的库容为 $V_{\mathrm{nor},m}$，则 $V_{0,m}=V_{\mathrm{nor},m}-V_{\mathrm{x},m}$，其中 $V_{\mathrm{x},m}$ 为第 m 个水库汛限水位对应的库容。两库总发电量 E 为

$$
\begin{aligned}
E &= E_1+E_2 \\
&= k_1\Delta t\sum_{t=1}^{T} q_{\mathrm{out},1}(t)\left\{\frac{Z_{\mathrm{u},1}[V_1(t)]+Z_{\mathrm{u},1}[V_1(t+1)]}{2}Z_{\mathrm{d},1}[q_{\mathrm{out},1}(t)]-h_{\mathrm{s},1}\right\}/n_y \\
&\quad + k_2\Delta t\sum_{t=1}^{T} q_{\mathrm{out},2}(t)\left\{\frac{Z_{\mathrm{u},2}[V_2(t)]+Z_{\mathrm{u},2}[V_2(t+1)]}{2}Z_{\mathrm{d},2}[q_{\mathrm{out},2}(t)]-h_{\mathrm{s},2}\right\}/n_y \\
&= k_1\Delta t\sum_{t=1}^{T} q_{\mathrm{out},1}(t)\{Z_{\mathrm{u},1}(V_{\mathrm{nor},1}-\lambda V_0^*)-Z_{\mathrm{d},1}[q_{\mathrm{out},1}(t)]-h_{\mathrm{s},1}\}/n_y \\
&\quad + k_2\Delta t\sum_{t=1}^{T} q_{\mathrm{out},2}(t)\{Z_{\mathrm{u},2}[V_{\mathrm{nor},2}-(1-\lambda)V_0^*]-Z_{\mathrm{d},2}[q_{\mathrm{out},2}(t)]-h_{\mathrm{s},2}\}/n_y
\end{aligned}
\tag{8.3}
$$

式中：n_y 为年数；其他符号意义同前。

优化配置改变了两座水库原设计防洪库容（图 8.1）。如前所述，优化配置后的水库 m 运行水位介于死水位和电站基本达到满负荷运行状态的水位之间，而优化配置后防洪库容等于防洪高水位与上述运行水位之间的库容，设 λ^* 为优化配置后龙头水库防洪库容相对两库总防洪库容的占比，即 $V_{0,1}^{\circ}=\lambda^* V_0^*$。因此，各个水库防洪库容比例存在一个可变动的取值区间 $\lambda^*\in[\lambda^{*\mathrm{low}},\lambda^{*\mathrm{up}}]$。需要注意的是，末级水库泄流能力需达到下游防洪控制节点的安全流量，以保证梯级水库的防洪安全。

由于两库区间流域面积较小，防洪库容优化配置后，若下游水库运行水位抬高，上游水库的尾水位可能会受到下游水库库区回水的顶托作用，上游水库尾水位-出库流量关系函数 $Z_{\mathrm{d},1}(\cdot)$ 会发生改变。由于优化配置后水库运行水位限制在电站基本达到满负荷运行状态时的水位以下，上游水库尾水位受到的顶托作用影响较小，$Z_{\mathrm{d},1}(\cdot)$ 函数变化不大。为了简化计算，公式的推导忽略下游水库的顶托作用，则两库聚合系统总发电增量为

$$
\begin{aligned}
\Delta E &= \frac{1}{2}\xi_1\{Z_{\mathrm{u},1}[V_1^{\circ}(t)]+Z_{\mathrm{u},1}[V_1^{\circ}(t+1)]-Z_{\mathrm{u},1}[V_1(t)]-Z_{\mathrm{u},1}[V_1(t+1)]\} \\
&\quad +\frac{1}{2}\xi_2\{Z_{\mathrm{u},2}[V_2^{\circ}(t)]+Z_{\mathrm{u},2}[V_2^{\circ}(t+1)]-Z_{\mathrm{u},2}[V_2(t)]-Z_{\mathrm{u},2}[V_2(t+1)]\}
\end{aligned}
$$

$$=\frac{1}{2}\xi_1(\lambda-\lambda^*)V_0^*(Z'_{u,1}[V_1(t)]+Z'_{u,1}\{V_1(t)+[q_{in,1}(t)-q_{out,1}(t)]\Delta t\})$$

$$+\frac{1}{2}\xi_2(\lambda^*-\lambda)V_0^*(Z'_{u,2}[V_2(t)]+Z'_{u,1}\{V_2(t)+[q_{in,2}(t)-q_{out,2}(t)]\Delta t\}) \quad (8.4)$$

式中：ξ 为常数，$\xi_m=k_m\sum_{t=1}^{T}q_{out,m}(t)\Delta t/n_y$；$V_m^{\circ}(t)$ 为重新分配聚合水库的防洪库容后水库 m 的库容。

式（8.4）右边第一项可以转化为 $k_1\Delta t\sum_{t=1}^{T}q_{out,1}(t)(\lambda-\lambda^*)V_0^*Z'_{u,1}[V_1(t)]/n_y$ 与 $\frac{1}{2}k_1\Delta t\sum_{t=1}^{T}q_{out,1}(t)(\lambda-\lambda^*)V_0^*[q_{in,1}(t)-q_{out,1}(t)]\Delta tZ''_{u,1}[V_1(t)]/n_y$ 之和，而后者基于不考虑水位波动的假定而忽略不计，因此 ΔE 可以转化为

$$\begin{aligned}\Delta E&=\xi_1[Z_{u,1}(V_{nor,1}-\lambda^*V_0^*)-Z_{u,1}(V_{nor,1}-\lambda\cdot V_0^*)]\\&\quad+\xi_2\{Z_{u,2}[V_{nor,2}-(1-\lambda^*)V_0^*]-Z_{u,2}[V_{nor,2}-(1-\lambda)\cdot V_0^*]\}\\&=\xi_1[a_1(V_{nor,1}-\lambda^*V_0^*)^{b_1}-a_1(V_{nor,1}-\lambda V_0^*)^{b_1}]\\&\quad+\xi_2\{a_2[V_{nor,2}-(1-\lambda^*)V_0^*]^{b_2}-a_2[V_{nor,2}-(1-\lambda)\cdot V_0^*]^{b_2}\}\end{aligned} \quad (8.5)$$

进一步推导可得

$$\begin{cases}\dfrac{\partial\Delta E}{\partial\lambda^*}=-V_0^*(\xi_1a_1b_1V_1^{b_1-1}-\xi_2a_2b_2V_2^{b_2-1})\\[2ex]\dfrac{\partial^2\Delta E}{\partial\lambda^{*2}}=V_0^{*2}[\xi_1a_1b_1(b_1-1)V_1^{b_1-2}+\xi_2a_2b_2(b_2-1)V_2^{b_2-2}]<0\end{cases} \quad (8.6)$$

其中

$$\begin{cases}V_1=V_{nor,1}-\lambda^*V_0^*\\V_2=V_{nor,2}-(1-\lambda^*)V_0^*\end{cases} \quad (8.7)$$

从式（8.6）和式（8.7）可以看出，$\partial\Delta E/\partial\lambda^*$ 的符号需要进一步计算判别：若 $\partial\Delta E/\partial\lambda^*<0$，说明 ΔE 随 λ^* 的增加而减小；$\partial\Delta E/\partial\lambda^*>0$ 时，ΔE 随 λ^* 的增加而增加。而 $\partial^2\Delta E/\partial\lambda^{*2}<0$ 说明 ΔE 在 λ^* 的区间内是凹的，即 $\partial\Delta E/\partial\lambda^*$ 单调减小。

8.2.2 多库聚合系统的发电表达式

防洪库容重新分配后多库聚合系统总发电变化量 ΔE 为

$$\Delta E=\sum_{m=1}^{M}\xi_m[a_m(V_{nor,m}-\lambda_m^*V_0^*)^{b_m}-a_m(V_{nor,m}-\lambda_mV_0^*)^{b_m}] \quad (8.8)$$

式（8.8）的约束条件为 $\sum_{m=1}^{M}\lambda_m^*=1$ 且 $\lambda_m^*\in[\lambda_m^{*low},\lambda_m^{*up}]$，其中 λ_m^{*low} 和 λ_m^{*up} 可以通过梯级水库防洪库容的可分配范围确定。

采用拉格朗日乘子法计算函数式（8.8）在等式及不等式约束下的最大值：

$$F(\lambda_m^*,r_\lambda)=\Delta E+r_\lambda\left(\sum_{m=1}^{M}\lambda_m^*-1\right) \quad (8.9)$$

其中
$$\begin{cases}F'_{\lambda_m^*}=0 \quad m=1,2,\cdots,M \\ F'_{r_\lambda}=0 \\ \lambda_m^* \in [\lambda_m^{*\text{low}},\lambda_m^{*\text{up}}]\end{cases} \tag{8.10}$$

式中：r_λ 为拉格朗日乘子。

式（8.9）可采用增广拉格朗日惩罚函数法求解[7]。作为一类用来求解带约束优化问题的算法，与一般的惩罚函数法相比，增广拉格朗日惩罚函数法也会通过将限制条件转化为目标函数的惩罚项，使原问题转变为无约束目标函数优化问题，可以利用有限的罚因子逼近最优解，且收敛速度较快；不同处在于，增广拉格朗日惩罚函数法还会在目标函数中额外添加用来模仿拉格朗日乘子的一项，这一项与拉格朗日乘子不完全一样。

从另一个角度看，无约束目标函数是带约束问题的拉格朗日对偶再加上一个额外的惩罚项（或者称为“增广量”）。增广拉格朗日惩罚函数法将目标函数和非线性不等式或等式约束合并为一个单一的函数——对目标函数加上违反约束的“惩罚”；然后这个修改过的目标函数被传递给另一个没有非线性约束的优化算法。如果这个子问题的解决方案违反了约束条件，那么会增加惩罚的程度。重复上述步骤，如果最优解存在的话，这个过程最终会收敛至最优方案。

对等式约束问题，建立优化设计问题的数学模型：

$$\begin{cases}\min\limits_x \quad f(x) \\ \text{s.t.} \quad c_i(x)=0 \quad i\in\zeta\end{cases} \tag{8.11}$$

式中：$x\in\mathbb{R}^n$；i 为等式约束的个数；ζ 为等式约束的指标集合；$c_i(x)$ 为等式约束的连续函数。

二次罚函数法需要求解最小化罚函数的子问题：

$$\min_x P(x,\sigma)=f(x)+\frac{1}{2}\sigma\sum_{i\in\zeta}c_i^2(x) \tag{8.12}$$

式中：$\frac{1}{2}\sigma\sum_{i\in\zeta}c_i^2(x)$ 为罚函数；σ 为罚因子，$\sigma>0$。

为满足可行性条件，二次罚函数法必须使 $\sigma_k\to\infty$（k 为迭代次数），易造成子问题求解的数值困难。而增广拉格朗日惩罚函数法可以利用有限的罚因子逼近最优解，从而避免了上述必须使罚因子迅速膨胀的数值困难。

将式（8.11）中的等式约束同时用罚函数法及拉格朗日乘子法构造无约束函数，定义增广拉格朗日函数为

$$L_\sigma(x,r)=f(x)+\sum_{i\in\zeta}r_ic_i(x)+\frac{1}{2}\sigma\sum_{i\in\zeta}c_i^2(x) \tag{8.13}$$

式中：r_i 为拉格朗日乘子。

而对一般约束问题：

$$\begin{cases}\min\limits_x \quad f(x) \\ \text{s.t.} \quad c_i(x)=0 \quad i\in\zeta \\ \qquad\ c_i(x)\leqslant 0 \quad i\in\psi\end{cases} \tag{8.14}$$

式中：ψ 为不等式约束的指标集合。

引入松弛变量 $s_i \geqslant 0$，可得

$$\begin{cases} \min\limits_{x} & f(x) \\ \text{s. t.} & c_i(x)=0 \quad i \in \zeta \\ & c_i(x)+s_i=0 \qquad i \in \psi \\ & s_i \geqslant 0 \qquad i \in \psi \end{cases} \tag{8.15}$$

可构造一般约束问题的增广拉格朗日函数如下：

$$\begin{cases} L_\sigma(x,s,r,\mu)=f(x)+\sum\limits_{i\in\zeta}\lambda_i c_i(x)+\sum\limits_{i\in\psi}\mu_i(c_i(x)+s_i)+\dfrac{\sigma}{2}p(x,s) \quad s_i \geqslant 0, i \in \psi \\ p(x,s)=\sum\limits_{i\in\zeta}c_i^2(x)+\sum\limits_{i\in\psi}(c_i(x)+s_i)^2 \end{cases} \tag{8.16}$$

式（8.16）可采用梯度下降算法求解。

8.3 梯级水库预泄水量聚合分解

在水库预报预泄调度运行过程中，需要评估水文预报的不确定性和防洪风险，计算多个有效预见期下的预泄水量上限，并推导出水库发电量的数学表达式。

8.3.1 预报预泄调度与防洪风险分析

8.3.1.1 聚合水库预报预泄调度

水库可以在预报精度较高、误差较低的情况下，进行预报预泄调度。如图 8.2 所示，对于单个水库的预泄调度，采用预报预泄的方法，在有效预见期 T_c 内若存在某一时刻 t 预报流量超过了安全流量，从当前时段开始水库 m 以安全流量 q_{safe} 进行预泄[8]。

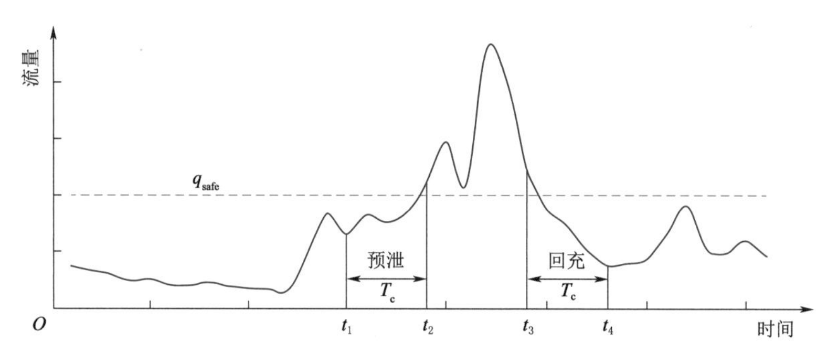

图 8.2 水库预泄和回充示意图

由于汛期运行水位动态控制要求水库能在预见期内预泄至防洪限制水位或以下，年防洪标准特征值计算按推求的设计洪水参数进行放大，从防洪限制水位起调，得到坝前最高水位及最大下泄流量，作为防洪标准特征值。

单库的预报预泄调度可以扩展至梯级水库。对于梯级水库而言，汛期运行水位动态控制同样要求水库原设计防洪标准不能被降低，即聚合库容需要在洪水来临前的预见期内降至安全初始库容，在数值上应该小于或等于各水库汛限水位对应的库容的总和。根据图8.1所示的梯级水库间的水力联系，聚合水库A的入库流量 $q_{in}^{*}(t)$ 等于龙头水库入库流量与各水库间的区间流量之和，而出库流量等于聚合系统最后一级水库的出库流量。因此聚合水库预泄调度可以表示为

$$\begin{cases} V^{*\mathrm{low}} = V^{*\mathrm{up}} + \sum_{t=1}^{T_c}\left[q_{\mathrm{in},1}(t) + \sum_{m=1}^{M-1} q_{z,m}(t) - Q_{\mathrm{out}}^{*}\right]\Delta t = V^{*\mathrm{up}} + \sum_{t=1}^{T_c}\left[q_{\mathrm{in}}^{*}(t) - Q_{\mathrm{out}}^{*}\right]\Delta t \\ V^{*\mathrm{up}} = V_{\mathrm{x}}^{*} + V_{\mathrm{pre}}^{*} \end{cases} \tag{8.17}$$

其中

$$V_{\mathrm{x}}^{*} = \sum_{m=1}^{M} V_{\mathrm{x},m} \tag{8.18}$$

式中：T_c 为有效预见期；$V^{*\mathrm{low}}$、$V^{*\mathrm{up}}$、V_{x}^{*}、V_{pre}^{*} 分别为预见期内聚合库容最小值（预泄调度后的聚合库容值）、聚合库容最大值（预泄调度前的聚合库容值）、安全初始库容、聚合预泄水量；$V_{\mathrm{x},m}$ 为水库 m 的汛限水位对应的库容；其他符号意义同前。

8.3.1.2 防洪风险分析

在利用实测和预报入库洪水资料确定汛限水位动态控制域的过程中，根据洪水预报作出的决策，是根据当前时刻入库流量和预报未来某时段内最大入库流量是否超过下游防护点控制泄量，来判断作出预泄调度决策或维持原定防洪调度决策等。

汛期运行水位动态控制的防洪风险来源可分为两类。第一类是由入库洪水预报误差所导致的预泄调度决策风险，又可以分为四种随机事件讨论，分别是事件 $E_1(Q_{\mathrm{in}}^{*}<q_{\mathrm{safe}}\cap\widehat{Q}_{\mathrm{in}}^{*}\geqslant q_{\mathrm{safe}})$、事件 $E_2(Q_{\mathrm{in}}^{*}\geqslant q_{\mathrm{safe}}\cap\widehat{Q}_{\mathrm{in}}^{*}<q_{\mathrm{safe}})$、事件 $E_3(Q_{\mathrm{in}}^{*}\geqslant q_{\mathrm{safe}}\cap\widehat{Q}_{\mathrm{in}}^{*}\geqslant q_{\mathrm{safe}})$ 和事件 $E_4(Q_{\mathrm{in}}^{*}<q_{\mathrm{safe}}\cap\widehat{Q}_{\mathrm{in}}^{*}<q_{\mathrm{safe}})$，其中 Q_{in}^{*} 为预见期内预报的聚合水库最大入库流量。事件 E_1 和 E_2 会导致错误的预泄调度决策，如事件 E_2 为在预见期 T_c 时段内，预报最大入库流量 $\widehat{Q}_{\mathrm{in}}^{*}$ 小于下游防洪控制断面安全流量 q_{safe}，但实际最大入库流量 Q_{in}^{*} 大于安全流量 q_{safe}，因此水库在本应开始进行预泄调度的时段却下达了不执行预泄调度的决策；而由于预见期 T_c 时段内实际最大入库流量 Q_{in}^{*} 大于安全流量 q_{safe}，事件 E_2 和 E_3 则会触发防洪调度。

第二类风险来源为洪水过程线的不确定性。当一场频率为 p（相当重现期为 T_p 年，$T_p=1/p$）的设计洪水发生于预见期末时，聚合水库的预泄水量可能没有被预泄完全，此时梯级水库库容总和大于各水库汛限水位对应的库容之和，即 $V^{*\mathrm{low}}\geqslant V_{\mathrm{x}}^{*}$，此时没有达到原设计防洪标准，会造成更大的防洪风险。频率 p 设计洪水由典型洪水过程线以及设计洪水成果根据同频率法放大得到。若预泄调度结束时水库水位和即将到来的频率 p 设计洪水是相互独立的，那么洪水过程线的不确定性所引起的风险可以采用全概率公式估计，即

$$R_m(p, Z_m^{\mathrm{low}}) = \sum_{n_f=1}^{N_f} P(Z_{m,n_f}^{\mathrm{low}}) R_m(p, Z_{m,n_f}^{\mathrm{low}}) \tag{8.19}$$

式中：$R_m(p,Z_m^{\mathrm{low}})$ 为水库 m 从水位 Z_m^{low} 起调某一频率设计洪水时的最高调洪水位超过从汛限水位 $Z_{\mathrm{x},m}$ 起调频率 p 设计洪水的最高调洪水位时，该特定频率设计洪水的出现概率，设从水位 $Z_{\mathrm{x},m}$ 起调 100 年一遇设计洪水的风险为 0.01，即 $R_m(0.01,Z_{\mathrm{x},m})=0.01$；$N_{\mathrm{f}}$ 为预泄调度阶段的洪水过程线总量，有 $n_{\mathrm{f}}=1, 2, \cdots, N_{\mathrm{f}}$；$Z_{m,n_f}^{\mathrm{low}}$ 为水库 m 在预见期内遭遇第 n_{f} 个洪水后，预泄调度末时的水位。

根据基于水量的梯级水库库容聚合分解模型，假设聚合系统内所有水库同步下泄流量，单库情况下由洪水过程线的不确定性所引起的风险可扩展至梯级水库。给定设计洪水频率 p_1 和防洪风险 p_2，聚合水库由洪水过程线的不确定性所引起的风险 R^* 可以表示为

$$\begin{cases} R_m(p_1,Z_m)=p_2 \\ \vdots \\ R_M(p_1,Z_M)=p_2 \end{cases} \Rightarrow R^*\left[p_1,V^*=\sum_{m=1}^{M}Z_{\mathrm{d},m}^{-1}(Z_m)\right]=p_2 \tag{8.20}$$

式中：$Z_{\mathrm{d}}^{-1}(\cdot)$ 为函数 $Z_{\mathrm{d}}(\cdot)$ 的逆函数。

8.3.1.3 确定预泄水量上限

风险泛指在某一特定环境下、某一特定时段内，某种非期望事件发生的概率。综上所述，四类随机事件对应的防洪风险汇总于表 8.1。防洪标准是防洪调度决策的重要参考，主要由单座水库从原设计汛限水位起调某一频率设计洪水确定。单库和聚合水库的预泄调度同样要求不降低原设计防洪标准，即

$$\frac{e_2}{\sum e}R(p,V_{\mathrm{x}}^*+V_{\mathrm{pre}}^{*\mathrm{up}})+\frac{e_3}{\sum e}\sum_{n_{\mathrm{f}}=1}^{N_{\mathrm{f}}}P(V_{n_{\mathrm{f}}}^{*\mathrm{low}})R(p,V_{n_{\mathrm{f}}}^{*\mathrm{low}})\leqslant\frac{e_2+e_3}{\sum e}R^*(p,V_{\mathrm{x}}^*) \tag{8.21}$$

表 8.1 四类随机事件对应的防洪风险

事件	事件个数	是否执行预泄调度	是否执行防洪调度	防洪风险
E_1	e_1	是	否	0
E_2	e_2	否	是	$\frac{e_2}{\sum e}R(p,V_{\mathrm{x}}^*+V_{\mathrm{pre}}^{*\mathrm{up}})$
E_3	e_3	是	是	$\frac{e_3}{\sum e}\sum_{n_{\mathrm{f}}=1}^{N_{\mathrm{f}}}P(V_{n_{\mathrm{f}}}^{*\mathrm{low}})R(p,V_{n_{\mathrm{f}}}^{*\mathrm{low}})$
E_4	e_4	否	否	0

以式（8.21）为约束条件，可采用蒙特卡洛模拟法和试算法确定聚合水库的预泄水量上限，如图 8.3 所示。而汛期运行水位动态控制的库容下限设定为 V_{x}^*。需要注意的是，金沙江下游梯级水库设计洪水过程线的时序步长为 6h，为更大程度上契合防洪调度的实际情况，在计算预泄水量上限的过程中，若采用日尺度及以上的数据，需要对其降解到 6h 尺度来进行调洪演算。这里对日尺度径流量的降解仅关注单次洪水事件，既不是对长系列的降解也不涉及干湿天的模拟，只需要保证降解的 6h 尺度数据与日尺度数据保持水量平衡。因此研究采用一种半经验方法将调洪演算所需的日流量数据降解为小时时段流量[9]。

该降解方法将当前日时间步长 t_i 时刻内的小时时间步长记作 t_{h_i}，则 t_{h_i} 时刻的小时流量 $Q(t_{h_i})$ 可以用一个三阶多项式表示：

$$Q(t_{h_i})=a_{3_i}t_{h_i}^3+a_{2_i}t_{h_i}^2+a_{1_i}t_{h_i}+a_{0_i} \tag{8.22}$$

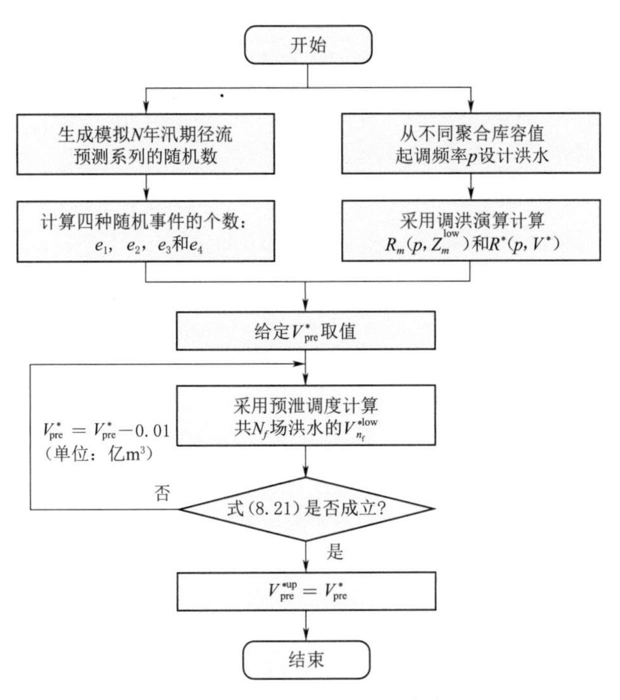

图 8.3 确定预泄水量上限的流程图

式中：a_{j_i}（$j=0$，1，2，3）为 t_i 时刻 3 阶多项式的四个参数。为估计这四个参数，在每个时间步长上均需要满足以下四个条件：初始时刻 t_{i-1} 的水量平衡、当前时刻 t_i 的水量平衡以及随后两个时刻 t_{i+1} 和 t_{i+2} 的水量平衡（图 8.4）。

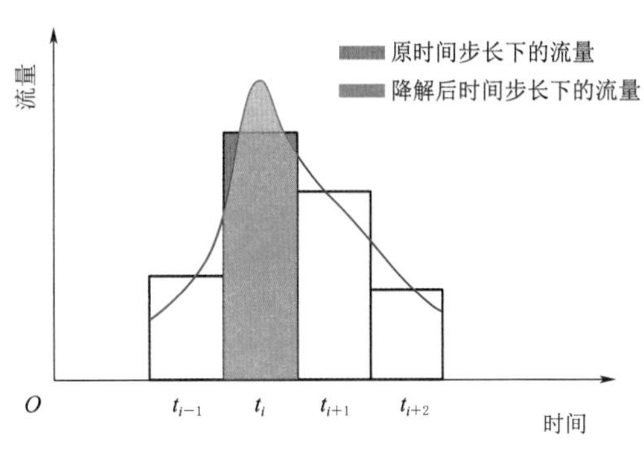

图 8.4 原时间步长和降解后的时间步长对应流量示意图

初始流量 Q_0 可以表示为

$$Q_0 = a_{3_i} t_{i-1}^3 + a_{2_i} t_{i-2}^2 + a_{1_i} t_{i-1} + a_{0_i} \tag{8.23}$$

对当前时刻 t_i，日总径流量可以表示为式（8.22）的定积分：

$$Q(t_i)\Delta t = \int_{t_{i-1/2}}^{t_{i+1/2}} Q(t_{h_i}) = a_{3_i} \frac{t_{i+1/2}^4 - t_{i-1/2}^4}{4} + a_{2_i} \frac{t_{i+1/2}^3 - t_{i-1/2}^3}{3} + a_{1_i} \frac{t_{i+1/2}^2 - t_{i-1/2}^2}{2} + a_{0_i}(t_{i+1/2} - t_{i-1/2}) \tag{8.24}$$

式中：$t_{i-1/2}$ 和 $t_{i+1/2}$ 分别为当前时刻 t_i 的起始和终止时刻；Δt 为当前时刻 t_i 的时间长度。

类似地，可以得到另外两个时间步长 t_{i+1} 和 t_{i+2} 日总径流量的表达式。上述四个条件可以采用一个通式为 $K\vec{a}=\vec{c}$ 的线性方程组表达：

$$\begin{pmatrix} t_{i-1}^3 & t_{i-1}^2 & t_{i-1} & 1 \\ \frac{t_{i+1/2}^4-t_{i-1/2}^4}{4} & \frac{t_{i+1/2}^3-t_{i-1/2}^3}{4} & \frac{t_{i+1/2}^2-t_{i-1/2}^2}{4} & t_{i+1/2}-t_{i-1/2} \\ \frac{t_{i+3/2}^4-t_{i+1/2}^4}{4} & \frac{t_{i+3/2}^3-t_{i+1/2}^3}{4} & \frac{t_{i+3/2}^2-t_{i+1/2}^2}{4} & t_{i+3/2}-t_{i+1/2} \\ \frac{t_{i+5/2}^4-t_{i+3/2}^4}{4} & \frac{t_{i+5/2}^3-t_{i+3/2}^3}{4} & \frac{t_{i+5/2}^2-t_{i+3/2}^2}{4} & t_{i+5/2}-t_{i+3/2} \end{pmatrix} \begin{pmatrix} a_{3_i} \\ a_{2_i} \\ a_{1_i} \\ a_{0_i} \end{pmatrix} = \begin{pmatrix} Q_0 \\ Q(t_i)\Delta t \\ Q(t_{i+1})\Delta t \\ Q(t_{i+2})\Delta t \end{pmatrix} \tag{8.25}$$

对每一个原始的时间步长，均可以建立上述方程组并通过 $K\vec{a}=\vec{c}$ 求解，进而估计出三阶多项式的参数 a_{j_i}（$j=0$，1，2，3）。

8.3.2 水库发电量表达式

8.3.2.1 双库聚合系统的发电量表达式

如图 8.1 所示，以 A_1—A_2 双库系统为例进行发电量表达式的分析。根据式（8.5），考虑防洪库容的优化分配，聚合水库的理论发电量的变化可以表示为

$$\begin{aligned}\Delta E = & \xi_1[a_1(V_{nor,1}-\lambda^* V_0^* + \eta V_{pre}^*)^{b_1} - a_1(V_{nor,1}-\lambda V_0^*)^{b_1}] \\ & + \xi_2\{a_2[V_{nor,2}-(1-\lambda^*)V_0^*+(1-\eta)V_{pre}^*]^{b_2} - a_2[V_{nor,2}-(1-\lambda)V_0^*]b_2\}\end{aligned} \tag{8.26}$$

根据式（8.26）推导 V_{pre}^* 与 ΔE 的关系如下：

$$\begin{cases} \dfrac{\partial \Delta E}{\partial V_{pre}^*} = \eta\xi_1 a_1 b_1 V_1^{b_1-1} + (1-\eta)\xi_2 a_2 b_2 V_2^{b_2-1} > 0 \\ \dfrac{\partial^2 \Delta E}{\partial V_{pre}^{*2}} = \eta^2 \xi_1 a_1 b_1 (b_1-1) V_1^{b_1-2} + (1-\eta)\xi_2 a_2 b_2 (b_2-1) V_2^{b_2-2} < 0 \end{cases} \tag{8.27}$$

其中

$$\begin{cases} V_1 = V_{nor,1} - \lambda^* V_0^* + \eta V_{pre}^* \\ V_2 = V_{nor,2} - (1-\lambda^*) V_0^* + (1-\eta) V_{pre}^* \end{cases} \tag{8.28}$$

可以看出 $\partial\Delta E/\partial V_{pre}^*>0$ 恒成立，说明 ΔE 随 V_{pre}^* 的增加而增加，同时$\partial^2\Delta E/\partial V_{pre}^{*2}<0$ 恒成立，$\partial\Delta E/\partial V_{pre}^*$ 单调减小。

由式（8.26）推导得出：

$$\begin{cases} \dfrac{\partial \Delta E}{\partial \eta} = V_{pre}^*(\xi_1 a_1 b_1 V_1^{b_1-1} - \xi_2 a_2 b_2 V_2^{b_2-1}) \\ \dfrac{\partial^2 \Delta E}{\partial \eta^2} = V_{pre}^{*2}[\xi_1 a_1 b_1 (b_1-1) V_1^{b_1-2} + \xi_2 a_2 b_2 (b_2-1) V_2^{b_2-2}] < 0 \end{cases} \tag{8.29}$$

可见，η 与 ΔE 的关系与 λ^* 类似，$\partial^2\Delta E/\partial\eta^2<0$，$\partial\Delta E/\partial\eta$ 在范围内单调减小且符号需根据给定的变量 λ^* 和 V_{pre}^* 的值确定。

从上述分析中可以看出，仅变量 V_{pre}^* 与 ΔE 的一阶偏导数关系 $\partial\Delta E/\partial V_{pre}^*$ 不受变量 λ^* 和 η 影响，即梯级水库发电量变化量 ΔE 随着聚合水库预泄水量 V_{pre}^* 的增加而增加，因

此对目标函数 ΔE 在何处取得最大值的讨论中，可令 $V_{pre}^{*}=V_{pre}^{*up}$，将三变量函数 $\Delta E(\lambda^{*}, V_{pre}^{*}, \eta)$ 求最值的问题降维成两变量函数 $\Delta E(\lambda^{*}, \eta)$ 求解的问题。设函数 $\Delta E(\lambda^{*}, \eta)$ 在点 (λ_0, η_0) 的某邻域内连续且有一阶及二阶连续偏导数，点 (λ_0, η_0) 满足下式：

$$\begin{cases}\left.\dfrac{\partial \Delta E}{\partial \lambda^{*}}\right|_{\lambda^{*}=\lambda_0,\eta=\eta_0}=0 \\ \left.\dfrac{\partial \Delta E}{\partial \eta}\right|_{\lambda^{*}=\lambda_0,\eta=\eta_0}=0\end{cases} \tag{8.30}$$

由式（8.30）可推导得到

$$\xi_1 a_1 b_1 (V_{nor,1}-\lambda_0 V_0^{*}+\eta_0 V_{pre}^{*up})^{b_1-1}=\xi_2 a_2 b_2 [V_{nor,2}-(1-\lambda_0)V_0^{*}+(1-\eta_0)V_{pre}^{*up}]^{b_2-1} \tag{8.31}$$

$$\frac{\partial^2 \Delta E}{\partial \lambda^{*} \partial \eta}=-V_0^{*} V_{pre}^{*up}[\xi_1 a_1 b_1 (b_1-1)V_1^{b_1-2}+\xi_2 a_2 b_2 (b_2-1)V_2^{b_2-2}] \tag{8.32}$$

则点 (λ_0, η_0) 为函数 $\Delta E(\lambda^{*}, \eta)$ 的极值点。结合式（8.6）、式（8.27）和式（8.30）可以得到

$$\begin{vmatrix}\dfrac{\partial^2 \Delta E}{\partial \lambda^{*2}} & \dfrac{\partial^2 \Delta E}{\partial \lambda^{*}\partial \eta} \\ \dfrac{\partial^2 \Delta E}{\partial \eta \partial \lambda^{*}} & \dfrac{\partial^2 \Delta E}{\partial \eta^2}\end{vmatrix}=\left.\frac{\partial^2 \Delta E}{\partial \lambda^{*2}}\right|_{\lambda^{*}=\lambda_0,\eta=\eta_0}\left.\frac{\partial^2 \Delta E}{\partial \eta^2}\right|_{\lambda^{*}=\lambda_0,\eta=\eta_0}-\left(\left.\frac{\partial^2 \Delta E}{\partial \lambda^{*}\partial \eta}\right|_{\lambda^{*}=\lambda_0,\eta=\eta_0}\right)^2=0 \tag{8.33}$$

根据多元函数取极值的充分条件可知，目标函数 $\Delta E(\lambda^{*},\eta)$ 在点 (λ_0,η_0) 处可能取得极值，也可能没有极值，难以通过求低阶偏导数判断[10]。

因此，采用数值模拟方法讨论目标函数 $\Delta E(\lambda^{*},\eta)$ 的极值情况，若在 λ^{*} 和 η 的定义域内存在极值点 (λ_0,η_0)，那么目标函数最大值为 (λ_0,η_0)，否则目标函数最大值在定义域边界处取得。

8.3.2.2 多库聚合系统的发电量表达式

由拉格朗日乘子法构建的方程如下：

$$F(\lambda_m^{*}, r_\lambda)=\sum_{m=1}^{M}\xi_m [a_m (V_{nor,m}-\lambda_m^{*} V_0^{*}+\eta_m V_{pre}^{*})^{b_m}-a_m (V_{nor,m}-\lambda_m V_0^{*})^{b_m}]+r_\lambda(\sum_{m=1}^{M}\lambda_m^{*}-1) \tag{8.34}$$

$$\begin{cases}F'_{\lambda_m^{*}}=0 \quad m=1,2,\cdots,M \\ F'_{r_\lambda}=0 \\ \lambda_m^{*}\in[\lambda_m^{*low},\lambda_m^{*up}] \\ \eta_m\in[0,1]\end{cases} \tag{8.35}$$

采用增广拉格朗日乘子法可对式（8.34）进行优化，并采用梯度下降算法求解。

8.4 金沙江下游梯级水库防洪风险分析

四川省攀枝花市雅砻江口至宜宾市岷江口为金沙江下游河段，建有乌东德—白鹤滩—溪洛渡—向家坝四座水库，各水库相关参数见表8.2，预留的总防洪库容约155亿m^3。根据《长江流域综合规划（2012—2030年）》的总体要求与长江中下游总体防洪标准，确定金沙江河段所预留的防洪库容之后，再基于对保障川渝河段和宜宾、泸州、重庆等城市的防洪安全任务以及金沙江流域水库规划设计的防洪能力，将聚合防洪库容具体分配至各个水库。金沙江下游梯级坝址以上集水面积分别为40.61万km^2、43.03万km^2、45.44万km^2、45.88万km^2，乌东德—白鹤滩、溪洛渡—向家坝梯级水库水力联系更紧密、区间流域面积很小且没有防洪任务，白鹤滩（向家坝）水库的回水几乎到达乌东德（溪洛渡）水库的坝下，两库预留的防洪库容互补等效，可以开展防洪库容优化配置研究。

乌东德—白鹤滩、溪洛渡—向家坝梯级水库分别在7月、7—8月要配合三峡水库承担长江中下游的防洪任务。根据还原后的华弹（巧家）站和屏山（向家坝）站1940—2020年（共81年）7—8月的天然日流量资料，采用水文比拟法计算金沙江下游梯级水库入库流量和区间流量。以梯级末位向家坝水库出库流量作为控制节点，依据防洪区域分布情况及现有堤防的建设情况，金沙江段柏溪镇堤防的防洪标准为20年一遇，相应洪峰值以屏山站洪峰值代表，20年一遇洪水洪峰值为28000m^3/s。本书控制向家坝水库出库流量不超过28000m^3/s，以确保柏溪镇的防洪安全。根据各水库调度规程，当白鹤滩、溪洛渡、向家坝的坝上水位分别达到800m、560m、367m时，乌东德、白鹤滩、溪洛渡水库尾水位-出库流量关系分别需要考虑下游水库的顶托影响。

表8.2　　金沙江下游梯级水库相关参数

水　库	乌东德	白鹤滩	溪洛渡	向家坝
死水位/m	945.00	765.00	540.00	370.00
正常蓄水位/m	975.00	825.00	600.00	380.00
汛限水位/m	952.00	785.00	560.00	370.00
设计洪水位/m	979.38	827.71	604.23	380
校核洪水位/m	986.17	832.34	609.67	381.86
防洪库容/亿m^3	24.40	75.00	46.50	9.03
总库容/亿m^3	74.08	206.27	126.70	51.63
综合出力系数	8.80	9.00	9.20	9.40
装机容量/万kW	1020.00	1600.00	1386.00	775.00
多年平均发电量/(亿kW·h)	38.91	610.90	571.20	307.50

8.4.1 金沙江流域水文气象预报精度分析

开展水库预报预泄调度，水雨情预报是基础和关键。现阶段实时测报雨量、水位及流量的技术有了长足进步，可充分利用卫星、遥感与遥测技术等手段，进行水文数据的收集、存储与处理，对水库实时调度和运行管理进行支持。

8.4.1.1 降水预报精度分析

天气学预报方法是目前实际天气预报工作中通常采用的主要方法，而且越来越频繁地与数值天气预报产品和遥感信息等结合在一起使用，并结合数值预报产品使用进行综合性预报。

以长江委水文局水文预报成果为例，根据预报预测的降水情况与实际情况的偏离程度进行成果评定，如果实际流域平均面雨量在给定的预报区间以内，则评定为100分，误差越大相应的得分就越少，最低可至0分。采用上述评分规则，分别对1995年以来长江流域汛期短期降水预报进行评分检验，可以发现随着气象观测技术、数值预报技术以及气象信息传输技术的发展，长江流域短期面雨量预报评定结果有明显提高。20世纪90年代中后期短期预报是48h预报，预报评分在80分左右；21世纪以来短期预报预见期加长至72h，24h预报基本在90分以上，48h及72h预报大多在85分以上；预报评分在2003年之前均呈逐年提高趋势，2003年之后评分呈微幅震荡变化，三峡水库试验性蓄水以来总体变化不大。

检验近年来开展的114次长江上游中期降水过程的预报结果发现，中期强降水过程预报准确率、漏报率、空报率分别为96.2%、3.8%、11.9%。目前限于当前气象预报水平和气象监测资料等因素，实际工作中对未来预见期4～7d长江上游分区、量级和时间分布上还是存在较大的不足。但中期强降水预报过程预报检验结果准确率较高、漏报率较低，检验结果还是可以接受的，对水库防洪调度等工作具有较好的实际参考价值[11]。

8.4.1.2 水文预报精度分析

金沙江下游主要采用API模型、马斯京根河道演算模型、静库容调洪演算模型、一维水力学调洪模型等编制水文预报方案。共分为15个分区，配置有25套预报方案。

金沙江流域定量降水预报可以为汛期洪水预报提供可靠的技术支持。预见期24h的20mm以上分区域定量降水预报精度可以达到54.1%，流域性大雨以上预报有效预见期可以达到7d。

短期预报总体满足工程防汛和生产调度需要。金沙江下游四个坝区预见期24h、36h流量预报精度分别超过97%、95%；洪峰预报平均误差在3%左右，预见期各坝区不尽相同，溪洛渡洪峰预报预见期可以达到40h左右。

未来7d各坝区超过10000m^3/s的洪水量级预报总体准确，再辅以跟踪滚动，可以为工程防汛和电力生产运行提供可靠的水情保障。

长期预报涨落、丰枯趋势预报准确。长期预报主要指每年汛前开展的汛期金沙江流域水雨情预报分析，预报内容主要有汛期平均来水、汛期最大洪峰以及汛期逐月来水、逐月最大流量预测，以及每月下旬制作的次月平均来水以及最大流量预报[12]。

8.4.1.3 误差分布参数估计

长江上游水文预报系统是以水调自动化系统数据库为数据管理平台，以 GIS 为可视化平台，以洪水预报、水动力学等专业模型为核心，根据洪水预报与防洪调度的业务流程，采用 B/S（browser/server，浏览器/服务器）和 C/S（client/server，客户机/服务器）混合体系结构研发的软件平台，无缝接入世界主流数值气象预报成果，实现长江上游流域各预报站点和重点水库短中长期一体化预报。洪水预报的不确定性可能是由输入（如降水量的预报）、水文模型结构和模型参数不确定性等引起的。长江上游水文预报系统常以“(1−多个相对误差的均值)×100%”来表示水文预报精度[13]。如果水库入库预报数据序列没有系统偏差，可以将其视为一个连续随机过程，然后可以定义预测的相对误差，并假定其服从均值为 0 的正态分布：

$$\varepsilon=\frac{\widehat{q^{*}}-q^{*}}{q^{*}}\sim N(0,\sigma^{2}) \tag{8.36}$$

式中：$\widehat{q^{*}}$ 和 q^{*} 分别为聚合水库预报流量和实测流量；σ 为正态分布的标准差。

根据式（8.36），采用的平均相对误差（$\overline{RE}$）可以表示为

$$\overline{RE}=\overline{|\varepsilon|}=\overline{\left|\frac{\widehat{q^{*}}-q^{*}}{q^{*}}\right|}\times 100\% \tag{8.37}$$

因此正态分布的标准差 σ 可以通过计算服从正态分布的随机变量的绝对值的数学期望值得到

$$\begin{aligned}
\mathrm{E}|X|&=\int_{-\infty}^{+\infty}|x|\frac{1}{\sqrt{2\pi}}\mathrm{e}^{-\frac{x^{2}}{2\sigma^{2}}}\mathrm{d}x=\int_{-\infty}^{+\infty}|\sigma x|\frac{1}{\sqrt{2\pi}}\mathrm{e}^{-\frac{1}{2}(\frac{x}{\sigma})^{2}}\mathrm{d}\frac{x}{\sigma}\\
&=\int_{0}^{+\infty}\frac{\sigma x}{\sqrt{2\pi}}\mathrm{e}^{-\frac{1}{2}(\frac{x}{\sigma})^{2}}\mathrm{d}\frac{x}{\sigma}-\int_{-\infty}^{0}\frac{\sigma x}{\sqrt{2\pi}}\mathrm{e}^{-\frac{1}{2}(\frac{x}{\sigma})^{2}}\mathrm{d}\frac{x}{\sigma}\\
&=\frac{\sigma}{\sqrt{2\pi}}\left(\int_{0}^{+\infty}\frac{x}{\sigma}\mathrm{e}^{-\frac{1}{2}(\frac{x}{\sigma})^{2}}\mathrm{d}\frac{x}{\sigma}-\int_{-\infty}^{0}\frac{x}{\sigma}\mathrm{e}^{-\frac{1}{2}(\frac{x}{\sigma})^{2}}\mathrm{d}\frac{x}{\sigma}\right)\\
&=\frac{\sigma}{\sqrt{2\pi}}\left(-\exp\left\{-\frac{1}{2}\left(\frac{x}{\sigma}\right)^{2}\right\}\Big|_{0}^{+\infty}+\exp\left\{-\frac{1}{2}\left(\frac{x}{\sigma}\right)^{2}\right\}\Big|_{-\infty}^{0}\right)\\
&=\sqrt{\frac{2}{\pi}}\sigma
\end{aligned} \tag{8.38}$$

因此 $\sigma=\sqrt{\frac{\pi}{2}}\overline{RE}$。

由于乌东德和白鹤滩（溪洛渡和向家坝）之间的区间流域面积很小，白鹤滩（向家坝）水库的回水能够到达乌东德（溪洛渡）水库的坝址，所以长江上游水文预报系统只对乌东德水库和溪洛渡水库的入库流量进行预报，而白鹤滩水库和向家坝水库的入库流量可以视为乌东德水库和溪洛渡水库的出库流量。表 8.3 汇总了预见期 $T_{c}=1\sim5$d 时乌东德

水库和溪洛渡水库平均相对误差$\overline{RE}$和误差分布的标准差σ，其中乌东德—白鹤滩梯级水库和溪洛渡—向家坝梯级水库的预报统计时间分别为2021年1月至2022年9月和2015年1月至2022年9月。可以看出水文预报能力基本上能够满足金沙江下游梯级水库的预泄调度的要求。

表8.3 不同预见期下乌东德和溪洛渡水预报的平均相对误差及误差分布的标准差

T_c/d		1	2	3	4	5
$\overline{RE}$/%	乌东德水库	5.7	8.4	10.3	11.8	12.8
	溪洛渡水库	2.7	6.9	11.5	13.0	14.6
σ	乌东德水库	0.071	0.105	0.129	0.148	0.160
	溪洛渡水库	0.034	0.086	0.144	0.163	0.183

8.4.2 梯级水库防洪风险分析

根据表8.3，采用蒙特卡洛方法对1940—2020年共81年的汛期（6月1日至9月30日）乌东德—白鹤滩—溪洛渡—向家坝聚合水库的日入库预报流量进行了模拟，统计由入库洪水预报误差所导致的预泄调度决策风险的四个随机事件的数量$e_1 \sim e_4$，见表8.4。可以看出，虽然更长的预见期会导致事件数量增加，但它避免了在大洪水来临时还没有进行预泄调度的情况，从而更好地保证了下游及大坝防洪的安全。

表8.4 聚合水库模拟预报的随机事件数量

T_c/d	1	2	3	4	5
e_1	1	8	9	20	18
e_2	1	1	0	0	0
e_3	2	3	5	6	7
e_4	9878	9869	9866	9853	9853

风险分析以年防洪标准特征值为基础，对单个水库汛期选取不同的起调水位，对设计洪水进行调洪演算，以坝前最高水位和最大下泄流量不超过年防洪标准5%、2%、1%、0.5%的特征值为依据，金沙江下游梯级水库选用1966年洪水过程为典型，根据四库设计洪水成果，通过同频率放大法得到四库不同频率下设计洪水过程线（图8.5），进一步计算得到不同起调水位超过年防洪标准R为5%、2%、1%、0.5%的风险率，如图8.6～图8.9所示。当各水库起调水位均位于汛限水位且发生5%频率的洪水（见图中红色圆点）时，调洪最高水位值在图8.6～图8.9中虚线处，当预泄调度末时段起调水位不在汛限水位上时，假定坝前最高水位与虚线所示的原有防洪标准情况（即从汛限水位开始起调）一致，并没有降低原有防洪标准，由此计算水库的风险率。如对乌东德水库，若预泄调度末时段水位为955.00m，当预泄调度某时刻发生洪水频率不高于6.48%时，其防洪标准不会被降低。

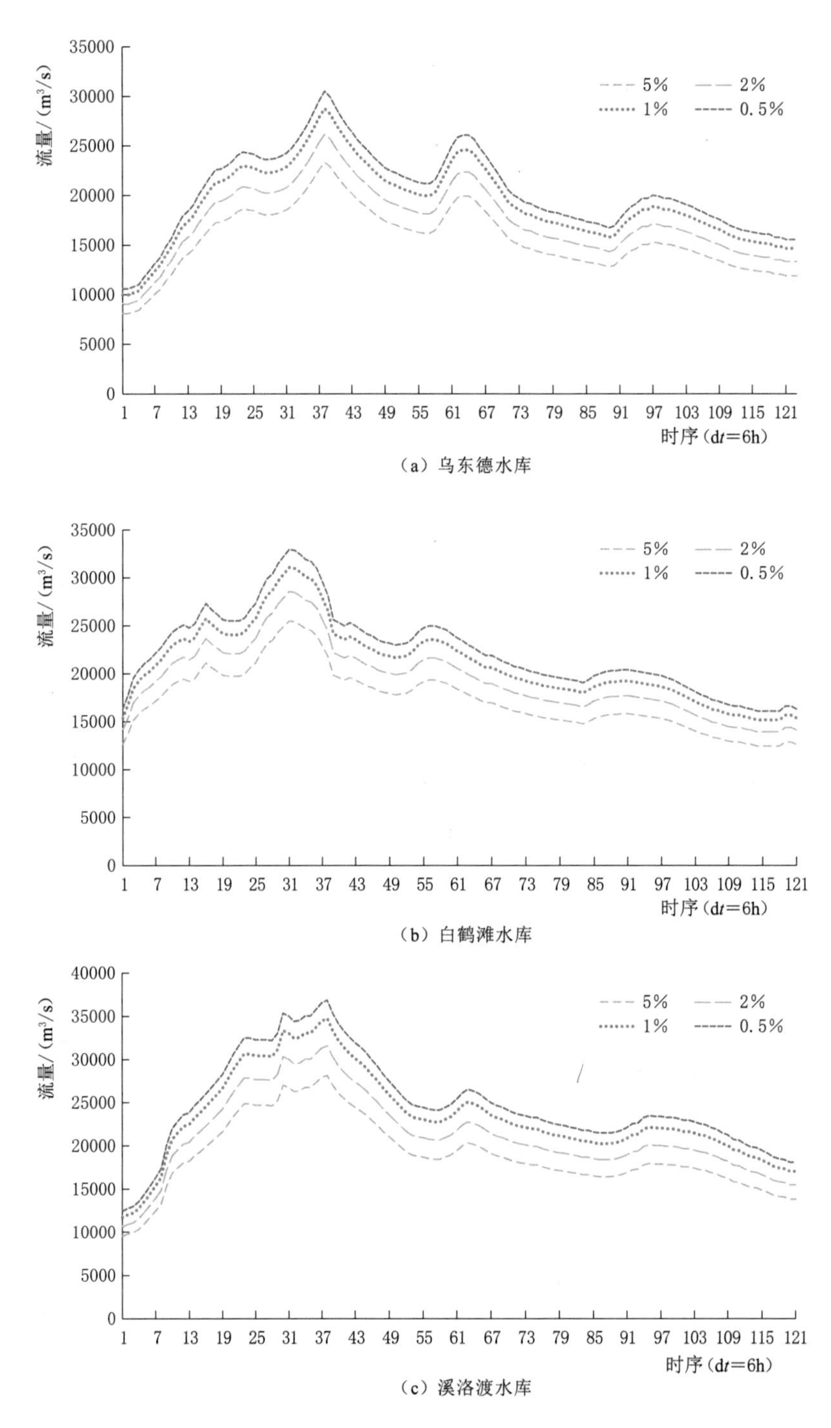

图 8.5（一） 金沙江下游梯级水库 1966 典型年 5%、2%、1%和 0.5%频率的设计洪水过程线

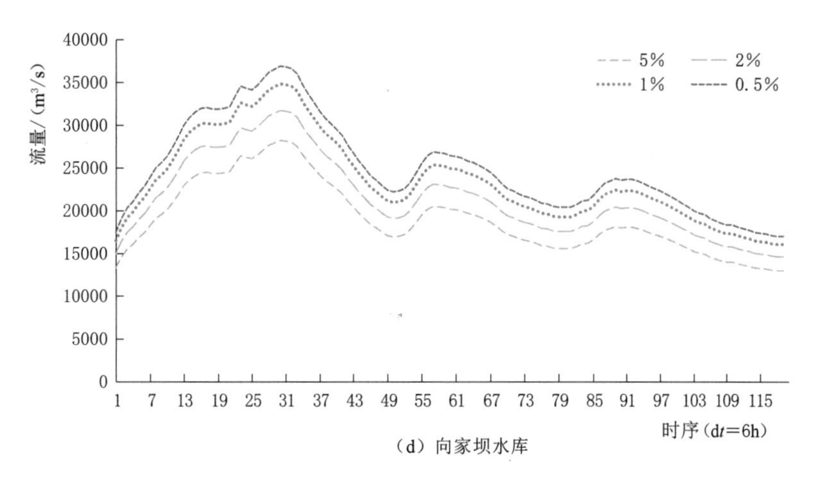

图 8.5(二) 金沙江下游梯级水库 1966 典型年 5%、2%、1%和 0.5%频率的设计洪水过程线

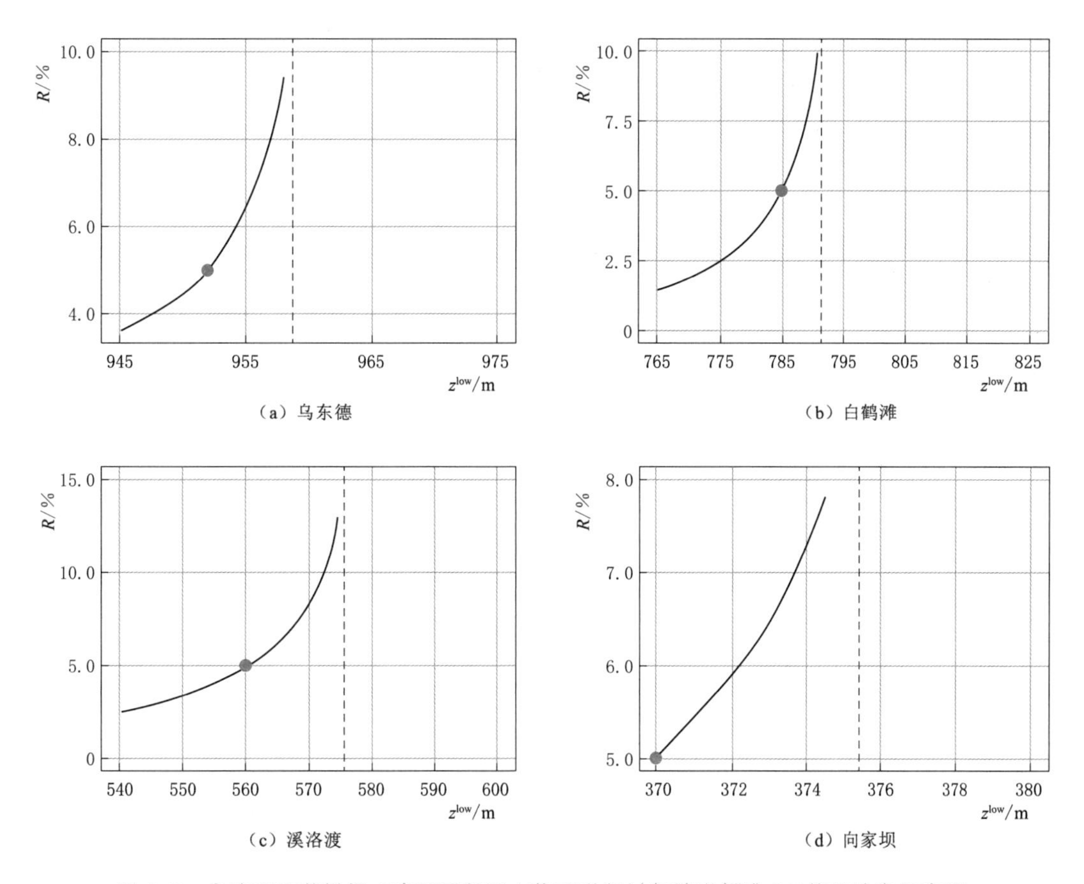

图 8.6 金沙江下游梯级水库不同起调水位调洪超过年防洪标准 5%的风险率示意图

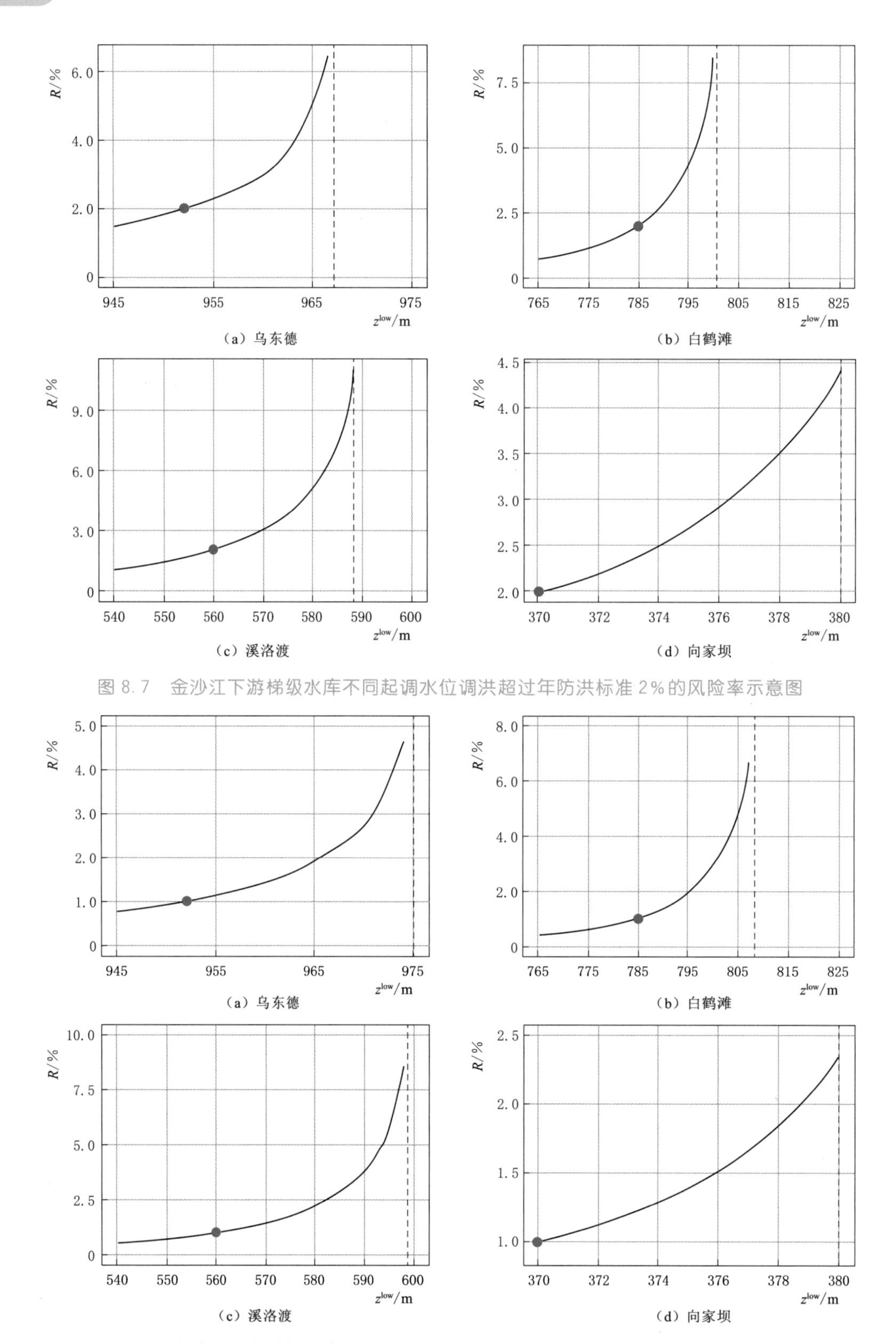

图 8.7 金沙江下游梯级水库不同起调水位调洪超过年防洪标准 2%的风险率示意图

图 8.8 金沙江下游梯级水库不同起调水位调洪超过年防洪标准 1%的风险率示意图

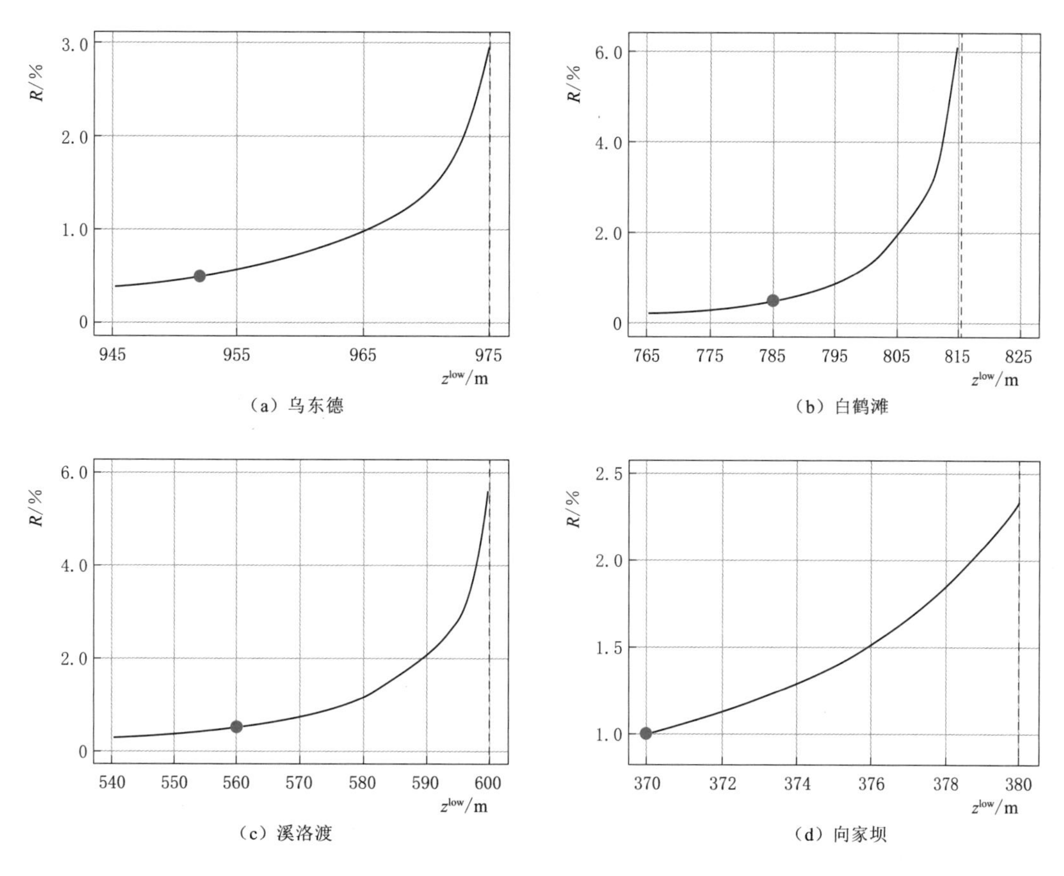

图 8.9 金沙江下游梯级水库不同起调水位调洪超过年防洪标准 0.5%的风险率示意图

对乌东德—白鹤滩—溪洛渡—向家坝聚合水库选取不同的汛期起调水位组合，即考虑不同的调洪初始库容，进行调洪计算，以不超过梯级水库年防洪设计标准为依据，可建立乌东德—白鹤滩—溪洛渡—向家坝聚合水库预泄水量与防洪风险率之间的关系，如图 8.10 所示。其中 $V^{*}-V_{x}^{*}$ 不仅可以认为是预泄调度结束后的聚合库容与 V_{x}^{*} 的差值，也可以视作预泄调度之前的预泄水量。可以看出，随着聚合水库预泄水量的增加，防洪风险率单调增加，说明较小的防洪库容会降低水库抵御极端洪水事件的能力。

在华弹和屏山水文站 1940—2020 年（共 81 年）的实测流量序列中，只有 1966 年的洪水事件超过了柏溪镇 20 年一遇安全流量，为了符合水库实际运行情况，采用半经验方法将其分解为 6h 尺度的数据，采用试算法确定 1～5d 有效预见期的预泄水量上限，分别为 0.9 亿 m^3、2.1 亿 m^3、5.1 亿 m^3、9.0 亿 m^3 和 18.0 亿 m^3。同时通过确定性水库预泄调度计算出相应的防洪风险，见表 8.5。根据 5d 预见期洪水预报，乌东德—白鹤滩—溪洛渡—向家坝聚合水库在 20 年、50 年、100 年、200 年的防洪标准下，可分别抵御 4.747%、1.922%、0.964%、0.482%频率的设计洪水，在预泄调度期间可将预泄水量对应的库容完全腾空。

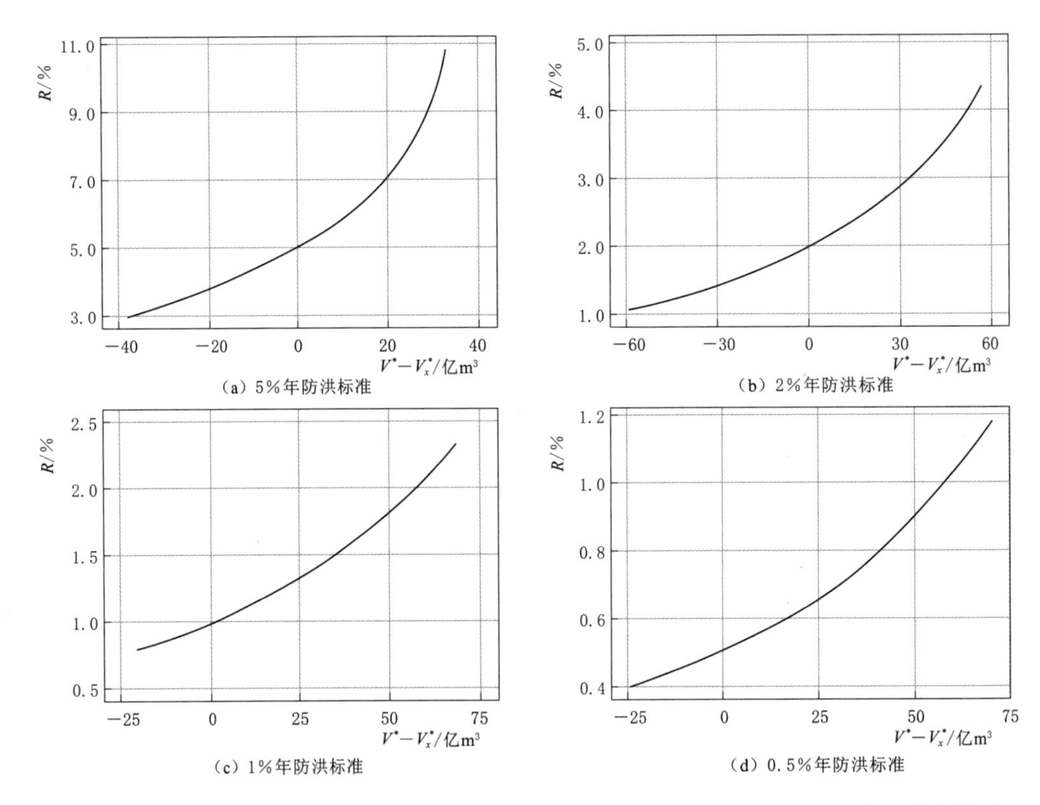

图 8.10 乌东德—白鹤滩—溪洛渡—向家坝聚合水库不同年防洪标准下预泄水量与风险率关系图

表 8.5 不同预泄水量上限 V_{pre}^{*up} 遭遇不同频率设计洪水时的防洪风险

T_c/d	V_{pre}^{*up}/亿 m³	相应的防洪风险			
		5%	2%	1%	0.5%
0	0	5.000	2.000	1.000	0.500
1	0.9	4.986	1.996	0.998	0.499
2	2.1	4.985	1.996	0.998	0.499
3	5.1	4.982	1.995	0.997	0.499
4	9.0	4.844	1.953	0.978	0.490
5	18.0	4.747	1.922	0.964	0.482

8.5 金沙江下游梯级水库发电量分析

乌东德、白鹤滩、溪洛渡和向家坝四座水库的防洪高水位与死水位之间的库容分别为30.20亿m³、104.36亿m³、64.62亿m³、9.03亿m³，将其设定为各水库防洪库容可调整范围上限。需要指出的是，向家坝水库死水位对应的泄流能力在28000m³/s以上，能够保证聚合系统的泄流能力。乌东德、白鹤滩、溪洛渡电站基本达到满负荷运行状态时的水位分别约为964.0m、803.0m、571.0m，而向家坝水库在死水位370.0m时仍可满发，可采用文献[14]推荐的372.5m作为限制，既可以最大限度提高发电水头，又不违背调度规程。综上所述，四库防洪库容变化范围下限分别为 12.61 亿 m^3、44.09 亿 m^3、35.08 亿 m^3、6.87 亿 m^3。此外，预泄水量上限可以按照乌东德—白鹤滩和溪洛渡—向家坝梯级的总防洪库容占四座水库总防洪库容的比例进行分配[4]。综上所述，四座梯级水库的可分配防洪库容和预泄水量汇总于表 8.6。

表 8.6 梯级水库可分配防洪库容与预泄水量 单位：亿 m^3

水 库		乌东德	白鹤滩	溪洛渡	向家坝
$V_{0,m}$		24.40	75.00	46.50	9.03
$V_{0,m}^{*up}$		30.20	104.36	64.62	9.03
$V_{0,m}^{*down}$		12.61	44.09	35.08	6.87
V_{pre}^{*up}	$T_c=1d$	0.6		0.3	
	$T_c=2d$	1.4		0.7	
	$T_c=3d$	3.4		1.7	
	$T_c=4d$	6.0		3.0	
	$T_c=5d$	12.0		6.0	

以屏山站 1940—2020 年流量为标准，7—8 月流量均大于 3000m^3/s。根据尾水位-出库流量关系函数可知，下游水库坝上水位变化量一定时（防洪库容优化配置后的水库运行水位与原设计汛限水位之差不变），上游出库流量越大，受下游水库顶托作用的影响越小。以出库流量为 3000m^3/s 计算上游水库受顶托影响的尾水位变化，当白鹤滩、溪洛渡和向家坝水库坝上水位位于 964.0m、803.0m、571.0m、372.5m 时，相对于汛限水位（表 8.2），根据各库尾水位-出库流量关系函数可计算乌东德、白鹤滩、溪洛渡水库尾水位最大变幅分别约为 0.01m、0.26m、0.71m，与因防洪库容优化配置导致的水位变幅相比较小［式（8.3）］，因此下游水库顶托作用可忽略不计。

8.5.1 乌东德—白鹤滩梯级水库

乌东德、白鹤滩水库集水面积相差约 6%，再加上白鹤滩水库库容较大，蓄水后与乌东德水库坝址下游较近，因此区间流量的影响较小。采用幂函数拟合乌东德—白鹤滩梯级水库坝上水位-库容关系曲线，结果如图 8.11 和图 8.12 所示。拟合公式分别为 $Z_{u,1}=809.30V_1^{0.046}$ 和 $Z_{u,2}=491.27V_2^{0.099}$，$R^2$ 均大于 0.99，拟合效果较好。

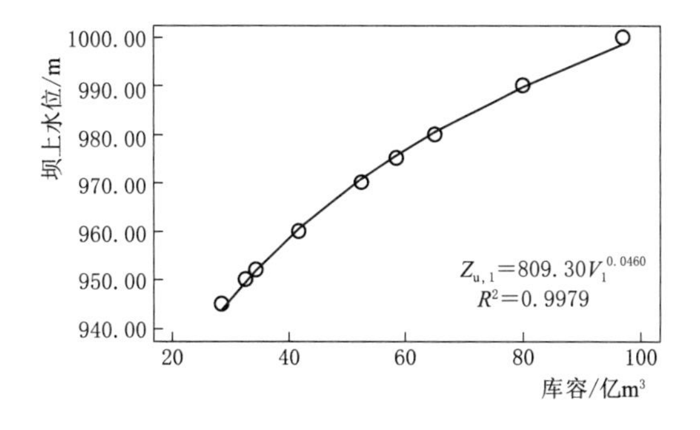

图 8.11 乌东德水库坝上水位-库容关系幂函数拟合结果

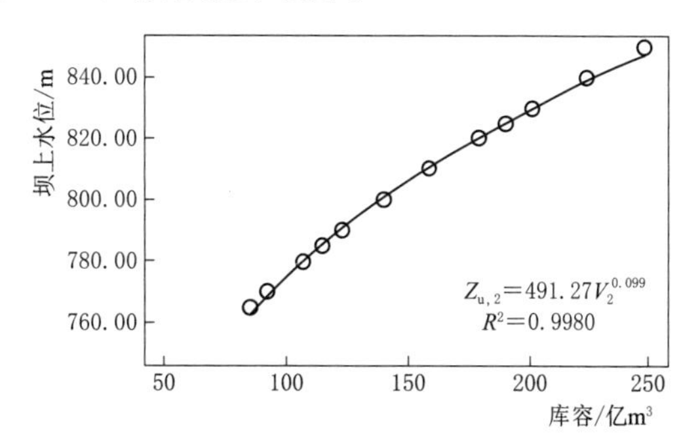

图 8.12 白鹤滩水库坝上水位-库容关系幂函数拟合结果

计算乌东德—白鹤滩两库多年平均年发电量变化量的表达式如下：

$$\Delta E_{1,2}=1569.626\left[(58.626-99.4\lambda^{*}+\eta V_{\mathrm{pre}}^{*})^{0.0460}-1.176\right]$$
$$+1032.557\{\left[90.66+99.4\lambda^{*}+(1-\eta)V_{\mathrm{pre}}^{*}\right]^{0.0990}-1.599\} \tag{8.39}$$

式中：λ^{*} 为乌东德水库防洪库容于乌东德—白鹤滩梯级水库总防洪库容的占比，$\lambda^{*}\in[0.0832,0.3038]$；$\eta$ 为乌东德水库预泄水量对应的库容于乌东德—白鹤滩梯级水库总预泄水量对应的库容的占比，$\eta\in[0,1]$；$\Delta E_{1,2}$ 为多年平均年发电量变化量，亿 kW・h。

如图 8.13 所示，给定乌东德防洪库容比例 λ^{*}，目标函数 $\Delta E_{1,2}$ 随着聚合水库预泄水量 V_{pre}^{*} 的增加而单调增加，与式（8.27）一致，即 $\partial\Delta E_{1,2}/\partial V_{\mathrm{pre}}^{*}>0$，这与水库群系统的兴利和防洪效益之间因水资源利用而客观存在的互斥性特征是吻合的。

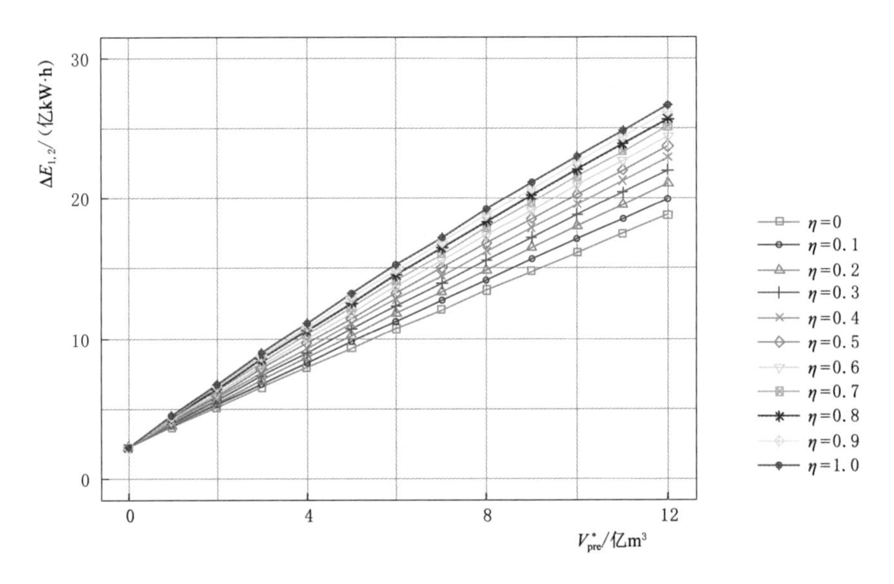

图 8.13 乌东德—白鹤滩聚合水库不同 η 情况下 $\Delta E_{1,2}-V_{\mathrm{pre}}^{*}$ 关系图

采用数值模拟研究当 η 取不同值时，$\Delta E_{1,2}$ 和 λ^{*} 之间的关系如图 8.14 所示，图中目标函数值 $\Delta E_{1,2}(\lambda^{*},\eta)$ 按照橙色、黄色、绿色、蓝色的梯度顺序增加，可以得出如下结论：

（1）在防洪库容的优化配置方案中，当预泄水量 $V_{\mathrm{pre}}^{*}=0$，即不考虑预报预泄调度时［图 8.14（a）］，两库发电量变化量 $\Delta E_{1,2}$ 随着 λ^{*} 的增大而递减，在 $\lambda^{*}=0.2455$ 处（对应原设计防洪库容）$\Delta E_{1,2}=0$，说明减少乌东德水库的防洪库容比例，有利于增加乌东德—白鹤滩梯级水库的发电效益，最大可平均增发电量 8.6 亿 kW・h，相对原防洪库容方案（515.6 亿 kW・h）增加了 1.67%。

（2）在防洪库容的优化配置方案的基础上考虑在汛期运行水位的动态控制，目标函数 $\Delta E_{1,2}$ 随着 λ^{*} 的增加而降低，直到函数 $\Delta E_{1,2}(\lambda^{*},\eta)$ 的极大值点不在边界点（$\lambda^{*}=0.0832$，$\eta=1$）处取得。在边界点处，乌东德和白鹤滩两座水库预留的防洪库容分别为 8.27 亿 m^3 和 91.13 亿 m^3。图 8.14（d）表明 5d 预见期下，目标函数 $\Delta E_{1,2}$ 在点（$\lambda^{*}=0.144$，$\eta=1.0$）处取得最大值，与原设计方案（梯级水库汛期均以汛限水位静态控制）相比，防洪库容的优化配置与汛期运行水位的动态控制每年可增发电量27.86亿kW·h(+5.40%)，此时乌东德水库多蓄库容为12亿m^3，基于预报预泄调度，乌东德—白鹤滩梯级可以在5d内腾空12亿m^3库容，预留总防洪库容99.4亿m^3不变。

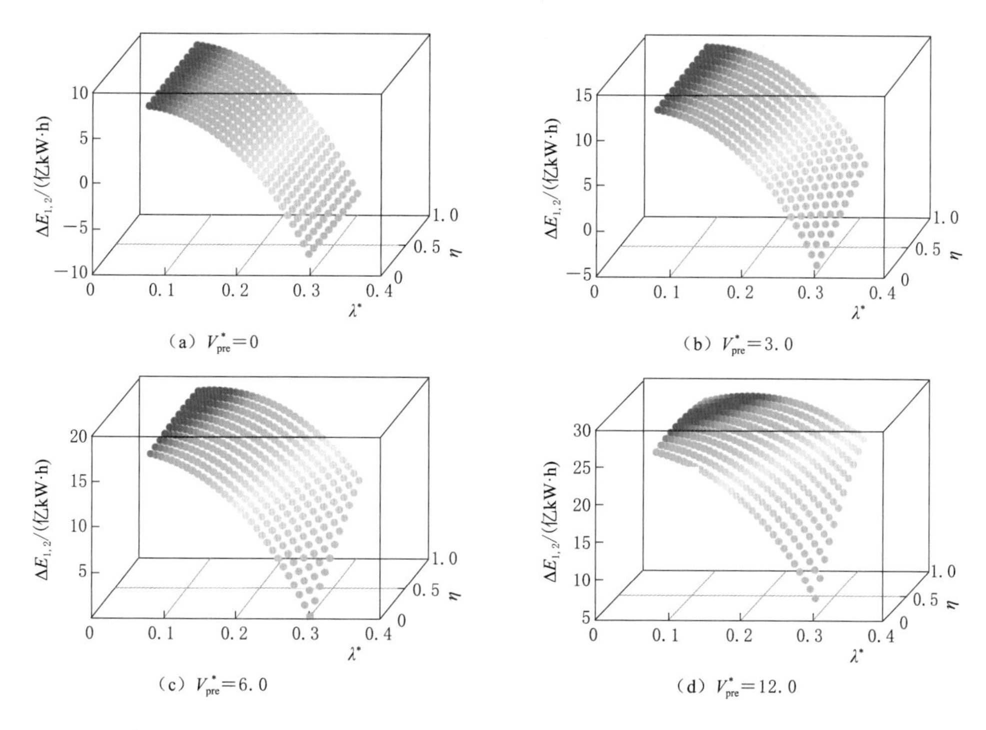

图8.14 乌东德—白鹤滩聚合水库不同预泄水量下$\Delta E_{1,2}(\lambda^*,\eta)$曲线图

8.5.2 溪洛渡—向家坝梯级水库

溪洛渡、向家坝水库集水面积相差不到1%，采用幂函数拟合溪洛渡—向家坝梯级水库坝上水位-库容关系曲线，结果如图8.15和图8.16所示。拟合公式分别为$Z_{u,3}=313.507V_3^{0.137}$和$Z_{u,4}=224.26V_4^{0.135}$，$R^2$均大于0.99，拟合效果较好。

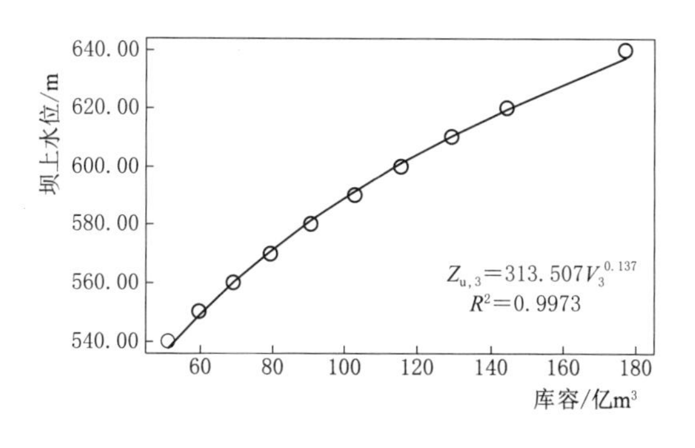

图8.15 溪洛渡水库坝上水位-库容关系幂函数拟合结果

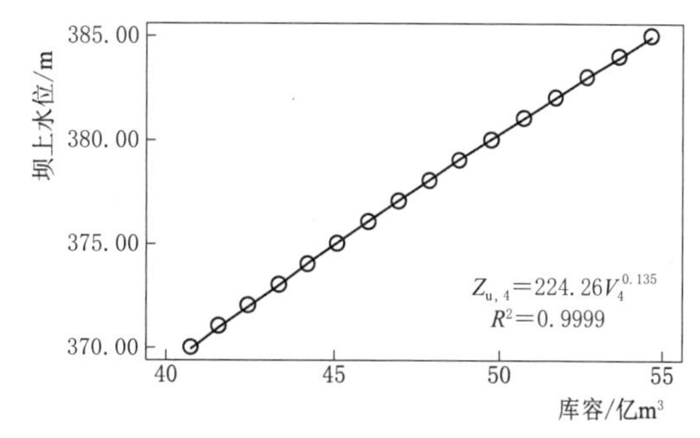

图8.16 向家坝水库坝上水位-库容关系幂函数拟合结果

计算溪洛渡—向家坝两库多年平均年发电量变化量的表达式如下：

$$\Delta E_{3,4}=711.247[(115.738-55.54\lambda^{*}+\eta V_{pre}^{*})^{0.137}-1.787]+524.897\{[-5.773+55.54\lambda^{*}+(1-\eta)V_{pre}^{*}]^{0.135}-1.649\} \quad (8.40)$$

式中：λ^{*} 为溪洛渡水库防洪库容于溪洛渡—向家坝梯级水库总防洪水库容的占比，$\lambda^{*}\in[0.8374, 0.8842]$；$\eta$ 为溪洛渡水库预泄水量对应的库容于溪洛渡—向家坝梯级水库总预泄水量对应的库容的占比，$\eta\in[0, 1]$；$\Delta E_{3,4}$ 为多年平均年发电量变化量，亿 kW·h。

η 不同取值时，$\Delta E_{3,4}$ 和 λ^{*} 之间的关系如图 8.17 所示，其中目标函数值同样按照橙色、黄色、绿色、蓝色的梯度顺序增加，可以得出如下结论：

(1) 在防洪库容的优化配置方案中，当预泄水量 $V_{pre}^{*}=0$，即不考虑预报预泄调度时 [图 8.17 (a)]，两库发电量变化量 $\Delta E_{3,4}$ 随着 λ^{*} 的增大而增大，在 $\lambda^{*}=0.8374$ 处（对应原设计防洪库容）$\Delta E_{3,4}=0$，说明增大溪洛渡水库的防洪库容比例，有利于增加溪洛渡—向家坝梯级水库的发电效益，最大可年均增发电量 0.6 亿 kW·h，相对原防洪库容方案（382.3 亿 kW·h）增加了 0.16%。

(2) 在防洪库容的优化配置方案的基础上考虑在汛期运行水位的动态控制，目标函数 $\Delta E_{3,4}$ 随着 λ^{*} 的增加而增加，直到函数 $\Delta E_{3,4}(\lambda^{*},\eta)$ 的极大值点不在边界点（$\lambda^{*}=0.8842$，$\eta=0$）处取得。在边界点处，溪洛渡和向家坝水库预留的防洪库容分别为 49.11 亿 m^3 和 6.43 亿 m^3。图 8.17 (d) 表明 5d 预见期下，目标函数 $\Delta E_{3,4}$ 在点（$\lambda^{*}=0.85$，$\eta=0.1$）处取得最大值，与原设计方案（梯级水库汛期均以汛限水位静态控制）相比，防洪库容的优化配置与汛期运行水位的动态控制每年可增发电量 16.21 亿 kW·h，增加了 4.24%，此时向家坝水库多蓄库容为 5.4 亿 m^3，基于预报预泄调度，溪洛渡—向家坝梯级可以在 5d 内腾空 6 亿 m^3 库容，预留总防洪库容 55.54 亿 m^3 不变。

防洪库容优化配置能提高发电效益的原因分析如下：在区间来水不大的前提下，由式 (8.2) 和表 8.2 所示，水库的发电量受综合出力系数、发电流量和净水头的影响，而两库聚合系统中各个水库的综合出力系数和发电流量相近（因为入库流量相近）；由图 8.11、图 8.12、图 8.15 和图 8.16 可知，当水库库容发生同等量级的变化时，在汛限水位附近，库容较小的水库水位变化量大于库容较大的水库；若把库容较小水库的部分防洪库容分配至库容较大的水库后，库容较小水库增加的净水头，要大于库容较大水库减少的净水头。因此，两库聚合系统的总发电量会增加。

不考虑预报预泄调度，应用防洪库容优化配置公式分别计算乌东德—白鹤滩、溪洛渡—向家坝聚合系统增发电量差距较大的原因分析如下：①由式 (8.4) 可知，两库发电增量等于两库发电量变化量之和，聚合系统发电增量 ΔE 与式 (8.4) 所示的参数，即与两库的入库流量、水库特征参数和防洪库容可分配范围等有关；进行防洪库容优化配置时，同等防洪库容配置比例系数变化下，乌东德—白鹤滩聚合系统发电增量大于溪洛渡—向家坝，即 $\partial\Delta E_{1,2}/\partial\lambda_1^{*}>\partial\Delta E_{3,4}/\partial\lambda_3^{*}$，这是由金沙江下游梯级水库特征参数决定的；

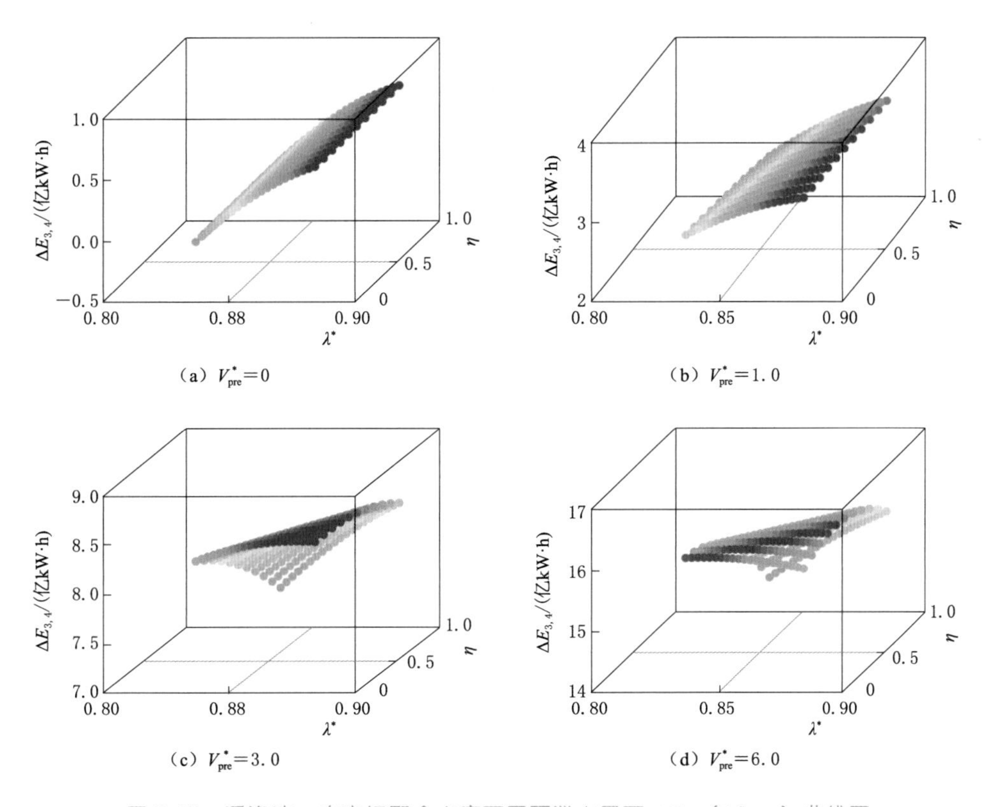

图 8.17 溪洛渡—向家坝聚合水库不同预泄水量下 $\Delta E_{3,4}(\lambda^*,\eta)$ 曲线图

②由表 8.6 可知，乌东德—白鹤滩聚合系统的防洪库容变化范围较大，而溪洛渡—向家坝聚合系统则较小。因此，乌东德—白鹤滩梯级的增发电增量 $\Delta E_{1,2}$ 的变化范围大于溪洛渡—向家坝梯级的增发电增量 $\Delta E_{3,4}$，可能出现不同聚合系统增发电量相差较大的情况。

8.6 梯级水库不同调度策略的汛期发电量对比分析

梯级水库防洪库容的优化分配和汛期运行水位动态控制的发电效率受多种因素的影响，如梯级水库的聚合模式、预见期长度等，这为提高梯级水库的发电效益提供了许多选择。为了探究汛期最佳的发电方案，对以下四种不同的梯级水库汛期调度方案的发电量进行了比较（表 8.7、表 8.8）：①现行的按汛期限制水位控制（static control of flood limited water level，SC-FLWL）方案；②汛期运行水位动态控制（dynamic control of flood limited water level，DC-FLWL）方案；③防洪库容优化分配（optimal allocation of flood prevention storages，OAFPS）方案；④防洪库容优化分配联合汛期运行水位动态控制（optimal allocation of flood prevention storages with dynamic operation of water levels，OAFPS-DOWL）方案。通过表 8.7 和表 8.8 的比较，可得出如下结论：

表 8.7 乌东德—白鹤滩、溪洛渡—向家坝梯级水库四种汛期调度方案的发电量对比表

汛期水库调度方案	T_c/d	乌东德—白鹤滩梯级					溪洛渡—向家坝梯级				
		$V_0^*-V_{pre}^{*up}$/亿 m³		E/(亿 kW·h)	年均增发电量		$V_0^*-V_{pre}^{*up}$/亿 m³		E/(亿 kW·h)	年均增发电量	
		乌东德	白鹤滩		增加值 ΔE/(亿 kW·h)	增加比例/%	溪洛渡	向家坝		增加值 ΔE/(亿 kW·h)	增加比例/%
SC-FLWL	—	24.40	75.00	515.60		—	46.50	9.03	382.30		—
DC-FLWL	1	23.80	75.00	517.07	1.47	0.29	46.50	8.73	383.16	0.86	0.22
	2	23.00	75.00	519.01	3.41	0.66	46.50	8.33	384.29	1.99	0.52
	3	21.00	75.00	523.66	8.06	1.56	46.50	7.33	387.09	4.79	1.25
	4	18.40	75.00	529.37	13.77	2.67	46.50	6.03	390.64	8.34	2.18
	5	12.40	75.00	541.31	25.71	4.99	46.50	3.03	398.51	16.21	4.24
OAFPS	—	8.27	91.13	524.20	8.60	1.67	49.11	6.43	382.91	0.61	0.16
OAFPS-DOWL	1	7.67	91.13	525.22	9.62	1.87	49.11	6.13	383.72	1.42	0.37
	2	6.87	91.13	526.57	10.97	2.13	49.11	5.73	384.80	2.50	0.65
	3	5.19	90.81	529.85	14.25	2.76	49.11	4.73	387.46	5.16	1.35
	4	4.31	89.09	534.04	18.44	3.58	48.71	3.83	390.84	8.54	2.23
	5	2.29	85.11	543.46	27.86	5.40	46.93	2.61	398.51	16.21	4.24

表 8.8 乌东德—白鹤滩—溪洛渡—向家坝梯级水库四种汛期调度方案的发电量对比

汛期水库调度方案	T_c/d	$V_0^*-V_{pre}^*$/亿 m³				E/(亿 kW·h)	年均增发电量	
		乌东德	白鹤滩	溪洛渡	向家坝		增加值 ΔE/(亿 kW·h)	增加比例/%
SC-FLWL	—	24.40	75.00	46.50	9.03	897.90	0.00	0
DC-FLWL	1	24.40	75.00	46.50	8.13	900.48	2.58	0.29
	2	24.40	75.00	46.50	6.93	903.82	5.92	0.66
	3	24.40	75.00	46.50	3.93	911.82	13.92	1.55
	4	24.40	75.00	45.20	1.43	921.64	23.74	2.64
	5	21.98	75.00	39.95	0.00	943.29	45.39	5.06
OAFPS	—	11.84	103.82	32.84	6.43	917.23	19.33	2.15
OAFPS-DOWL	1	11.79	103.86	32.84	5.53	919.65	21.75	2.42
	2	11.92	103.67	32.33	4.92	922.52	24.62	2.74
	3	18.74	96.92	32.84	1.33	929.01	31.11	3.46
	4	11.17	104.49	30.27	0.00	939.13	41.23	4.59
	5	13.39	102.27	21.27	0.00	957.15	59.25	6.60

(1)在具体防洪库容和预泄水量的分配决策下，OAFPS 和 DC-FLWL 方案都能比 SC-FLWL 方案为梯级水库提供更多的发电效益，而且分配给乌东德和向家坝水库的防洪库容越少，四座梯级水库的总发电效益就越大。

(2)OAFPS 方案比 DC-FLWL 方案可以明显提高发电量，尤其是对于具有较大防洪库容的聚合水库。以乌东德—白鹤滩—溪洛渡—向家坝梯级水库为例，在 1～5d 预见期情况下，OAFPS-DOWL 方案相比 DC-FLWL 方案每年分别可多发电 19.17 亿 kW·h、

18.70 亿 kW·h、17.19 亿 kW·h、17.49 亿 kW·h 和 13.86 亿 kW·h。

(3) 采用 OAPFS-DOWL 方案，乌东德—白鹤滩—溪洛渡—向家坝梯级水库的年发电量比 1～5d 预见期下的乌东德—白鹤滩和溪洛渡—向家坝梯级水库的发电量总和分别多出 10.71 亿 kW·h、11.15 亿 kW·h、11.70 亿 kW·h、14.26 亿 kW·h、15.17 亿 kW·h，这说明聚合系统的水库数量越多，梯级水库总发电增加量越大。

(4) 表 8.8 表明，根据金沙江下游梯级水库 1～5d 有效流量预报信息所提出的 OAPFS-DOWL 运行方案每年可分别增加 21.75 亿 kW·h(+2.42%)、24.62 亿 kW·h(+2.74%)、31.11 亿 kW·h(+3.46%)、41.23 亿 kW·h(+4.59%)、59.25 亿 kW·h(+6.60%) 的电量（括号内为增加比例）。

然而，梯级水库在汛期很难精确地采用最优方案来指导实际调度运行。因此近优方案所组成的柔性决策区间对实际的水库运行更有价值。由式 (8.39)、式 (8.40) 及图 8.14 和图 8.17 可知，一个封闭区间上的连续函数的全局最大值可以在局部最大值或域的边界上得到。基于目标函数，即所推导的发电量表达式的连续性，可以将函数定义域内部的局部最大点和边界极值点之间的区间定义为不同预见期的近优柔性决策区间，因此对乌东德—白鹤滩和溪洛渡—向家坝梯级水库而言，乌东德、溪洛渡两座水库的近优柔性防洪库容分配范围分别为 8.27 亿～14.29 亿 m^3、46.92 亿～49.10 亿 m^3。

8.7 本章小结

本章基于水量平衡约束及总防洪库容不变假定，根据水库预报预泄调度原理采用理论公式推导了双库发电量变化量公式，采用风险分析法控制了预报预泄调度的防洪风险，在不降低各个水库原设计阶段防洪标准及防洪特性的前提下，对金沙江下游梯级水库防洪库容进行优化分配，以实现发电量最大与防洪风险率最小的综合要求。主要结论如下：

(1) 长期水文预报的精度存在较大不确定性，仅能起参考作用，但在前期气候特征信号呈现异常征兆的前提下，其预报的可靠性大大增加；中期气象预报对过程性降水天气具有较好的前瞻性，可为洪水预报提供很好的参考价值。

(2) 由理论公式可知，双库聚合水库的预泄水量 V_{pre}^* 越大，双库发电量变化量 ΔE 越大；且聚合水库防洪风险随着预见期的增加（即预泄水量 V_{pre}^* 的增加）而增加，体现了水库系统发电效益和防洪效益之间客观存在的矛盾性和互斥性。

(3) 遭遇 20 年一遇、50 年一遇、100 年一遇和 200 年一遇的设计洪水时，金沙江下游梯级水库在 5d 有效预见期洪水预报下，通过预报预泄调度可以分别防御 4.747%、1.922%、0.964%和 0.482%频率的设计洪水，没有降低梯级水库的防洪标准。

(4) 金沙江下游四座梯级水库的实例研究表明，若不考虑水库预报预泄调度，减少乌东德水库的防洪库容比例、增加溪洛渡水库的防洪库容比例有利于增加梯级水库的发电效益，乌东德—白鹤滩、溪洛渡—向家坝、乌东德—白鹤滩—溪洛渡—向家坝梯级水库最大分别可增发 8.6 亿 kW·h、0.6 亿 kW·h、19.33 亿 kW·h。

（5）在不降低防洪标准的前提下，在汛期实行防洪库容优化分配联合汛期运行水位动态控制方案，考虑5d预见期，金沙江下游乌东德—白鹤滩—溪洛渡—向家坝梯级水库多年平均年发电量可增加59.25亿kW·h，增加了6.60%。

参考文献

[1] 水利部．长江流域综合规划（2012—2030）[R]. 武汉：长江水利委员会，2012.

[2] 胡向阳．面向多区域防洪的长江上游水库群协同调度策略[M]. 北京：中国水利水电出版社，2022.

[3] 周新春，许银山，冯宝飞．长江上游干流梯级水库群防洪库容互用性初探[J]. 水科学进展，2017，28（3）：421-428.

[4] 郭生练，何绍坤，陈柯兵，等．长江上游巨型水库群联合蓄水调度研究[J]. 人民长江，2020，51（1）：6-10，35.

[5] YASSIN F，RAZAVI S，ELSHAMY M，et al. Representation and improved parameterization of reservoir operation in hydrological and land-surface models [J]. Hydrology and Earth System Sciences，2019，23（9）：3735-3764.

[6] 刘攀，郭生练．水库群汛期运行水位动态控制技术[M]. 北京：科学出版社，2021.

[7] CONN A R，GOULD N I M，TOINT P. A globally convergent augmented lagrangian algorithm for optimization with general constraints and simple bounds [J]. SIAM Journal on Numerical Analysis，1991，28（2）：545-572.

[8] 李响，郭生练，刘攀，等．考虑入库洪水不确定性的三峡水库汛限水位动态控制域研究[J]. 四川大学学报（工程科学版），2010，42（3）：49-55.

[9] FISCHER S，SCHUMANN A，SCHULTE M. Characterisation of seasonal flood types according to timescales in mixed probability distributions [J]. Journal of Hydrology，2016，539：38-56.

[10] 齐民友．高等数学下册[M]. 北京：高等教育出版社，2010.

[11] 王俊．面向水库群调度的水文数值模拟与预测技术[M]. 北京：中国水利水电出版社，2022.

[12] 长江水利委员会．水文预报方法[M]. 2版．北京：水利电力出版社，1993.

[13] 赵建华，舒卫民，王文军．金沙江下游和三峡梯级水库水文预报技术及应用[J]. 人民长江，2022，53（S2）：52-58.

[14] 曹瑞，李帅，邢龙，等. 极端枯水条件下梯级水库蓄水调度策略——以金沙江下游和三峡梯级为例[J/OL]. 水力发电学报：1-12[2023-03-21]. http://kns.cnki.net/kcms/detail/11.2241.TV.20230106.1137.001.html.

金沙江下游梯级和三峡水库汛期运行水位动态控制

水库汛期运行水位动态控制主要研究在不降低水库原设计阶段防洪标准及防洪特性的前提下，如何有效利用水雨情预报预见信息，在考虑防护对象的安全标准的前提下，充分利用水库削峰滞洪的调节能力，对中小洪水进行预报预泄调度，从而打破汛期水库低水位运行的约束，实现运行水位的动态控制，在降低水库下游的防洪风险的同时，实现发电、供水及灌溉等方面综合效益的提升[1]。

水库汛期水位动态控制理念的提出，适应当前水文气象预报技术的发展水平，能够对即将发生的事件预先进行准确的判断，及时采取合理措施调整水库状态，在一定程度上缓解了汛期防洪与兴利的突出矛盾，具有广阔的推广应用前景。随着我国经济社会的快速发展和人民生活水平的不断提高，人们对防洪抗旱安全与洪水资源综合利用目标提出了更高要求；同时，随着水文气象预报技术水平的不断提高，考虑上游水库群的调蓄影响，已经利用先进技术手段指导水库调度运行的条件也已经具备[2]。因此，沿用水库初步设计确定的汛限水位进行防洪调度，造成洪水资源的浪费，不符合新时期水利高质量发展的要求[3]。

研究梯级水库汛期运行水位动态控制，涉及水文气象预报信息、水库预报预泄能力分析和防洪风险控制。本章分析讨论金沙江下游梯级和三峡水库汛期运行水位动态控制。

9.1 水库汛期运行水位动态控制

9.1.1 汛期运行水位动态控制方法

实现汛期运行水位动态控制的前提条件是洪水总量预报，即在面临时刻的蓄水量下，如果水库拦蓄未来所有入库水量（扣除耗水量），水库水位高于汛限水位，而且水库闸门具有控制能力，就具备了动态控制条件。而且，汛期运行水位动态控制的最适宜时间应该在降雨停止时，通常是在峰后1～2时段，或者最高水位已经出现且在动态控制范围之内，换言之，动态控制的最适宜时间是在洪水的退水期[4]。

防洪调度中动态控制水库汛期运行水位的方法实质上属于风险调度范畴，控制的水位在规划的汛限水位上、下浮动（即动态控制约束域）。汛期运行水位动态控制法基本思路是：①以预报的洪水总量作为水库泄流方式的判别指标，确定水库预报调度方式；②分别采用工程措施和非工程措施，求得相应的汛期运行水位动态控制阈值，应用包线法确定上、下限值，即所谓的汛期运行水位极限允许动态控制范围；③采用预蓄预泄法或者综合信息模糊推理模式法，实现汛期运行水位的动态控制[5]。由此可见，汛期运行水位动态控制包括冒防洪安全风险换来兴利效益、冒牺牲兴利效益的风险换来防洪安全效益两个方面，总的原则是风险越小越好、综合效益越大越好。但实际上，这两者是互相矛盾的。因此动态控制的实质就是在一个可接受的风险水平下合理地控制汛期运行水位，提高水库综合效益[6]。

影响汛期运行水位动态控制的因素很多，如入库洪水预报和降水预报的预见期、预报精度、误差分布、水库的预泄能力、洪水的退水规律和下游河道允许预泄的流量等。预报误差分布是利用降水预报进行汛期运行水位动态控制和风险分析的基础。若风险率满足大坝自身安全要求，便可利用降水预报成果动态控制汛期运行水位。当然，一些巨型水库汇流时间较长，洪水预报的预见期较长，精度较高，进一步为利用洪水预报动态控制汛期运行水位提供了可能。预泄能力受下游河道允许预泄流量、面临时刻入库流量以及水库泄流设备泄流能力的约束，受预见期制约。洪水的退水规律分析关系着汛后能否蓄至兴利蓄水位，或能否回充至规划的分期抬高的汛期运行水位值[7]。

总体来说，汛期运行水位的动态控制可以理解为：依托实时调度，通过对各阶段调度信息的分析，得到满足水库能力和要求的汛期运行水位的值。目前对汛期运行水位控制方法的研究主要集中在以下三个方面：

（1）以频率分析法、蒙特卡洛法、随机数学分析法为代表的方法，通过数学方法计算不同汛期运行水位所产生的风险，并以风险的大小来优选水位值。该方法多用于规划阶段，不考虑实时水文气象因子。

（2）以随机模糊神经网络法、熵权模糊优选算法为代表的方法，在短期降水预报信息的基础上进行洪水预报，并基于此建立多目标优化调度模型，来确定实时调度最优方案。该方法将水文气象信息纳入考虑范围，主要用于以发电为目标的优化模型中，在防洪中的应用较少[8]。

（3）以预蓄预泄法、综合信息推理模式法、耦合于防洪实时预报调度系统的控制值优选法为代表的方法。其主要思路为：当短期降水和短期洪水预报满足一定的精度要求时，基于所能获取的各方面信息，以计算机技术和实时预报调度系统为决策手段，结合专家经验确定预见期内动态控制汛期运行水位的具体数值[9]。三种代表方法具体介绍如下：

1）调度人员在日常工作中提出了基于预蓄预泄的汛期运行水位控制方法。该方法利用洪水退水阶段较多的来水，基于相应的泄流能力，将水库水位抬高相应的程度，并且要能保证在下次洪水到来之前，水库水位可以通过预泄方式降至原设计汛限水位，从而实现既不影响水库防洪能力又提高了水资源利用率的目的。

2）综合信息推理模式法是一种将洪水与降水预报、实时水雨工情等综合信息综合起来考虑的汛期运行水位动态控制方法。其基本思路为：通过分析汛期运行水位的影响因子，结合调度人员在工作中积累下来的经验、调度方式和调度规则，得到一个汛期运行水位和下泄流量的控制规则集，并据此得到推理模式。在进行水库实时运行与调度过程中，通过推理模式，得出满足要求的汛期运行水位的指导方案，并据此得出水库当前的具体操作。

3）耦合于防洪实时预报调度系统的汛期运行水位动态控制值优选法，是一种耦合了综合信息推理的交互决策子系统与防洪实时预报调度子系统的水库汛期运行水位动态控制值优选方法。该方法随着时间的推移以及相应数据的更新，不断对汛期运行水位的设计方案进行更新。采用该方法的关键需要考虑两个方面：在防洪实时预报调度方面，精确、稳定的水文气象信息是保证整个系统正常运转的关键；在综合信息推理系统方面，关键是获取水文气象的实时资料、历史洪水的调度决策及成灾信息与决策者的多年经验等[10]。

9.1.2 基于预报预泄法推求运行水位动态控制域

采用考虑降水及径流预报信息的预报预泄法，计算水库汛期运行水位联合运用动态控制域。其基本思想和原则是：在洪水调度中充分考虑降水及洪水预报信息，提前泄流，为即将入库的洪水腾出防洪库容；在洪水预见期内有多大泄流能力就将汛期运行水位向上浮动多少。水库汛期运行水位上浮值的影响因素包括面临时刻的水情、雨情、工情，入库洪水预报和降雨预报的预见期、预见期内的预报入库量及误差分布，预见期内预泄能力，下游河道允许预泄的流量，决策等信息传递的稳定性、速度及闸门操作时间等[11]。计算方法和步骤如下：

（1）计算起调水位上浮值。

$$\Delta Z_1 \leqslant f[(q_{出}-Q_{入})t_y] \quad q_{出} \leqslant q_{安} \tag{9.1}$$

式中：ΔZ_1 为在规划阶段确定的汛期运行水位 Z_0 以上浮动增值，其对应的水位即是汛期运行水位动态控制上限值；$f(\cdot)$ 为泄流量对应的水库水位库容转换函数；t_y 为降水预报及洪水预报预见期减去信息传递、决策、闸门操作时间的有效预见期；$Q_{入}$ 为 t_y 时段内平均入库流量，重点考虑从发布气象预报到洪水入库时段内的平均入库流量；$q_{出}$ 为 t_y 时段内平均泄流能力或泄流量；$q_{安}$ 为下游防护点堤防过流能力。

（2）计算有效预泄时间：

$$t_y = t_1 - t_2 \tag{9.2}$$

式中：t_y 为有效预泄时间；t_1 为预报期；t_2 为信息传递时间、预报作业时间、决策时间、开闸时间之和。

（3）计算有效预泄时间内入库水量：

$$w' = \sum_{t_2}^{t_1} Q(t)\,\Delta t \tag{9.3}$$

式中：$Q(t)$ 为有效预泄时间内的入库流量过程；Δt 为作业预报的计算时段。

（4）确定预泄期内允许泄量：预泄期内的允许泄量按下游最低一级防洪目标的允许泄量确定。

（5）计算预泄水量：

$$w = t_y q - w' \tag{9.4}$$

式中：w 为预泄水量；t_y 为有效预泄时间；q 为下游允许的安全泄量；w'为有效预泄时间内入库水量。

9.2 三峡水库流域水文气象预报精度与汛期运行水位动态控制结果分析

9.2.1 三峡水库流域水文气象预报精度分析[12]

开展汛期运行水位动态控制运用，水雨情预报是基础和关键。现阶段实时测报雨量、水位及流量的技术有了长足进步，可充分利用卫星、遥感与遥测技术、水文示踪技术、地理信息系统以及网络等手段，进行水文数据的采集与传输，支持水库实时调度和运行管理。

9.2.1.1 降雨预报精度分析

天气学预报方法是目前实际天气预报工作中通常采用的主要方法，而且越来越多地与数值天气预报产品和遥感信息等结合在一起使用。在实际应用中，则采用以常规地面、高空气象探测资料分析为主，辅以卫星云图、测雨雷达等信息，并结合数值预报产品的综合性预报方法。

根据长江流域面雨量预报特点，制定长江流域短期（1～3d）的面雨量预报评分规则。评分规则主要根据预报降雨范围与实况（定量）的接近程度进行评定，若统计的流域实况面平均雨量在预报范围内，则评定为 100 分，差别越大，得分越少，直至 0 分。对 1995 年以来长江流域汛期短期降雨预报的评分检验结果详见第 8.4.1 节。

9.2.1.2 三峡水库水文预报精度分析

收集 2008—2018 年 4—10 月间，预见期为 1～5d 的三峡入库流量中期预报成果，按 1～5d 不同预见期对三峡水库入库累计水量预报进行误差及平均误差统计，进而分析不同保证率下的相对误差分析。其中预见期 1～3d，预报和实况值均为每日 8 时入库流量，样本数为 1840 个；预见期 4～5d，预报值取至三峡入库流量中期预报成果，预报和实况值为日平均入库流量，样本数为 319 个。不同预见期三峡入库累计水量预报的平均相对误差和合格率分析结果见表 9.1，总体上随预见期的延长，相对误差呈增长趋势，预报合格率呈下降趋势；1～3d 水量预报平均相对误差均小于 9%，合格率在 89.35%～90.54%之间；4d、5d 水量预报成果平均相对误差分别为 10.52%、12.92%，合格率分别为 86.21%、79%。

表 9.1 不同预见期三峡入库水量预报精度评定

预见期/d	预报次数	平均相对误差/%	合格率/%
1	1840	4.31	90.54
2	1840	6.65	89.46
3	1840	8.99	89.35
4	319	10.52	86.21
5	319	12.92	79.00

将各预见期（1～5d）内的累计入库水量预报误差（绝对误差、相对误差）进行排序，采用经验频率公式计算保证率，得到不同保证率下入库流量预报相对误差值，结果见表9.2。由表中数据可见，对于1～5d预见期的三峡入库水量预报，在相同保证率下，随着预见期的延长，绝对误差和相对误差均呈增大趋势：在85%的保证率下，1～3d、4～5d的绝对误差分别在1500～3500m^3/s、3300～4000m^3/s之间，相对误差分别在8.11%～17.24%、19.05%～24.11%之间；在90%的保证率下，1～3d、4～5d的绝对误差分别在2000～4500m^3/s、4500～5800m^3/s之间，相对误差分别在10.00%～20.75%、23.74%～28.76%之间；在95%的保证率下，1～3d、4～5d的绝对误差分别在3000～6000m^3/s、6300～8000m^3/s之间，相对误差分别在13.79%～26.03%、27.93%～33.01%之间。

表9.2　　三峡水库不同保证率下入库流量预报相对误差

保证率/%	相对误差/%				
	1d	2d	3d	4d	5d
50	2.94	4.65	6.38	8.00	10.34
60	3.85	6.12	8.57	10.17	13.17
70	5.00	7.75	11.11	13.64	16.26
80	6.67	10.34	14.81	16.67	20.57
85	8.11	12.50	17.24	19.05	24.11
90	10.00	15.67	20.75	23.75	28.76
95	13.79	20.00	26.03	27.93	33.01
99	22.67	32.08	39.22	44.39	51.52
100	54.55	49.12	54.29	53.37	60.18

除了短期预报，长江委水文局还对外发布1～10d预见期的三峡水库日均入库流量预报。表9.3为三峡水库不同预见期日均流量预报的相对误差。三峡水库入库流量中期预报1～3d预报误差较低，在10%以内，采用日均流量进行评定，消除了时段反推流量的跳动问题，精度较上表较高。中期预报误差稍大，但基本在20%以内，可以为三峡水库的调度提供一定的参考[12]。

表9.3　　三峡水库不同预见期日均流量预报的相对误差

预见期		1d	2d	3d	4d	5d	6d	7d	8d	9d	10d
相对误差/%	2009年	3.4	6.1	7.5	10.1	14.9	19.6	22.4	20.0	20.7	20.6
	2010年	4.6	6.6	8.2	12.4	15.4	13.1	13.7	16.5	20.0	20.1
	2011年	3.1	5.5	8.9	10.9	15.0	15.5	17.3	18.3	17.9	18.3
	2012年	2.1	3.6	6.9	10.0	11.6	13.3	15.3	18.3	18.9	17.3
	2013年	4.4	7.9	10.2	13.6	18.3	22.0	25.7	24.2	23.7	25.4
	多年平均	3.4	5.8	8.2	11.3	14.7	16.4	18.5	19.3	20.1	20.1

短中期预报结合使用，可以为三峡水库有效调度提供有力的技术支撑，高效利用水资源。2012 年 7 月 22 日 20 时预测 24 日 20 时三峡水库将出现 70000m^3/s 左右的洪峰，有效预见期 48h，误差近 1.7%，洪峰预报精度较高。

通过对近年水文气象的实际预报成果精度的评价与水平分析预计从事水文气象预报的实际经验分析，认为长期预报的精度还不尽人意，存在较大不确定性，仅能起参考作用，但在前期气候特征信号呈现异常征兆的前提下，其预报的可靠性大大增加，对汛期是否出现大洪水的分析预测具有重要的参考价值；中期气象预报对过程性降雨天气具有较好的前瞻性，对 3～5d 内的降雨具有一定的预见性，可为洪水预报提供很好的参考价值，经过水文气象耦合应用后，推算的来水量可对水库的调度目标控制提供参考[13-14]。

9.2.2 三峡水库汛期运行水位动态控制结果分析

考虑入库洪水预报误差，依据三峡水库汛期不同时段来水量级不同，分别选取最大下泄流量和下游防护点控制水位指标，采用拟定的分期防洪调度规则，取洪水预报有效预见期长度为 1d、2d、3d，以不降低原年最大设计标准为原则，得到综合的三峡水库汛限水位动态控制域，见表 9.4[15]。

表 9.4　考虑入库洪水预报误差的不同预见期下三峡水库汛限水位动态控制域　单位：m

分　期	分期汛限水位	动态控制域下限	动态控制域上限		
			1d 预见期	2d 预见期	3d 预见期
前汛期	149.00	149.00	149.70	150.30	150.90
主汛期	145.00	145.00	146.50	147.40	148.40
后汛期	149.00	149.00	150.30	151.10	152.20

为避免汛限水位突然大幅度降低和提高所引起的弃水和对通航的不利影响等，取 6 月 21—30 日为前汛期向主汛期的过渡期，9 月 11—20 日为主汛期向后汛期的过渡期，三峡水库汛限水位动态控制域示意如图 9.1 所示[16-17]。

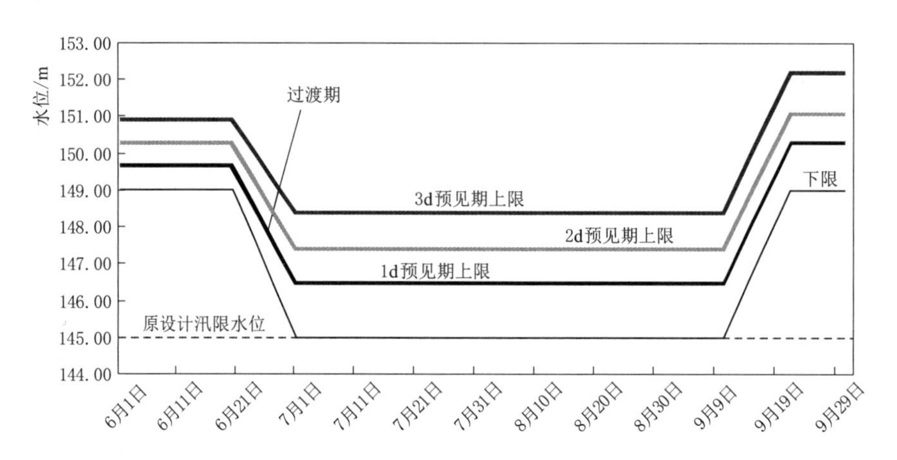

图 9.1　考虑入库洪水预报误差的三峡水库汛限水位动态控制域示意图

据初步估算，考虑了入库洪水预报误差并实现汛期运行水位动态控制，多年平均年可增发电量11.19亿～17.64亿kW·h，增加2.62%～4.13%。但是，水库弃水量并没有随着洪水预报预见期的延长而降低，对于不考虑3d预见期预报误差的动态控制，洪水资源利用率低于原设计方案，主要原因是水库汛期发电调度需服从防洪调度规则的约束，可见实施汛限水位动态控制后，发电量的增加主要是抬高库水位的结果[10]。

9.3 梯级水库汛期运行水位动态控制模型

梯级水库的汛期运行水位联合运用往往有着多维度、多目标等特点，郭生练等[18] 采用“聚合—分解”策略，建立了汛期运行水位联合运用模型。若干个梯级水库的聚合被称为聚合水库，聚合水库的有关要素往往在聚合中自上游至下游逐级变化，并与被聚合的各水库入库出库径流量以及蓄水状态相关。该模型聚合了各个水库的库容，将整个梯级系统视为一个“聚合水库”。对梯级系统的防洪控制目标进行分析，得到聚合水库的下泄安全流量，然后根据水文预报特征采用预报预泄方式计算聚合水库的超蓄水量，再考虑水库间的水力演进关系以及区间洪水特征，将聚合水库的超蓄水量分配到各个水库中。在考虑防护对象的安全标准的前提下，充分利用水库削峰滞洪的调节能力对中小洪水进行预报预泄调度，从而实现运行水位的动态控制，在降低水库下游的防洪风险的同时，最终协调出一种使梯级效益最大的超蓄库容最佳分配方案。“聚合—分解”策略原理如图9.2所示。

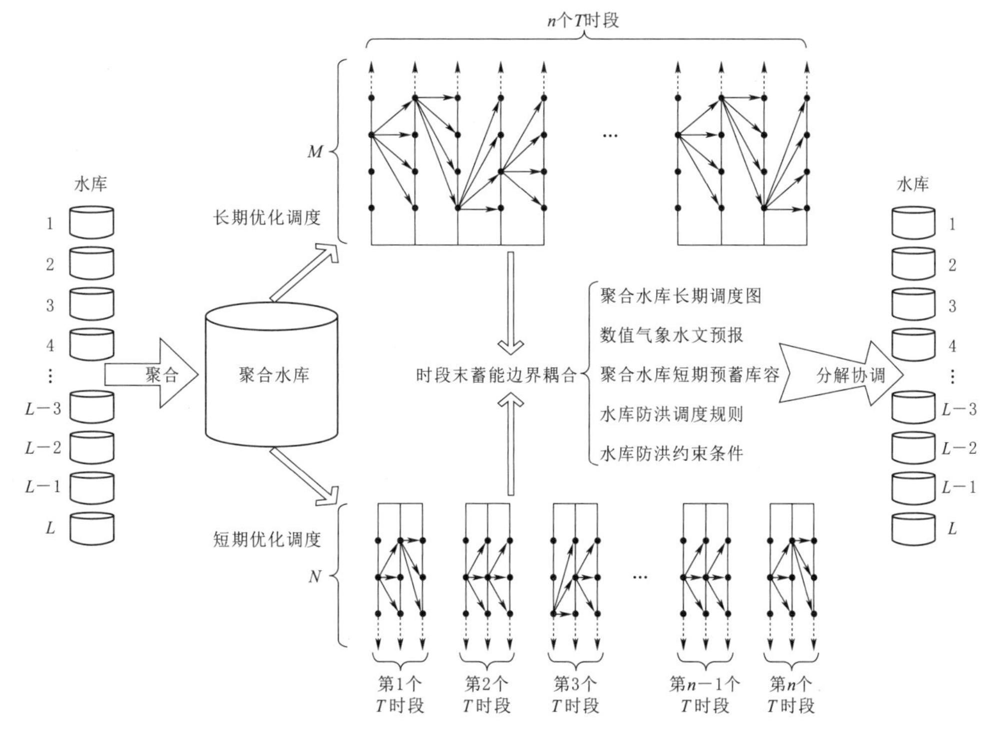

图9.2 梯级水库运行水位实时动态控制原理图

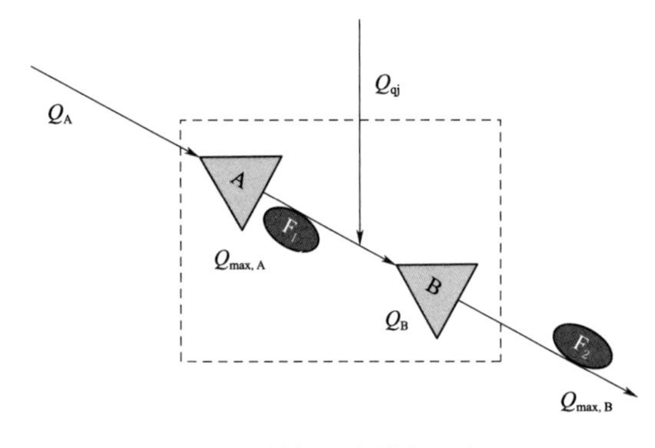

图 9.3 梯级水库结构示意图

以串联水库梯级为例，介绍“聚合—分解”策略在水库群优化调度中的计算方式。如图9.3所示，以两水库梯级系统为例，A、B水库组成了两水库的梯级系统，其中A水库位于B水库上游，F_1、F_2分别为A水库、B水库设计保障的防洪控制点，其设计的安全下泄流量分别为$Q_{max,A}$和$Q_{max,B}$，Q_A和Q_B分别为A水库、B水库的入库流量，Q_{qj}为两水库之间的区间流量。

9.3.1 梯级水库汛期运行水位动态控制模块[19]

9.3.1.1 聚合模块

将若干个梯级水库视为聚合水库，按预泄能力约束法的思想，考虑水文预报信息进行预泄操作，在洪水入库以前将水库水位降低，可以预留出足够的防洪库容。因此水库的预蓄能力可以由此反推得到，具体计算流程是根据水库的泄流能力进行计算，将超蓄库容向上抬升。在聚合模块建立预泄能力约束模型，求得超蓄库容的上限值。若预报流域将有大洪水产生时，各水库在预泄期内腾空防洪库容，聚合水库可以预留设计阶段规划的防洪库容，保障规划设计方案的防洪标准。$Q_{in}(t)$为聚合水库的入库流量，为上游A水库的入库流量与A、B水库之间的区间流量之和，$Q_{out}(t)$为出库流量，为B水库的出库流量，则水库可控制水位的最高值$Z'(t)$对应的库容为

$$f[Z'(t)]=f[Z(t)]+\int^{T_y}Q_{out}(t)\mathrm{d}t-\int^{T_y}Q_{in}(t)\mathrm{d}t \tag{9.5}$$

可得时段t的超蓄水量上限$V_{yx}(t)$为

$$\max V_{yx}(t)=f[Z'(t)]-f[Z(t)] \tag{9.6}$$

式中：$f(\cdot)$为水库的水位库容转换函数；T_y为有效预见期；$Z(t)$为原汛限水位。

9.3.1.2 库容分解模块

确定聚合水库的超蓄水量后需要在调度时刻将超蓄水量分配到各个水库中，因此需要建立库容分解模块。梯级水库之间存在一定的水文水力联系，各水库的调度过程受到其他水库的调度决策影响，确定各个水库的最高水位或超蓄库容时必须考虑其他水库的水位或库容状态。库容分解的主要思想是考虑上下游水库之间的水文水力联系，在保障梯级水库规划的防洪控制点防洪安全的同时，将超蓄水量分配到各个水库中，确定各个水库超蓄库容的组合状态。以两库梯级系统为例，确定B水库在第t时刻超蓄库容对应的水位$Z'_B(t)$后，根据水力联系及防洪安全约束确定A水库当前时刻超蓄库容对应的水位$Z'_A(t)$。当B水库水位在给定的控制域中变化时，可以相应地确定A水库水位可以变化的控制域，反之亦然。动态控制域上限以水位形式表示：

$$\max Z'_A(t)\quad \text{or}\ \max\ Z'_B(t) \tag{9.7}$$

在预泄时段末各水库水位需回到汛限水位，则A、B水库存在如下关系：

A 水库 $$\int^{T_y} Q_{out,A}(t)dt - \int^{T_y} Q_A(t)dt = f_A[Z'_A(t)] - f_A[Z_A(t)] \tag{9.8}$$

B 水库 $$\int^{T_y} Q_{out,B}(t)dt - \int^{T_y} Q_B(t)dt = f_B[Z'_B(t)] - f_B[Z_B(t)] \tag{9.9}$$

B 水库的水力联系用马斯京根法可表示为

$$Q_B(t) = C_0 Q_{out,A}(t) + C_1 Q_{out,A}(t-1) + C_2 Q_{out,B}(t-1) + Q_{qj}(t) \tag{9.10}$$

为了保障上下游防洪要求，A、B 水库的出库流量需满足防洪安全，可表示为

$$Q_{out,A}(t) \leqslant Q_{max,A} \tag{9.11}$$

$$Q_{out,B}(t) \leqslant Q_{max,B} \tag{9.12}$$

式中：$Z_A(t)$、$Z_B(t)$ 分别为 A、B 水库的汛限水位；$Q_A(t)$、$Q_B(t)$ 分别为 A、B 水库的入库流量；$Q_{out,A}$、$Q_{out,B}$ 分别为 A、B 水库的出库流量；C_0、C_1、C_2 为水库之间洪水在河道演进的马斯京根系数；$Q_{qj}(t)$ 为水库之间的区间流量。

先确定下游防洪控制目标的允许安全流量，然后推求上游水库相应的流量约束，从而确定水库之间的超蓄库容相关关系，B 水库的流量约束可表示为

$$\int^{T_y} Q_{out,B(t)} dt - \int^{T_y} Q_B(t)dt \leqslant Q_{max,B} T_y - \int^{T_y} Q_B(t)dt \tag{9.13}$$

式（9.10）代表了 A、B 水库之间的流量关系，可表示为

$$Q_B(t) = C_0 Q_{out,A}(t) + K(t) \tag{9.14}$$

其中 $K(t) = C_1 Q_{out,A}(t-1) + C_2 Q_B(t-1) + Q_{qj}(t)$，则式（9.14）可写为

$$f_B(Z'_B) - f_B(Z_B) \leqslant Q_{max,B} T_y - \int^{T_y} [C_0 Q_{out,A}(t) + K(t)]dt \tag{9.15}$$

式（9.15）表示了 A 水库的出库流量约束，即与 B 水库相关状态变量的关系，通过考虑 A 水库的水文预报信息及水库相关约束，可以得到 A 水库允许的超蓄库容对应的水位有以下的约束关系：

$$\int^{T_y} Q_{out,A}(t)dt = \int^{T_y} Q_A(t)dt + f_A(Z'_A) - f_A(Z_A) \tag{9.16}$$

同时考虑式（9.15）及式（9.16）可得

$$f_B(Z'_B) \leqslant f_B(Z_B) + Q_{max,B} T_y - C_0 \left[\int^{T_y} Q_A(t)dt + f_A(Z'_A) - f_A(Z_A)\right] - K(t) T_y \tag{9.17}$$

通过式（9.17）可以得到 A、B 水库最大超蓄库容对应水位（即汛期运行水位动态控制上限）$Z'_A(t)$、$Z'_B(t)$ 的相关约束关系。预见期内，在其他状态变量已知的情况下，综合考虑水文预报信息及水库相关特征参数，改变 A 水库的超蓄库容，可以确定 B 水库相应的超蓄库容，反之亦然。在梯级系统中，确定各个水库的最高水位或超蓄库容时必须考虑其他水库的水位或库容状态，各水库的水位之间存在一定相互约束的关系。梯级水库汛期运行水位联合运用的寻优区间关系如图 9.4 所示。

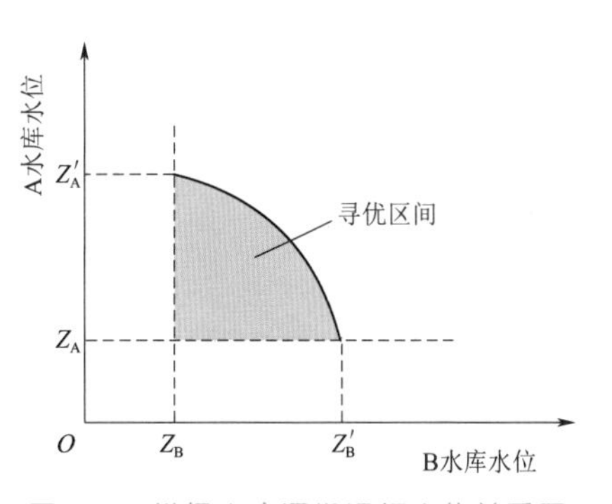

图 9.4 梯级水库汛期运行水位关系图

9.3.1.3 模拟调度模块

对于实时调度而言，每一时刻均有相应的水文预报信息，而符合预报误差的有效预见期相对有限，长系列径流资料仍然有较大的不确定性。各个调度时段进行调度决策时只能根据有限的水文预报成果确定预见期内的流量信息，各个时段的调度决策需要根据面临时段的已知信息进行综合考虑。在保障防洪安全的前提下，通过优化调度等手段得到综合需求最优的调度策略，模拟调度结果需要通过“预报—优化—预报”的方式进行滚动推求。目标函数为在有效预见期内梯级水库的发电效益最大，即

$$\max E=\int^{T_y}\left[\sum_{i=1}^{L}N_i(t)\right]\mathrm{d}t \quad N_i(t)=K_iQ_i(t)H_i(t) \tag{9.18}$$

9.3.1.4 梯级水库风险分析模块

详见第8.3.1节。

9.3.2 梯级水库汛期运行水位动态控制域优化

梯级水库汛期运行水位动态控制的思想将梯级水库当作一个聚合水库，得到聚合水库汛期动态控制的不超过原防洪标准的超蓄库容上限后，再进行梯级水库优化调度计算[20]。以乌东德、白鹤滩、溪洛渡、向家坝四座梯级水库为研究对象，目标函数设置为汛期（6月1日至9月30日）多年平均发电量最大和梯级水库防洪风险率最小，使用二代非支配排序遗传算法（non-dominated sorting genetic algorithm-Ⅱ，NSGA-Ⅱ）进行优化计算，开展水库群汛期动态控制域优化分配设计。

9.3.2.1 目标函数

（1）汛期发电量 E：

$$\max E=E_{\mathrm{WDD}}+E_{\mathrm{BHT}}+E_{\mathrm{XLD}}+E_{\mathrm{XJB}}+E_{\mathrm{SX}} \tag{9.19}$$

式中：E_{WDD}、E_{BHT}、E_{XLD}、E_{XJB}、E_{SX} 分别为乌东德、白鹤滩、溪洛渡、向家坝、三峡水库电站在本节规定时段内的总发电量。

（2）梯级水库防洪风险率 R_p：

$$\min R_p=\sum_{i=1}^{n}P(V_{e,p,i})R_p(V_{ie,p,i}) \tag{9.20}$$

9.3.2.2 约束条件

（1）水量平衡约束：

$$V(i,t)=V(i,t-1)+Q(i,t)-q(i,t) \tag{9.21}$$

式中：$V(i,t)$ 和 $V(i,t-1)$ 分别为水库 i 在第 t 时刻和 $t-1$ 时刻的库容；$Q(i,t)$ 和 $q(i,t)$ 分别为水库 i 在第 t 时刻面临的入库和出库流量。

（2）水位约束：

$$Z_{\min}(i,t)\leqslant Z(i,t)\leqslant Z_{\max}(i,t) \tag{9.22}$$

式中：$Z(i,t)$ 为水库 i 在第 t 时刻的水位；$Z_{\min}(i,t)$、$Z_{\max}(i,t)$ 分别为水库 i 在第 t 时刻的控制水位下限、上限；$Z_{\min}(i,t)$ 为死水位；$Z_{\max}(i,t)$ 为相应标准的校核洪水位。

(3) 出力约束：

$$N_{\min}(i,t) \leqslant N(i,t) \leqslant N_{\max}(i,t) \tag{9.23}$$

式中：$N(i,t)$ 为水库 i 在第 t 时刻的出力；$N_{\min}(i,t)$ 和 $N_{\max}(i,t)$ 分别为水库 i 在第 t 时刻的最小和最大出力约束。

(4) 水库泄流约束：

$$q(i,t) \leqslant q_{\max}(i,t) \tag{9.24}$$

式中：$q(i,t)$ 为水库 i 在第 t 时刻内的泄流量；$q_{\max}(i,t)$ 为水库 i 在第 t 时刻的最大过流能力。

(5) 最大流量约束：

$$Q'_{\mathrm{LZ}m} \leqslant Q_{\mathrm{LZ}m} \tag{9.25}$$

$$Q'_{\mathrm{ZC}m} \leqslant Q_{\mathrm{ZC}m} \tag{9.26}$$

式中：$Q_{\mathrm{LZ}m}$ 和 $Q'_{\mathrm{LZ}m}$ 分别为动态控制方案和原方案李庄水文站的最大流量；$Q_{\mathrm{ZC}m}$ 和 $Q'_{\mathrm{ZC}m}$ 分别为动态控制方案和原方案枝城水文站的最大流量。

(6) 水位变幅约束：

$$|Z(i,t)-Z(i,t-1)| \leqslant \Delta Z \tag{9.27}$$

式中：$Z(i,t)$ 和 $Z(i,t-1)$ 分别为水库 i 调度期第 t 时刻和 $t-1$ 时刻末的水位；ΔZ 为水位变幅约束。

(7) 流量变幅约束：

$$|q(i,t)-q(i,t-1)| \leqslant \Delta q \tag{9.28}$$

式中：$q(i,t)$ 和 $q(i,t-1)$ 分别为水库 i 调度期第 t 时刻和 $t-1$ 时刻末的水位；Δq 为流量变幅约束。

9.4 金沙江下游梯级水库运行水位动态控制计算结果分析

9.4.1 预泄能力约束法计算

考虑水文预报信息，采用预泄能力约束法，计算金沙江下游梯级系统汛期运行水位联合运用动态控制域。对梯级系统的防洪控制目标进行分析，得到聚合水库的下泄安全流量，再根据水文预报特征采用预报预泄方式计算聚合水库的超蓄水量。在考虑防护对象的安全标准的前提下，充分利用水库削峰滞洪的调节能力对中小洪水进行预报预泄调度，从而打破汛期水库低水位运行的约束，实现运行水位的动态控制，在降低水库下游的防洪风险的同时，实现多层次、多方面的综合效益提升，最终协调出一种使梯级效益最大的超蓄库容最佳分配方案。

经预报误差分析及有效预见期等综合因素考虑，预报预泄法预见期分别采用 1d、2d、3d、4d、5d、6d、7d 进行计算，为金沙江下游梯级水库汛期运行水位动态控制提供初步参考。

对于金沙江下游乌东德—白鹤滩—溪洛渡—向家坝四库系统（以下简称“四库系

统”），以梯级末位水库向家坝水库出库流量作为控制节点，控制水库出库流量不超过25000m³/s，保障柏溪镇10年一遇防洪安全。为进一步考虑防洪安全，考虑向家坝水库出库流量不超过20000m³/s进行预报预泄计算。因此分别考虑最大预泄流量为25000m³/s和20000m³/s。

向家坝水电站上距屏山水文站28km，两处集水面积相差不足200km²，仅占向家坝坝址集水面积的0.04%，因此使用屏山站汛期平均流量，作为金沙江下游梯级的汛期平均流量。对屏山站1939—2020年汛期日平均流量进行统计，平均流量为8550m³/s。

采用三峡水库1～7d水文预报多年平均误差统计结果，针对不同预见期考虑水文预报误差，将平均入库流量加上相应预报误差作为考虑预报误差的入库流量，计算洪水预报预见期内聚合水库库容可以提高的超蓄库容，计算结果见表9.5。

表9.5　预泄能力约束法确定的不同预见期下超蓄库容上限

类别	预泄流量/(m³/s)	超蓄库容上限/亿m³						
		1d	2d	3d	4d	5d	6d	7d
不考虑预报误差	25000	14.21	28.43	42.64	56.85	71.06	85.28	99.49
	20000	9.89	19.79	29.68	39.57	49.46	59.36	69.25
考虑预报误差	25000	13.96	27.57	40.82	53.51	65.63	78.01	89.92
	20000	9.64	18.93	27.86	36.23	44.03	52.09	59.68

由表9.5可知，随着允许预泄流量的增大和预见期的延长，超蓄库容浮动的上限在提高；预泄流量越大，超蓄库容上限也越大；考虑预报误差情况会降低超蓄库容上限。

9.4.2　防洪风险分析计算

详见8.4节。

9.4.3　汛期运行水位动态控制上限优化计算

汛期水位动态控制常常应用于中小洪水，重现期小于20年，防洪风险率不超过5%。对于串联水库，由于上游水库的调蓄作用，由聚合水库防洪风险率不超过5%、2%、1%、0.5%，可推知各单库风险率也不超过5%、2%、1%、0.5%。预泄末库容与初期超蓄库容分配相关，本书选取梯级各水库汛期运行水位动态控制上限值作为输入决策变量。以多年平均汛期发电量（计算时段为6—9月）及防洪风险率为目标函数，采用NSGA-Ⅱ算法进行多目标优化调度。

对于1d、2d、3d预见期，各给出原方案四组梯级水库汛期运行水位动态控制上限方案（方案1～4），其防洪风险率、运行水位动态控制上限与多年平均汛期发电量计算结果见表9.6～表9.8。可以看出，运行水位动态控制可以通过预见期的洪水预报以及水库预泄等措施控制梯级水库的防洪风险，在此前提下，梯级水库的多年平均汛期发电量具有较大提高，1d、2d和3d预见期下的各方案相对原方案，分别增加了2%、5%和7%以上的发电量。另外，在各水库运行水位动态控制方案中，可优先抬高溪洛渡和向家坝两库水位，其次上浮乌东德、白鹤滩两库水位，这样更有利于增加发电效益。

表 9.6 金沙江下游 1d 预见期动态控制上限与防洪风险试算结果

方案	运行水位动态控制上限/m				梯级水库多年平均汛期发电量/(亿 kW·h)	防洪风险率/%			
	乌东德水库	白鹤滩水库	溪洛渡水库	向家坝水库					
原方案	952.00	785.00	560.00	370.00	897.98	5.00	2.00	1.00	0.50
方案 1	952.04	785.02	561.80	372.38	918.22 (+2.25%)	4.90	1.97	0.99	0.49
方案 2	952.02	785.02	562.33	371.63	918.04 (+2.23%)	4.89	1.97	0.98	0.49
方案 3	952.18	785.02	561.43	372.45	916.88 (+2.10%)	4.88	1.96	0.98	0.49
方案 4	952.18	785.03	561.42	372.41	916.66 (+2.08%)	4.88	1.96	0.98	0.49

注 括号内数据为增加率。

表 9.7 金沙江下游 2d 预见期动态控制上限与防洪风险试算结果

方案	运行水位动态控制上限/m				梯级水库多年平均汛期发电量/(亿 kW·h)	防洪风险率/%			
	乌东德水库	白鹤滩水库	溪洛渡水库	向家坝水库					
原方案	952.00	785.00	560.00	370.00	897.98	5.00	2.00	1.00	0.50
方案 1	952.14	785.02	566.58	375.63	950.23 (+5.82%)	4.90	1.97	0.99	0.49
方案 2	952.14	785.00	566.41	375.31	948.83 (+5.66%)	4.87	1.96	0.98	0.49
方案 3	952.39	785.00	565.82	375.31	947.34 (+5.50%)	4.84	1.95	0.98	0.49
方案 4	952.03	785.00	566.09	374.91	946.26 (+5.38%)	4.81	1.94	0.97	0.49

注 括号内数据为增加率。

表 9.8 金沙江下游 3d 预见期动态控制上限与防洪风险试算结果

方案	运行水位动态控制上限/m				梯级水库多年平均汛期发电量/(亿 kW·h)	防洪风险率/%			
	乌东德水库	白鹤滩水库	溪洛渡水库	向家坝水库					
原方案	952.00	785.00	560.00	370.00	897.98	5.00	2.00	1.00	0.50
方案 1	954.87	785.11	569.72	379.48	970.61 (+8.09%)	4.96	1.99	0.99	0.50
方案 2	954.90	785.11	569.72	378.85	969.90 (+8.01%)	4.91	1.97	0.99	0.49
方案 3	955.63	785.14	569.44	377.89	968.38 (+7.84%)	4.84	1.95	0.98	0.49
方案 4	954.87	785.11	569.72	377.61	946.26 (+7.78%)	4.83	1.95	0.98	0.49

注 括号内数据为增加率。

综合考虑防洪风险率及发电效益，本书四种预见期均选取方案 3 作为梯级水库运行水位动态控制上限。分别选择典型年 1976 枯水年（$P=85\%$）、1963 平水年（$P=50\%$）和 2001 丰水年（$P=15\%$）进行分析计算，结果见表 9.9～表 9.12。

表 9.9 典型年原设计调度方案发电量计算结果

典型年	发电量/(亿 kW·h)				
	乌东德水库	白鹤滩水库	溪洛渡水库	向家坝水库	梯级水库
1976 年	193.15	304.90	270.45	144.63	913.12
1963 年	216.75	331.75	260.06	134.08	942.63
2001 年	235.65	347.73	285.93	149.67	1018.98
平均	212.04	321.30	265.48	139.79	938.61

表 9.10　　典型年 1d 预见期动态控制方案发电量计算结果

典型年	发电量/(亿 kW·h)					
	乌东德水库	白鹤滩水库	溪洛渡水库	向家坝水库	梯级水库	梯级增量
1976 年	193.37	304.92	277.66	153.97	929.92	16.80 (+1.84%)
1963 年	216.97	331.77	276.35	151.00	976.08	33.45 (+3.55%)
2001 年	236.51	347.75	289.95	156.75	1030.96	11.97 (+1.17%)
平均	212.39	321.33	273.17	150.70	957.58	18.97 (+2.02%)

注　括号内数据为增加率。

表 9.11　　典型年 2d 预见期动态控制方案发电量计算结果

典型年	发电量/(亿 kW·h)					
	乌东德水库	白鹤滩水库	溪洛渡水库	向家坝水库	梯级水库	梯级增量
1976 年	193.64	304.90	291.41	161.63	951.58	38.46 (+4.21%)
1963 年	217.57	331.75	295.32	159.52	1004.16	61.53 (+6.53%)
2001 年	237.05	347.73	311.43	172.27	1068.48	49.50 (+4.86%)
平均	212.78	321.30	293.19	160.75	988.02	49.41 (+5.26%)

注　括号内数据为增加率。

表 9.12　　典型年 3d 预见期动态控制方案发电量计算结果

典型年	发电量/(亿 kW·h)					
	乌东德水库	白鹤滩水库	溪洛渡水库	向家坝水库	梯级水库	梯级增量
1976 年	197.72	305.05	298.95	165.56	967.29	54.16 (+5.93%)
1963 年	221.35	332.17	303.89	165.55	1022.96	80.32 (+8.52%)
2001 年	242.59	347.84	326.65	177.27	1094.34	75.36 (+7.40%)
平均	217.80	321.70	303.17	166.74	1009.40	70.79 (+7.54%)

注　括号内数据为增加率。

由上述结果可知，预见期为 1d、2d、3d 的动态控制方案汛期多年平均汛期增发电量分别为 18.97 亿 kW·h、49.41 亿 kW·h、70.79 亿 kW·h，相对增加率为 2.02%、5.26%、7.54%。对于丰水年，汛期梯级发电量较大，水位抬高和发电水头增加可显著提高梯级水库的发电效益，但由于出力限制，主汛期发电量相对而言趋近于饱和状态；对枯水年，汛限水位动态控制能增加单位水量的发电效率，由于来水较少因此发电量增幅不大；而对于平水年增发电量，说明汛期发电效益的可发掘的潜力更大。由以上分析可知，汛限水位动态控制能充分地利用中小洪水资源，在平水年份发电效益更加明显，具有更加广泛的应用价值。

梯级水库汛期运行水位动态运行以后增加了发电流量，且保证在下游安全流量以内，实现了在不提高水库下游的防洪风险的同时综合效益的提升。其中乌东德水库和白鹤滩水库调节库容较大，调洪能力较强，且汛限水位上浮一定范围内出力受阻情况改善不明显，所以汛期动态运行可提高的超蓄库容更低，以便充分发挥其防洪效益，超蓄库容几乎都分配给下游的溪洛渡水库和向家坝水库。而下游溪洛渡水库和向家坝水库汛期动态运行抬高水位，出力受阻情况具有明显改善甚至电站能达到满负荷运行状态，更有利于提高其水头效益。对于三峡水库，即使其调节库容最大，但提高水位对梯级风险率的影响最大，所以汛期动态运行可提高的超蓄库容较低。

以丰水年为例，流域汛期入库流量较大且汛期洪水持续时间长。在汛期实行动态控制后，在遭遇较大洪水时及时降低水位腾空库容，能够有效应对中小洪水情况。以枯水年为例，由于径流量较小，水库水位几乎在汛期联合运行控制上限附近运行，且对于动态控制方案在洪水退水阶段对库容进行了回蓄，提高了汛期的平均运行水位，对于汛末期而言提高水位能够有效提高水库蓄满率，从而实现对洪水资源的有效利用。

由上述分析结果可知，梯级水库运用汛期运行水位动态控制方案进行联合运行，能够综合考虑各水库的防洪与兴利之间的矛盾。汛期运行水位动态控制在不提高水库下游防洪风险的同时，可实现兴利效益的提升，提高洪水资源的利用效率。

9.5 本章小结

本章通过建立梯级水库汛期运行水位动态控制模型，根据长江上游流域水文气象预报精度，进行了金沙江下游梯级和三峡水库汛期运行水位动态控制研究，确定了不提高水库群防洪风险的情况下梯级水库的超蓄库容，并对超蓄库容进行优化分配，以实现发电量最大与防洪风险率最小的综合要求。主要研究成果如下：

(1) 介绍了梯级水库汛期运行水位动态控制模型的原理与方法。基于大系统“聚合—分解”思想，建立聚合模块、库容分解模块、模拟调度模块、梯级水库风险分析模块。建立梯级水库汛期运行水位动态控制域优化模型，以发电量最大和梯级水库防洪风险最小作为目标函数，进行聚合水库库容分配和动态控制域优化。

(2) 使用风险分析法进行超蓄库容计算，以防洪风险率5%、2%、1%、0.5%为标准，研究各梯级水库起调水位组合对应的防洪风险率，并计算了不同预见期的超蓄库容预泄完毕概率，为梯级水库超蓄库容的选择提供参考。

(3) 使用NSGA-Ⅱ算法进行运行水位动态控制上限优化计算。以发电量最大和梯级水库防洪风险最小作为目标函数，进行聚合水库库容分配和动态控制域优化。假定金沙江下游四库有效预见期相同，预见期为1d时，动态控制上限可取952.18m、785.02m、561.43m、372.45m；预见期为2d时，动态控制上限可取952.39m、785.00m、565.82m、375.31m；预见期为3d时，动态控制上限可取955.63m、785.14m、569.44m、377.89m。考虑1～3d遇见期的多年平均发电量分别可增加18.97亿kW·h、49.41亿kW·h、70.79亿kW·h，相对增量为2.02%、5.26%、7.54%，同时能够做到防洪风险可控。

参考文献

[1] 王本德，周惠成，王国利，等．水库汛限水位动态控制理论方法及其应用管理体系［J］．中国防汛抗旱，2011，21（6）：4-6.

[2] 魏山忠，郭生练，王俊，等．长江巨型水库群防洪兴利综合调度研究［M］．武汉：长江出版

社，2016.

[3] 郭生练，刘攀，王俊，等．再论水库汛期水位动态控制的必要性和可行性 [J]. 水利学报，2023，56 (1)：1-10.

[4] 邱瑞田，王本德，周惠成．水库汛期限制水位控制理论与观念的更新探讨 [J]. 水科学进展，2004，15 (1)：68-72.

[5] 高波，吴永祥，沈福新，等．水库汛限水位动态控制的实现途径 [J]. 水科学进展，2005，16 (3)：406-411.

[6] 李玮，郭生练，刘攀，等．水库汛限水位动态控制方法研究及其应用 [J]. 水力发电，2006，32 (3)：8-12.

[7] 刘攀，郭生练，李响，等．基于风险分析确定水库汛限水位动态控制约束域研究 [J]. 水文，2009，29 (4)：1-5.

[8] 周惠成，李伟，张弛．水库汛限水位动态控制方案优选研究 [J]. 水力发电学报，2009，28 (4)：27-32.

[9] 谭乔凤，雷晓辉，王浩，等．考虑梯级水库库容补偿和设计洪水不确定性的汛限水位动态控制域研究 [J]. 工程科学与技术，2017，49 (1)：60-68.

[10] 刘攀，郭生练．水库群汛期运行水位动态控制技术 [M]. 北京：科学出版社，2021.

[11] 任明磊，何晓燕，丁留谦，等．基于改进预泄能力约束法的水库汛限水位分期动态控制域确定及应用 [J]. 中国水利水电科学研究院学报，2018，16 (1)：16-22.

[12] 王俊，等．面向水库群调度的水文数值模拟与预测技术 [M]. 北京：中国水利水电出版社，2022.

[13] 刘志雨．我国水文监测预报预警业务展望 [J]. 中国防汛抗旱，2019，29 (11)：31-34，61.

[14] 刘志雨．洪水预测预报关键技术研究与实践 [J]. 中国水利，2020 (17)：7-10.

[15] 郭生练，李响，刘心愿，等．三峡水库汛限水位动态控制关键技术研究 [M]. 北京：中国水利水电出版社，2011.

[16] 李响，郭生练，刘攀，等．三峡水库汛期水位控制运用方案研究 [J]. 水力发电学报，2010，29 (2)：102-107.

[17] LI X, GUO S L, LIU P, et al. Dynamic control of flood limited water level for reservoir operation by considering inflow uncertainty [J]. Journal of Hydrology, 2010, 391 (1-2): 124-132.

[18] 郭生练，陈炯宏，栗飞，等．清江梯级水库汛限水位联合设计与运用 [J]. 水力发电学报，2012，31 (3)：1-8.

[19] 陈炯宏，郭生练，刘攀，等．梯级水库汛限水位联合运用和动态控制研究 [J]. 水力发电学报，2012，31 (6)：55-61.

[20] 钟平安，孔艳，王旭丹，等．梯级水库汛限水位动态控制域计算方法研究 [J]. 水力发电学报，2014，33 (5)：36-43.

水库提前蓄水时机和多目标联合优化调度

按照《长江流域综合规划（2012—2030）》[1]、《长江水库群联合调度方案》和《三峡（正常运行期）—葛洲坝水利枢纽梯级调度规程（2019 年修订版）》[2]，长江干流及主要支流各有开发任务。随着长江流域的规划开发，结合河流的地形地质条件，在长江上游干支流布置了一些控制性梯级水库枢纽工程。除三峡工程外，长江上游干支流梯级水库共预留防洪库容 300 余亿 m^3，其中金沙江流域水库群共预留 221.4 亿 m^3，雅砻江流域水库群预留 40 亿 m^3，岷江、大渡河流域水库群预留 13.37 亿 m^3，嘉陵江流域水库群预留 23.98 亿 m^3，乌江流域水库群预留 10.2 亿 m^3。干支流梯级水库具有一定规模的调节库容，除满足各自流域防洪要求外，配合三峡水库运用调度，可有效分担长江中下游流域防洪任务，在长江流域防洪开发治理体系占有极其重要的位置[3]。

截至 2022 年年底，长江流域已建成各类水库 5 万多座，其中大型水库 300 余座，总库容 9000 多亿 m^3。长江上游（宜昌以上）干支流控制性水库群已经形成规模，共有大型水库 117 座，总调节库容 842 亿 m^3、预留防洪库容 501 亿 m^3。这些水库群在水资源综合利用和管理中发挥着关键性作用。水库群的兴利库容占流域年均径流量的比例大幅提高，汛末蓄水对河道天然水流的影响程度显著增强，上游水库蓄水和下游需水的矛盾日益凸显。按照原设计蓄水方案，这些水库蓄水时间大致相同，多集中在汛后 1～2 个月内，存在竞争蓄水情况；若后续来水不足，水库蓄至正常水位难度加大，直接影响水库兴利目标的实现。同时，蓄水时段蓄水量占径流量比例增大，使得水库下游地区存在明显的减水过程，可能造成供水不足等生态环境等问题。因此，如何科学地划分流域分期洪水、确定水库分期汛限水位和提前蓄水方案，实现洪水资源的高效利用，具有重要的理论价值和现实意义[4]。

10.1 水库提前蓄水多目标优化调度模型

针对水库汛末提前蓄水优化调度问题，国内外众多学者从不同研究角度出发，取得了一系列研究成果。刘心愿等[5] 全面考虑三峡水库上下游防洪、发电、航运和蓄满率等综合要求，建立了多目标蓄水调度模型，采用“优化—模拟—检验”的算法流程，最终求解得到三峡水库优化蓄水调度图。王俊等[6] 从长江上游与中下游洪水遭遇规律、水库分期设计洪水等理论出发，论证了三峡水库提前蓄水的社会经济效益及其对中下游水文情势的影响。李雨等[7] 从风险率与风险损失率两方面建立了三峡水库提前蓄水防洪风险分析模型，探讨不同提前蓄水方案对下游地区防洪安全的影响，并将其与综合效益相结合对多组分台阶蓄水方案进行优选，推荐三峡水库从 9 月 1 日及以后起蓄。陈柯兵等[8] 利用支持向量机预报三峡水库 9 月径流信息，通过聚类方法对 9 月来水进行分类，针对不同来水情况下三峡水库综合利用效益最大化问题，提出了基于改进调度图的汛末蓄水调度方案。周研来等[9] 以溪洛渡—向家坝—三峡梯级水库为例，实现蓄水时机与蓄水进程的协同优化，推求了可协调防洪与兴利之间矛盾的联合蓄水调度方案。何绍坤等[10] 建立了基于防洪、发电和蓄水的多目标调度模型，采用 Pareto 存档动态维度搜索（Pareto - archived dynamically dimensioned search，PA - DDS）算法优化求解，得到一系列非劣优化蓄水方案，结果表明：在不降低原设计防洪标准前提下，乌东德、白鹤滩、溪洛渡、向家坝和三峡水库的优化起蓄水时间可分别提前至 8 月 1 日、9 月 1 日和 9 月 10 日，与原设计方案相比，优化方案蓄水期年均发电量可增加 36.82 亿 kW·h，增幅 3.12%；水库蓄满率达 95.09%，提高 3.38%。但因梯级水库群调度存在“维数灾”等问题[11]，联合蓄水方案一般均在已获批蓄水方案基础上对水位做适当抬升和均匀离散，并非最优。

10.1.1 提前蓄水调度及控制线

将水库的蓄水时间提前至汛末期，必须考虑汛末期的防洪安全问题。水库调度图一般设置有预想出力线、加大出力线、保证出力线和降低出力线等，将其划分为若干出力区，这类调度图对于发电调度十分有效，但由于调洪流量一般远大于电站预想出力所对应的流量，对于洪水调度这类调度图的作用就受到了很大的限制。本书利用蓄水调度控制线作为调度规则，指导水库蓄水调度。蓄水调度控制线能明确起蓄时间和蓄水进程，通过设置汛末控制水位满足防洪的要求，对充分发挥水库枯水期的综合利用效益，具有重要的理论价值和现实意义。蓄水调度控制线如图 10.1 所示，蓄水模型优化对象为蓄水调度控制线各时间点水位。

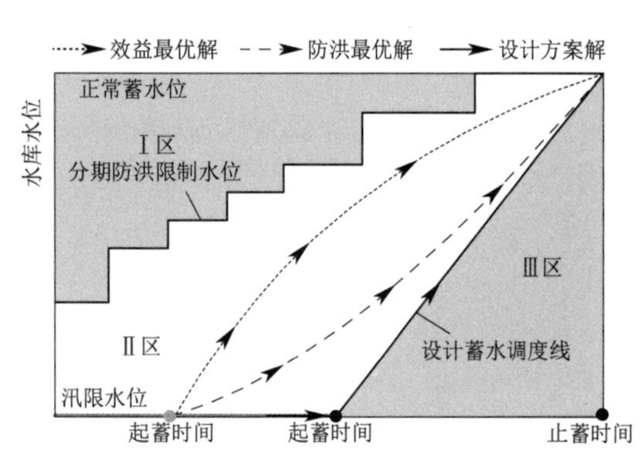

图 10.1 水库蓄水调度控制线示意图

对于水库原设计蓄水方案，假定水库水位在蓄水期分段线性控制，从防洪汛限水位开始逐步升至正常蓄水位。依据梯级水库蓄水次序优化理论与策略，结合流域的水文气象特征和汛期分期结果，一般采用提前蓄水时间和抬高关键时间节点控制水位两种策略同步优化，实现防洪、蓄水发电等多目标优化。具体的防洪目标和蓄水调度规则为：水位位于设计蓄水调度控制线以下的Ⅲ区时，按照该时段考虑综合利用要求确定的最小流量进行控制；在设计蓄水调度线和分期防洪限制水位之间的Ⅱ区时，不发生洪水时可按照优化蓄水方案进行蓄水，发生中小洪水时控制最高调洪水位不超过蓄水水位上限并控制最大出库流量不超过下游安全泄量；水位高于分期防洪限制水位的Ⅰ区且发生蓄水期水库设计洪水时，控制调洪高水位不超过水库设计洪水位，此外，在调洪过程中不能出现人造洪峰。

10.1.2 梯级水库多目标蓄水调度模型

10.1.2.1 目标函数

考虑到梯级水库计算蓄满率时需整体考虑，以突出不同水库间库容的差异，梯级水库各水库蓄水期的防洪控制水位选取也更为复杂。提前蓄水可以产生更多的发电效益，并提高蓄满率，但会增加水库的防洪风险。提前蓄水优化调度模型的目标函数分别为梯级水库防洪风险最小，蓄水期多年平均发电量、加权后蓄满率最大，以协同优化防洪、发电和蓄水等多目标，具体目标函数要求如下。

（1）梯级水库防洪风险最小：

$$\begin{cases}\min R_1=\min\limits_{x\in X}[\max(R_{f,1},R_{f,2},\cdots,R_{f,i},\cdots,R_{f,n})]\\ R_f=n/N\end{cases}\tag{10.1}$$

式中：$R_{f,i}$ 为水库 i 的风险率，其计算方式为：利用实测或随机模拟生成的 N 年梯级各水库入库流量资料，结合选定蓄水方案、模型模拟水库蓄水调度，统计 N 年中各水库蓄水期的最高库水位 Z_f，若 Z_f 高于已提前选定的防洪限制水位则记为发生风险事件；R_f 为风险率；n 为 N 年中风险事件发生的次数。

（2）梯级水库蓄水期多年平均发电量 E 最大：

$$\max E=\max_{x\in X}(\sum_{i=1}^{n}E_i)\tag{10.2}$$

式中：n 为梯级水库数量；E_i 为水库 i 蓄水期多年平均发电量。

（3）加权后蓄满率最大。蓄满率作为联合蓄水方案的重要评价指标，采用库容百分比表示，即

$$\begin{cases}V_{f,i}=\dfrac{V_{i,\mathrm{high}}-V_{\min,i}}{V_{\max,i}-V_{\min,i}}\times 100\%\\ \max V_f=\max\limits_{x\in X}(\sum\limits_{i=1}^{n}\alpha_i V_{f,i})\quad \sum\limits_{i=1}^{n}\alpha_i=1\end{cases}\tag{10.3}$$

式中：$V_{i,\mathrm{high}}$ 为水库 i 调蓄最高水位对应的库容；$V_{\max,i}$ 和 $V_{\min,i}$ 分别为水库 i 的正常蓄水位、死水位对应的库容；α_i 为水库 i 蓄满率权重百分数，其值由该水库待蓄兴利库容占梯级水库的总兴利库容的比例确定。

10.1.2.2 约束条件

为保证梯级水库正常运行，在蓄水调度计算过程中还应考虑一系列约束条件，以满足梯级水库自身、上游及下游的需求与限制。

（1）水库水量平衡约束：

$$V_i(t)=V_i(t-1)+[I_i(t)-Q_i(t)-S_i(t)]\Delta t\tag{10.4}$$

式中：$V_i(t)$、$V_i(t-1)$ 分别为水库 i 在第 t 时段末、初的库容，m³；$I_i(t)$、$Q_i(t)$、$S_i(t)$ 分别为蓄水期水库 i 在第 t 时段的平均入库、出库、损失流量，m³/s；Δt 为计算时段步长。

（2）水位上下限约束及水位变幅约束：

$$Z_{i,\min}(t) \leqslant Z_i(t) \leqslant Z_{i,\max}(t) \tag{10.5}$$

$$|Z_i(t) - Z_{i-1}(t)| \leqslant \Delta Z_i \tag{10.6}$$

式中：$Z_{i,\min}(t)$、$Z_i(t)$、$Z_{i,\max}(t)$ 分别为水库 i 在第 t 时段允许的下限水位、运行水位、上限水位，m；ΔZ_i 为水库 i 允许水位变幅，m。

（3）水库出库流量及流量变幅约束：

$$Q_{i,\min}(t) \leqslant Q_i(t) \leqslant Q_{i,\max}(t) \tag{10.7}$$

$$|Q_i(t) - Q_{i-1}(t)| \leqslant \Delta Q_i \tag{10.8}$$

式中：$Q_{i,\min}(t)$、$Q_{i,\max}(t)$ 分别为水库 i 在 t 时段的最小、最大出库流量，m³/s，$Q_{i,\max}(t)$ 一般由水库最大出库能力、下游防洪任务确定；ΔQ_i 为水库 i 日出库流量最大变幅，m³/s。

（4）电站出力约束：

$$N_{i,\min} \leqslant N_i(t) \leqslant N_{i,\max} \tag{10.9}$$

式中：$N_{i,\min}$、$N_{i,\max}$ 分别为水库 i 保证出力、装机出力，kW。

（5）上下游水库间水量平衡约束：

$$I_i(t) = Q_{qj,i}(t) + Q_{i-1}(t - \tau_{i-1,i}) \tag{10.10}$$

式中：$I_i(t)$ 为蓄水期水库 i 在 t 时段的平均入库流量，m³/s；$Q_{i-1}(t-\tau_{i-1,i})$ 为上游水库 $i-1$ 在 $t-\tau_{i-1,i}$ 时段的平均出库流量，m³/s；$Q_{qj,i}(t)$ 为两库 t 时段的平均区间来水流量，m³/s；$\tau_{i-1,i}$ 为水库 $i-1$ 和水库 i 间水流传播时间。

若水库 i 为梯级首个水库，则其入库为上游来水。

10.1.2.3 优化算法

针对多目标优化问题，常用的两种解决思路是：①选取最主要目标函数作为优化对象，将其余优化目标作为约束条件，从而替换为常见的单目标优化问题；②采用 NSGA-Ⅱ算法或帕累托存储式动态维度搜寻法，对多目标模型进行优化求解。

动态维度搜索（dynamically dimensioned search，DDS）是一种随机搜索启发式算法，相比混合竞争进化（shuffled complex evolution，SCE）算法，DDS 算法能更快、更高效地收敛于全局最优解。图介逊（Tolson）等学者在 DDS 算法中加入了帕累托前沿的保留机制，提出了能够处理多目标问题 PA-DDS 算法，应用实例表明，该算法比常用的 NSGA-Ⅱ优化算法效率更高[12]。

10.2 华西秋雨和长江中下游梅雨特征分析

亚洲季风是影响我国天气的主要系统之一，长江流域属典型的亚热带季风型气候，流域内降雨呈现较强的季节性变化规律[13]。每年春末夏初之时，西太副高脊线向北跃进，在北纬 20°～25°之间停留，湖北宜昌往东长江中下游地区经常会出现阴雨连绵的天气，即为梅雨期[14]，期间降雨量大，暴雨频发，日照时间短，空气湿度大。梅雨是东亚夏季风季节性向北推移的产物，是我国夏季雨涝灾害的基本特征之一，梅雨持续时间及其与上游暴雨期的衔接，决定了“七下八上”（7月下旬至8月上旬）长江上中游洪水是否遭遇，其丰枯特点往往能够反映我国夏季旱涝的大体情况[15]。

华西秋雨是东亚夏季风转换为冬季风时出现在我国的最后一个雨季[16]，是华西地区的一种特殊天气现象，“巴山夜雨涨秋池”正是对其的生动写照。华西地区处在青藏高原东侧，秋季随着西太平洋副热带高压南撤，高原频繁南下的冷空气被云贵高原和秦岭等阻滞，与停留在该区域的太平洋和孟加拉湾暖湿空气相遇，两者相互作用，使低层锋面活动加剧，产生了仅次于夏季降水的第二个峰值，即华西秋雨[17]。华西秋雨是我国秋季的主要气候特征之一，也是该地区的气象灾害之一，对水库蓄水、生产生活和生态用水有重要影响。

金沙江下游梯级和三峡水库自建成以来，发挥了巨大的防洪兴利效益，显著减轻了川渝河段的防洪压力，有效保障了长江中下游的防洪安全。当前长江上游梯级水库防洪、兴利库容占河道径流比例不断增大，固定单一的汛期运行水位不利于实现洪水资源化，汛末蓄水必然加深对天然径流的调节影响，造成上下游蓄水与需水的冲突[18]。长江中下游梅雨和华西秋雨分别位于主汛期前、后两个时期，对水库动态运行而言，是确定上中游洪水遭遇、汛期洪水分期以及工程提前蓄水时机的重要阶段[19]。研究三峡水库汛期分期洪水与长江上游华西秋雨和中下游梅雨的关系，以此为视角探讨如何科学地制定汛期运行水位动态调整和三峡水库提前蓄水方案，对洪水资源高效利用意义重大。

本节分析长江上游华西秋雨和长江中下游梅雨的时空分布特征，探讨两者与三峡水库汛期分期的关系，为三峡水库汛末提前蓄水提供科学依据和技术支撑。

10.2.1 长江上游华西秋雨的时空分布特征

10.2.1.1 华西秋雨区概况

长江上游华西秋雨区主要处在东经100°～110°、北纬26°～35°之间，又可分为华西秋雨北区和南区，共设置有380个测站，站点大体分布在四川中东部、贵州北部、湖南湖北西侧、重庆全境、陕西中南部和甘肃南部等区域[20]。

10.2.1.2 长江上游华西秋雨的基本气候特征

依据中国气象局国家气候中心提供的1961—2022共62年的华西秋雨特征量资料，包括秋雨开始时间、结束时间、秋雨季长度和累计雨量等参数，来分析华西秋雨的基本特征，表10.1列出了1961—2022年长江上游华西秋雨参数的4个统计特征值。由表可知，在1961—2022年间，华西秋雨的平均开始时间为8月31日，平均结束时间为11月3日，秋雨季的平均长度为65d，平均累计秋雨量为218.3mm。华西秋雨存在明显的年际变化，1980—2000年间华西秋雨有所减少，甚至出现中断的现象；21世纪开始，华西秋雨又明显增多，进入多秋雨期。此外，各年秋雨的时间早晚、历时长短和降雨量大小都不尽相同，存在较大的差异。秋雨开始最早的是8月21日（1976年、1979年、1981年、1983年、1984年、2006年和2010年），最晚的是9月20日（1994年），最早和最晚相差30d。秋雨结束最早的是9月30日（1970年），最晚的是11月30日（2014年和2019年），最早和最晚相差61d。1998年的华西秋雨，在9月19日开始，10月18日结束，历时29d，累计秋雨量是历年最少，仅有78.6mm；而2021年的华西秋雨，自8月23日开始，到11月8日结束，持续时间较长，为77d，累计秋雨量379.9mm，为历年最多。

表10.1　1961—2022年长江上游华西秋雨参数的4个统计特征值

特征值	开始时间	结束时间	雨季长度/d	累计秋雨量/mm
最小值	8月21日	9月30日	16	78.6
最大值	9月20日	11月30日	95	379.9
平均值	8月31日	11月3日	65	218.3
标准差	9	14	17	63.0

华西秋雨的开始时间、结束时间与累计雨量关系图如图10.2所示，由图可知，秋雨开始时间的散点相对密集地分布在左侧，结束时间的散点则较为宽广地分布在右侧。秋雨开始时间分布在8月下旬至9月中旬，主要集中出现在8月21—30日之间，与之对应的秋雨量大体都在200mm以上；9月初为一个弱的空档期，之后出现的机会有所增多，但与之对应的秋雨量多在200mm以下。秋雨结束时间分布在9月30日至11月30日，时间跨度较大；10月下旬和11月中旬是秋雨结束的集中时段，其他时间出现的机会相对较少。总体来看，华西秋雨开始时间主要出现在8月下旬至9月上旬，有52次，占总次数的83.87%，且以8月下旬居多，发生了36次；结束时间主要出现在10月下旬至11月中旬，有47次，占总次数的75.81%。

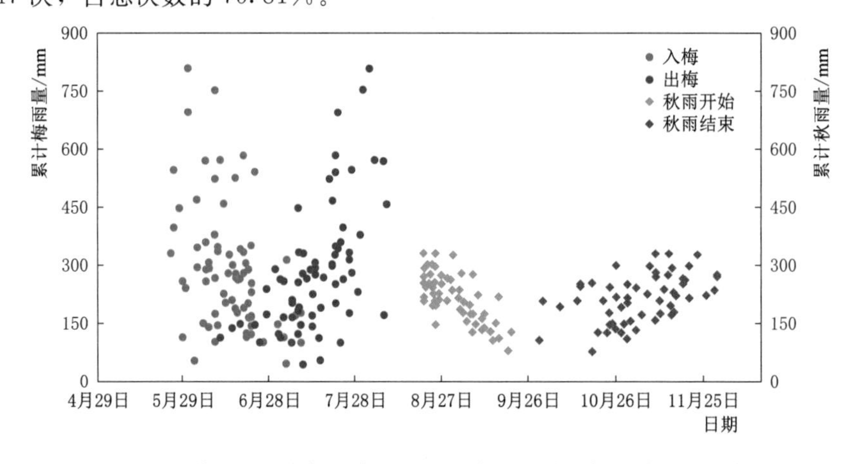

图10.2　华西秋雨和长江中下游梅雨的起止时间与累计雨量散点图

秋雨量随着秋雨历时的延长而增大。1961—2022年华西秋雨累计雨量历年变化如图10.3所示，分析可知，累计秋雨量小于100mm的仅有1次，出现在1998年；大于300mm的有6次，分别出现在1964年、1968年、1975年、1983年、2017年和2021年，且这6次秋雨的开始时间都集中出现在8月21—25日。累计秋雨量主要集中分布在100～300mm区间，共发生55次，占总次数的88.71%。其中，累计雨量在200～300mm的最多，有33次，其开始时间主要集中在8月下旬，结束时间主要在11月；累计雨量在100～200mm的次之，有22次，其开始时间主要在9月中上旬，结束时间多集中在10月。

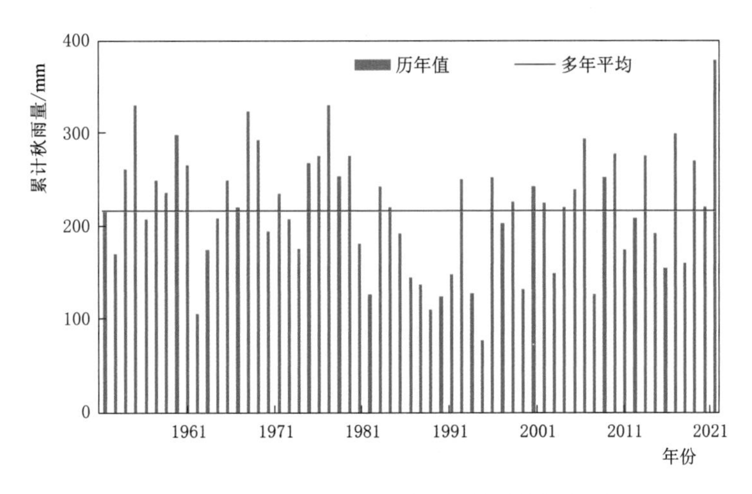

图 10.3 1961—2022 年华西秋雨累计雨量历年变化

10.2.2 长江中下游梅雨的时空分布特征

10.2.2.1 长江中下游梅雨区概况

长江中下游梅雨区包含了长江中游区和长江下游区，共设置有 157 个测站，大致涵盖了湖南东北部、湖北中东部、江西北部、安徽南部、浙江北部、江苏南部及上海等区域[21]。

10.2.2.2 长江中下游梅雨的基本气候特征

依据中国气象局国家气候中心提供的 1951—2022 年长江中下游梅雨的特征量资料，包括入出梅时间、梅雨季长度和累计雨量等，来分析梅雨的基本气候特征，表 10.2 列出了 1951—2022 年长江中下游 4 个梅雨参数的统计特征值。由表可知，在 1951—2022 年间，长江中下游平均入梅时间为 6 月 14 日，平均出梅时间为 7 月 14 日，梅雨季的平均长度为 31d，平均累计梅雨量为 292.7mm。梅雨的年际变化较大，无论是入梅、出梅的早晚，还是梅雨历时的长短、累计梅雨量的多少都存在较大的差异。有些年份梅雨显著，有些年份不显著，甚至出现空梅。入梅最早的是 5 月 25 日（1962 年），最晚的是 7 月 9 日（1982 年、2005 年），入梅最早和最晚差 45d。出梅最早的是 6 月 11 日（2000 年），最晚的是 8 月 8 日（1993 年），出梅最早和最晚相差 58d。如 1965 年在 7 月 4 日入梅，7 月 10 日出梅，历时最短，仅持续 6d，累计梅雨量 46.9mm 为历年最少[22]。

表 10.2　1951—2022 年长江中下游 4 个梅雨参数的统计特征值

特征值	入梅时间	出梅时间	雨季长度/d	累计梅雨量/mm
最小值	5 月 25 日	6 月 11 日	6	46.9
最大值	7 月 9 日	8 月 8 日	63	811.5
平均值	6 月 14 日	7 月 14 日	31	292.7
标准差	11	12	15	162.0

长江中下游梅雨的开始时间、结束时间与累计雨量关系如图 10.2 所示。由图可知，梅雨散点的分布大体上以 6 月 29 日为对称轴，呈开口向上的抛物线形式。入梅时间主要分布在左侧，出梅时间主要分布在右侧。梅雨量随着梅雨历时的延长而增大。抛物线两端，散点分布较为稀疏，雨量基本在 450mm 以上，抛物线的中部和底部，散点分布十分密集，多为 100～400mm 的梅雨。入出梅时间的散点频率呈现由弱至强、再由强至弱的规律，入梅时间的散点大小由强变弱，出梅的则反之。入梅时间存在前后的分期现象，主要集中分布在 6 月 3—23 日之间。6 月 23 日至 7 月 1 日出现一个小的空档期，在这之后入梅时间出现的机会明显减少，且与之对应的梅雨量不大。出梅时间在 6 月 27 日和 7 月 29 日的分期特征显著，集中分布在这一时段内。总体来看，入梅主要发生在 6 月，有 56 次，占总次数的 77.78%，且以 6 月中旬居多，发生了 23 次；出梅主要发生在 7 月，有 59 次，占总次数的 81.94%，以 7 月下旬居多，发生了 22 次。

入梅时间越早，出梅时间越晚，梅雨历时越长，梅雨量就越大。1951—2022 年长江中下游累计梅雨量历年变化如图 10.4 所示，分析可知，累计梅雨量一般在 100～600mm 之间；小于 100mm 的仅有 2 次，分别出现在 1965 年和 1991 年；大于 600mm 的有 3 次，依次出现在 1954 年、1996 年和 2020 年，且这 3 次梅雨的入梅均发生在 6 月中旬以前，出梅均发生在 7 月中旬以后，梅雨持续时间长。累计梅雨量主要集中在 100～400mm 区间，共发生 57 次，占总数的 79.17%。其中，累计梅雨量在 100～250mm 的最多，有 29 次，其入梅时间大体集中在 6 月到 7 月上旬，出梅时间主要在 7 月；累计雨量在 250～400mm 的次之，有 28 次，其入梅时间主要在 6 月中上旬，出梅时间集中在 7 月的中下旬[23]。

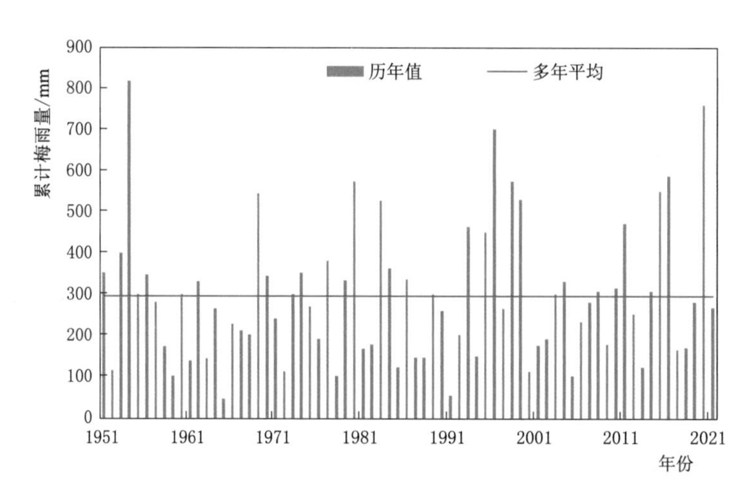

图 10.4　1951—2022 年长江中下游累计梅雨量历年变化

10.2.3　华西秋雨和长江中下游梅雨的变化特征分析

华西秋雨和长江中下游梅雨具有明显的年际变化特征，下面采用 Mann - Kendall 检验法[24-25]、Pettitt 检测法[26] 以及 Morelet 连续小波变换[27]，详细分析华西秋雨历时和秋雨量序列（1961—2022 年）、长江中下游梅雨历时和梅雨量序列（1951—2022 年）的变化趋势、突变情况和周期性规律。

Mann－Kendall 趋势检验结果如图 10.5 所示。由图可看出，秋雨历时和秋雨量自 20 世纪 90 年代起都呈现下降的趋势，但近 4 年又出现上升的趋势；梅雨历时和梅雨量除 20 世纪 60 年代后期有略微下降的趋势外，整体保持上升的趋势；上述趋势变化在 0.05 水平下不显著。

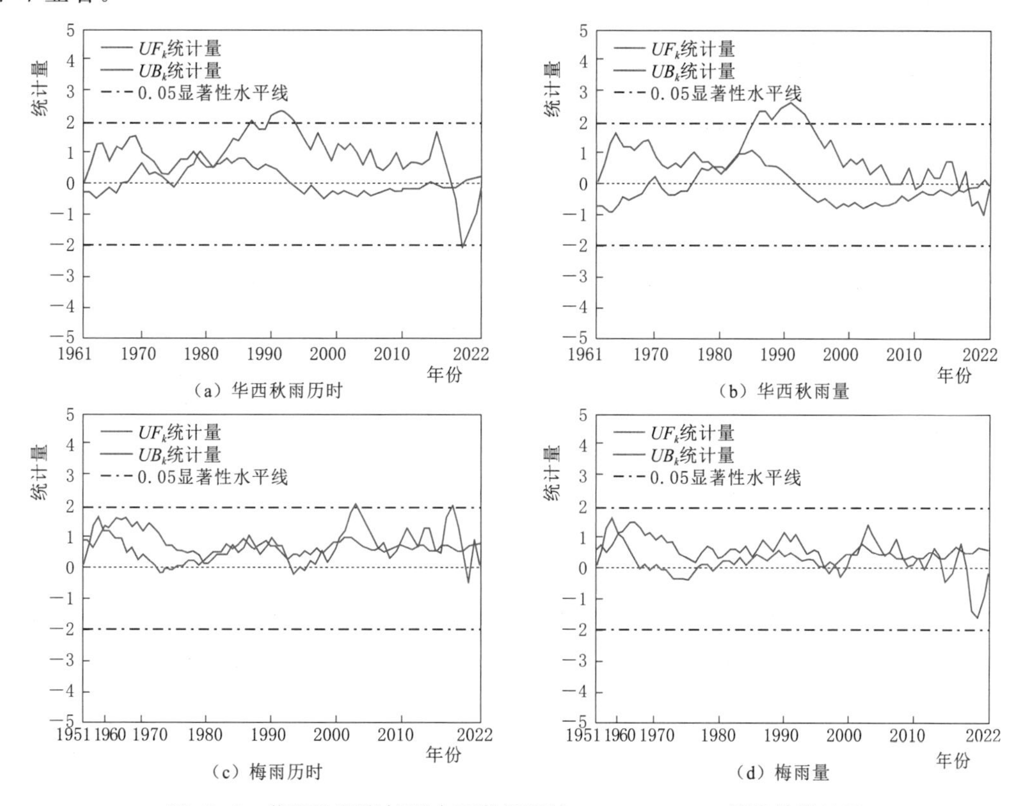

图 10.5 华西秋雨和长江中下游梅雨的 Mann－Kendall 趋势检验结果

Pettitt 突变检验结果如图 10.6 所示。由图可看出，给定 0.05 显著水平，华西秋雨多年平均年历时在 1986 年以前为 68d，之后为 62d；多年平均年秋雨量在 1985 年以前为 241mm，之后为 204mm。长江中下游梅雨多年平均年历时在 1988 年以前为 29d，之后为 32d；多年平均年梅雨量在 1957 年以前为 385mm，之后减小为 284mm。

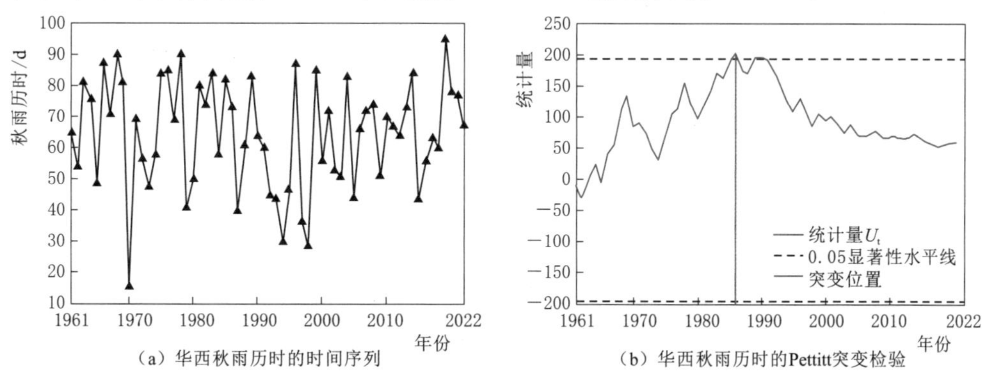

图 10.6（一） 华西秋雨和长江中下游梅雨的 Pettitt 突变检验结果

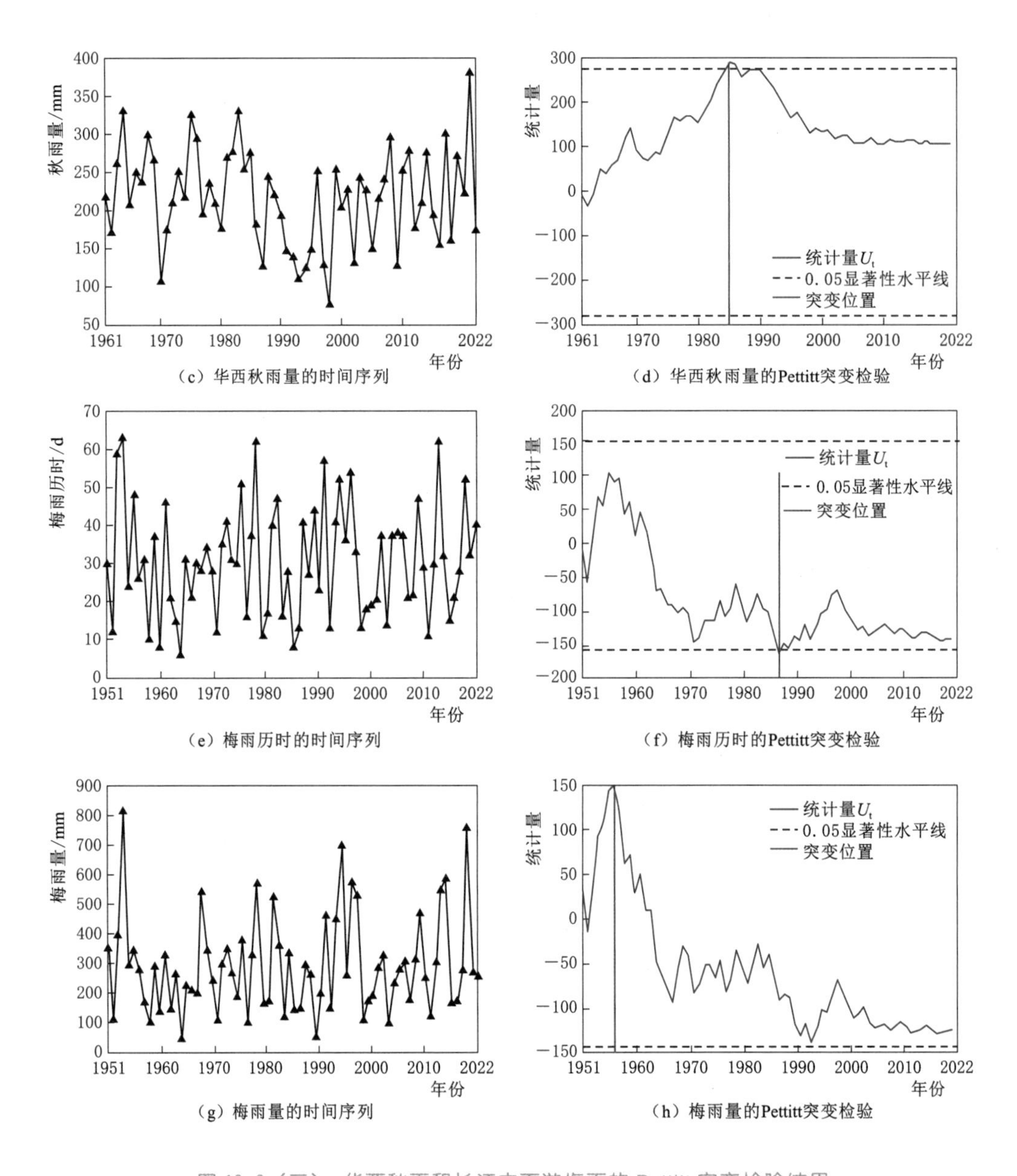

图 10.6（二） 华西秋雨和长江中下游梅雨的 Pettitt 突变检验结果

Morelet 小波变换周期性分析结果如图 10.7 所示。由图可看出，秋雨历时在 1969 年、1975 年和 1997 年前后存在 1～3 年、7～9 年和 1～4 年的显著周期性；秋雨量在 1978 年、2012 年前后存在 7～8 年、2～3 年的显著周期性。梅雨历时在 1980 年、1984 年和 2012 年前后存在 2～4 年、18～20 年和 3～5 年的显著周期性；梅雨量在 1982 年、1995 年前后存在 2～3 年、1～3 年的显著周期性。

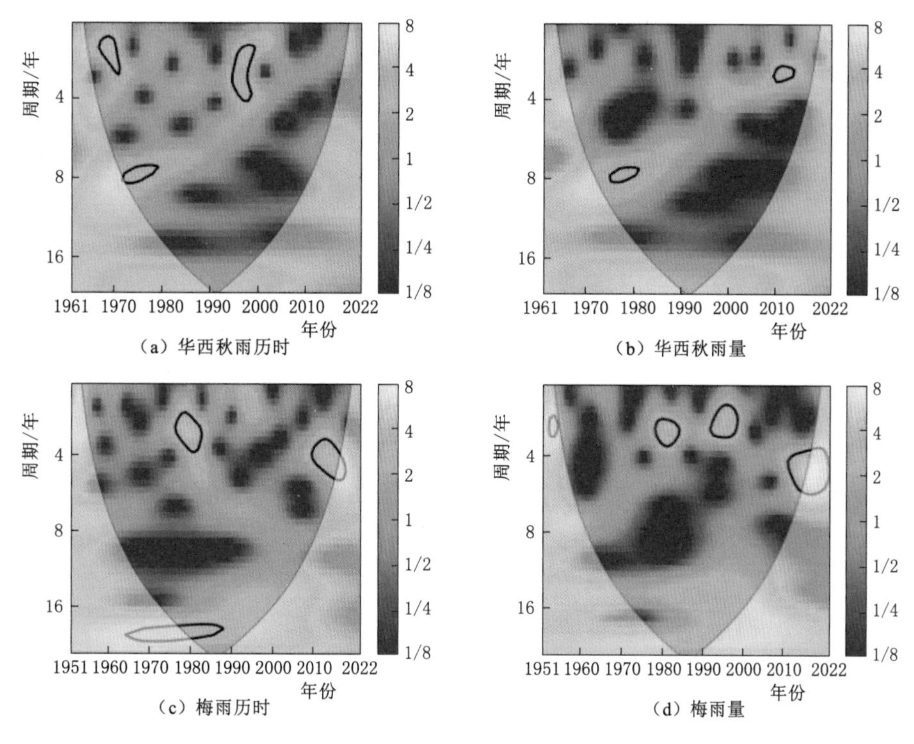

图 10.7 华西秋雨和长江中下游梅雨的周期性分析结果

10.3 长江中下游梅雨与三峡水库洪水关系分析

三峡水利枢纽坝址以上是长江上游，上游干支流洪水易发生遭遇，洪水相互叠加，常在宜昌形成峰高量大的洪水，洪水的持续时间较长，一般短的为7～10d，长则可达1个月以上。洪水出三峡后，由于长江的江面逐渐开阔，河槽的调蓄能力增强，水流减缓，洪水过程坦化，河水涨落趋于平缓，与中下游洪水汇合后，一次洪水过程的历时较长，经常要持续30～60d，遭遇严重时即产生流域性洪水。新中国成立以来，长江流域在1954年、1998年和2020年先后发生过三次流域性大洪水。本节利用华西秋雨区和长江中下游梅雨区的日降雨数据，以及三峡水库入库（宜昌站）的日流量资料，分析三个典型年长江中下游梅雨的雨情特征和三峡水库洪水过程，深入探究梅雨与三峡水库洪水的关系[23]。

10.3.1 长江1954年梅雨与洪水过程分析

1954年，中高纬形势稳定，副高压脊线一直稳定在北纬20°以内，致使梅雨期异常偏长，共持续了60d，比常年多1个月左右。梅雨期分为两段：5月16—25日为早梅雨期，6月12日至7月31日为正常梅雨期，累计梅雨量达到811.5mm，为历年最多。早梅阶段，长江中下游发生了2场大规模的暴雨，第一次发生在5月19—20日，第二次发生在5月23—25日。正常梅雨期，中下游降雨强度较大，降雨历时长，雨量集中，暴雨面积广。6月中下旬出现了2次较大规模的暴雨过程，其中，6月12—20日的暴雨持续了9d，为该汛期内历时最长的一次；6月22—28日的暴雨强度最大，多地都出现特大暴雨，6月24日的雨量为年最大，达到56.2mm。

从1954年三峡宜昌站汛期的日流量过程（图10.8）来看，5月宜昌站的流量虽有涨落，但变幅不大，日流量均在30000m³/s以下。6月中旬以后，受上游金沙江、岷江和嘉陵江等重要干支流洪水和区间暴雨径流的共同影响，宜昌站流量迅速增大，连续出现4次较大的洪水过程，形成高大的洪峰，且洪峰流量持续时间较长，汛期内有45d的流量超过40000m³/s。7月7日出现第1个洪峰，7月23日出现第2个洪峰，此时中下游受梅雨天气影响，降雨强度大，暴雨频发，上游来水与中下游暴雨洪水先后叠加，发生全面遭遇。7月底至8月中宜昌站出现第3次大洪水，峰型庞大，历时长久，8月7日宜昌站的流量达66800m³/s，为全年最大；紧接着在8月下旬出现第4个洪峰，上游洪水提前出现，中下游洪峰滞后发生，长江干支流洪峰累聚，相互影响，而当时长江排涝能力弱，先涝后溃，最后酿成了一次特大的流域性洪水，导致大范围的洪灾[28]。

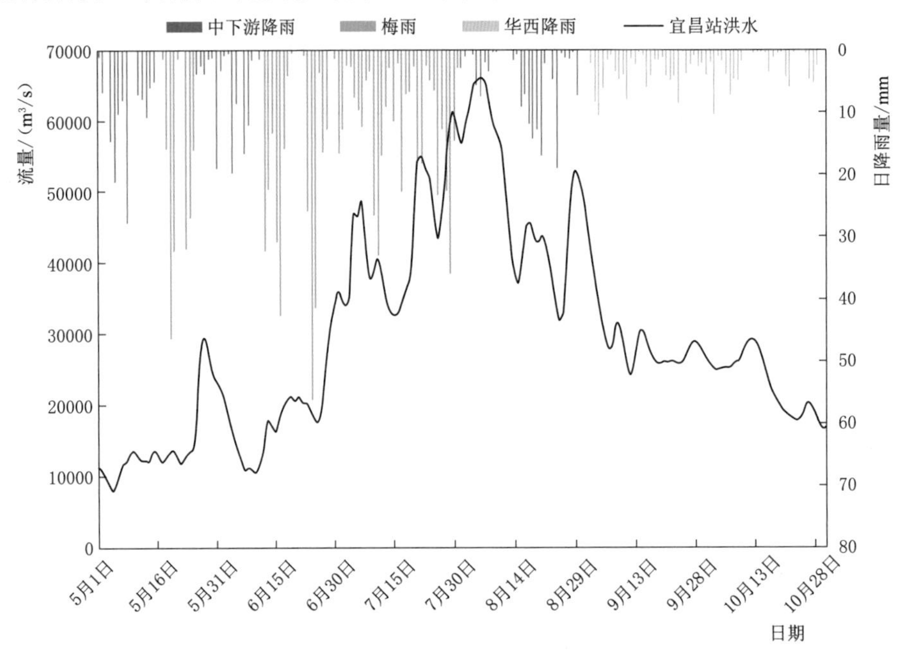

图10.8 1954年宜昌站汛期的日流量过程与长江中下游梅雨、华西秋雨关系图

10.3.2 长江1998年梅雨与洪水过程分析

1998年，中高纬形势稳定，但副高脊线位置南北摆动比较大，形成了两段梅雨。长江中下游在6月11日入梅，8月4日出梅，梅雨持续时间为54d，梅雨季累计雨量为572.4mm。第一段梅雨期是6月12日至7月3日，第二段是7月20—30日（二度梅雨），中间出现16d的间歇期。第一段梅雨期，中雨和大雨频发，穿插有多场暴雨，有8d出现大到暴雨，日雨量较大，在15.2～36.8mm之间；间歇期内，降雨较少，多为无雨；第二段梅雨期，中雨和大雨常连续发生，雨量集中，多在15.0mm以上，有3d发生暴雨，

7月22日的雨量达到41.0mm，为整个梅雨期最大的日降雨。

从1998年三峡宜昌站汛期的日流量过程（图10.9）来看，中下游入梅前，上游宜昌来水相对较小；进入第一段梅雨期，流量呈逐步上升的趋势，增幅较大，在7月2日出现第一个峰值，流量为54500m³/s，上游洪水迅速增涨，加之中下游降雨频发，两者发生明显遭遇，使得江河的水位猛涨，中下游出现大洪水，防洪形势严峻；在间歇期，长江中下游基本没有降雨，但宜昌站发生了一场大的洪水，在7月15—17日形成了一次流量为53800～55900m³/s的平头洪峰；7月下旬，随着二度梅雨的出现，中下游降雨强度增大，而8月长江上游暴雨频发，形成一场历时较长的大洪水，连续出现5个洪峰，二度梅雨的洪水与长江上游的多个洪峰在中游发生严重遭遇，导致洪水相互顶托，水位长时间居高不下，长江出现流域性大洪水[29]。

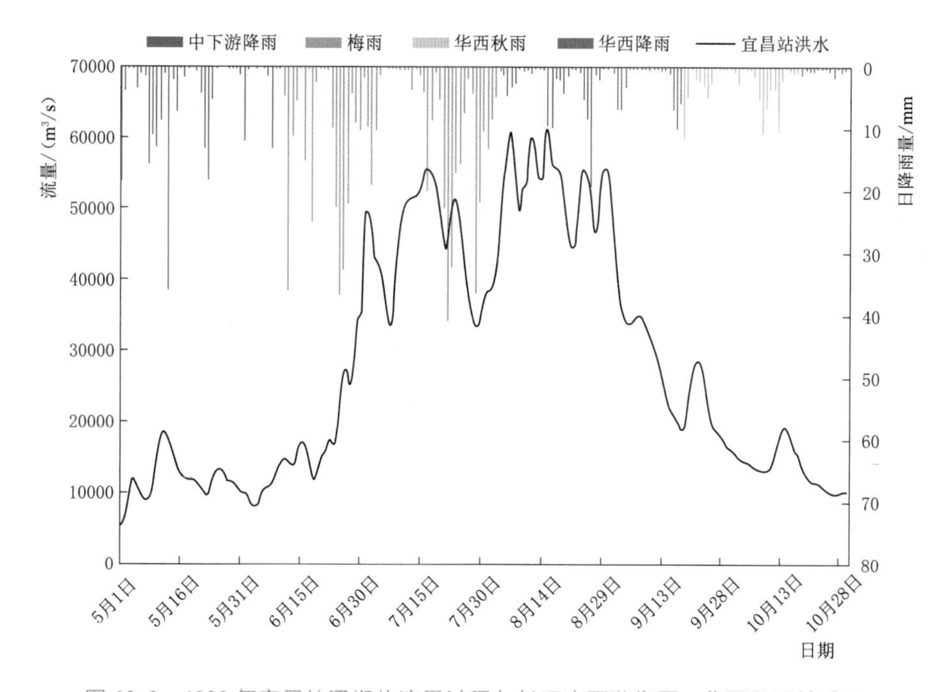

图10.9 1998年宜昌站汛期的流量过程与长江中下游梅雨、华西秋雨关系图

10.3.3 长江2020年梅雨与洪水过程分析

2020年，副高系统持续异常，6月中上旬副高脊线位置偏北，6月下旬至7月又一直偏南，有利于冷暖空气相互交汇，形成多次大范围暴雨过程。长江中下游在6月9日入梅，7月31日出梅，梅雨持续时间为52d，梅雨季累计雨量为753.9mm，较往年偏多168.3%，为1961年以来最多。整个梅雨期，降雨分布相对均匀，雨量较大，常有小雨发生，一半以上的时间出现中到大雨，7月上旬有4d集中出现暴雨，7月5日的雨量达到55.5mm，为整个梅雨期最大的日降雨量。

从2020年三峡入库汛期的日流量过程（图10.10）来看，中下游入梅后，上游三峡入库流量逐渐增大，7月初出现1号洪水，洪峰为53000m³/s，此时中下游的梅雨强度较大，上游洪水与梅雨发生中等程度的遭遇；7 月中下旬，三峡出现 2 号、3 号洪水，入库洪峰流量分别为 $61000m^3/s$ 和 $60000m^3/s$，中下游进入梅雨后期，雨量减少，两者出现一定的遭遇，但程度适中。出梅后，8 月中旬，三峡入库流量迅速加大出现 4 号、5 号洪水，在 8 月 20 日达到年最大流量 $75000m^3/s$，与中下游槽内高水位交汇，形成长江又一次流域性大洪水[30]。

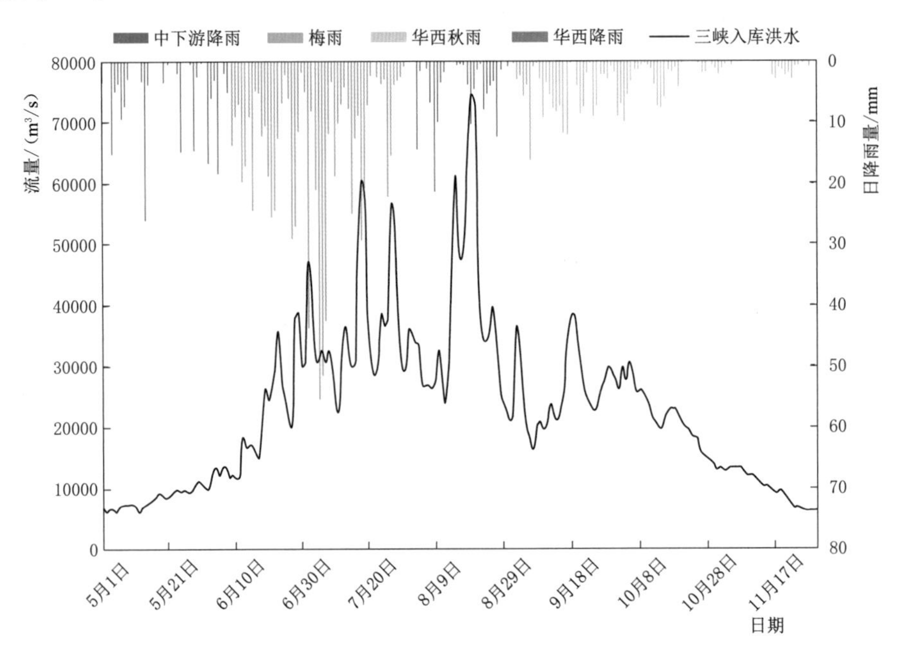

图 10.10 2020 年三峡入库汛期的日流量过程与长江中下游梅雨、华西秋雨关系图

分析长江上游洪水与长江中下游梅雨遭遇的规律后发现，只有在副高异常，梅雨期偏长特别是出现二度梅雨时，三峡入库洪水才可能与长江中下游梅雨发生遭遇，形成长江流域性大洪水。而纵观宜昌站百余年水文资料，只有 1931 年、1954 年、1998 年和 2020 年才出现过流域性大洪水；一般年份仅发生区域性或局部性洪水。而历年的最晚出梅时间 8 月 8 日说明，一般梅雨都在此前结束，后续不会再出现长江上游与中下游洪水遭遇的情况，故给三峡水库调度运行创造了有利条件[23]。

综上可以看出，在三个典型年里受西太副高异常影响，长江中下游梅雨偏多，上游来水与中下游洪水遭遇形成流域性大洪水。反观一般年份，中下游出梅正常，三峡水库虽处在主汛期，洪水峰高量大，但与下游洪水遭遇多形成区域性或局部性洪水。秋雨期间，受上游华西降雨影响，三峡水库也出现一定的小洪水过程，但流量较主汛期明显偏小。

10.4 三峡水库流域汛期分期和提前蓄水时机选择

10.4.1 三峡水库流域汛期分期和提前蓄水时机

对于三峡水库防洪库容而言，以洪量控制更符合调度实际。选用宜昌站 1951—2022

年汛期（5 月 1 日至 9 月 30 日）的日流量资料，构建 7d 和 15d 洪量序列，在各年洪量序列中选出最大洪峰值构成新的时间序列，即得到 7d 和 15d 最大洪量序列。具体步骤为：①取每日为中心的 7d 计算得到洪量序列。②在各年洪量序列中选出洪峰值（两侧连续两个流量均小于该流量的即为洪峰），某日若出现了多个洪峰，则选用其中最大的构成新的时间序列；若没有出现洪峰，则选用历年该日的最大值，但要确保新的序列中，该值与相邻值是出自不同的年份。这样构造的 7d 最大洪量序列既满足了取样的独立性原则，又能准确地表示洪水的时间特征。同理可构造出宜昌站历年汛期的 15d 最大洪量序列。

利用均值变点分期方法[31] 对构造的洪量序列进行分析，将汛期分为前汛期、主汛期和后汛期，结果显示，7d 洪量的分期节点为 6 月 28 日和 9 月 10 日，15d 洪量的分期节点为 6 月 30 日和 8 月 29 日。据此可综合设定三峡水库前汛期、主汛期和后汛期的分期节点为 6 月 30 日和 8 月 29 日。表 10.3 列出了各种分期方法得到的主汛期与后汛期分期时间。可以看出，7d 洪量主汛期与后汛期的分期时间为 9 月 10 日，与基于概率变点分析法、分形理论分析法以及各种统计方法综合分析所得的时间相同；15d 洪量分期结果可将主汛期和后汛期的分期时间提前至 8 月末，成因分析表明结果在合理范围之内。

表 10.3　三峡水库主汛期与后汛期分期时间比较分析

<table>
<tr><th>分期方法</th><th>主汛期与后汛期分期节点</th><th>文献</th></tr>
<tr><td>概率变点分析法</td><td>9 月 10 日</td><td>文献 [31]</td></tr>
<tr><td>分形理论分析法</td><td>9 月 10 日</td><td>文献 [32]</td></tr>
<tr><td>成因分析法</td><td>9 月 1 日</td><td rowspan="2">文献 [6]</td></tr>
<tr><td>各种统计方法综合分析</td><td>9 月 10 日</td></tr>
<tr><td>以 15d 洪量控制的经验分析</td><td>8 月 20 日</td><td rowspan="2">文献 [33]</td></tr>
<tr><td>最晚梅雨结束时间</td><td>8 月 8 日</td></tr>
<tr><td>以 7d 年最大洪量变点分析</td><td>9 月 10 日</td><td rowspan="2">文献 [23]</td></tr>
<tr><td>以 15d 年最大洪量变点分析</td><td>8 月 29 日</td></tr>
</table>

10.4.2　梅雨和秋雨与三峡水库洪水分期的关系

根据三峡水库汛期均值变点结果，探讨三峡水库分期洪水与长江中下游梅雨、华西秋雨的关系。长江中下游梅雨、华西秋雨与三峡水库汛期洪水分期的关系如图 10.11 所示，从 7d 和 15d 洪量过程来看，主汛期洪量明显高于前汛期和后汛期。主汛期间，长江上游暴雨频现，形成的洪水峰高量大，导致三峡入库洪量较大。长江中下游梅雨大致出现在前汛期和主汛期前一阶段，最晚在 8 月 8 日结束；主汛期后一阶段上游来水大，但中下游地区已出梅，降雨强度和广度明显减小，上、中、下游基本不会出现洪水遭遇，对三峡水库调度有利。华西秋雨最早在 8 月 21 日开始，华西地区逐渐出现秋雨，雨期较长，降水频繁，但雨量整体较夏季偏小，受此影响三峡入库洪量减小，8 月 29 日随之进入后汛期，可见华西秋雨对三峡水库后汛期洪水有影响，华西秋雨期和三峡水库后汛期基本同步，可考虑如何利用秋汛洪水资源蓄水。

据此进一步分析梅雨与三峡水库汛期分期洪水的关系，如图 10.8 所示。主汛期间三

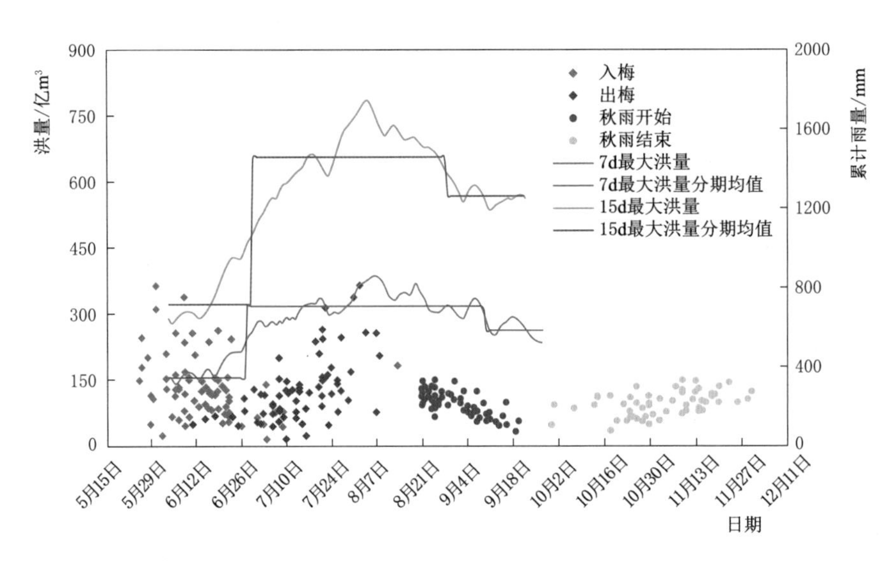

图 10.11 三峡水库 7d 和 15d 最大洪量汛期分期结果与长江中下游梅雨、华西秋雨关系图

峡水库入库洪量大，历时长；其中7月至8月上旬恰为出梅时段，当出梅较晚，特别是出现二度梅雨时，三峡水库入库洪水极可能会与梅雨洪水发生遭遇，严重时形成流域性洪水；长江中下游最晚出梅时间为8月8日，出梅后一般不会再出现上下游洪水遭遇的情况，此时三峡水库主要是拦蓄长江上游来水（必要时预泄腾空库容也容易），基本上已无对城陵矶进行补偿调度的任务。

综上所述，洪峰与7d洪量的分期节点为9月10日，15d洪量的分期节点又可提前到8月29日，再考虑最晚出梅时间8月8日，结合以上三个时间，建议将三峡主汛期和后汛期的分期节点调整为8月8日—8月29日—9月10日的动态区间。在三峡水库实际调度过程中，考虑利用长江中下游梅雨出梅时间这一个判断条件，即根据气象预报得到出梅时间，预判后续长江上下游水雨情趋势，采用水库运行水位动态控制和提前蓄水等措施，提高长江上游水库群的综合利用效益[23]。

10.4.3 三峡水库汛末蓄水时机选择

作为长江流域防洪体系的重要组成部分，长江上游形成了以三峡等梯级水库群联合调度为关键抓手的防洪体系。长江中下游梅雨和华西秋雨给三峡水库防洪带来一定挑战，也在不同程度上左右着水库汛末蓄水时机的选择。一方面，参考长江中下游梅雨最晚结束时间8月8日，发现8月中旬以后，三峡水库虽处于主汛期后一阶段，但中下游已出梅，上中下游洪水遭遇概率小，防洪压力相对减轻。因此，主汛期内8月8—28日，可考虑释放城陵矶防洪库容，实行水位动态运行。另一方面，参考华西秋雨最早开始时间8月21日，以及三峡水库主后汛期分期节点8月29日，发现8月末华西地区进入秋雨季，雨量减小，三峡水库入库流量减小，应提高秋汛洪水资源利用率。因此，后汛期内8月29日至9月10日，可视秋汛中期预报趋势，利用中短期预报预泄手段，继续实现汛期运行水位动态控制并逐步抬高蓄水位。9月10日以后，衔接现有蓄水方案，实现提前蓄水，并逐步蓄至正常蓄水位。

陈桂亚[34] 对三峡水库对城陵矶防洪补偿库容释放条件进行了研究，得出如下结论：6月至7月中旬，是洞庭湖水系的主汛期，较大洪水常发生在这一时段，也是需要三峡水库对城陵矶实施防洪补偿调度或减轻防洪压力防洪调度的主要时段，而且频次高。一般情况下，7月中旬后，洞庭湖水系来水大幅转退，若不与长江上游可能发生的洪水遭遇，就不会形成流域性大洪水或上中游区域性大洪水。在没有发生流域性大洪水的年份，8月1日后，三峡水库145.00～155.00m之间的防洪库容在同时具备下列两个条件后即可逐步释放：①四水合成流量小于15000m^3/s；②莲花塘水位低于29.5m。如因洞庭湖水系发生较大洪水，前期已动用了三峡水库的防洪库容，运行水位高于155.00m，8月1日后，在满足释放条件时，三峡水库水位退至155.00m之后，可维持在155.00m运行；如前期没有实施防洪调度，或实施了防洪调度但三峡水库运行水位低于155.00m，即可将运行水位逐步抬升到155.00m。考虑长江与洞庭湖三口通流，不影响荆南四河用水需求，抬升水位运行期间，三峡水库下泄流量应尽量不小于18000m^3/s。

10.5 溪洛渡—向家坝—三峡梯级水库提前蓄水多目标优化调度

10.5.1 分期设计洪水和防洪限制水位

选用1952年和1964年为分期设计洪水典型年。1952年后汛期的洪水过程，具有长江流域典型洪水连续多峰、洪量集中的特点，洪峰形态及其时程分布对中下游防洪情势较为恶劣，在洪水地区组成方面具有一定代表性。1964年后汛期洪水峰高量大，且洪量集中，洪水主要来自嘉陵江和岷江，洪水过程线形态为肥胖型，对中下游防洪不利影响较大。两个典型年在洪峰形态、洪水来源组成等方面，均能代表长江上游后汛期发生较大洪水的情形。具体计算方式为：选取溪洛渡、溪洛渡—向家坝区间、向家坝—三峡区间同频率的汛末期设计洪水，通过调洪演算，迭代求解得到各分期防洪限制水位，取其交集部分即得到防洪限制水位，见表10.4。1952典型年得到的防洪限制水位更低，更为安全。另考虑到在调度实践中控制三峡水库9月水位不超过165.00m的情况。故在梯级水库蓄水调度模型中采用的防洪限制水位为1952典型年与165.00m的交集。

表10.4　经调洪演算得到的各水库防洪限制水位

水库	分期设计洪水典型年	防洪限制水位/m				
		8月20日	8月25日	9月1日	9月5日	9月10日
溪洛渡	1952年	564.40	566.50	570.30	574.60	578.80
	1964年	565.80	567.10	572.90	576.40	579.50
向家坝	1952年	371.80	372.60	372.90	374.30	374.60
	1964年	372.20	372.90	373.20	374.70	375.30
三峡	1952年	155.70	162.50	166.90	167.80	169.60
	1964年	162.30	163.90	167.50	168.50	171.20

10.5.2 多目标联合优化调度结果分析

10.5.2.1 梯级水库蓄水调度控制线的特征

上文对多目标优化结果的分析，充分说明了水库蓄水调度中风险与效益的复杂关系。为进一步分析不同的调度目标对梯级水库蓄水调度的影响，图 10.12～图 10.14 绘制了不同来水情况与目标下的梯级水库蓄水调度控制线。分析这些调度控制线后，可发现以下特征：

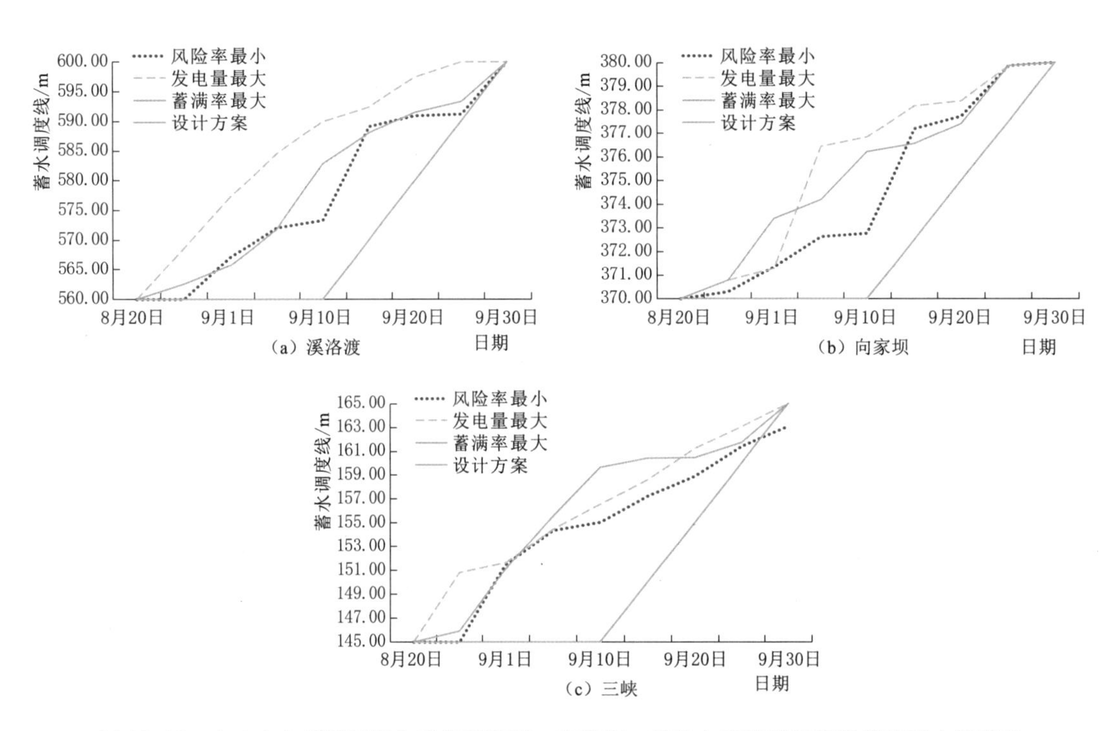

图 10.12 丰水来水情景下优化后的溪洛渡、向家坝、三峡水库不同调度目标的蓄水调度线

(1) 不同来水情况与目标下优化后的蓄水调度控制线普遍高于设计方案，蓄满率最大方案下调度控制线也要明显高于风险率最小的调度控制线。这也证实了优化结果的相对可靠性，蓄满率最大方案应当拥有较高的水位，且原设计线性蓄水方案较为保守，存在优化的空间[35]。

(2) 不同来水情况下，对于溪洛渡水库与三峡水库开始蓄水调度的初期，发电量最大方案下的调度控制线是最高的，而不是通常意义上的蓄满率最大调度控制线。造成此现象的原因可能为水头是影响发电效率的重要因素，在蓄水调度的初期迅速提升水库的水位，从而抬高发电水头，无疑可以提高梯级水库的发电量。而因向家坝水库的装机容量与库容相对较小，故该现象并不明显。

(3) 不同的来水情况下，溪洛渡水库与向家坝水库的风险率最小调度控制线，在 9 月 10 日左右均存在明显的转折点，在该点之后，调度控制线将明显抬升。造成该特征的原因是，溪洛渡、向家坝两座水库的蓄水过程仅在 9 月 10 日之前受到防洪限制水位的约束，

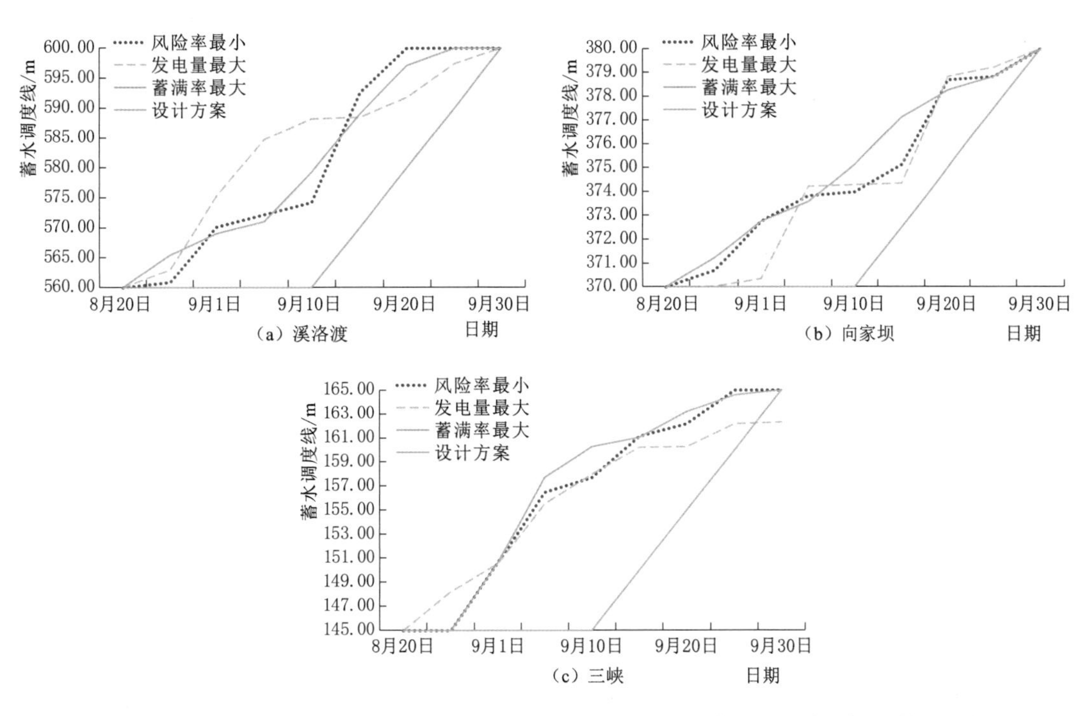

图 10.13 平水来水情景下优化后的溪洛渡、向家坝、三峡水库不同调度目标的蓄水调度线

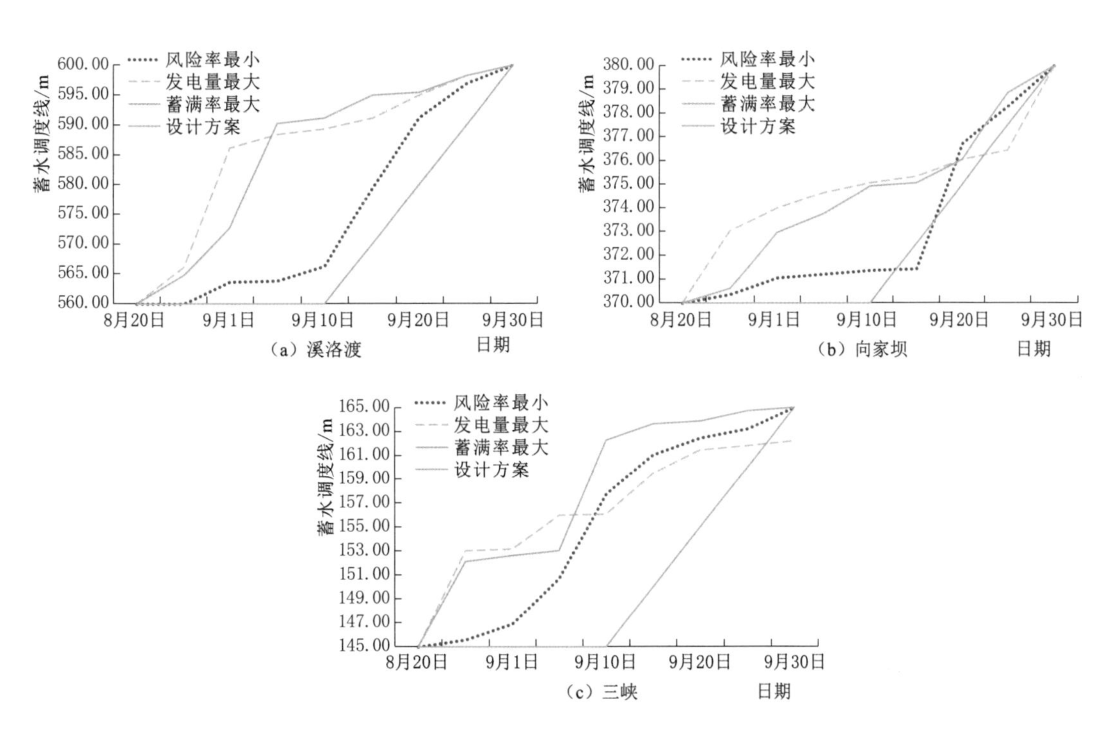

图 10.14 枯水来水情景下优化后的溪洛渡、向家坝、三峡水库不同调度目标的蓄水调度线

而三峡水库风险率最小调度控制线，在整个9月均受到165.00m约束的限制，调度控制线更为平滑[36]。

（4）特别针对三峡水库的调度控制线开展分析发现，发电量最大的调度控制线，在平、枯水年的条件下，9月末不能达到165.00m的目标水位，这意味着在来水不足的情况下，采用发电量最大调度控制线，将影响梯级水库的蓄满率。三个目标函数达到极值后的帕累托前沿解见表10.5，从表中也可以得到相同的结论，从丰水至枯水的来水情况看，发电量最大调度控制线方案的蓄满率依次降低。而风险率最小的调度控制线在丰水来水情况下，由于保守的操作，9月末同样不能达到165.00m的目标水位，表10.5中仅为91.48%的蓄满率也证实了这一特征。

10.5.2.2 分析结论

结合上述优化结果与蓄水调度控制线的分析，可以给出不同来水情况下调度目标的建议如下。

（1）在丰水的来水情景下，推荐使用发电量或蓄满率较大的蓄水方案，并承担一定程度的防洪风险；风险率最小的方案，过于保守，不利于水库综合效益的发挥。

（2）在平、枯水的来水情景下，推荐使用蓄满率较大的蓄水方案；追求发电量的蓄水方案将下泄过多的水量，影响水库的蓄满率。这两种水情下的防洪压力有限，并不必要采用风险率较小方案。

（3）与设计方案相比（具体见表10.5），在保证蓄水期风险率不超过2%的基础上，丰水情景下蓄满率可增加1.75%～1.84%，发电量增加幅度为3.68%～4.94%；平、枯水情景下，蓄满率增加幅度为2.96%～4.92%，发电量为3.93%～4.72%。

表10.5　三个目标函数达到极值后的帕累托前沿解

来水情况	Pareto前沿解	蓄满率/%	风险率/%	发电量/(亿kW·h)
丰水年	设计方案	97.99	1.036	356.1
	风险率最小	91.48	0.994	365.8
	蓄满率最大	99.79 (1.84%)	1.363 (31.56%)	369.2 (3.68%)
	发电量最大	99.70 (1.75%)	1.488 (43.63%)	373.7 (4.94%)
平水年	设计方案	94.39	1.069	330.7
	风险率最小	97.03	0.966	343.2
	蓄满率最大	97.18 (2.96%)	1.301 (21.70%)	346.3 (4.72%)
	发电量最大	88.57	1.374	349.3
枯水年	设计方案	87.56	1.069	325.8
	风险率最小	91.23	1.054	332.1
	蓄满率最大	91.87 (4.92%)	1.467 (37.23%)	338.6 (3.93%)
	发电量最大	85.93	1.519	341.4

注　括号内数据为增幅。

（4）针对起蓄时间，现有溪洛渡、向家坝、三峡水库设计的9月10日较为保守，存在较大的提前空间，结合不同来水风险率最小的蓄水调度过程，图10.14中红色虚线显示

8 月 20—25 日三座水库的水位将缓慢抬升，故选取 8 月 25 日至 9 月 1 日的起蓄时机较为合适，可保证防洪风险最小化。

10.6 金沙江下游梯级和三峡水库提前蓄水联合多目标优化调度

对于水库数目较少的梯级水库蓄水调度，常用多目标智能算法进行优化调度。以金沙江下游四座梯级水库（乌东德、白鹤滩、溪洛渡、向家坝）和三峡水库为例，联合蓄水方案优选流程详如图 10.15 所示，其研究内容主要包括两个部分：①风险分析：基于蓄水期不同时间节点的防洪限制水位推求调度方案存在的防洪风险；②兴利效益分析：基于实测径流资料分析联合蓄水方案的发电和蓄水等综合效益。最终通过一系列评价指标优选出非劣解集，用于指导水库群蓄水调度[37]。

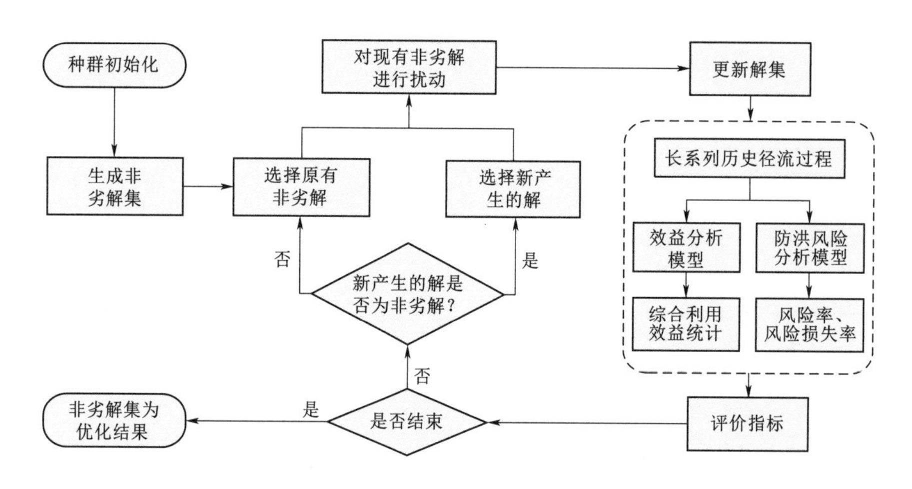

图 10.15 梯级水库蓄水模型求解流程图

10.6.1 梯级水库蓄水原则和次序判别

金沙江下游四座梯级水库设计开发任务均是以发电为主，同时改善上下游通航条件，兼顾防洪、灌溉和拦沙等功能；三峡水库作为长江流域控制性水利枢纽，具有防洪、发电、供水、改善航道等多项综合任务。为实现金沙江下游四库与三峡梯级水库联合蓄水调度，水库群蓄水需遵循以下基本原则：①同一流域，单库服从梯级，梯级服从流域；②无防洪库容或防洪库容小的水库先蓄水，防洪库容大的水库后蓄水，错开蓄水时间，减少流域发生洪灾的风险；③同一条河，上游水库先蓄水，下游水库后蓄水，支流水库先蓄水，干流水库后蓄水。同时为确保梯级水库群蓄水期尽可能在总水头较高情况下运行，得到较高的联合保证出力，引入反映单位电能所造成能量损失的 K 值判别式法，将以上蓄水原则与 K 值判别式相结合，对流域水库群进行蓄水分级，判定各库蓄水时机和次序。各水库特征参数及 K 值见表 10.6。

表 10.6　　梯级水库特征参数及 K 值

水库	校核洪水位/m	设计洪水位/m	正常蓄水位/m	汛限水位/m	调节库容/亿 m^3	装机容量/MW	保证出力/MW	等级	K 值区间/$\times 10^{-5}$
乌东德	986.17	979.38	975.00	952.00	30.2	10200	3150	1	7～306
白鹤滩	832.34	827.71	825.00	785.00	104	16000	5500	1	18～240
溪洛渡	609.67	604.23	600.00	560.00	64.6	13860	3850	2	181～581
向家坝	381.86	380.00	380.00	370.00	9.03	6400	2009	3	684～993
三峡	180.40	175.00	175.00	145.00	165	22400	4990	3	131～486

10.6.2 梯级水库起蓄时间和防洪限制水位

各蓄水方案起蓄时间见表 10.7。乌东德水库作为金沙江下游河段四座水库的龙头水库，其防洪库容较小，可考虑在 8 月开始蓄水，9 月中旬蓄满；白鹤滩为配合三峡水库以满足长江中下游防洪需要，可在 8 月初起蓄，至 9 月底蓄满；位于金沙江最下游的溪洛渡、向家坝水库由于共同承担川江和长江双重防洪任务，水库同步起蓄水时间不得早于 8 月 20 日，并至 9 月底蓄满；承担长江中下游荆江河段防洪任务的三峡水库按水库近年实际蓄水计划，可允许自 9 月 10 日开始蓄水，枯水年份可进一步提前蓄水时间至 9 月 1 日，控制 9 月末水位不超过 165.00m，以应对可能出现的洪水，至 10 月底蓄至正常蓄水位。

表 10.7　　梯级水库各蓄水方案的起蓄时间

水　库	原设计方案		拟定方案①		拟定方案②	
	起蓄时间	蓄满时间	起蓄时间	蓄满时间	起蓄时间	蓄满时间
乌东德	8 月 10 日	10 月 10 日	8 月 1 日	9 月 10 日	8 月 1 日	9 月 10 日
白鹤滩	8 月 10 日	10 月 10 日	8 月 1 日	9 月 30 日	8 月 1 日	9 月 30 日
溪洛渡	9 月 10 日	9 月 30 日	8 月 25 日	9 月 30 日	9 月 1 日	9 月 30 日
向家坝	9 月 10 日	9 月 30 日	8 月 25 日	9 月 30 日	9 月 1 日	9 月 30 日
三峡	10 月 1 日	10 月 31 日	9 月 1 日	10 月 31 日	9 月 10 日	10 月 31 日

依据现有实测资料，对 1952 典型年 1000 年一遇分期设计洪水进行调洪演算，并依据水利部《关于 2022 年长江流域水工程联合调度运用计划的批复》[38]，共同界定了各水库蓄水期不同时间节点的防洪限制水位，见表 10.8。

表 10.8　　梯级水库蓄水期不同时间节点的防洪限制水位

水　　库	防洪限制水位/m			
	8 月 20 日	9 月 10 日	9 月 30 日	10 月 31 日
乌东德	965.00	975.00	975.00	975.00
白鹤滩	800.00	810.00	825.00	825.00
溪洛渡	560.00	575.00	600.00	600.00
向家坝	370.00	375.00	380.00	380.00
三峡	145.00	152.00	165.00	170.00

10.6.3 多目标优化调度结果分析

随着各水库蓄水时间的推迟，入库流量的逐渐减小，调洪得到的分期防洪限制水位逐渐增大，呈阶梯状分布。利用各水库1940—2020年8月1日至11月30日的日均入库流量资料，进行逐年模拟调度，采用PA-DDS算法对各水库的蓄水调度控制线进行优化计算，以得到在防洪风险可控条件下，发电量与蓄满率较优的可行方案。

优选出拟定方案①风险率最小（R_f 为2.75%）与拟定方案②风险率最小（R_f 为0.00%）的非劣解集，并与原设计方案目标值进行比较，如图10.16所示。由图可知，提前蓄水方案均可显著提高梯级水库蓄水期发电量和蓄满率，拟定方案①的优化解集相对拟定方案②更为分散，蓄水时间越提前，综合经济效益越大，防洪风险也随之增加。原设计方案梯级水库蓄水期发电量1194.70亿kW·h，拟定方案①风险率最小、发电量最大的Pareto解（方案A）每年可提高49.05亿kW·h发电量，增幅4.11%；蓄满率由原设计方案的94.28%提高至97.49%；对应的风险率为2.47%，风险损失率达27.46%。拟定方案②风险率最小、发电量最大的Pareto解（方案B）满足在不降低原有防洪标准的情况下，即 R_f、R_s 均为0时，每年仍可提高39.42亿kW·h发电量，增幅3.30%；蓄满率提高至97.15%。

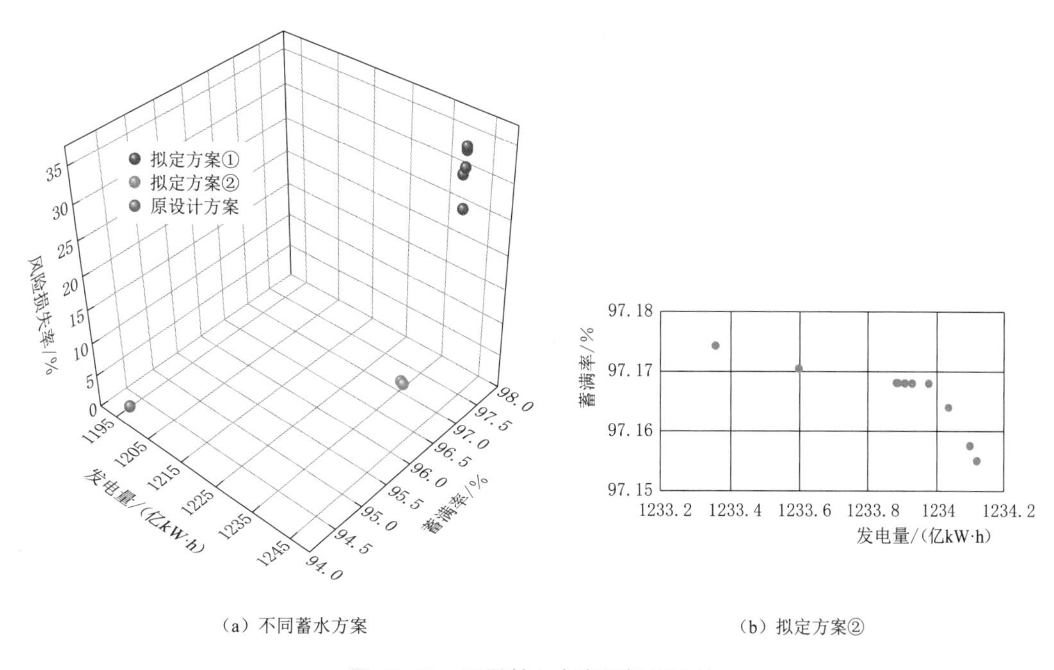

图10.16 不同蓄水方案目标值比较

10.6.4 不同来水年蓄水方案分析

针对不同来水情况，基于集对分析法将蓄水期径流分为丰、平、枯三类，使得多种优化蓄水方案供流域管理者灵活决策。对于蓄水期为丰水年的情况，为保证防洪安全，可采取拟定方案②中防洪风险为 0 时的优化结果（方案 B）；对于蓄水期为平、枯水年的情况，流域防洪任务相对较轻，蓄水时间可进一步提前。

表 10.9 统计了两种不同典型优化方案（A、B）以及原设计方案的各水库的综合效益指标：原设计方案平、枯水年时，梯级水库群多年平均蓄水期发电量达 1088.40 亿 kW·h，其中，三峡水库作为长江骨干型工程，发电量约占 26.76%，白鹤滩水库作为我国第二大水电站，其巨大发电水头致使发电效益显著，发电量约占 24.09%；根据金沙江下游乌东德、白鹤滩、溪洛渡、向家坝和三峡水库的兴利库容占比，确定蓄水率所占权重分别为 0.08、0.28、0.17、0.03 和 0.44，得到梯级水库蓄满率约为 89.53%。结果表明：对于平、枯水年份，梯级水库集中、争相蓄水，原设计方案蓄满率较低。

表 10.9　各水库平、枯水年不同蓄水方案的综合效益指标

水　库	优化方案 A		优化方案 B		设计方案	
	发电量/(亿 kW·h)	蓄满率/%	发电量/(亿 kW·h)	蓄满率/%	发电量/(亿 kW·h)	蓄满率/%
乌东德	186.29	97.24	186.21	97.24	181.56	94.82
白鹤滩	267.60	93.13	267.53	93.13	262.21	89.83
溪洛渡	239.81	89.23	239.07	88.26	233.17	81.65
向家坝	122.24	97.12	121.61	95.41	120.22	92.59
三峡	309.99	98.26	303.86	97.26	291.24	91.28
梯级	1125.95	95.16	1118.31	94.50	1088.41	89.53

在平、枯水年份，各水库若提前蓄水时间，适当抬高关键时间节点蓄水位，可使水库群发电效益和蓄满率大幅提高，其中方案 A 效果最为显著，平、枯水年份，其风险率与风险损失率分别为 1.30%和 27.46%，防洪压力不大，但效益提升显著，水库年发电量增加 37.54 亿 kW·h，增幅 3.45%；蓄满率达 95.16%，其中下游三峡水库提升效益最为明显。对于三峡水库而言，设计方案汛末蓄水时机过晚，起蓄水位偏低，导致平、枯水年份蓄满率偏低，方案 A 控制水位在 9 月逐步提高，可有效加大发电水头，使得发电量增加；方案 B 相对方案 A 而言，蓄满率与蓄水期发电量均有所降低。由此可知，对于平、枯蓄水期，采取方案 A 优化蓄水方案更为科学合理。

10.6.5 典型年蓄水调度实例分析

为进一步对比优化方案与原设计方案综合效益的差异性，以三峡水库为例，选取优化方案 A、B，分别以 9 月发生较大洪水的丰水年（1952 年）和来水较枯的 1959 年作为典型年，对优化蓄水调度线进行分析，两个典型年蓄水调度过程分别如图 10.17 和图 10.18 所示。

由图 10.17 可知，1952 年优化蓄水方案 B 与原设计方案蓄水 10 月底均能蓄至 175.00m，但优化方案蓄水期水位在 9 月 10 日之后一直不低于设计方案，发电量为 435.43 亿 kW·h，比原设计方案多 33.80 亿 kW·h；弃水量为 302.93 亿 m^3，比原设计方案减少 96.63 亿 m^3；同时考虑到蓄水期水库及中下游防洪安全，控制蓄水水位 9 月底

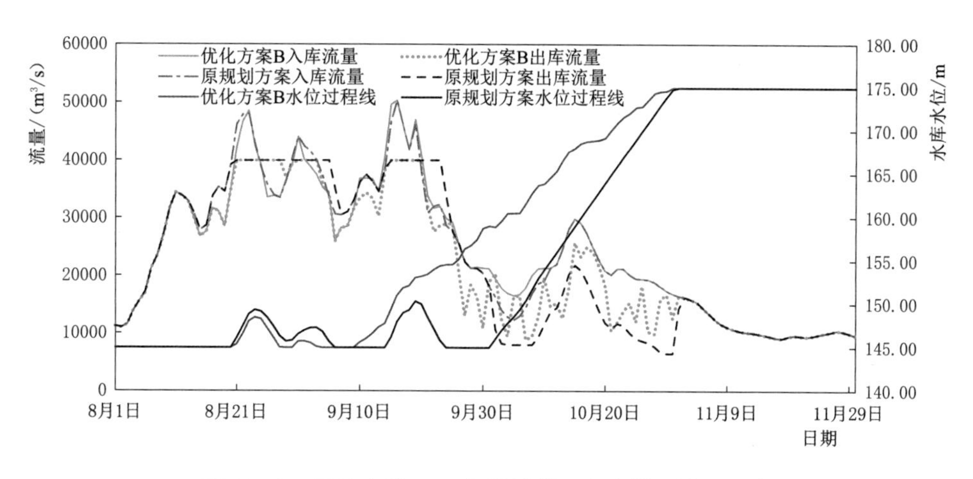

图 10.17　三峡水库 1952 年不同蓄水方案蓄水过程比较

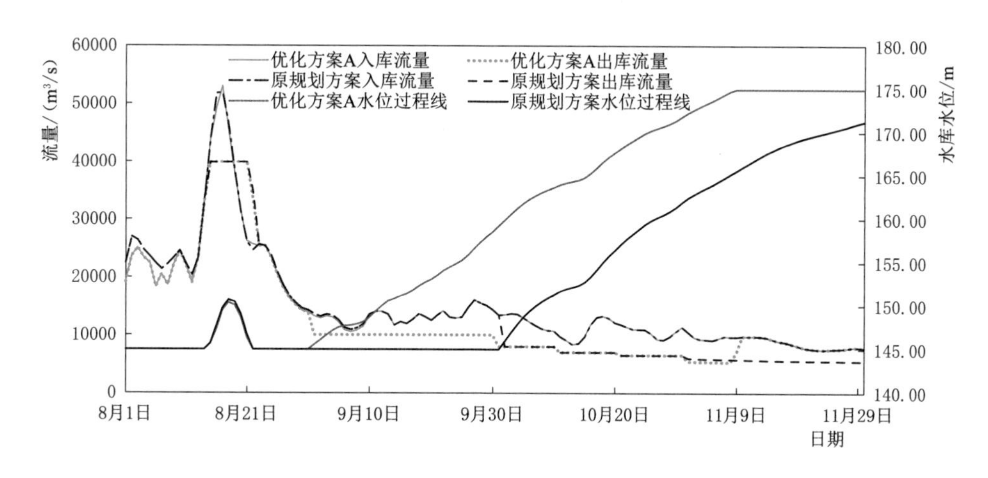

图 10.18　三峡水库 1959 年不同蓄水方案蓄水过程比较

不超过 165.00m，实现汛末实测大洪水的调洪最高水位不超过蓄水水位上限，至 10 月 31 日蓄满；对于 2010 年来水较枯蓄水月份，原设计方案从 10 月 1 日开始蓄水，蓄水时机过晚，严格按照设计的汛限水位 145.00m 分段线性起蓄，起蓄水位偏低，且上游水库群同时蓄水，致使三峡入库流量降低，水库最高水位达 171.28m，无法达到正常蓄水位(175.00m)。为提高金沙江四库梯级和三峡水库蓄满率，必须错开时间并提前蓄水，现将三峡水库蓄水时间提前至 9 月 1 日，则 10 月 31 日可正常蓄满。此时，优化方案蓄水期发电量为 266.32 亿 kW·h，弃水量为 88.59 亿 m^3，相比于原设计方案，发电量增加了 4.04 亿 kW·h，弃水量减少了 8.55 亿 m^3。

此外，优化的蓄水调度控制线使得水库水位过程线近似于 S 形，这种现象可以从防洪、来水规律和水位-库容关系来解释：正常年份水库 8 月、9 月上中旬虽然入库流量较大利于蓄水，且水库水位较低时，增加单位水位所需蓄水量不大，但考虑到防洪要求，同时蓄水时间长，单位时段蓄水压力小，故蓄水调度控制线增长较平缓；而长江中上游 9 月下旬以及 10 月上旬发生洪水的可能性非常低，防洪压力相对较小，为抓住洪水尾巴应加大蓄水力度，此时蓄水调度控制线应较快抬高。

10.7 本章小结

本章根据 1951—2020 年长江中下游梅雨的统计资料，以及宜昌站和三峡水库的洪水实测资料，首次分析了梅雨与三峡水库洪水的遭遇规律以及对三峡水库汛期分期的调整；此外，以金沙江下游梯级和三峡水库群为例，通过流域相应蓄水原则以及 K 值判别式法确定各水库蓄水时机，对比多种不同起蓄时机方案，利用 PA - DDS 算法对梯级水库多目标联合蓄水调度模型进行了优化。主要结论和建议如下：

（1）华西秋雨和长江中下游梅雨的趋势性检验显示：秋雨历时和秋雨量自 20 世纪 90 年代起呈现下降的趋势，近 4 年又出现上升趋势，梅雨历时和梅雨量基本保持上升的趋势，但在 0.05 水平下不显著；秋雨历时、秋雨量、梅雨历时和梅雨量在个别年份发生了突变，在某些时段存在一定的显著性周期。

（2）三峡水库洪水主要发生在 7 月至 8 月上旬，当出梅较晚，尤其是出现二度梅雨时，可能与三峡水库的主汛期重叠，长江上游来水有可能和中下游洪水发生遭遇，严重时将形成流域性大洪水；8 月中下旬，虽然三峡入库洪水仍可能较大，但梅雨先已结束，不会发生遭遇。1954 年、1998 年和 2020 年的长江中下游梅雨较为显著，上游来水与中下游梅雨洪水遭遇形成长江流域大洪水。同年秋雨季节，华西降雨历时虽长，但雨量不大，期间三峡水库来水流量整体较主汛期明显偏小。

（3）长江中下游入梅主要发生在 6 月，出梅主要发生在 7 月，梅雨的年际变化较大。入梅和出梅的早晚决定了梅雨期的长短，入梅后，暴雨频发，梅雨量随梅雨历时的延长而增大。梅雨最迟 8 月 8 日结束后，长江中下游防洪压力减轻，三峡水库和上游水库群预留的防洪库容可适当释放；上游华西秋雨 8 月 21 日开始，三峡水库洪水量级适中，可开展汛中提前蓄水；结合主汛期一前一后两个关键雨期，建议三峡水库把握蓄水时机，在确保防洪安全的前提下，自 8 月 8 日起实现汛期运行水位动态控制和提前蓄水调度。

（4）建议三峡水库运行期的汛前水位可消落至 155.00～160.00m，再根据长江中下游入梅时间和水文气象信息，如预测判断长江可能发生大水，再决定将水位继续消落至 145.00m；当预报长江中下游出梅时间确认后，三峡水库 145.00～155.00m 之间的防洪库容在同时具备下列两个条件后即可逐步释放：①洞庭湖四水合成流量小于 15000m^3/s，②莲花塘站水位低于 29.50m。8 月三峡水库水位应尽快抬高到 155.00m 以上运行，这样既可确保长江防洪安全，又可提高水资源利用效率，并减少蓄水期对下游洞庭湖和鄱阳湖的不利影响。

参 考 文 献

[1] 水利部．长江流域综合规划（2012—2030）[R]. 武汉：长江水利委员会，2012.